长江设计文库

土石坝渗漏
检测与处置

TUSHIBA SHENLOU

JIANCE YU CHUZHI

卢建华　任　翔　周晓明　等／著

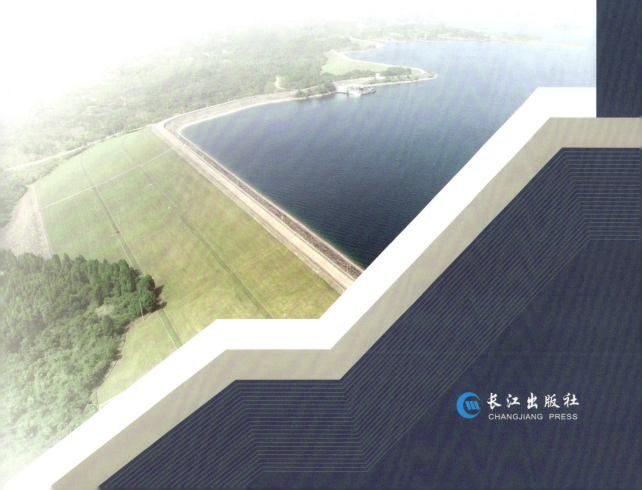

长江出版社
CHANGJIANG PRESS

图书在版编目（CIP）数据

土石坝渗漏检测与处置 / 卢建华等著 . -- 武汉：
长江出版社，2024. 9. -- ISBN 978-7-5492-9543-2

Ⅰ . TV697.3

中国国家版本馆 CIP 数据核字第 20243TF395 号

土石坝渗漏检测与处置

TUSHIBASHENLOUJIANCEYUCHUZHI

卢建华等　著

责任编辑：	郭利娜　吴明洋
装帧设计：	郑泽芒
出版发行：	长江出版社
地　　址：	武汉市江岸区解放大道 1863 号
邮　　编：	430010
网　　址：	https://www.cjpress.cn
电　　话：	027-82926557（总编室）
	027-82926806（市场营销部）
经　　销：	各地新华书店
印　　刷：	武汉盛世吉祥印务有限公司
规　　格：	787mm×1092mm
开　　本：	16
印　　张：	24
字　　数：	580 千字
版　　次：	2024 年 9 月第 1 版
印　　次：	2024 年 9 月第 1 次
书　　号：	ISBN 978-7-5492-9543-2
定　　价：	228.00 元

　　党的二十大擘画了全面建设社会主义现代化国家的宏伟蓝图。在推进中国式现代化建设的进程中,水利行业正在全力推进新阶段水利高质量发展和高水平安全,全面提升国家水安全保障能力。水库大坝是流域防洪工程体系的重要组成部分,是国家水网的重要结点,是保障国家水安全的重器。水库大坝安全,事关人民群众生命财产安全,事关公共安全。

　　我国大坝总体是安全的。我国是世界上溃坝率最低的国家之一,但病险水库多、土石坝多,加之近年来极端暴雨洪水频发,给水库大坝安全带来了严峻风险和挑战。我国水库数量居世界之最,已建各类水库 98566 座,其中土石坝数量占比为 91.8%。1954 年至今我国共溃坝 3558 座,土石坝占比为 94.3%,由渗漏导致的大坝失事约占三成。目前约有 51% 的水库大坝运行已超过 50 年,而渗透破坏和渗漏在土石坝病险情中较为常见,也是较为严重的病险情,造成的结果轻为险情,重则溃坝。当前水利行业正锚定"人员不伤亡、水库不垮坝、重要堤防不决口、重要基础设施不受冲击"的目标,发展坝工专业新质生产力,提升水旱灾害防御能力。

　　土石坝是一种历史悠久的坝型,可以因地制宜、就地取材,具有对地基适应性强、施工工艺相对简单等优势,是我国水利水电工程建设中广泛采用的坝型。随着筑坝技术的进步,我国土石坝的细分坝型也在不断发展。以砾石土心墙、混凝土面板、沥青混凝土心墙等防渗坝型为主,且土石坝建设规模逐渐加大,已建成了水布垭混凝土面板堆石坝、糯扎渡土质心墙坝、去学沥青混凝土心墙坝等一批高土石坝。由于种种原因,随着工程服役年限的增长,土石坝渗流破坏及渗漏时有发生,且渗漏成因各不相同。

　　在病险水库加固实践过程中,我国对于一般土石坝在防渗加固、渗漏检测及渗漏处置方面已积累了丰富的工程经验。比如防渗方面的混凝土防渗墙、高压喷射灌浆等,渗漏检测方面的 ROV 高清摄像、声呐探测、流场法等,水下渗漏处置也有一些新技术,但高土石坝的渗漏精准探测与靶向治理存在的诸多关键技术难题亟待进一步研究,急需数字化、智能化的技术装备支撑。对于黏土心墙坝、混凝土面板坝、沥青混凝土心墙坝等土石坝细分坝型,渗漏成因、渗漏特点以及探测与处置难点各不相同。尤其是水库高水位运行条件下的深水智能精准探测技术、水下快速精准堵漏的新技术、新材料及新装备发展较快,同时也存在诸多挑战。未来我国水库大坝将由建设高峰期逐渐转入长久运行维护期,老旧土石坝的维修加固将是一项长期任务。

本书作者结合工程实践,对土质心墙土石坝、混凝土面板堆石坝、沥青混凝土心墙坝等土石坝渗漏检测与处置进行了系统的总结,列出了典型的工程案例,以供相关技术人员参考。全书共分7章,各章编写分工如下:第1章、第5章由任翔编写,第2章由周晓明编写,第3章由刘晓琳编写,第4章由徐琨编写,第6章由周晓明、田金章编写,第7章由田金章编写,全书由卢建华审核。

本书为《长江设计文库病险水库加固系列丛书》之一,对于开展土石坝渗漏检测与处置具有重要指导意义,在编著过程中得到了长江设计集团有限公司、国家大坝安全工程技术研究中心的大力支持。本书得到了国家重点研发计划课题"库坝系统自然灾害损害应急调度决策及泄水建筑物快速修复技术与装备(课题编号2022YFC3005404)"的资助。本书作者均为长期从事病险水库除险加固工程技术研发、勘测设计、大坝安全鉴定、深水渗漏检测与水下处置的一线人员,对他们在工作之余参加本书编写所付出的辛勤劳动表示衷心的感谢。本书的土石坝渗漏检测及处置技术和典型工程实例,有的是作者、同事们以及合作单位的工作成果,有的来自收集引用国内有关单位同仁的文献资料,在此一并表示衷心感谢。

由于土石坝渗漏检测及处置涉及的专业技术广泛,且甚为专业,作者实践经验与水平有限,书中难免有错误和不妥之处,敬请批评指正。

作　者
2024 年 6 月

目　录

CONTENTS

第1章 综 述

1.1 土石坝发展概况

土石坝泛指用土、堆石、砂砾石等当地材料,经过抛填、碾压等方法填筑成的挡水坝。当坝体断面不分防渗体和坝壳,绝大部分由一种土料组成时,称为均质土坝;当坝体断面由土质防渗体及若干透水性不同的土石料分区构成时,称为土质防渗体土石坝;当防渗体由混凝土、沥青混凝土或土工膜等组成,其余部分由土石料构成时,称为非土质材料防渗体土石坝。

土石坝是一种历史最为悠久的坝型。早在公元前,为了满足拦洪和灌溉需要,人们就利用土石料修建了一些较低的土石坝。直到19世纪,土石坝技术得到了较快发展。我国于公元前598—公元前591年在安徽省寿县兴建了芍陂土坝(今安丰塘水库),坝高6.5m,至今已运行2600多年。

由于具有对地质条件的良好适应性、就地取材和节省投资等优点,土石坝成为世界坝工建设中应用最为广泛和发展最快的坝型。进入20世纪以后,土石坝在美国、加拿大和苏联等国家得到了快速发展,相继建成了一批坝高200~300m级的高土石坝,如美国奥罗维尔(坝高235m)、哥斯达黎加博鲁卡(坝高267m)、苏联努列克(坝高300m)。我国土石坝建设起步较晚,新中国成立前坝高15m以上的土石坝仅有22座,1943年修建的鸳鸯池水库(坝高26m)是我国第一座现代技术修筑的土坝。新中国成立后我国水库建设掀起高潮,建设了大量土石坝,目前已建及拟建高度200m以上的高土石坝数量与高度均居世界前列。

截至2022年底,我国已建成各类水库94877座(不含港、澳、台地区),总库容9999亿 m^3,水库大坝数量居世界第一。其中:大型水库834座,总库容8077亿 m^3;中型水库4230座,总库容1210亿 m^3;小型水库89813座,总库容712亿 m^3。这些水库中91.8%的大坝都是土石坝。

1.1.1 坝型的发展

新中国成立初期,我国建设了一大批土石坝,受当时的技术和施工条件限制,以均质土坝或黏土心(斜)墙坝为主,还有一些通过水力冲填、水中填土、定向爆破等方式填筑成的土石坝。随着对筑坝材料的研究深入和碾压设备的发展进步,土石坝筑坝材料的选取更加宽泛,坝高在不断突破,坝型也在不断发展完善。

土石坝按施工方法可分为:碾压式土石坝、冲填式土石坝、水中填土坝和定向爆破土石坝等。其中,冲填式土石坝是用机械抽水到高出坝顶的土场,以水冲击土料形成泥浆,然后通过泥浆泵将泥浆送到坝址,再经过泥浆沉淀和排水固结而筑成坝体。这种坝因筑坝质量难以保证,目前在国内外很少采用。水中填土坝是用易于崩解的土料,一层一层倒入由许多小土堤分隔围成的静水中,利用土的自重固结排水填筑而成的坝。这种坝不需要碾压,工效较高,但由于坝体填土干容重低、抗剪强度小、坝坡较缓、工程量大等,仅在我国华北黄土地区、广东含砾风化黏性土地区曾用此法建造过一些坝,未广泛应用。定向爆破土石坝是指在山体中预挖药室,置放炸药起爆,使山体按预定方向抛掷破碎岩土拦截河道堆积而成的坝。这种坝多建于河谷狭窄、河岸陡峭之处,但坝体无法有效压实,亦未广泛应用。工程实践表明,应用最为广泛、质量可控的是碾压式土石坝。

按照土料在坝体内的位置和防渗体所用材料的种类,碾压式土石坝可分为:均质坝、土质防渗体分区坝(如黏土心墙坝、黏土斜墙坝、黏土斜心墙坝)、非土质材料防渗体坝(如混凝土面板堆石坝、沥青混凝土心墙坝、沥青混凝土面板坝等)。常见的土石坝防渗类型见图 1.1-1。

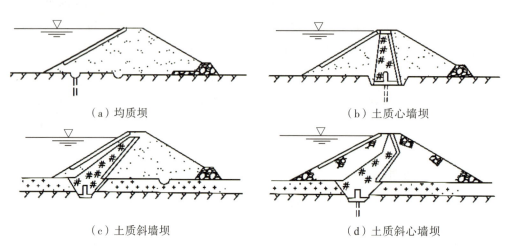

(a) 均质坝   (b) 土质心墙坝

(c) 土质斜墙坝   (d) 土质斜心墙坝

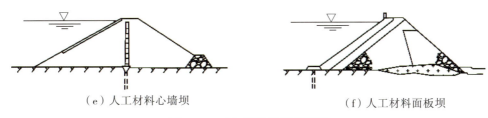

（e）人工材料心墙坝　　　　　　　　　　（f）人工材料面板坝

图 1.1-1　土石坝防渗类型简图

（1）土质防渗体坝

均质坝和土质防渗体分区坝统称为土质防渗体坝。据统计，世界上坝高 15m 以上的大坝中约 83% 为土质防渗体坝。土质防渗体坝的防渗性能与土料的颗粒级配、土料的抗剪强度、抗渗性能、应力应变以及可塑性等有关。土质防渗体坝的防渗体土料一般采用黏性土，但我国西北地区分布较多湿陷性黄土，鄂豫皖中原地区分布较多膨胀土，南方多雨地区分布含水量高的红黏土，这些土料掺入适量的生石灰、水泥或其他材料改良后已逐渐用于土质防渗体筑坝。近年来，宽级配砾质土、碎石土风化料作为防渗土料也有应用，如高 103.8m 的鲁布革坝为风化土料心墙坝。

随着土体的固结理论、击实原理、有效应力原理的形成和不断发展，以及大型碾压机具、原位观测、施工工艺、计算机应用技术的不断提高，土质防渗体坝建设得到不断发展，坝高越来越高，大坝数量也不断增加。自 20 世纪 60 年代以来，我国建成坝高 100.0m 以上的土石坝 50 余座，其中土质防渗体坝占有相当比重。目前，在建和规划中的坝高 200.0m 以上的土石坝多为土质防渗体坝。糯扎渡水电站大坝为砾石土心墙堆石坝，坝高 261.5m，2013 年建成时是当年已建和在建的同类坝型中亚洲第一、世界第三的高坝。2015 年开工的双江口水电站大坝也为砾石土心墙堆石坝，最大坝高 315.0m，目前为世界上同类坝型中的最高坝。全世界已建成坝高 230.0m 以上的黏性土防渗土石坝 9 座，包括 1974 年加拿大建成坝高 242.0m 的买卡黏土斜墙土石坝，1980 年苏联建成坝高 300.0m 的努列克黏土心墙堆石坝的。我国典型土质心墙堆石坝主要特征见表 1.1-1。

表 1.1-1　　　　　　　　　我国典型土质心墙堆石坝主要特征

序号	坝名	所在省（自治区）	建成年份	最大坝高/m	坝顶长/m	库容/亿 m³
1	两河口	四川	2021	295.0	650.0	107.67
2	糯扎渡	云南	2013	261.5	608.2	237.03
3	瀑布沟	四川	2009	186.0	573.0	53.90
4	小浪底	河南	2001	154.0	1667.0	126.50
5	金盆	陕西	2003	128.9	440.0	2.00

序号	坝名	所在省(自治区)	建成年份	最大坝高/m	坝顶长/m	库容/亿 m³
6	狮子坪	四川	2007	136.0	309.4	1.33
7	恰甫其海	新疆	2009	108.0	350.0	17.70
8	水牛家	四川	2006	108.0	317.0	1.40
9	鲁布革	云南	1991	103.8	217.2	1.22
10	双江口	四川	在建	315.0	639.25	28.97
11	长河坝	四川	2018	240.0	502.8	10.75
12	满拉	西藏	2000	76.3	287.0	1.55
13	云龙	云南	2004	77.0	249.5	4.84
14	徐村	云南	2000	65.0	165.0	0.73
15	碧口	甘肃	1997	101.8	297.5	5.20

土质防渗体坝填筑料可就地取材,对地基要求相对较低,筑坝成本不高,特别是其中的土质心墙坝因其优势明显,为近年来重要的发展方向。而土质心墙坝的心墙位于坝体中部,自重可通过自身传到基础,不受坝壳沉降的影响,自重产生的心墙与地基接触面的接触应力为压应力,有利于提高接触面的渗透稳定,但土质心墙位于坝体中间,不便于检修和维修。

(2)混凝土面板堆石坝

混凝土面板堆石坝最早于 19 世纪 50 年代在美国加利福尼亚州内华达山脉的矿区修建,其发展过程大致可分成 3 个时期:①1850—1940 年是以抛填堆石筑坝为特征的早期,该阶段修建的混凝土面板堆石坝坝高一般低于 100.0m,坝体变形较大,面板开裂渗漏问题严重,比如 1931 年建成的美国盐泉坝(坝高 100.0m)为该时期混凝土面板堆石坝的典型代表,由于采用抛填式填筑坝体,大坝蓄水后变形大,因面板裂缝及接缝张开而发生严重渗漏;②1940—1965 年是抛填堆石到碾压堆石筑坝的过渡期,该阶段混凝土面板堆石坝的发展基本停滞;③1965 年至今是以堆石薄层碾压筑坝为特征的现代阶段,碾压堆石取代了抛填堆石,混凝土面板堆石坝的数量和筑坝高度迅速增加。现代混凝土面板堆石坝具有较优的安全性、经济性和地基适应性,使其迅速成为一种富有竞争力的坝型,得到广泛推广应用。

现代混凝土面板堆石坝是以碾压堆石体为支撑结构,以上游混凝土面板(包括趾板和趾板下部的帷幕灌浆)为防渗体的堆石坝。现代混凝土面板堆石坝筑坝技术自 20 世纪 80 年代以来引入我国,得到了快速发展。清江水布垭水电站大坝坝高 233.0m,是世界上已建的最高混凝土面板堆石坝;猴子岩水电站大坝坝高 223.5m,是世界上已建的第二高混凝土面板堆石坝;阿尔塔什水利枢纽大坝坝高 164.8m,是世界上趾板置于深厚覆盖层上最高的混凝土面板堆石坝,其覆盖层最大厚度94m;当前在建的大石峡水利枢纽大坝坝高247.0m,是目前世界上最高的混凝土面板砂砾石堆石坝。

围绕高混凝土面板堆石坝的安全问题,国内外学者开展了较为系统性的研究。钮新强等提出,与混凝土坝、土坝相比,混凝土面板堆石坝在筑坝材料的物理特性、力学表现方面更加复杂。首先,混凝土面板堆石坝在材料组成上表现为高度非同质性,面板近似连续均质材料,而堆石体为离散颗粒材料,堆石体各分区粒径、级配、压实度各不相同,物理性能差异显著;其次,混凝土面板堆石坝变形呈现多维度特点,除堆石体会发生空间三向变形外,高面板坝在高围压条件下还具有随时间流变的特性,大坝建成后的流变变形对面板危害显著,面板处于双向拉压、剪切、挠曲和扭曲变形等复杂受力与变形状态;最后,面板为动力非稳定结构,面板依托于堆石体,面板之间通过止水连接,地震作用下堆石体出现震陷,坝顶"甩动",面板"跳动",结构动力响应十分复杂。由于高混凝土面板堆石坝具有材料高度非同质、变形多维度和面板动力非稳定等特点,其安全问题异常复杂,需要从坝体变形控制、面板耐久性、面板适应性和坝体可修复性等方面,提出高混凝土面板堆石坝的设计新理念。

(3)沥青混凝土心墙坝

沥青混凝土由沥青、砂石骨料和矿质填料组成,不仅具有良好的柔性,能较好地适应结构变形,同时还具有优越的防渗性和耐久性,适宜作为水工建筑物的防渗体。20世纪30年代,欧洲开始修建沥青混凝土心墙堆石坝。20世纪50年代,我国开始在水利水电工程中应用沥青混凝土防渗技术,当时甘肃玉门和新疆奎屯等地就采用沥青作为渠道的胶结和衬砌防渗材料,江西上犹江混凝土空腹重力坝采用厚4cm的沥青砂浆用于大坝表面防渗。

20世纪70年代,我国开始修建沥青混凝土心墙坝,当时最高的沥青混凝土心墙坝是1974年兴建的坝高58.5m的甘肃党河大坝。自20世纪90年代以来,我国沥青混凝土心墙坝建设进入新阶段。除沥青品质有较大改进外,施工机械化程度也有了很大提高。相继建成了一批大中型沥青混凝土心墙坝工程,如2000年建成坝高72.0m的天荒坪抽水蓄能电站上库沥青混凝土心墙坝,2005年建成坝高104.0m的三峡茅坪溪沥青混凝土心墙坝。

根据长期工程实践及经验总结,沥青混凝土心墙坝具有以下优点:①防渗性能好,渗透系数小于10^{-8}cm/s;②心墙不与外界直接接触,运行环境稳定,耐久性较好;③适应坝体、地基变形能力较强,尤其适用于不对称河谷、深厚覆盖层地区及抗震设防地区;④抗冻性好,不需要进行特别的防冻处理与保护,适合寒冷地区施工与运行;⑤结构型式简单,不需要设置沉降缝和变形缝。

由于沥青混凝土心墙坝具备诸多优点,经过几十年的建设和发展,该坝型已经在水

利水电工程中占有一席之地。进入21世纪,我国沥青混凝土心墙堆石坝建设进入新阶段,相继建成了一批大中型工程,我国部分已建沥青混凝土心墙坝特性见表1.1-2。去学水电站的沥青混凝土心墙堆石坝最大坝高164.2m,心墙最大高度132.0m,是世界上该坝型的最高坝。

表1.1-2　　　　　　　　　我国部分已建沥青混凝土心墙坝特征

工程名称	所在省(市、自治区)	坝高/m	心墙厚度/cm	建成年份
去学	四川	164.2	60～150	2017
茅坪溪	湖北	104.0	50～120	2005
冶勒	四川	125.5	60～120	2005
龙头石	四川	72.5	50～100	2008
大竹河	四川	61.0	40～70	2011
坎尔其	新疆	51.3	40～60	2001
洞塘	重庆	48.0	50	2003
马家沟	重庆	38.0	50	2002
尼尔基	黑龙江、内蒙古	41.5	50～70	2005
平堤	广东	43.4	50～80	2007

1.1.2　筑坝技术的发展

从我国已建的高土石坝的运行状况看,变形问题及其导致的防渗体裂缝和大坝渗漏等是影响土石坝安全运行的最主要因素。这给土石坝的推广应用带来技术挑战,需要从筑坝材料选取、土石坝筑坝技术、坝基处理技术及土石坝设计技术等方面不断创新发展。

(1)土石坝筑坝材料的发展

伴随筑坝材料的深入研究和碾压设备的发展,土石坝的筑坝材料的选取更加宽泛,坝体结构型式更加多样,坝高也在不断突破。过去被认为不宜使用的一些筑坝材料逐渐得到应用,如中细砂、风化砾质土、红黏土、开挖石渣等。筑坝材料范围的拓宽,不仅提高了天然建筑材料的利用率,降低了工程成本,同时也减少了工程开挖和弃渣,减少了筑坝对环境的不利影响。

在防渗材料方面,采用了黏性土中掺入砾石料或碎石料等粗粒料改性。在保证防渗性能的同时,提高了土料填筑密度和抗剪强度,使心墙的变形和强度等性能适应更高的要求。这些优势弥补了纯黏性土筑坝的缺陷,使得粗粒料改性黏土作为防渗土料已成为当今土石坝筑坝材料发展的趋势。防渗土料改性主要有两种方式:①针对颗粒偏细、黏粒含量偏高、力学性能低的情况,采用人工掺砾改性,如糯扎渡、双江口、两河口等大坝;②针对细粒少、砾石多、含水率偏低的情况,采用人工剔除超径砾石并加水改性,如长河坝、瀑布沟、如美等大坝。此外,结合天然土料场的实际特性,还可通过掺配不同土料的方式进行改性,如长河坝将部分偏粗料(P_5 含量 50%～65% 的连续级配砾石土)与部分偏细料(P_5 含量小于 35% 的连续级配砾石土)按一定比例掺配进行改性,既充分利用了质量尚可的天然土料,又简化了改性工艺。

在土工试验方面,近年来许多研究者利用颗粒体离散元等数值方法,从细观层次上开展模拟堆石颗粒组构的数值试验。数值试验能够方便快捷地进行大量的敏感性分析,观测堆石料细观组构的演化过程,为研究堆石料细观力学行为及缩尺效应提供了有效手段。

(2)土石坝筑坝技术的发展

土石坝筑坝技术的发展与土石坝设计理论、施工机械(具)、施工管理理论的发展密切相关。新中国成立初期,受施工技术和经济条件限制,土石坝施工多采取边勘察、边设计、边施工的方式,坝体填筑质量较差。

20 世纪 60 年代中期振动碾压设备开始应用于土石坝施工,不仅使坝体碾压施工效率大幅提升,而且提高了坝体填筑密实度,减小了坝体后期沉降变形,使工程质量得到了保障。随着 32t 单钢轮振动碾等大型碾压设备的引进和研发、无人智能碾压机群的创新应用、连续均衡坝体填筑技术的提出,土石坝坝体压实度、填筑质量和施工效率等方面均得到了有效提高,土石坝筑坝技术得到了迅速发展。这些创新技术成功应用于我国西部高海拔、高寒、高地震烈度、复杂地质构造、狭窄河谷地形地貌等环境,取得了一系列高土石坝筑坝技术创新成果。

针对两河口大坝冬雨季施工要求,特别是高海拔地区心墙冬季施工问题,研究提出了"冻土不上坝、冻土不碾压、碾后土不冻"的施工原则,提出了特高心墙坝冬季施工深冻期、浅冻期的概念以及相应的处理措施。利用 GPS、PDA 和信息技术,对糯扎渡水电站和长河坝水电站坝料的调运、筑坝参数、试验结果和监测数据进行实时监控和信息反馈,为大坝建设的过程质量控制与坝体安全诊断提供信息应用和支撑平台;对振动碾的行车速度、碾压遍数、激振力和碾压轨迹进行实时监控,确保碾压填筑质量满足要求;利用车载 GPS 定位设备,实现上坝运输车辆从料场到坝面填筑现场的全程监控,为确保坝料上坝卸料的准确性及运输车辆优化调度提供了依据。

(3)坝基处理技术的发展

我国西部地区河流多分布深厚覆盖层,优先选用土石坝坝型可充分利用其散粒结构适应变形能力强的特点。对于深厚覆盖层上修建土石坝,首先应解决坝基渗漏问题,工程上多采用混凝土防渗墙和基础灌浆等方式进行防渗处理。深厚覆盖层混凝土防渗

墙施工设备除常用的冲击钻外,冲击反循环钻、抓斗挖槽机、液压铣槽机等先进设备得到推广应用。采用纯钻法、钻抓法、纯抓法、铣抓法等造孔工艺,拔管法、双反弧连接法、平板式接头法等墙段连接工艺,使混凝土防渗墙在深厚覆盖层坝基防渗工程得以推广应用。

对于超深坝基覆盖层,采取混凝土防渗墙底部接帷幕灌浆的方式进行防渗处理,可充分发挥两种方法的优势,使基础处理深度得到延伸。预灌浓浆和高压喷射灌浆成为解决复杂地层漏浆塌孔的措施。深孔帷幕灌浆技术、深厚覆盖层振冲技术等在深覆盖层地基处理中得到了应用。

目前,国内工程实例中,混凝土防渗墙最大墙体深度已超过 150m,帷幕灌浆最大孔深已超过 200m。这些先进技术的成功应用,为坝基深厚覆盖层处理提供了技术保障。

(4)土石坝设计技术的发展

在土石坝设计方面,基于材料试验、本构模型、数值分析等多方面取得的进展,大坝渗透稳定、坝坡稳定、坝体沉降及应力变形等分析技术得到了快速发展,为土石坝设计提供了强有力的技术支撑。在室内试验方面,我国研制了一整套适应堆石等粗颗粒材料的大型试验设备,可检测包括三轴、压缩、流变、湿化、渗透、动力、击实等物理力学性能。在坝体应力应变分析理论方面,构建了多种非线性、弹塑性本构关系模型,可以进行大坝修建、蓄水、运行及加固等全生命期的坝体应力、沉降及变形等仿真分析,为大坝设计和施工提供了有力的技术支撑。如安徽花凉亭水库大坝采用土石料塑性势双屈服面模型,模拟大坝修建、蓄水、运行、加固和地震发生等长时段(达 60 年)变形过程,研究了土石坝运行期长时段固结变形对加固结构受力状态的影响。

1.2 土石坝主要病害与渗漏破坏

1.2.1 土石坝主要病害

1.2.1.1 渗流病害

渗流破坏是土石坝常见的病险问题。土石坝发生异常渗漏,可能会引起管涌、流土、接触冲刷和接触流土等破坏,但不管是什么原因引起的渗流破坏,不及时采取处置措施,都可能会造成坝体垮塌。张建云等通过对 3230 座病险水库的病害进行分类统计,指出病险水库在防洪、渗流、结构及抗震等方面存在病害,其中渗流病害最为普遍。谭界雄等通过分析 1744 座病险水库坝型,发现渗流病害主要表现为长期渗漏、管涌、散浸以及流土,甚至坝脚沼泽化等。这些渗流病害已严重威胁土石坝安全。根据国内外大坝失事原因统计,因渗流病害导致失事的比例高达 30%～40%。

土石坝细分坝型多样,各类型式土石坝的渗流病害特点各异。按照不同防渗体的类型,土石坝渗流病害表现及原因如下。

(1)均质土坝

均质土坝一般是用一种土料填筑的大坝,下游坝体透水性较低,坝体浸润线往往偏高。其渗流病害表现主要为:①坝基分布深厚覆盖层或全强风化基岩,由于基础防渗处理不到位,坝基渗漏严重;②受坝肩开挖不到位、坝肩防渗不彻底等影响,库水沿坝肩岩体裂隙或破碎带发生绕渗,进入坝体后抬高浸润线;③坝体填筑质量差,土体渗透系数偏大,下游坝体浸润线偏高,下游坝坡出现散浸或渗透破坏问题;④下游坝脚反滤排水设施失效,导致坝体砂土发生渗透破坏;⑤土质坝体白蚁建巢,形成渗漏通道等。

(2)土质防渗体土石坝

土质防渗体土石坝坝体断面由土质防渗体和若干透水性不同的坝壳分区构成。这些坝的坝壳料多采用风化岩石料、砂卵砾石料、土石混合料以及石渣料等。当坝基和坝肩防渗处理不到位时,与均质土坝一样会发生严重的坝基渗漏和坝肩渗漏。除此之外,土质防渗体土石坝还有以下渗流病害表现:①受坝体压实度低、防渗土体渗透系数偏大、坝体不均匀沉降引起坝体裂缝等影响,出现严重的渗漏问题;②大坝防渗体与坝壳料之间所设反滤层不符合要求,或者没有设置反滤层,出现坝体内部渗透破坏问题;③有些土质防渗体土石坝采用风化土填筑下游坝壳,致使渗漏水流沿坝壳风化土层从下游坝面渗出,出现坝坡局部散浸现象,危及坝坡稳定;④土质防渗体与其他构筑物连接部位渗漏,如防渗体未与坝顶防浪墙紧密连接,形成渗漏通道,防渗体与刚性建筑物连接渗径偏短,发生接触渗漏等。

(3)混凝土面板堆石坝

混凝土面板堆石坝是由混凝土面板、趾板及分缝止水构成大坝防渗体,由垫层、过渡层及堆石(或砂卵石)作为支撑体的大坝。从已建工程运行情况来看,有一些混凝土面板堆石坝出现了不同程度的渗漏问题。据不完全统计,目前世界范围内已建200m级混凝土面板堆石坝中,肯柏诺沃、阿瓜米尔帕、三板溪、巴拉格兰德、天生桥一级5座水电站均出现过不同程度的病害。国内100m级的混凝土面板堆石坝中,渗漏量超过1000L/s的共计10座。国外坝高100m以上,渗漏量超过1000L/s的混凝土面板堆石坝共计10座。混凝土面板堆石坝的渗流病害主要表现如下。

1)上游坝面渗漏

尽管现代意义上的混凝土面板堆石坝采用分层碾压的施工方法,但在自重和水荷载作用下堆石(或砂卵石)仍将产生变形,且变形会持续较长时间。这些变形势必会影响面板及分缝止水的变形,使面板底部垫层脱空,导致混凝土面板开裂或破损缺失、结构缝或趾板止水拉裂破坏,进而产生上游坝面渗漏。例如,天生桥一级混凝土面板堆石坝蓄水后发现三期面板顶部均存在严重的脱空现象,前两期面板有85%脱空,三期面板有52%脱空,最大脱空深度10m,最大脱空高度15cm(图1.2-1);前两期面板裂缝共计1296条,其中有355条缝宽超过0.3mm,三期面板裂缝4537条,其中有80条缝宽超过0.3mm。面板L3和L4之间发生垂直缝挤压破坏,贯穿整个三期面板(图1.2-2)。

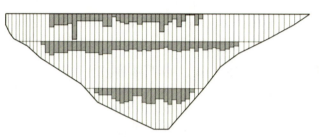

图1.2-1 天生桥一级各期面板脱空范围　　　图1.2-2 天生桥一级垂直缝挤压破坏

2)坝基或坝肩岩体渗漏

混凝土面板堆石坝大多因上游防渗面板破损或止水拉裂失效等产生渗漏,但少数混凝土面板堆石坝还因趾板底部基岩或坝肩山体的裂隙或风化破碎带发生渗漏。

(4)沥青混凝土心墙(或面板)坝

除沿坝基或坝肩岩体渗漏外,沥青混凝土心墙(或面板)坝多数工程因沥青混凝土心墙或面板开裂、沥青混凝土心墙或面板与基座连接不好、沥青混凝土流淌缺失等产生渗漏,如重庆马家沟水库沥青混凝土心墙坝完工后发现漏水严重,不得不进行渗漏处理。

1.2.1.2　结构病害

(1)土质防渗体土石坝

土质防渗体土石坝存在以下结构病害:①受坝体与坝基覆盖层土料强度指标偏低、坝坡较陡、上游库水位降落快、下游坝体浸润线偏高等影响,土石坝上、下游坝坡存在失稳风险;②受坝体填筑施工质量控制不严、坝体沉降不均匀等影响,坝体局部出现裂缝;③水库坝顶混凝土路面和防浪墙等结构严重破损,坝顶宽度不足,缺少通行道路,不满足水库安全运行要求;④由于长期受风浪、水浸、冻融、坝体不均匀沉陷、震动等作用,上、下游护坡发生破坏;⑤土石坝段与混凝土坝段、溢洪道、船闸、涵管等建筑物连接部位,往往不容易压实,产生不均匀沉降,导致接触面出现裂缝脱开等病害。

(2)混凝土面板堆石坝

混凝土面板堆石坝在多种荷载复合作用和坝体不均匀沉降影响下,混凝土面板产生裂缝、破损或挤压破坏,面板底部出现脱空等结构安全问题,加之面板分缝止水和周边止水发生破坏,继而引起坝体渗漏。

(3)沥青混凝土心墙(或面板)坝

沥青混凝土心墙(或面板)坝常见的结构安全病害为沥青混凝土心墙(或面板)开裂和局部破损引起渗漏,坝体严重变形,结构设计缺陷及坝料抗冲蚀性差等。

1.2.1.3 震损病害

土石坝是由土石料填筑的大坝,尽管其适应变形的能力较强,但在强烈地震作用下,容易出现坝坡沉陷塌滑、坝体开裂、坝基及坝体砂层液化、坝面结构破损等病害,一旦震损形成坝体渗漏通道,在库水位较高的情况下,存在坝体溃决风险。

智利 1928 年和 1965 年两次地震,3 座尾矿坝溃决,造成较大伤亡。美国 1925 年和 1954 年两次地震,3 座 10 余米高的低坝,因碾压不密实,震后溃决。1971 年美国圣费尔南多地震,离震中 12km 的圣费尔南多下坝(坝高 42.0m)及圣费尔南多上坝(坝高 25.0m),两座冲填坝损坏严重,前者上游坝坡液化塌滑,后者坝顶向下游位移 1.5m,沉陷 90cm,下游坝坡隆起,但都未溃决。

1976 年唐山地震,密云水库白河主坝地震烈度仅为Ⅵ度,发生上游斜墙保护层滑坡。1975 年海城地震,离震中 20km 的石门岭及离震中 72km 的汤河两座水库的土坝上游都发生滑坡;离震中 10~17km 的王家坝、苇子沟和三道岭 3 座水库的土坝都出现裂缝。

2008 年 5 月 12 日,四川汶川大地震主震达 8.0 级,根据震后水库震损情况调查,土石坝震害现象主要包括裂缝、滑坡、崩塌、沉降和渗漏等。在此次地震中也有一些高坝经受了强震的考验,包括紫坪铺混凝土面板堆石坝(坝高 156.0m)、沙牌碾压混凝土拱坝(坝高 131.0m)、碧口土质心墙堆石坝(坝高 101.8m)、宝珠寺混凝土重力坝(坝高 132.0m)等。特别是接近震中的紫坪铺混凝土面板堆石坝,是目前世界上唯一一座遭遇强震的坝高大于 150m 的高混凝土面板堆石坝。震后检查发现,紫坪铺大坝主要震害包括:大坝最大坝高断面坝顶最大沉降量达 90cm,坝坡向下游方向发生水平位移约 30cm;上游混凝土面板垂直缝发生挤压破坏,部分施工缝错开,最大错台达 17cm;部分混凝土面板与垫层间存在脱空,最大脱空 23cm;面板周边缝发生明显变位;坝顶防浪墙、路面及下游路缘破损。

1.2.2 土石坝渗漏破坏

土石坝一旦出现集中渗漏,渗漏水流会携带坝体颗粒流出坝坡,导致渗漏部位迅速发展扩大,致使坝体坍塌溃决。1976 年溃决失事的美国提堂坝,是 1975 年刚建成的坝高 93.0m 黏土心墙坝。该坝在 1976 年 6 月 5 日蓄水时,右岸坝肩出现严重渗漏,漏洞

迅速扩大,数小时后大坝即溃决。虽然大坝崩溃的原因众说纷纭,但通过对残坝进行钻孔、挖掘等取样研究证实,溃坝是设计不完善、施工质量控制不严或施工未完全满足设计要求,以致右坝肩出现严重渗漏,最后导致管涌而失事。因此,土石坝渗漏问题应该引起足够重视,出现异常渗漏应及时采取有针对性的加固处理措施。

土石坝渗漏,根据土石坝渗漏的部位可分为坝体渗漏、坝基渗漏、绕坝渗漏;按渗漏性质可分为正常渗漏和异常渗漏。土石坝渗透破坏模式多样,美国垦务局标准将渗透破坏从模式角度划分为出逸处渗透破坏、内部侵蚀渗透破坏等;中国标准从类型角度划分为管涌、流土、接触冲刷及接触流失。土石坝渗漏主要包括以下几种类型。

(1)坝体渗漏

土质防渗体的土石坝多因坝体、心墙或斜墙等存在问题,发生渗漏。渗水从下游坝坡和坝脚逸出,出现集中渗漏或引起渗透破坏,造成坝体颗粒被水流带走,形成集中渗漏通道。坝体渗漏有以下主要原因。

1)土料选用存在缺陷

土料场勘察或料源选择存在缺陷,所选坝体防渗土料的防渗性能不能满足设计要求。

2)坝体填筑质量差

施工组织落后、施工机械功能不足、碾压方式落后、坝体压实度偏低、防渗体渗透系数达不到规范要求,均会造成坝体(或斜墙、心墙)渗漏。

3)反滤布置不合理或失效

反滤体结构设计不合理、未设置反滤设施、反滤已经失效,导致坝体出现异常渗漏。

4)坝下涵管引起的渗漏

坝下涵管与坝体接触部位发生脱空,出现库水沿涵管四周的接触渗漏;涵管开裂破损,引起内水外渗或外水内渗,出现坝体与涵管之间的接触渗漏。

5)白蚁危害

坝体遭受白蚁危害,蚁道贯穿坝体上下游而形成渗漏通道。

6)地震作用

地震造成坝体出现裂缝、滑坡等震害而使坝体渗漏。

对于混凝土面板堆石坝,一般渗漏主要为大坝变形较大,或者大坝与两岸变形不协调,导致结构缝、周边缝或者近岸垂直缝止水破坏而引起大坝渗漏;对于沥青混凝土心墙坝,大多是沥青混凝土心墙本身及其与基础连接缺陷导致大坝渗漏。

(2)坝基渗漏

坝基渗漏通常是由于坝基防渗处理不当,或坝基未做防渗处理,或坝基防渗设施失效而产生的。特别是对于强透水的砂砾石或砂层地基,易产生接触渗透变形,地层出逸允许渗透坡降较小,若出逸部位没有完善的反滤保护设施,随着运行时间的增长,细颗粒逐渐流失,渗漏会越来越严重,甚至流出浑水或翻砂。引起坝基渗漏有以下主要原因。

1)清基不彻底

坝体填筑前未将原河床覆盖层的砂土层清除干净,或者未将破碎风化岩层清除到相对不透水层,引起坝基渗漏。

2)防渗措施设计不合理

在上游砂砾石等透水基础顶部填筑的水平黏土铺盖厚度不足、填筑质量不好;坝基深厚覆盖层截渗处理不到位或未做截水防渗处理。

3)坝基防渗体系不完善

坝基存在透水岩层或岩溶发育地层,没有采取帷幕灌浆等防渗措施建立起完整的防渗体系。

(3)绕坝渗漏

水库蓄水后,库水通过坝体两端的岸坡渗向下游,并在下游岸坡逸出的现象称为绕坝渗漏。绕坝渗漏可能沿着坝岸结合面,也可能沿着岸坡松散的坡积层和岩石风化层或裂隙发育的基岩渗向下游。绕坝渗漏将使岸坡或坝体内的浸润线抬高,使坝坡或岸坡背后散浸、软化和集中渗漏,甚至引起坝坡或岸坡塌陷或滑坡。引起绕坝渗漏有以下主要原因。

1)坝肩或坝基地质条件差

造成绕坝渗漏的原因是坝基或两岸坝肩地质条件过差,如山体单薄,岩层破碎,节理裂隙发育以及有断层、岩溶等;岩层透水性过大;坝基或坝肩未采取防渗措施,或处理措施不完善。

2)施工质量不符合要求

施工过程中由于开挖困难或工期紧迫等,没有根据设计要求进行施工,如坝体与岸坡接触带清基不彻底;岸坡坡度开挖过陡;坝肩碾压不到位。

1.3 土石坝渗漏检测与处置技术发展

1.3.1 渗漏检测技术发展

土石坝出现异常渗漏现象后,应及时采取有效手段,对渗漏情况进行检测。土石坝渗漏检测工作内容包括渗漏入渗口探测、渗漏路径探测、渗漏隐患探测等。其中,渗漏入渗口探测主要是探明渗漏入渗口的平面位置、范围、分布高程等情况;渗漏路径探测是

探明渗漏入渗口与渗漏出水点之间路径的走向、平面范围和分布高程等,分析判断渗漏对周围介质的破坏情况;渗漏隐患探测是对工程枢纽区存在的洞穴、裂缝、松软层、沙层、溶蚀破碎带等渗漏隐患进行探测,以便及时处理。

国内外根据水工建筑物典型缺陷的物理量特征和变化规律,利用电、磁、振动波、水流、热、声、光等,形成了多种渗漏检测方法,如电法、电磁法、地震法及其他一些方法。由于土石坝渗漏具有非常强的隐蔽性、时空随机性以及初始量级细微等特征,渗漏部位探查难度很大。工程上较多采用物理探测技术(如电法、电磁法、地震法等)、勘探检测技术(如钻孔成像、钻孔取芯、注水或压水试验等),以及水下渗漏检测技术(如声呐探测、水下电视、喷墨摄像和水下示踪等)。电法、电磁法、地震法等物探技术在坝高较低的堤防工程中应用较多,在土石坝的渗漏检测中成功应用较少。钻孔成像、钻孔取芯、注水或压水试验等勘探检测技术难以用于大范围坝体内部渗漏通道的排查。对于高度超过70m的高坝渗漏检测,目前同位素示踪探测技术和水下潜水员探测技术有一些成功实例。例如:龙羊峡大坝同位素示踪方法探测出顺河向F57断层存在较为严重的渗漏,是造成左岸地下水位偏高的主要原因;用示踪法对小浪底副坝前漏水点渗流路径进行成功探测;三板溪水电站混凝土面板堆石坝最大坝高185.5m,渗漏量达303.1L/s,采用水下潜水员探测技术发现一、二期施工缝部位多处破坏。

随着我国不断引进和研发水下潜水员探测技术、水下机器人摄影与照相技术以及水下声呐渗漏流速检测技术,对于土石坝(尤其是混凝土面板堆石坝)的微渗漏通道排查成为可能,土石坝渗漏检测精度得到了较大提高。目前,土石坝渗漏常用以下几种检测技术。

(1)潜水员及水下机器人检测技术

潜水员检测技术是从海洋领域引进的大坝渗漏检测技术,是潜水员带上潜水装备在水下进行大坝渗漏检测的方法。早期主要靠潜水员肉眼观察渗漏现象,目前已发展至水下喷彩色墨水和水下摄像结合检测。通过潜水员水下摄像,对水下结构损坏和渗漏现象进行记录,并实现水下检测与水上人员互动。该检测技术已成功用于湖北丹江口水库、湖南株树桥水库等工程的水下检测。

潜水员及水下机器人可实现建筑物全方位外部情况检测,检测手段灵活,检测成果可直观反映大坝渗漏情况,但同时存在以下缺点:①潜水员沿着坝面一点点移动慢慢观察或摄像,效率较低,工作时间较长,劳动强度大;②目前我国潜水员检测主要采用以空气为呼吸介质的潜水装备,由于氮麻醉和氧中毒的潜在风险,潜水深度往往受限,目前水库环境人工潜水探测深度在60m左右;③在土石坝和面板坝中下部覆盖层部位,渗漏流速小且分散,难以观测出渗漏部位;④水下为浑水时无法检测。

随着水下装备技术的发展,较深的水下检测可由水下机器人替代潜水员承担。水下机器人检测系统包含:水下潜器主机、水下摄像系统、地面控制系统、水声定位系统等。该系统通过控制台上的多个旋钮即可控制水下潜器主机的所有动作,包括前进、后退、转弯、上升、下沉;可进行灯光强弱、摄像头焦距、云台俯仰等的调整,可实时进行水下视频检测和观测;可完成大面积、大深度视频观测、探查,检测水深可达 300m 以上。水下机器人渗漏检测可达较大水深,但灵活性不如潜水员。

(2)水下声呐检测技术

水下声呐检测技术是利用水下声呐探测仪对渗流声音的敏感性进行渗漏检测。声波在流体中传播,顺流方向声波传播速度会增大,逆流方向则减小,同一传播距离就有不同的传播时间。水下声呐探测仪通过检测流体流动时对声束(或脉冲)的作用,测量和感知水体流动量,利用传播速度之差与被测流体流速之间的关系,探知水体微弱流速。白云水库位于湖南省邵阳市,大坝为混凝土面板堆石坝,最大坝高 120.0m,2012 年 8 月渗水量已近 1000L/s。工程治理中心对大坝渗漏进行检测和原因分析。考虑到高程475.0m 以下上游混凝土面板表面覆盖黏土层和浮泥,首先采用彩色图像声呐扫描地形损坏情况;然后使用水库渗漏声呐探测仪检测覆盖层表面渗漏流速场,对渗流速较大部位,采用水下示踪高清摄像进行重点核测;最后,对最大渗漏部位采用水下导管示踪渗漏检测新技术进一步验证。高程 475.0m 以上主要采用潜水员潜水检查与水下摄像观测检查(含喷墨示踪检查)相结合的方法。经检测,查明大坝渗漏区主要位于左岸下部面板及趾板附近。

(3)示踪连通试验技术

示踪连通试验技术指在坝体心墙上、下游钻孔内投放示踪剂,在大坝下游排水沟及相应心墙下游钻孔内观测其逸出情况。为便于观察示踪连通试验及对渗漏进行分析,在坝后排水沟出水点,按照一定次序预先布置一定数量的观测点进行观测分析。钻孔内投放着色剂作为示踪剂时,需要在大坝下游排水沟观察水流颜色,看是否有着色剂流出或渗水颜色是否变化。钻孔内投放食盐作为示踪剂时,投放一定时间后需在投放钻孔对应的坝下排水沟渗漏处提取水样,需在投放前取原始水样测得水中氯离子含量作为对比分析值。

通过现场示踪连通试验,可以初步判断坝体渗漏地下水的流向、流速,从而进一步分析判断坝体心墙渗漏部位及渗漏强弱情况。该法需要在坝体或基础上布置多排地下水检测钻孔,仅适用于土坝和坝基渗漏检测,对面板伸入上游水库中的混凝土面板堆石坝渗漏无法进行检测。另外,放射性同位素示踪剂会对环境造成污染,工程中已较少使用。2012 年新疆大库斯台水库采用钻孔投放食品红混合液体,查明沥青混凝土心墙堆石坝坝体存在透水性强的渗漏通道。

（4）应用孔内彩电观测技术

应用孔内彩电观测孔内水流悬浮物或标示物的运动状态以获得直观信息,可确定渗漏水流流向、初估水流速度,从而确定渗漏部位分布高程。利用全孔壁数字电视功能采集孔壁及孔内渗漏水流流态完整图像信息,通过观察图像信息来判定孔内地下水流流态和地层信息。

1.3.2　渗漏处置技术发展

土石坝渗漏处置主要是通过工程措施新建或恢复防渗体系,降低坝体浸润线,截断渗漏路径,减少渗漏量,避免坝体和坝基出现渗透破坏。

1.3.2.1　土坝渗漏处置技术

土坝渗漏处置措施一般分为水平防渗与垂直防渗两大类。水平防渗主要是对水平黏土铺盖等进行修复,但受水库运行影响,绝大部分水库土坝无法实施水平防渗加固,而多采用垂直防渗加固措施。土坝渗漏处置技术有:混凝土防渗墙、高压喷射灌浆、冲抓套井回填黏土防渗墙、侧挂井人工垂直开挖防渗墙、劈裂灌浆、振动成模防渗墙、板桩灌注防渗墙、深层搅拌连续防渗墙、土工合成材料防渗、水泥灌浆等。在加固设计中,应根据坝体和坝基工程地质条件、坝体结构型式、大坝高度、建筑物重要性及每一种处置技术的适用条件等综合因素进行比较确定。

对于采用土质防渗体的土石坝,坝体渗漏处置的关键是新建或加固防渗体系,工程中常用的方法有:混凝土防渗墙、高压喷射灌浆、劈裂灌浆、冲抓套井回填黏土防渗墙、土工膜等。

（1）混凝土防渗墙

混凝土防渗墙加固方法,就是沿土坝轴线方向建造一道混凝土防渗墙,墙体伸入基岩以下一定深度,以截断坝体和坝基的渗漏通道。混凝土防渗墙加固的优点是适应各种复杂地质条件,可在水库不放空的条件下施工,施工质量相对其他隐蔽工程施工方法比较容易监控,耐久性好,防渗可靠性高。

我国最早使用混凝土防渗墙对大坝进行防渗加固的工程是江西柘林水库大坝。之后在丹江口水库土坝加固中此方法也得到应用。早期混凝土防渗墙主要采用乌卡斯钻机施工,施工速度较慢,费用较高。随着施工技术的发展,特别是液压抓斗的使用,成墙速度大幅提高。目前,先进高效的地下连续墙成槽（孔）机械主要有抓斗、液压铣槽机、多头钻和旋挖（或冲抓）桩孔钻机等。

混凝土防渗墙适用于各种地质条件,如砂土、砂壤土、粉土及直径小于 10mm 的卵砾石土层,都可以修建混凝土防渗墙,防渗墙深度可达 100m 左右,渗透系数可达到

10^{-7} cm/s。目前,混凝土防渗墙已广泛应用于病险水库防渗加固。

(2)高压喷射灌浆

高压喷射灌浆加固方法使用钻机钻孔,将喷射管置于孔内(内含水管、水泥浆管和风管),由喷射出的高压射流冲切破坏土体,同时随喷射流导入水泥浆液与被冲切土体掺搅,喷嘴上提,浆液凝固。土坝高压喷射灌浆防渗加固,就是沿坝轴线方向布设钻孔,逐孔进行高压喷射灌浆,各钻孔高压喷射灌浆的凝结体相互搭接,形成连续的防渗墙,从而达到防渗加固的目的。

(3)劈裂灌浆

劈裂灌浆加固方法是在土坝沿坝轴线布置竖向钻孔,采用一定压力灌浆将坝体沿坝轴线方向(小主应力面)劈开,灌注泥浆,最后形成厚 5～20cm 的连续泥墙,从而达到防渗加固的目的。同时,泥浆使坝体湿化,增加坝体的密实度。劈裂灌浆不仅可以起到防渗加固的作用,也可加密坝体。该加固方法一般只适用于坝高 50.0m 以下的均质坝和宽心墙坝,并要求在低水位进行。

(4)冲抓套井回填黏土防渗墙

冲抓套井回填黏土防渗墙加固方法是利用冲抓式打井机具,在土坝或堤防连续成槽,用黏性土料分层回填夯实,形成一道连续的套接黏土防渗墙,截断渗流通道,同时在夯锤夯击回填黏土时,对井壁的土层产生挤压,使其周围土体密实,从而起到防渗和加固的目的,冲抓套井回填黏土防渗墙孔深一般不超过 25m。

(5)土工膜

土工膜防渗加固方法是在上游坝坡铺设土工膜,使坝体达到防渗要求。土工膜有很好的防渗性能,其渗透系数一般为 10^{-12}～10^{-11} cm/s;有很好的弹性和适应变形的能力。土工膜具有重量轻、铺设方便、节省造价等优点,广泛应用于水利防渗工程中。近年来,我国先后在云南省李家箐水库和福建省犁壁桥水库土坝上游铺设土工膜,取得了较好的防渗加固效果。但土工膜防渗施工时需要放空水库,抗老化性能不如混凝土等材料。

1.3.2.2 混凝土面板堆石坝渗漏处置技术

混凝土面板堆石坝伴随大坝渗漏常出现面板裂缝、挤压破坏、面板脱空、止水失效等病害。当上游混凝土面板遭受破坏,作为面板支撑体的垫层料将被渗漏水流带走,面板底部被架空进而恶化面板支撑条件,增大接缝位移,使大坝渗漏加剧。混凝土面板堆石坝的混凝土面板(含止水结构)与堆石体(含垫层、过渡层)之间在结构安全性上互为依托、相辅相成,因此加固时需要综合治理。疏松垫层的处理主要包括缺失垫层修补和加密灌浆。对于大面积垫层料缺失,应首先采用满足规范要求的级配垫层料进行填补压

实；小面积缺失则采用在级配垫层料中掺5%～8%（重量比）由水泥拌和而成的改性垫层料填补。加密灌浆处理可采用在面板表面钻铅直孔灌浆，或在坝顶沿垫层平行斜孔进行灌浆。

白云面板坝、株树桥面板坝都是放空水库后，凿除严重破损混凝土面板后重新浇筑，并恢复其止水结构（特别是表面止水结构），使大坝渗漏减小至正常水平；布西水库、纳子峡水电站是修复其接缝止水后，渗漏大为降低；天生桥水库、洪家渡水库是在水下对局部破损面板进行修复，取得了一定效果。

1.3.2.3 沥青混凝土心墙坝渗漏处置技术

沥青混凝土心墙坝的沥青混凝土心墙结构单薄，一旦破坏无法在墙体上直接修补，目前的勘察和检测技术难以查明心墙存在的缺陷和渗漏位置。沥青混凝土心墙坝出现渗漏问题后，需要研究重新构筑防渗体的必要性和可行性。根据沥青混凝土心墙坝的坝体结构特点，其渗漏处置方案主要包括：混凝土防渗墙加固方案、灌浆重构防渗体方案、上游垂直防渗＋坝面防渗方案。

（1）混凝土防渗墙加固方案

混凝土防渗墙加固方案是利用钻凿抓斗等造孔机械设备在坝体或地基中建造槽孔，以泥浆固壁，用直升导管在注满泥浆的槽孔内浇筑混凝土，形成连续的混凝土墙，达到防渗目的。为便于成槽，防止漏浆及塌孔，避免破坏原沥青混凝土心墙，混凝土防渗墙可布置于沥青混凝土心墙上游侧的过渡料中。为保证防渗墙下基岩及墙体与基岩衔接部位的防渗性能，使之形成完整的防渗体系，需在防渗墙下进行帷幕灌浆。

（2）灌浆重构防渗体方案

灌浆重构防渗体方案是垂直型沥青混凝土心墙出现缺陷漏水时，在沥青混凝土心墙上游侧过渡料及坝壳料中采用套阀管法灌浆，使浆液结石与原沥青混凝土心墙共同形成防渗幕体。为保证灌浆防渗幕体下基岩及与基岩衔接部位的防渗性能，使之形成完整的防渗体系，在灌浆形成防渗幕体下进行基岩帷幕灌浆。

（3）上游垂直防渗＋坝面防渗方案

该方案是在坝体上游坝脚设置垂直混凝土防渗墙或帷幕灌浆防渗，坝脚以上坝面设置钢筋混凝土面板或复合土工膜坝面防渗。为保证防渗墙下基岩及墙体与基岩衔接部位的防渗性能，使之形成完整的防渗体系，在防渗墙墙底及坝坡周边钢筋混凝土面板或土工膜基座下部进行帷幕灌浆处理。为满足混凝土防渗墙的施工要求，需在上游坝坡填筑宽度不小于12m的堆石料形成防渗墙的施工平台，混凝土防渗墙沿平台内缘布置，坝面防渗设施基座设在防渗墙顶部。该方案施工内容较多，需要综合考虑施工导流问题。

1.3.2.4 土石坝渗漏水下处置技术

近年来,随着我国大批病险水库大坝实施了除险加固,其中有一定数量的土石坝采用了水下加固方式,相应积累了一定的成功技术与经验。

(1)土坝渗漏水下处置技术

土坝渗漏水下处置应根据渗漏原因、坝体型式和渗漏范围等进行合理选用,根据处置方法的不同,大体可分为以下两类。

1)水平防渗

对于水平防渗,一方面需对存在问题的水平铺盖进行修复,另一方面需加固坝体的防渗体。在水库不能放空的条件下,可选用抛填黏土或铺设防渗土工膜等方法修复大坝上游河床的原防渗铺盖。

2)垂直防渗

对于垂直防渗,坝体可采用混凝土防渗墙、其他防渗墙(包括冲抓套井回填、倒挂井开挖防渗墙、振动成模防渗墙、板桩灌注防渗墙、深层搅拌连续防渗墙等)、防渗灌浆(包括高压喷射灌浆、劈裂灌浆防渗)、土工合成材料防渗等措施,坝基可采取混凝土防渗墙(可用于坝基较厚透水层)、其他防渗墙、防渗灌浆(风化基岩帷幕灌浆)等措施。

(2)面板坝渗漏水下处置技术

对于混凝土面板堆石坝,当检测出堆石坝的混凝土面板出现严重破损时,为保证修复质量和耐久性,应优先考虑放空水库,对混凝土防渗面板的缺损部位进行修复;若水库不满足放空条件,可选择以下水下处理方法。

1)针对混凝土面板破损问题

先对坝体缺失部位进行填充,破损面板铺设防渗土工膜,土工膜周边涂水下环氧材料封边剂进行密封防渗。

2)针对混凝土面板裂缝问题

可采用潜水员作业,沿裂缝破损处切槽,采用柔性止水材料进行填充,最后在面板上浇筑一层混凝土板。

3)针对混凝土面板伸缩缝漏水问题

可采用水下柔性止水材料修补或SR防渗模块进行密封处理,或者采取抛投粉细砂或粉煤灰进行淤堵。

在株树桥面板坝的后期处理过程中,采取定点灌注水下柔性混凝土的方法,再水下抛填粉细砂和瓜米石,大坝渗漏量降至10L/s以内,并一直维持至今。天生桥一级面板坝采用在破损区域浇筑水下环氧混凝土,并在新浇筑混凝土上跨伸缩缝锚贴SR防渗盖片的方式水下修复。三板溪面板坝凿除受损混凝土后采用C35水下PBM聚合物混凝

土回填;面板裂缝部位进行化学灌浆;垂直缝止水破坏部位和水平施工缝挤压破坏严重部位,对面板下部垫层料进行充填砂浆处理;垂直缝清洗后,填充 SR 止水材料,表面粘贴 SR 防渗盖片。国外的阿尔托安奇卡亚面板坝(哥伦比亚)、戈里拉斯面板坝(哥伦比亚)、希罗罗面板坝(尼日利亚)、阿瓜米尔帕面板坝(墨西哥)等工程,在水下修复止水结构后,均采取抛填粉煤灰或粉细砂淤堵,渗漏量均明显减小。

1.4 我国土石坝安全态势与技术展望

1.4.1 土石坝安全态势

(1)土石坝安全状况总体可控,但出险甚至溃坝事故偶有发生

自 1998 年以来,我国累计投入大量资金,对大中型水库和小型水库进行了除险加固,水库安全状况不断改善。自 1975 年河南省板桥和石漫滩大型水库发生溃坝之后,近50 年来我国再未出现大型水库溃坝事故。"十三五"时期,我国水库年均溃坝率是0.03‰,为历史最低。"十四五"期间,我国计划投入超过 1000 亿元用于水库除险加固,以消除病险水库存量。随着我国病险水库除险加固工作的全面完成,土石坝安全状况总体可控。

我国小型水库量大面广,安全隐患依然突出,是"十四五"时期防汛薄弱环节。小型水库土石坝的建筑物级别为 4 等或 5 等,按照《水利水电工程合理使用年限及耐久性设计规范》(SL 654—2014),这些小型水库土石坝的合理使用年限为 50 年。由于小型水库中的约 77%兴建于 20 世纪 50—70 年代,绝大部分已超期服役,土石坝坝体内部存在各种缺陷,在超标准洪水和白蚁危害等影响下,大坝极易出现突发渗漏险情,引起溃坝事故的发生。尤其高风险等级的"高坝小库"是当前防洪保安体系中的薄弱环节和突出短板。

(2)我国中小型水库土石坝洪水标准偏低,超标准洪水导致溃坝比例明显增大

我国 1954—1979 年超标准洪水导致溃坝 279 座,占该时期溃坝总数的 10%。1980—1999 年超标准洪水导致溃坝 150 座,占比 28%。自 2000 年以来全国溃坝 102 座(中型 8 座,小型 94 座),其中超标准洪水导致溃坝 45 座,占比 44%。可见,超标准洪水导致溃坝比例明显增加,如 2018 年新疆射月沟水库、2019 年湖南龙潭水库和铁落冲水库、2020 年江西长罗水库、2021 年内蒙古永安和新发水库等溃坝事故均造成了较大损失。超标准洪水导致溃坝的原因有以下几个方面。

1)我国中小型土石坝的防洪标准偏低

我国水库大坝防洪标准主要根据建筑物级别确定,对于山区和丘陵区的土石坝工

程,3 级永久性水工建筑物最高洪水标准为 2000 年一遇,5 级永久性水工建筑物最高洪水标准为 300 年一遇。美国现行大坝等级划分和防洪标准是以大坝失事所造成的潜在危害来确定的,对于失事或调度失误有可能造成生命损失的高风险等级大坝,美国联邦应急管理署(FEMA)的防洪标准采用水文设计最高标准(PMF)。相比美国高风险等级大坝,我国中小型土石坝的防洪标准偏低。中国与美国水库防洪标准对比见表 1.4-1。

表 1.4-1　　　　　　　　　　　　中国与美国水库防洪标准对比

工程规模	分区	设计洪水（中国）	校核洪水(中国)		FEMA(美国)		
			混凝土坝浆砌石坝	土坝堆石坝	高风险	显著风险	低风险
中型	山区、丘陵区	100～50 年一遇	1000～500 年一遇	2000～1000 年一遇	PMF	0.1%洪水	1%洪水或具有正当理由的更小洪水
	平原、滨海区	50～20 年一遇	300～100 年一遇				
小(1)型	山区、丘陵区	50～30 年一遇	500～200 年一遇	1000～300 年一遇	PMF	0.1%洪水	1%洪水或具有正当理由的更小洪水
	平原、滨海区	20～10 年一遇	100～50 年一遇				
小(2)型	山区、丘陵区	30～20 年一遇	200～100 年一遇	300～200 年一遇	PMF	0.1%洪水	1%洪水或具有正当理由的更小洪水
	平原、滨海区	10 年一遇	50～20 年一遇				

2)我国土石坝防洪能力复核标准偏低

根据《水库大坝安全评价导则》(SL 258—2017),如水库现状工程等别、建筑物级别和防洪标准达不到《防洪标准》(GB 50201—2014)和《水利水电工程等级划分及洪水标准》(SL 252—2017)要求,应根据《水利枢纽工程除险加固近期非常运用洪水标准的意见》,确定水库近期非常运用洪水标准,并按《防洪标准》(GB 50201—2014)和《水利水电工程等级划分及洪水标准》(SL 252—2017)对防洪标准进行调整,作为当次防洪能力复核调洪计算与大坝抗洪能力复核的依据。根据《水库大坝安全评价导则》(SL 258—2017)附录 B,对于土石坝工程,1 级永久性水工建筑物近期非常运用洪水标准为 2000 年一遇,3 级永久性水工建筑物近期非常运用洪水标准为 500 年一遇。相比《防洪标准》(GB 50201—2014)和《水利水电工程等级划分及洪水标准》(SL 252—2017)规定的永久性水工建筑物洪水标准,近期非常运用洪水标准偏低,对于那些防洪标准偏低的已建土石坝,一次提高防洪标准确有困难,采用近期非常运用洪水标准将存在抵御突发洪水能力不足的问题。

3)小型水库设计洪水复核成果偏低

我国多数小型水库建设属于"三边"工程，水库建设初期水文资料缺乏，工程建设标准偏低。水库建成投入运行后，随着运行期的延长，水文系列也不断增加，规划设计阶段的洪水频率和设计暴雨强度可能已发生较大变化。小型水库多数无实测水文资料，导致在后期运行维护过程中，对水库设计洪水的认识不足，复核的设计洪水成果低于实际发生值，产生潜在的超标准洪水。

1.4.2　土石坝技术展望

高土石坝建设面临变形控制、渗流控制、坝坡抗滑稳定、泄洪安全及控制、大坝安全建设与质量控制、大坝安全评价及预警等关键科学技术问题，需要开展全面深入的研究。

（1）土石坝筑坝技术

1）筑坝材料需要不断创新

我国十三大水电基地中，东部、中部和东北地区水电基地已基本开发完成，国内待开发的水电资源主要集中在西部各主要河流的上游和西藏等偏远地区，主要包括金沙江、雅砻江及大渡河水电基地，以及澜沧江、雅鲁藏布江及怒江水电基地。"十四五"时期，我国将深入推进川、滇、藏等西部重点区域水电开发。

由于西部地区黏性土料缺乏，砾石料和碎石料等粗粒料较为丰富，采用黏性土中掺入砾石料或碎石料等粗粒料作为防渗土料，采用河道堆积土石料作为坝壳用料，已成为当今土石坝筑坝发展趋势。例如：已建成的澜沧江糯扎渡砾石土心墙堆石坝，最大坝高261.5m；雅砻江两河口砾石土心墙堆石坝，最大坝高295.0m。正在建设的大渡河长河坝砾石土心墙堆石坝，最大坝高为240.0m；西藏澜沧江如美砾石土心墙堆石坝，最大坝高315.0m。由于土质防渗体中掺入了大量砾石料和碎石料，土体物理力学指标差异很大，极不均匀，用来修建高土石坝时需要开展详细的论证研究工作。

2）筑坝技术需要不断创新

在深厚覆盖层基础处理技术方面，需要通过数值模拟和离心模型试验等手段，研究悬挂式防渗墙的适应性与防渗效果；提出基于渗漏量、渗透比降、造价等多目标控制的深厚覆盖层坝基防渗设计方法；研发200m级防渗墙成槽工艺及设备，研究新型固壁泥浆、清孔换浆、混凝土浇筑等成套技术。

在土石坝智能设计技术方面，基于地理信息系统、水文信息系统、数字化地质模型和三维数字技术，构建大坝信息模型；基于大坝设计、建造、运行等阶段的工程业务，开展大坝全生命期BIM模板化建模研究，并借助计算机辅助工程技术，实现大坝结构优化设计、施工和运行等阶段的模拟和可视化。

在土石坝智能碾压技术方面，借助无人机、测量机器人、激光扫描等技术，融合无线数据通信、数据处理、互联网等技术,基于对料场信息、运输能力、进场道路,以及大坝填筑碾压施工信息的智能感知、深度挖掘以及智能决策,实现大坝填筑质量的全天候、精细化、在线实时智能控制。

3)土石坝抗漫顶破坏技术

从国内外土石坝溃决案例来看,超标准洪水是引起大坝溃决的主要原因。因此,可考虑在土石坝坝顶及后坝坡采取衬砌防护或防冲刷措施,如在预设漫顶坝段采用现浇混凝土面板衬砌、砌石护坡结合加糙或台阶式消能等防冲设施,使洪水漫坝时在预先设置的防护段下泄,并满足坝面短历时过水要求,实现土石坝"漫而不溃""漫而缓溃",降低瞬时溃坝流量,减小对下游的冲击和破坏。

(2)土石坝加固与维护技术

1)水下加固技术需要不断创新

自 20 世纪 90 年代以来,各国水下工程技术的研究重点已从常规有人潜水技术向大深度无人遥控潜水方向发展,并初步形成以高科技、高效率、自动化、遥控化和安全性为特征的现代水下工程技术。近年来,尽管我国水下工程技术已广泛用于国民建设的各个领域,特别是 2012 年 6 月"蛟龙号"载人潜水器(HOV)最大下潜深度达到 7062m,标志着我国实现了深海技术发展的新突破和重大跨越,但是我国水库大坝水下工程技术总体发展水平较国外发达国家还有较大差距,尚需要从水下检测仪器、水下加固材料、水下施工设备和水下加固技术专业队伍建设等方面发展水库大坝水下工程技术,研发满足多种水下作业的水下机器人、载人潜水器或大深度饱和潜水技术。

2)加固新材料需要不断研发

针对混凝土面板堆石坝渗漏缺陷问题,需研发水下不分散、快速固化、绿色环保的高性能面板裂缝灌浆材料和表面修复加固材料,需研究加固材料的水下固化和黏结机理,提出水下混凝土加固材料的结构设计方案与水下制备方法。

(3)土石坝空天地一体化安全监测技术

开展北斗卫星导航系统在大坝及边坡外部变形监测的试点应用研究。研究基于InSAR 技术和北斗卫星导航系统的坝区变形多源联合监测体系,满足大范围监测区域的高空间分辨率要求以及重点监测区域高时间分辨率要求。研究基于地基 SAR 的坝体变形及枢纽重点区域变形监测技术,基于光学遥感的大坝现场综合感知技术,实现大坝光学遥感图像的有效信息自动提取,开展基于卫星或无人机遥感技术的库岸地质灾害动态演变监测及预报预警技术研究。

(4)土石坝安全智慧管理技术

国家"十四五"规划和水利部智慧水利建设顶层设计要求建设数字孪生工程和数字

孪生流域,构建具有"预报、预警、预演、预案"功能的智慧水利体系。为提高土石坝安全智慧管理水平,研究利用 BIM、GIS、人工智能等技术,以数字化、网络化、智能化为主线,以数字化场景、智慧化模拟、精准化决策为路径,以算据、算法、算力建设为支撑,通过对工程进行全要素数字化映射,构建土石坝智能化、信息化管理平台。

1.5 典型溃坝案例

溃坝是国际坝工界乃至人类社会面临的共同挑战,国内外均有惨痛教训。根据国际大坝委员会(ICOLD,International Commission on Large Dams)和中国大坝工程学会(CHINCOLD,China National Committee on Large Dams)的溃坝统计资料,截至 2020 年底,全球 57 个国家(不包括中国)共记录有溃坝 2068 座,其中美国 1732 座,其他国家 336 座,2021 年国外又有 3 例溃坝事故报道。我国自 1954 年有溃坝记录以来,共溃坝 3558 座,其中土石坝溃坝达 3330 余座,且坝高 15.0m 以上的有 1691 座。随着经济社会快速发展,城镇化率不断提高,水库大坝下游人口稠密,基础设施集聚,我国水库溃坝后果严重程度和危害远超世界其他国家。特别是近年来,极端气候频发,水库大坝安全度汛面临严峻形势,"预报、预警、预演、预案"措施仍存在薄弱环节,出险甚至溃坝事故仍偶有发生,土石坝安全状况应引起足够重视。

水库大坝溃决原因主要分 3 大类,即自然因素(洪水漫顶)、工程因素(渗漏破坏)和人为因素(设计施工缺陷、管理不当和人为侵占等)。深入分析任何单一溃坝事件可以发现,每起溃坝事故都是由多种因素耦合叠加导致的。根据我国水库溃坝成因统计分析,其中洪水漫顶占 51.04%,工程质量缺陷占 37.24%,管理不当占 4.92%,其他原因占 6.80%,洪水漫顶、工程质量缺陷和管理不当是导致溃坝的 3 个主要原因,合计占 93.20%。部分土石坝溃坝事故统计见表 1.5-1。

表 1.5-1　　　　　　　　　部分土石坝溃坝事故

水库名称	所在地	溃决时间	坝型	坝高/m	库容/万 m³
白果冲	河南固始	1960.5.18	黏土心墙坝	15.0	700.0
虎台	辽宁抚顺	1971.7.31	黏土心墙坝	21.5	306.0
洞口庙	浙江宁海	1971.6.2	均质土坝	21.5	255.0
水口坑	浙江永康	1960.9.12	均质土坝	28.0	60.0
宝盖洞	湖南浏阳	1954.7.24	均质土坝	30.0	160.0
塔下	湖南郴州	1968.6.17	均质土坝	13.0	12.6
李家咀	甘肃庄浪	1973.4.29	均质土坝	25.0	114.0
史家沟	甘肃庄浪	1973.8.25	均质土坝	28.6	85.6
沟后	青海共和	1993.8.27	面板砂砾石坝	71.0	330.0

水库名称	所在地	溃决时间	坝型	坝高/m	库容/万 m³
小湄港	湖北通山	1995.7.2	心墙土石坝	11.0	14.0
茶山坑	广东恩平	1998.6.26	均质土坝	30.0	597.0
大河	吉林桦甸	2010.7.27	黏土心墙堆石坝	23.0	400.0
沈家坑	浙江舟山	2012.8.19	均质土坝	28.5	23.8
射月沟	新疆哈密	2018.7.31	沥青心墙坝	45.15	680.0

（1）青海沟后水库溃坝

1）工程概况

沟后水库位于青海省海南藏族自治州境内，黄河支流恰卜恰河上游，坝址距共和县城 13km。水库开发任务是解决龙羊峡水库淹没及移民安置的补偿，兼顾加拉、香卡两地区的农业灌溉，同时为县城供水。水库集雨面积 198km²，总库容 330 万 m³，正常蓄水位 3278m，库区多年平均降水量 311.8mm。水库于 1985 年开工修建，1992 年投入运行。大坝为钢筋混凝土面板砂砾石坝，坝顶高程 3281m，坝顶宽 7m，最大坝高 71m。上游坡比 1∶1.6，下游坡比 1∶1.5，在高程 3260m 和 3240m 各设宽 1.5m 的戗台。混凝土面板厚度从顶部的 30cm 沿高程往下增加至底部的 60cm。大坝典型横剖面见图 1.5-1。

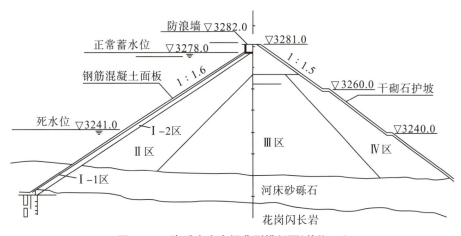

图 1.5-1　沟后水库大坝典型横剖面（单位：m）

2）大坝溃决过程

1993 年 7 月 14 日至 8 月 27 日，库水位从 3261m 连续 45d 升至 3277.25m，超过沉降后的防浪墙底座高程，但距坝顶还有 3.75m。8 月 21 日坝脚以上约 5m 护坡石缝向外渗水，右侧坝段背水坡约在高程 3270m 处有约 1m² 坡面渗水。8 月 27 日 13 时 20 分，库水淹没坝顶防浪墙底座；16 时防浪墙底座开裂漏水，下游坝坡多处流水，坝脚 9 处出水如瓶口大；22 时 40 分大坝溃决。青海沟后水库溃坝现场见图 1.5-2。

图 1.5-2　青海沟后水库溃坝现场

3）溃坝原因分析

现场检查发现，大坝溃口呈不规则倒梯形；上口高程3277.3m，在高程3271m处沿坝轴线宽133m；下口高程3250m处宽42m；坝顶多处出现裂缝。经调查，溃坝时库区只降雨4～6mm，水库蓄水位比坝顶高程低3.75m，坝基及两坝肩无渗漏。大坝溃决原因是面板接缝大量漏水，抬高坝体浸润线后，导致坝体出现滑坡形成坝顶缺口，继而库水经缺口溢流冲刷坝体，加速溃口扩大。

1998年7月启动沟后水库大坝修复工程，修复大坝仍采用钢筋混凝土面板砂砾石坝，在左侧新建开敞式溢洪道。

（2）新疆八一水库溃坝

1）工程概况

八一水库位于新疆维吾尔自治区昌吉州米泉市境内，是一座以灌溉为主，兼有防洪、养殖等综合效益的中型水库，总库容3500万 m^3，正常蓄水位464.22m。大坝为均质土坝，坝顶高程466.85m，坝长10105m，上游坡比1∶2.5，下游坡比1∶2。水库始建于1952年，1999年鉴定为"三类坝"，由于大坝防洪能力不足，2003年除险加固对大坝加高0.40m，在大坝桩号4＋050处新建泄洪涵洞，设计流量15m^3/s。新建泄洪涵洞为长方形，洞内尺寸2.00m×2.50m，基础是老坝坝基粉质黏土。大坝溃决时，除险加固工程尚未全部完成。

2）大坝溃决过程

2004年1月21日13时30分，泄洪涵洞出口左侧坝坡有一个漏水洞，洞高约1m、宽0.5m，漏水量约50L/s，至17时增大至1m^3/s。抢险采取的主要措施是设法封堵漏水通道进水口，出口未采取措施。由于库内冰冻层厚达60cm，未能及时凿开冰面找到渗漏通道进口，抢险措施无法实现。20时漏水量增大至30m^3/s，坝体出现大的塌洞。当漏水量为100m^3/s时，由于坝顶冻土层的作用，坝顶仍未塌落，但出现一拱桥，拱顶厚度1.5m，实际为坝顶冻土层的厚度，拱顶跨度15m。22日11时拱顶塌落，大坝出现了 30 多米长的溃口,漏水量为 240m³/s。24 日 7 时水库基本排空,溃坝后实测溃口上游最大宽度 45m,至下游坝坡坡脚处收缩为 35m。由于泄洪涵洞的防冲作用,最大冲刷断面位于泄洪涵洞轴线偏左 5m,泄洪涵洞洞身向左侧倒塌。新疆八一水库溃坝现场见图 1.5-3。

图 1.5-3 新疆八一水库溃坝现场

3)溃坝原因分析

溃坝是因新建泄洪涵洞后,附近坝体重新填筑的施工速度过快(新填段高 6.5m 的坝体是在 7d 内完成的,平均日填筑高度 0.93m),老坝开挖边坡较陡,坝体产生不均匀沉降,导致出现横向贯穿性裂缝,发生渗流破坏。

(3)甘肃小海子水库溃坝

1)工程概况

小海子水库位于甘肃省高台县境内,是一座渠道引水旁注式平原洼地水库,总库容 1048.1 万 m³,水域面积 5.4km²,最大水深 6.32m。水库始建于 1958 年,由上库、中库、下库三部分组成。主要建筑物由大坝、腰坝、进水闸及上、中、下库输水闸等组成。大坝由南坝、西坝、北坝和腰坝段组成,坝型为壤土均质坝,总长 10.1km,最大坝高 8.72m。该水库历经 1984、1987、1990 年 3 次加高和扩容处理,于 2002 年 2 月开始除险加固,2004 年 12 月初步验收,随后投入正常使用。

2)大坝溃决过程

2007 年 4 月 19 日 11 时 45 分,发现坝下排水沟中有水柱射出,土坝随即下沉了 1m 左右,很短时间内大坝即出现了溃口,溃口位于新建下库中间部位桩号 2+681.0~2+722.5 处,决口处坝高 8.1m。当日 16 时 30 分水库 463 万 m³ 库水基本排空,溃口最大流量 250m³/s。大坝溃口宽约 41.5m,冲坑沿坝轴线宽 40m,垂直坝轴线长 80m,坑深 8.1m。甘肃小海子水库溃坝现场见图 1.5-4。

图 1.5-4　甘肃小海子水库溃坝现场

3）溃坝原因分析

小海子水库新建和 3 次加固扩建均未进行系统的勘测设计，坝体结构由群众自行组织实施，设计不规范、料源不统一、施工质量差，水库修建后大坝漏水严重，多处出现管涌和流土险情，后于 2002 年实施了除险加固。小海子水库溃坝原因主要有：①超设计水位蓄水（较设计水位提高 0.35m），快速蓄水放水方式诱发和加剧了溃坝事故的发生；②黏土防渗铺盖未进行严格保护和处理，存在渗水隐患；③坝后排水沟开挖深度过大，排水沟底部反滤缺失，坝基渗流从排水沟内排出，导致坝基发生渗透破坏等。

针对溃口存在的问题，主要采取抛厚卵石，挤密压实基础后再回填砂砾石，然后回填壤土恢复坝体等常规的修复措施。对于溃口附近 600m 及其余坝基存在接触冲刷破坏的坝段共计 2790m，经比较后采用高压喷射灌浆防渗墙进行垂直防渗处理。

（4）山西曲亭水库溃坝

1）工程概况

曲亭水库位于山西省洪洞县境内，是一座以灌溉、防洪为主，兼顾养殖等综合利用功能的中型水库，总库容 3440 万 m³，控制流域面积 127.5km²。大坝为均质土坝，坝高 49m。该水库于 1959 年动工兴建，后经过 4 次大坝加高，坝顶高程达到 561.73m。大坝于 1975 年首次高水位运行，下游坝坡多次发生浑水渗出和管涌、塌陷等险情。虽然经过多次局部加固处理，但没有彻底解决大坝渗漏问题。2004—2007 年该水库实施了除险加固，完成的主要工程为溢洪道工程、坝基高喷防渗墙工程、坝面整修工程和管理房工程等。

2）大坝溃决过程

2013 年 2 月 15 日 7 时，左岸灌溉洞进水口附近有漩涡，洞内有水泄出。随着渗漏水流对下游坝坡的冲刷，坝体从灌溉洞出口处开始向上游逐渐坍塌，灌溉洞下游段洞身随坝体坍塌。2 月 16 日坝体从下游方向坍塌越过坝顶，坝体缺口上、下游贯通，坝身开始过水，灌溉洞进水塔垮塌，水库 1900 万 m³ 蓄水基本泄空，至此水库坍塌形成了坝体上游大滑坡和坝体左岸灌溉洞处大缺口险情。山西曲亭水库溃坝现场见图1.5-5。

图1.5-5 山西曲亭水库溃坝现场

3）溃坝原因分析

经调查分析，导致大坝溃决的主要原因是左岸灌溉洞与坝体之间发生了接触渗漏。

（5）新疆射月沟水库溃坝

1）工程概况

射月沟水库位于新疆维吾尔自治区哈密市沁城乡，距哈密市115km，是一座以供水、灌溉为主的小（1）型水库，总库容677.9万 m^3。大坝为沥青混凝土心墙砂砾石坝，坝顶长403m，坝顶高程1496.65m，最大坝高45.15m，上游坡比1：2.25，下游坡比1：2.0。

2）大坝溃决过程

2018年7月31日6时至9时30分，哈密市伊州区沁城乡突降暴雨，其中，沁城乡小堡区域发生局部短时特大暴雨洪水，1h最大降水量达110mm，最大洪峰流量达731 m^3/s，为有水文记录资料以来最高纪录。涌入射月沟水库的洪峰流量达1848 m^3/s，远超过该水库300年一遇校核洪峰流量537 m^3/s，造成水库迅速漫顶并局部溃坝，引发洪涝灾害。射月沟水库溃坝现场见图1.5-6。

3）溃坝原因分析

射月沟流域由6条支流汇流后至射月沟水库，水库集雨面积约408 km^2，径流补给主要由季节性冰雪融水、夏季降雨和泉水组成。本次暴雨洪水过程具有降水量大、强度大和汇流快等特点，模拟计算结果表明，射月沟水库2h以上就形成入库洪峰，最大洪峰流量达到1915 m^3/s，远超过历史最大入库洪峰流量170 m^3/s。本次暴雨洪水入库径流总量达2197万 m^3（年平均径流总量1819万 m^3），远超水库蓄洪（水库总库容670万 m^3）和泄洪能力（最大泄洪能力380 m^3/s），库水位在短时间内猛涨，仅2h库水位就上涨了5.85m，造成了漫顶溢流。

图 1.5-6　射月沟水库溃坝现场

（6）内蒙古永安和新发水库溃坝

1）工程概况

永安水库大坝位于内蒙古自治区呼伦贝尔市莫力达瓦旗西瓦尔图河中游的西瓦尔图镇永安村，控制流域面积 203km²，总库容 800 万 m³，是一座以防洪、灌溉为主的小（1）型水库。该水库于 1976 年开始兴建，后经两次续建，于 1995 年基本建成。新发水库大坝位于内蒙古自治区呼伦贝尔市莫力达瓦旗坤密尔堤河下游西瓦尔图镇新发村，位于永安水库大坝下游 13km，控制流域面积 698km²，总库容 3808 万 m³，是一座以防洪、灌溉为主的中型水库。该水库于 1958 年开工兴建，后经两次续建，于 1999 年完工。

2）大坝溃决过程

2021 年自进入汛期以来，西瓦尔图河、坤密尔堤河流域连续发生了多场暴雨。进入 7 月以后，7 月 2 日、7 月 4 日、7 月 14 日流域内连续出现了 3 次强降水。7 月 18 日 9 时 30 分永安水库水位达到坝顶高程 252.20m；10 时 50 分库水位达到 253.40m，超过防浪墙顶高程 0.1m，全坝线溢流；13 时 20 分部分坝体溃决。7 月 18 日 12 时新发水库水位达到坝顶高程 226.00m；14 时库水位达到防浪墙顶高程 227.20m，全线溢流；15 时 30 分全线溃坝。

3）溃坝原因分析

经调查，入汛以来，尽管永安水库、新发水库输水洞闸门一直敞开，辅助泄洪，但由于该次超强暴雨形成超标准特大洪水，导致洪水漫顶，下游坝坡持续冲刷破坏失稳，进而溃坝。

（7）美国伊登维尔和桑福德大坝溃决

1）工程概况

伊登维尔大坝位于密歇根州米兰德县上游约 21km 处的蒂塔巴瓦西河和特巴可河

交汇处。伊登维尔大坝建于 1924 年,总库容 8170 万 m³,水面面积约 15km²,主要功能为发电与防洪,兼顾旅游、休闲等。水库大坝为土坝,总长约 2km,最大坝高 16m,主要由两个坝段组成,右侧坝段位于特巴可河上,左侧坝段位于蒂塔巴瓦西河上,两侧均设有溢洪道。

桑福德大坝位于伊登维尔大坝下游约 11.3km 处,大坝建于 1925 年,总库容 1714 万 m³,主要功能为发电。大坝为蒂塔巴瓦西河干流布置的闸坝,坝高 10.97m,坝长 481.3m,溢流闸坝宽度 42.37m,溢流闸坝由 6 孔液压启闭闸门控制,布置于左岸,右侧为土坝。

2)大坝溃决过程

蒂塔巴瓦西河在当地时间 2020 年 5 月 19 日上午进入大洪水期,10 时 15 分水位达到 8.60m 并持续上涨。5 月 19 日 19 时 30 分,伊登维尔大坝库水位接近坝顶时大坝发生了渗流破坏,进而失稳溃决;下游桑福德大坝于当日 20 时 49 分发生了漫顶溃决。两座大坝溃决后蒂塔巴瓦西河水位继续上涨,到 20 日下午水位达到最高值 10.68m,超过了当地历史最高水位 10.33m(图 1.5-7、图 1.5-8)。

图 1.5-7　伊登维尔大坝溃口

图 1.5-8　桑福德大坝漫顶过流

3)溃坝原因分析

伊登维尔大坝和桑福德大坝溃决原因主要包括:①5 月 17—19 日提塔巴瓦西河流域降雨量达 100～180mm,集中强降雨导致水库水位迅速上涨,水位逼近伊登维尔大坝坝顶,从而造成了对大坝安全的严重威胁;②大坝为土坝,库水位上升至坝顶附近后,坝顶上游侧出现局部滑坡和塌陷,下游坝坡出现流水,溢洪道左边墙外侧坝体发生渗透破坏;③两座大坝的坝龄均接近 100 年,大坝已超期服役;④伊登维尔大坝自 1999 年以后一直缺乏有效的维修养护,在 2018 年评定为不合格状态,由于加固经费没落实,该水库未采取任何有针对性的除险加固措施。

参考文献

[1] 麦家煊.水工建筑物[M].北京:清华大学出版社,2006.

[2] 矫勇.中国大坝70年[M].北京:中国三峡出版社,2021.

[3] 谭界雄,高大水,周和清,等.水库大坝加固技术[M].北京:中国水利水电出版社,2011.

[4] 杨启贵,谭界雄,卢建华,等.堆石坝加固[M].北京:中国水利水电出版社,2017.

[5] 杨启贵.病险水库安全诊断与除险加固新技术[J].人民长江,2015(19):30-34.

[6] 陈生水.新形势下我国水库大坝安全管理问题与对策[J].中国水利,2020(22):1-3.

[7] 张建云,杨正华,蒋金平.我国水库大坝病险及溃决规律分析[J].中国科学(技术科学),2017,47(12):1313-1320.

[8] 谭界雄,位敏,徐轶,等.水库大坝渗漏病害规律探讨[J].大坝与安全,2019(4):12-19.

[9] 陈生水.特高土石坝建设与安全保障的关键问题及对策[J].人民长江,2018,49(5):74-78.

[10] 钮新强.高面板堆石坝安全与思考[J].水力发电学报,2017(36):104-111.

[11] 徐泽平.超高混凝土面板堆石坝建设中的关键技术问题[J].水力发电,2010,36(1):51-53,59.

[12] 钮新强,谭界雄,田金章.混凝土面板堆石坝病害特点及其除险加固[J].人民长江,2016,47(13):1-5.

[13] 徐泽平.混凝土面板堆石坝关键技术与研究进展[J].水利学报,2019,50(1):62-74.

[14] 杨泽艳,赵全胜,方光达.我国水工技术发展与展望[J].水力发电,2012,38(10):28-32.

[15] 吴高见,张喜英.土石坝施工技术的现状与发展趋势[J].水力发电,2018,44(2):1-6,24.

[16] 蒋国澄.我国混凝土面板堆石坝的发展与经验[J].水力发电,1999(10):45-47.

[17] 孔令学,李士杰,黄青富,等.美国垦务局与中国土石坝设计标准的主要差异[J].云南水力发电,2020,36(8):156-163.

[18] 李君纯.青海沟后水库溃坝原因分析[J].岩土工程学报,1994(6):1-14.

[19] 梁俊海,田隆海,杨双成.青海沟后水库混凝土面板砂砾石坝修复施工[J].水力发电,2000(4):31-33.

[20] 刘杰.八一水库溃坝原因分析[J].中国水利水电科学研究院学报,2004,2(3):161-166.

[21] 耿灵生,巩向锋,王光辉.病险水库除险加固的警示与经验[J].山东水利,2010(5):18-19,24.

[22] 贾永勤,王嘉翔,文万祥.小海子水库溃坝事故分析及教训[J].甘肃水利水电技术,2008,44(4):235-237.

[23] 贾永勤,文万祥,王嘉翔,等.小海子水库溃坝原因分析及相关问题商榷[J].中国水利,2008(14):25-26,31.

[24] 张世泉.曲亭水库应急除险加固设计方案比选[J].山西水利科技,2020(2):24-26,39.

[25] 杨建中,毕程敏.山西省曲亭水库水毁应急修复加固工程蓄水安全鉴定[J].河北水利,2015(9):41.

[26] 赵悬涛,刘昌军,王文川,等.射月沟水库溃坝洪水模拟及溃坝原因分析[J].中国农村水利水电,2022(5):171-177,183.

[27] 马黎,钟启明,杨蒙,等.新疆射月沟水库溃坝过程数值模拟[J].水利水运工程学报,2023:1-11.

[28] 肖飞,王晓昕.莫旗永安、新发水库暴雨调查分析[C]//水利部防洪抗旱减灾工程技术研究中心,中国水利学会减灾专业委员会,《中国防汛抗旱》杂志社.第十二届防汛抗旱信息化论坛论文集,2022:3.

[29] 张本华.新发水库大坝存在问题及处理措施[J].山西水利科技,2012(1):29-30,42.

[30] 李宏恩,盛金保,何勇军.近期国际溃坝事件对我国大坝安全管理的警示[J].中国水利,2020(16):19-22,30.

[31] 徐泽平.美国密歇根州大坝溃决事件的分析与思考[J].水利水电快报,2020,41(6):8-13,51.

[32] 张士辰,李宏恩.近期我国土石坝溃决或出险事故及其启示[J].水利水运工程学报,2023(1):27-33.

[33] 钮新强,谭界雄,李星,等.以系统治理理念提高中小水库防洪能力[J].中国水利,2023(1):11-14.

第 2 章 土石坝渗漏检测

2.1 概述

土石坝渗漏具有非常强的隐蔽性、时空随机性以及初始量级细微等特征,从渗漏险情的发生到大坝严重破坏的时间往往非常有限,因此及时发现、准确定位渗漏隐患是保证土石坝安全的关键。国内外通过研究渗漏病害部位的物理指标特征和变化规律,形成了多种渗漏检测手段,利用的物理指标包括电、电磁、振动波、水流、热、声、光等。

(1)电和电磁

土石坝填筑材料的导电性与坝体介质类型、孔隙率、含水率等因素有关。如果堤坝存在缺陷或发生渗漏的区域,其电导率将发生改变。电法和电磁法通过探测堤坝中电性参数异常,从而实现对堤坝内部缺陷和渗漏的间接诊断。在这方面形成了直流电阻率法、自然电场法、瞬变电磁法和地质雷达法等探测技术。

(2)振动波

堤坝存在缺陷或发生渗漏部位的密实度和弹性模量与正常区域不同。振动波的传播对介质密实度较为敏感,当振动波在这些部位传播时,波速、波形将发生变化。依据堤坝隐患与背景场的波速及波阻抗差异,可利用纵波、横波及面波进行分析。目前应用的振动波法探测技术主要包括地震反射波法、地震折射波法、地震映像法和瑞利面波法。

(3)水流

水流是渗漏的物理实体。传统方法采用测压管和渗压计测量渗透压力,或采用量水堰测量渗漏量来监测堤坝渗漏。放射性同位素示踪技术将水流作为运载体,可用于调查地下水的补给关系、寻找渗漏入口、测定流速和流向。流场拟合法利用电流场来拟合渗流场,根据渗流场的分布快速寻找堤坝渗漏入口。

(4)热

无渗流土体内部的温度场由热传导主导。当渗流存在时,土体内的热传导强度将因水体的迁移而改变。当土体渗透系数大于 10^{-6} m/s 时,水体迁移引起的平流热传递将超越热传导,即使少量的水体迁移也将迫使土体温度与水温相适应,从而引起原温度场的局部不规则变化。因此,可通过温度变化来分析土石堤坝渗漏情况,近年来发展了分布式光纤监测技术以及红外热成像技术用于辨识土石堤坝渗漏。

(5)声

渗漏过程伴随的水体流动、水土摩擦以及土体发生渗透破坏等环节都会产生声发射现象。可通过声发射监测来判断渗漏发生情况、计算相对流量以及定位渗漏位置。

(6)光

通过人眼直接观察或分析可见光图像发现堤坝渗漏。

2.2 物理探测

根据渗漏检测利用的物理指标,常见的渗漏物理探测方法主要有电法类、电磁法类、地震法类及其他方法。目前,常用的各类方法在大坝渗漏探测中能够起到一定的作用,但由于水库大坝现场环境不同,各大坝渗漏的程度也不同,各类渗漏物理探测技术都有局限性和多解性,难以单独实现对大坝渗漏路径的快速、准确探测,需要遵循先整体后局部、先粗略后精细的原则,采用多种物理探测技术相互结合、相互印证、相互补充的方式,查明水库大坝的渗漏情况。

2.2.1 电法类探测

电法是以内部介质的导电性特征为基础进行的探测,通过坝体及基础的介质差异引起的导电性差异诊断内部缺陷及渗漏隐患。常见的电法类探测包括自然电场法、高密度电法、流场法等。

2.2.1.1 自然电场法

在无需人工对地通电的情况下,土石坝中就自然存在着电场。自然电场的形成有3种原因:①水和固体物质产生的氧化还原化学反应;②水的渗流和土体的过滤作用;③水中的离子在空隙或渗流通道上的扩散和土体骨架对离子的吸附作用。自然电场的形成由均匀渗流和集中渗流产生的过滤电场起主导作用。由于水流形成的电场与水的流动性密切相关,测量水流的自然电场就可以知道地下或建筑物内部水的流动情况。

(1)氧化还原反应

在与溶液接触时,位于地下潜水面附近的电子导电体发生氧化还原反应,在这个过程中,由于被氧化的介质失去电子带正电,被还原的介质得到电子带负电,这两种介质之间便产生了电场。大坝渗流中的物质在氧化还原环境中进行化学反应时,便形成了氧化还原自然电场,氧化环境呈负电位,还原环境呈正电位。氧化还原电场见图 2.2-1。

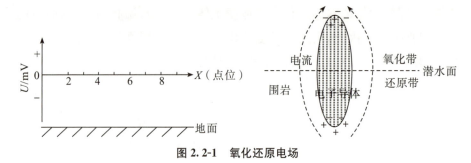

图 2.2-1　氧化还原电场

（2）过滤作用

岩石颗粒对周围溶液中的离子具有选择性吸附作用,通常是吸附阴离子。这样,在岩石颗粒和溶液之间就形成了离子双电层,溶液一侧是阳离子。离岩石颗粒表面较远处的阳离子由于受静电力较弱,易被地下水流带走,于是水流的上游因失去阳离子而带负电;下游则积累了阳离子而带正电,从而沿水流方向形成了电位差,由此形成的电场,称为过滤电场。由于它们都与地下水或地表水的流动有关,因此通过对过滤电场的探测,可以解决某些堤坝的渗漏问题。

（3）扩散作用

当不同部分地下水的离子浓度或成分不同时,在溶液中就会发生定向的离子迁移,称为扩散。扩散总趋势是离子从浓度较高处向浓度较低处迁移,以达到浓度平衡。通常情况下,由于正、负离子质量不同,迁移的速度往往也不相等,由此产生扩散电位差,从而形成扩散电场。

自然电场电位基点联测方法主要有直接联测法、间接联测法和多边形测量法。

自然电场法无需供电系统,但要求电位差测量有较高的精度,因此,各种型号的电阻率法仪器都可用于自然电位测量。但必须要求测量电极电位很小而且稳定,这种电极通常用可渗透陶瓷或其他材料制成罐状,内装饱和硫酸铜溶液,由一根纯度很高的紫铜棒插入其中而成。由于两测量电极均处于饱和硫酸铜溶液中,故两电极具有相同的电极电位,两电极之间极化电位差近于零,并且相当稳定,从而排除了极化电位差对观测值的影响。在野外工作中要求两测量电极的极化电位差小于 2mV。

我国在 20 世纪 80 年代开始利用该技术探测土石堤坝渗漏。现场操作只需用到普通电测仪,采用非极化的电极测量电位差,根据测网绘制等电势图,电位低处即为渗漏严重处。该方法操作简单,成本较低,测深可达 20～30m,可以确定渗漏源的几何形状。相较于常规的人工电场法常常仅用于单次检测,自然电场法利用天然场源可实现野外长时间多次作业,目前还常作为综合物探法之一被应用在堤坝渗漏探测中。该方法的局限性在于容易受游散电流的干扰,若水中可溶性盐含量较大,水的电阻率较低,所有测点获得的电阻率很接近,将无法探测。

在 20 世纪初,山东省水利科学研究院郑灿堂采用自然电场法对潍坊市昌邑市潍河小营口进水闸、赤峰市林西县朝阳水库输水洞、湖南省千家洞水库等进行渗漏隐患探测,取得了良好的效果。

2.2.1.2　高密度电法

高密度电法的基本工作原理与常规电阻率法大体相同,是一种以岩土体的电性差异为基础的电探方法。根据在施加电场作用下地层传导电流的分布规律,采集地下介质的视电阻率。通过布设大量电极,并不断调试测量电极和供电,获得不同位置的电阻率数据,将其绘制成像,直观反映地下内部隐患和隐患的具体位置。高密度电法工作原理见图 2.2-2。

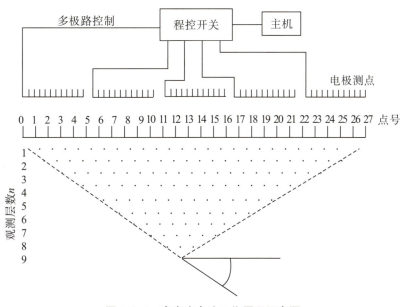

图 2.2.2　高密度电法工作原理示意图

高密度电法数据采集系统由主机、多路电极转换器、电极系统 3 部分组成。主机通过通信电缆、供电电缆向多路电极转换器发出工作指令,向电极供电并接收、存储测量数据。多路电极转换器通过电缆控制电极系统各电极的供电与测量状态。数据采集结果自动存入主机,主机通过通信软件把原始数据传输给计算机。计算机将数据转换成处理软件要求的数据格式,经相应处理模块进行畸变点剔除、地形校正等预处理后,生成视电阻率等值线图。在等值线图上根据视电阻率的变化特征,结合地质资料分析,进行地质解释,反映出内部隐患部位。

高密度电法能提供探测地质体在某一深度沿水平方向的电性变化趋势,也能反映地质体在沿垂直方向上不同深度电性的变化情况,从而从二维水平上反映出探测地质

体的电性畸变特征。

　　某水库三面环山,在坝后库区外有明显渗漏点,工程区域为灰岩和中风化灰岩,溶洞、溶蚀裂隙发育。采用高密度电法进行渗漏检测,针对可疑区域布置两条测线(图 2.2-3),测线布设参数见表 2.2-1。

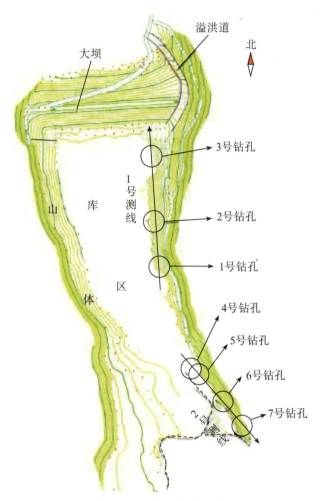

图 2.2-3　测线及钻孔位置

表 2.2-1　　　　　　　　　　　　　　测线布设参数

测线编号	测线走向	电极数	电极间距/m	电极阵列	测线长度/m
1	由南向北	32	2.5	偶极—偶极	77.5
2	由西北向东南	24	2.0	偶极—偶极	46.0

　　布设高密度电法检测数据点 643 个,其中第 1 组数据点 412 个,第 2 组数据点 231 个。根据阻尼最小二乘法进行数据反演分析,得到 1 号测线和 2 号测线的反演结果(图 2.2-4)。由图 2.2-4 可知,第 1 组数据反演均方值相对误差为 5.3%,第 2 组数据反

演均方值相对误差为 2.6%，数据稳定性高，结果可信度高。反演结果见图 2.2-4，异常的低阻率区域见图中圆形标识，测线反演数据推断见表 2.2-2。

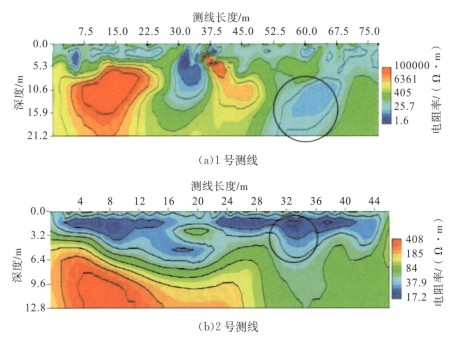

（a）1 号测线

（b）2 号测线

图 2.2-4　1 号测线和 2 号测线反演结果

表 2.2-2　　　　　　　　　　　　　测线反演数据推断

测线编号	异常低阻区	低阻成因分析	结果推断判读
1	测线 30～37m 处，地下 5～15m	电阻率偏低，且明显低于周围电阻率，呈区域连续出现，向下发展	疑似渗漏通道，溶洞发育，含水量极高，导致电阻率异常偏低
	测线 52～68m 处，地下 10～20m	电阻率较低，与周围电阻率呈现出连续过渡区域	距离库区水源较近，疑似库区水源在土体中浸润所致
2	整条测线地下 5m 区域	电阻率整体偏低，规律性呈层状出现	在山体水源附近，与水流平行，疑似地质溶蚀裂隙发育，含水量较高
	测线 30m 和 37m 处，地下 3m	电阻率异常偏低，且距离较近，整体向下发育	疑似渗漏通道，溶洞发育，含水量较高，导致电阻率异常偏低

为验证检测结果，查明渗漏情况，结合测线布设了钻探孔进行对比验证，钻孔位置见图 2.2-3。检测结果与钻探结果对比见表 2.2-3。从钻探结果分析，漏水点、溶洞存在位置、溶蚀裂隙发育带分布与高密度电法检测结果高度吻合。

表 2.2-3 　　　　　　　　　　　　**检测结果与钻探结果对比**

测线编号	钻孔编号	钻孔深度/m	钻探情况	对比结果分析
1	1 号	18	0～14m 为灰岩,节理裂隙较发育,岩芯破碎;14～18m 为中风化灰岩,节理裂隙较发育,岩芯完整	比较相符
	2 号	18	0～16m 为灰岩,节理裂隙较发育,岩芯破碎;5.8m 处有漏水,孔口无反水	高度吻合
	3 号	18	0～18m 为中风化灰岩;5～13m 节理裂隙较发育,岩芯破碎	比较相符
	4 号	18	0～3m 为粉质黏土,可塑状态,库区冲积而成,3～18m 为中风化灰岩,节理裂隙较发育,岩芯较完整	比较相符
2	5 号	18	2～2.4m 为粉质黏土,可塑状态,库区冲积而成;2.4～20m 为中风化灰岩,节理裂隙较发育,岩芯完整	比较相符
	6 号	20	0～1.5m 为粉质黏土,可塑状态,库区冲积而成;在 2m 处开始漏水,10.5m 处漏水严重,孔口无反水;13～20m 为中风化灰岩,节理裂隙较发育,岩芯完整	高度吻合
	7 号	20	0～2m 为粉质黏土,可塑状态,库区冲积而成;在 4～5m 存在溶洞,以粉质黏土和岩块填充;在 7.5m 处开始漏水直到18m 处,孔口无反水	高度吻合

2.2.1.3　流场法

流场法是用来检测堤坝渗漏入口的一种方法。这种方法克服了目前同类探测方法只能在坝体上或堤垸外水面上进行的弱点。流场法通过分析"伪随机"电流场与渗漏水流场之间在数学形式上的内在联系,通过测定电流场和异常水流场时空分布形态之间的拟合关系,间接测定渗漏水流场。

(1)基本原理

江、河中的正常水流大体是沿着河床的方向。除了山泉等的补给、侧向渗流和温度的差异导致的水体对流外,水库中的水总体上是静止的。水流速度在空间上的分布可以视为流场。一般在没有渗漏情况下,流场为正常场,可以表示为:

$$v = v_n(x, y, z, t)$$

式中:x, y, z——流场中点的坐标;

t——时间;

v_n——矢量,河流中河水正常流动时水流速度的正常分布。

大坝一旦出现渗漏,就会出现异常情况:在正常流场基础上,出现了由渗漏造成的异常流场,此异常流场的重要特征是水流速度的矢量场指向入水口。因此,如果测量到了此异常矢量场的三维分布就可以找到渗漏入口。然而,由于正常流场的存在,并且正常流场常常大于异常流场,因此关键的问题是如何快速、准确地分辨出异常流场。

由于渗漏的出现,必然存在从迎水面指向背水面的渗漏通道。在出现管涌的情况下,通道更为明显,此通道既是客观存在的,也是探测渗漏管涌入水口可以利用的物理实体。在实际工作中,流场法就是基于以上物理事实,人工强化异常流场,而且将探测器材深入水中,使其尽可能靠近入水口。这样,探测精度、灵敏度和抗干扰性能均可达到很高的水平,不论是微渗漏还是集中管涌均可被准确探测。用船载连续扫描或观测,扫描速度可达 1m/s,可满足汛期快速查险的需要。在非汛期,流场法也适合用于水库查漏或其他挡水建筑物的渗漏检测。

流场法就是基于以上原理,在背水面的堤岸内和迎水面的水中同时发送一种人工信号——特殊波电流场,拟合并强化异常水流场的分布,通过测量电流场分布密度就可以直接或间接测定渗漏水流场,从而寻找渗漏管涌入水口。该方法的具体原理如下。

矢量 $v_n(x,y,z,t)$ 表示河流中河水正常流动时水流速度的正常分布,一旦出现渗漏管涌时,由贝努利定律可描述此条件下的水流场分布矢量:

$$v(x,y,z,t)=v_n(x,y,z,t)+v_a(x,y,z,t)$$

式中:$v_a(x,y,z,t)$——由渗漏管涌所造成的异常水流场矢量。

在水库中,若无渗漏或其他原因引起水的流动,则 $v_a(x,y,z,t)=0$。

在汛期,由于 $|v_n| \geqslant |v_a|$,直接测定 $v_a(x,y,z,t)$ 相当困难。但该技术通过分析特殊波电流场与渗漏水流场之间在数学形式上的内在联系,建立电流场和异常水流场时空分布形态之间的拟合关系,因而通过测定电流场就可间接测定渗漏水流场。经过理论分析和大量物理模型试验,优选电流信号波形,使之与渗漏水流场分布关系变得简单,测定方便并具有较高的分辨率和较强的抗干扰能力,并使研制的仪器便于推广应用。

(2)流场法检测仪器

堤坝管涌渗漏检测系统由信号发送机、接收机和传感器 3 部分组成,以"流场法"和"伪随机多频信号"理论为基础,应用了"流场法"查漏、强化流场异常的测量、电流密度场高分辨率快速检测、电流密度多分量检测、强抗干扰和普及型仪器等技术,是土石坝或混凝土坝等各种坝体和坝基的管涌渗漏探测的专用检测仪器,能对堤坝管涌渗漏入水口进行高精确度、高准确度和快速探测,可广泛应用于江河、水库的堤坝防护、养护工程,为汛期紧急抢险和灾后治理提供科学决策依据。

流场法原理新颖,利用正常流场与异常流场的微弱差异,人工发送特殊的伪随机电磁场以强化异常流场,并采用微分连续扫描检测异常流场;性能卓越可靠,采用微分测量,分辨率高,抗干扰能力强,渗漏入水点探测定位精度高(可达 1m),连续扫描观测,探测速度快、深度大,用声音监听或图像显示的方法查找渗漏部位,操作简单,工作效率高,探头在水中移动的速度可达 3.6km/h,可实时判断渗漏进水口,单点测量时间约 60s。

流场法工作原理见图 2.2-5。

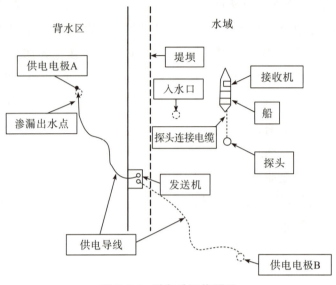

图 2.2-5　流场法工作原理

DB-3A 型堤坝管涌渗漏检测仪主要应用于堤坝管涌渗漏检测、病险水库治理、矿山坑道突水预警及基坑帷幕渗漏检测等。

2.2.2　电磁法类探测

电磁法是以地下岩土体的导电性和导磁性差异为基础,观测和研究由于电磁感应而形成的电磁场的时空分布规律,从而探测有关工程地质缺陷隐患等问题的物探方法。电磁法的种类较多,本节简要介绍常用的探地雷达法和瞬变电磁法。

2.2.2.1　探地雷达法

探地雷达法是基于介质相对介电常数和电导率的差异,利用高频电磁波在地下介质中的发射进行隐患探测,是目前物探方法中具有较高探测精度的方法,在工程质量检测、场地勘察中被广泛采用。

探地雷达是一种用于确定地下介质分布情况的高频电磁技术,基于地下介质的电性差异,通过一个天线发射高频电磁波,另一个天线接收地下介质反射的电磁波,并对接收到的信号进行处理、分析、解译。由置于地面的天线向地下发射高频电磁脉冲,当其在地下传播过程中遇到不同电性(主要是相对介电常数)界面时,电磁波一部分发生折射透过界面继续传播,另一部分发生反射折向地面,被接收天线接收,并由主机记录;在更深处的界面,电磁波同样发生反射与折射,直到能量被完全吸收为止。反射波从被发射天线发射到被接收天线接收的时间称为双程走时 t。当求得地下介质的波速时,可根据测到的精确 t 值折半乘以波速求得目标体的位置或埋深,同时结合各反射波组的波幅与频率特征可以得到探地雷达的波形图像,从而了解场地目标体的分布情况。一般岩体混凝土等物质的相对介电常数为 4~8,空气相对介电常数为 1,而水体的相对介电常数高达 81,差异较大,如在探测范围内存在水体、溶洞、断层破碎带等,则会在雷达波形图中形成强烈的反射波信号,再经后期处理,能够得到较为清晰的波形异常图形。

电导率是决定雷达波在地层中被吸收从而产生衰减的主因,而介电常数对雷达波在地层中的传播速度起决定作用。介电常数增大,传播速度降低,因此在水库大坝坝体含水情况下探测深度大为降低,对于深部的渗漏探测就无能为力了。土石坝主要组成材料包括块石、黏土、砂砾石等。坝体防渗体较为单一,土质干容重较大,雷达在密实坝体部分反射波很弱,反射波同相轴连续,视频率基本相同。当坝体局部发生渗漏时,在水的作用下,渗漏通道及其周围的黏土等材料处在相对饱和状态,介电常数增大,电阻率减小,与不渗漏部分存在明显的电性差异,形成雷达波的强发射区,在雷达剖面上的表现就是反射波强度加大、同相轴基本不连续或局部连续。

探地雷达法具有采集方便、探测速度快、分辨率高和对场地条件要求低等优点,其雷达波图像可直观反映堤坝内部结构变化、裂隙发育状况、空洞部位以及是否含水,通常适用于探测浅层空洞、松散不均匀体等。但其缺点在于,探地雷达发射的高频电磁波易被黏性土吸收,因此其探测深度有限,并且土石坝结构形态和介质性质本身发生变化会影响其探测结果的准确性。

2.2.2.2　瞬变电磁法

瞬变电磁法(TEM)利用不接地回线通以脉冲电流向地下发射一次脉冲磁场,使地下低阻介质在此脉冲磁场激励下产生感应涡流,感应涡流产生二次磁场;利用线圈或接地电极等接收仪器观测断电后的二次磁场,通过研究二次场的特征及分布,分析可得地下地质体的分布特征(图 2.2-6)。

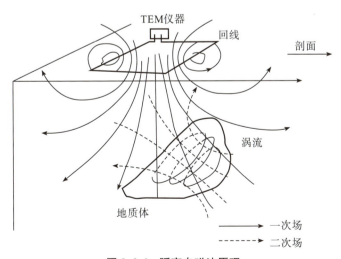

图 2.2-6　瞬变电磁法原理

瞬变电磁系统一般由发射机、发射线圈、接收线圈、接收机和数据采集系统组成。瞬变电磁法剖面测量装置见图2.2-7。

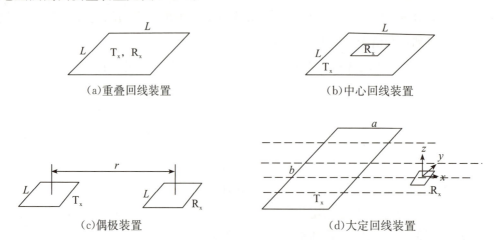

图 2.2-7　瞬变电磁法剖面测量装置

（1）重叠回线装置

将发射回线（T_x）与接收回线（R_x）相重合敷设在剖面上。

（2）中心回线装置

将小型多匝接收回线（R_x）放置于边长为 L 的发射回线（T_x）中心，沿测线逐点进行观测。

（3）偶极装置

发射回线（T_x）与接收回线（R_x）保持固定的收发距离 r，并同时沿测线逐点移动进行测量。

（4）大定回线装置

发射回线（T_x）采用边长达数百米的矩形固定大回线，接收回线（R_x）采用小型线圈沿垂直于 T_x 长边的测线，逐点观测二次磁场的 3 个分量。

瞬变电磁系统采集视电阻率等物探参数，利用计算机对视电阻率进行数理统计分析处理后绘制出等级强度断面图，能够形象地绘制出地电剖面的结构与分布形态。基岩中裂隙发育较集中时，电磁波的能量衰减加大，干扰加强，地层的导电性明显减弱，电阻率增大；但当裂隙充满水后导电性加强，电阻率减小，表现为局部的低电位高阻异常或高电位低阻异常。当岩体均匀无裂隙时，图像成层分布，视电阻率等级变化从地表向下呈均匀递减或递增趋势，表明浅部干燥、风化严重、密实度小，下部密实度增加、基岩完整；当岩体存在裂隙时，图像中层状特征遭到破坏，出现条带状或椭圆形高阻色块，使得某些层位被错开、拉伸发生畸变。如果这些裂隙充水，将表现为低阻带。

瞬变电磁法具有探测深度大、不受地形和接地电阻影响、作业效率高等优点,其局限性在于存在浅部探测盲区,且探测结果易受坝体内盐和金属以及环境电磁的干扰。通常地质体越大,含水率越高,导电性能越好,产生的涡流场越强,二次磁场也就越强。

2.2.3　地震法类探测

由于岩土层的弹性性质不同,弹性波在其中的传播速度也有所差异。地震探测通过人工激发的弹性波在岩土层中传播的特点,来判定地层岩性、地质构造等,从而发现某些地质缺陷问题。通常采用的地震探测方法包括反射波法、折射波法等。

2.2.3.1　反射波法

反射波法地震勘探是将反射纵波作为有效波来开展探测工作,根据地下介质在物性差异界面上地震波的动力学以及运动学特征,探测地层或者基岩的埋深及其速度结构,具有分辨率高、探测结果可靠等特点。

人工激发地震波在地下传播的过程中(图 2.2-8),遇到不同波阻抗的地下介质分界面时,通常会分成两部分:一部分继续向下传播称为透射波,另一部分向上返回到第一种介质中称为反射波,利用地震仪器设备对返回地面的反射波数据进行记录。在野外工作时,每次激发只能在某条测线的地段上接收,将一次激发多道检波器接收的观测地段称为排列。为了能得到整条测线上连续和完整的地下反射资料,按一定的规则来部署激发点与接收排列和进行观测,并且为压制多次反射波之类的特殊干扰波,可有规律地同时移动激发点与接收排列,建立多次覆盖观测系统。为避开激发点附近面波和声波的干扰,实现此过程主要应用相同的偏移距激发和接收地震波,以完成测点波形的记录工作,在这种方法下接收到的有效波往往具备良好的信噪比和分辨率。反射波在地下的传播过程中,其传播途径和波形等随着地下介质不同的结构、性质等发生变化。在这个过程中主要收集地震波的反射速度,以此来获取地层结构的相关数据,此外在明确反射波频率和速度等基础上可以实现对地层和岩石性质的判断和推测,其中主要包含地质体沿不同方向变化的具体情况,以此来实现地质勘探的目的。

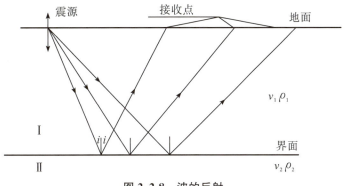

图 2.2-8　波的反射

　　假设在地面下有一倾角为 φ 的倾斜平坦界面,界面以上为均匀介质,则其反射波可以看成由虚震源 O'(震源对界面的对称点)出发经反射界面直接到达接点 M 的波(图 2.2-9),反射波时距曲线的表达式为:

$$t = \frac{1}{v_1}\sqrt{x^2 - 2xx_m + 4h^2}$$

式中: v_1 ——反射波在反射界面以上均质介质中的波速;

　　　x ——震源至观测点的距离(m);

　　　h ——震源至反射界面的垂直距离(m);

　　　x_m ——震源与虚震源在地面上的投影点之间的距离(m)。

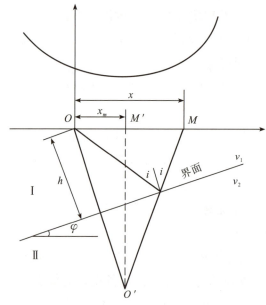

图 2.2-9　反射波的时距曲线

　　对于任意倾斜的多层介质,反射波对每个界面的时距曲线仍具有上式的形式,反射波的时距曲线是对称于虚源的地面投影点的双曲线。

　　当界面水平($\varphi = 0$)时,则反射波时距曲线的表达式为:

$$t = \frac{1}{v_1}\sqrt{x^2 + 4h^2}$$

2.2.3.2　折射波法

　　弹性波从震源向地层中传播,若遇到性质不同的地层界面,就会遵循折射定律发生折射现象(图 2.2-10)。

　　折射定律为:

$$\frac{\sin i_1}{v_1} = \frac{\sin i_2}{v_2}$$

式中：v_1——弹性波在上层介质中的波速；

v_2——弹性波在下层介质中的波速。

当入射角逐渐变化到临界入射角 i_c，而使折射角 i_2 增至 $90°$ 时，则波成为沿界面滑行的滑行波，此时滑行波的速度为 v_2，形成折射波的条件是 $v_1 < v_2$。

$$\sin i_c = \frac{v_1}{v_2}$$

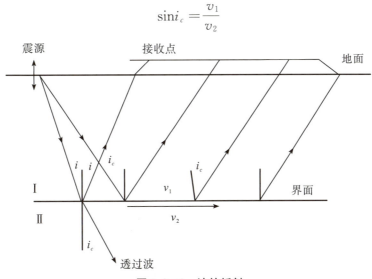

图 2.2.10　波的折射

如果将滑行波看作入射波，它将向第 i 层中折射，其折射角仍为 i_c，所以折射波射线是以临界角 i_c 射出的一组平行线。当接收点距震源的距离小于某一值时，就接收不到折射波，把这一地段称为折射波的盲区。因此使用折射波法进行勘探时，要在离开震源一定距离以外才能接收到折射波（图 2.2-11），倾斜界面折射波的时距曲线表达式为：

$$t = \frac{2h\cos i_c}{v_1} + \frac{x}{v_2}\sin(i_c + \varphi)$$

式中：x——震源至观测点间的距离（m）；

h——震源至折射界面的垂直距离（m）；

φ——平整界面的倾角；

i_c——临界入射角。

当界面水平时：

$$t = \frac{x}{v_2} + \frac{2h\cos i_c}{v_1}$$

当地表下有 n 层水平界面时，折射波的时距曲线方程为：

$$t_n = \frac{x}{v_n} + 2\sum_{k=1}^{n-1} \frac{h_k \cos i_{nk}}{v_k}$$

式中：t_n——第 n 层折射界面折射波到达观测点的时间（s）；

h_k——第 k 层的厚度(m);

v_n——第 n 折射层中的波速(m/s);

v_k——第 k 层中的波速(m/s);

i_{nk}——第 k 层中折射波射线的临界入射角。

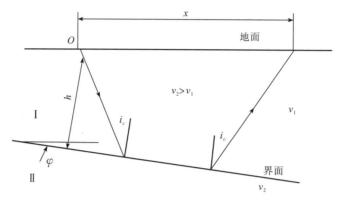

图 2.2-11　折射波行程

由以上可见,当界面为水平时,时距曲线为直线,见图 2.2-12。

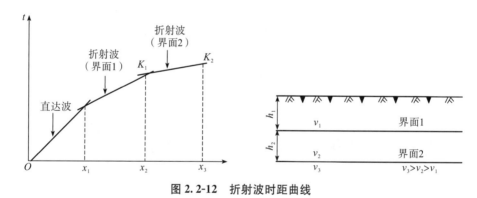

图 2.2-12　折射波时距曲线

2.2.4　示踪及连通试验法

2.2.4.1　示踪法

示踪技术在水利水电工程上的应用是从 1958 年开始的。该方法使用高灵敏探测器跟踪示踪剂的流动路线,以查清渗漏通道。按照探测方法的不同,可分为人工示踪法和天然示踪法。人工示踪法是指采用人工的方法在钻孔中或渠道内投入示踪剂,示踪剂可选用食品级颜料、可溶性盐、荧光素等。天然示踪法是指将天然水中存在的某些化学或物理特征作为示踪指示剂,如环境同位素、温度场、电导率、pH 值、各种离子等。同位素示踪法和连通性试验(采用颜料、荧光素等作为示踪剂的人工示踪法)在水库大坝工程探查渗漏通道中应用最为广泛。

（1）同位素示踪法

水利工程上利用同位素示踪法可以在钻孔中测定地下水渗透流速、流向等参数,利用人工放射性同位素如$^{131}I,^{82}Br$等标记天然流场或人工流场中的地下水流,使其在含水层中运动,从而用示踪或稀释原理来确定含水层水文地质参数。库水发生集中渗漏时,必定在坝体渗流区形成渗流场。通过对渗流场中的温度场和电导场进行测量分析,可以得出大坝的渗水是山泉水、雨水还是库水,是绕坝肩渗水还是坝基渗水。再辅以单井同位素示踪,采用同位素地下水流速流向仪定量测定大坝渗流场任意空间点的地下水流渗透流速流向,垂向流速流向,井中的涌水量和吸水量、各含水层的净水头、导水系数、渗透系数和水力梯度等。由于没有外界干扰,完全在坝区自然流态下获得的水力学参数,能真实反映水库渗流的细微变化,从而准确找出水库渗水点的渗漏源、渗漏路径、渗漏高程和渗漏量等。此方法已成功地应用于新安江、八盘峡、盐锅峡、龙羊峡等多座我国水利工程的大坝渗流探测。

1）基本原理

将带有止水装置的同位素示踪探头放置到井中被测位置,选用易溶于水,半衰期短,放射性核数较低,对人和环境比较安全的放射性同位素作为示踪剂,投放在两止水装置中间的井段内,并搅拌均匀,使井段中水柱被示踪剂标记(图2.2-13)。

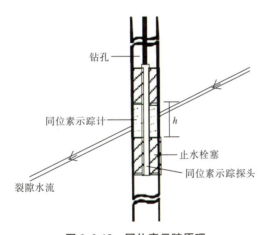

图 2.2-13　同位素示踪原理

被上下封堵的井段内只存在井壁侧向被揭露裂隙中的地下水流动。假设水是不可压缩液体,垂直方向不存在水的交换,那么通过上游裂隙流进井段的水量必然等于从井段流出到下游裂隙的水量。假设有一定的水量从上游裂隙一侧流入井段,那么必定有相同的水量通过裂隙下游侧流出井段,所标记的地下水示踪剂浓度被流过的水稀释,稀释速度与地下水渗透流速符合下列关系式:

$$V_f = \frac{\pi(r^2 - r_0^2)h}{2r\alpha t}\ln\frac{N_0}{N}$$

式中：V_f——裂隙中渗透流速；

　　　r——孔半径；

　　　r_0——探头半径；

　　　N_0——示踪剂初始浓度；

　　　N——示踪剂在 t 时刻的浓度；

　　　h——封闭孔段高度；

　　　α——校正系数。

2）垂向流的同位素示踪测定

钻孔揭露多层含水层后，由于各含水层地下水的补给源不同（地下水的补给源通常为库水、地下水及地表水），各层的静水位又不一样，孔中可能有垂向流产生。一般采用峰峰法测定井中地下水的垂向流（图2.2-14），即将 A、B、C 三支串联探头放置在井中被测井段，把同位素投放在 B 号探头处，仪表分别记录各探头在不同时刻的计数率变化。假设垂向流向上，可找出两条曲线峰值 T_c、T_b 所对应的时间差 ΔT，已知两探头之间的距离为 L，则垂向流速 V_v 为 $V_v = L/\Delta T$。

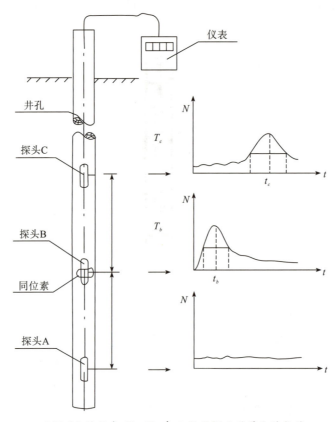

t：时间；N：计数率；T_b、T_c 表示 B、C 探头的最大计数值。

图 2.2-14　垂向流速探头仪检测原理

3）天然流场条件下垂向流的测定

在垂向流较强的井段，传统的稀释法测速受到一定限制，测量误差增大。天然流场条件下测定垂向流可以查清含水层的吸水量（或涌水量）、主要含水层、渗透层及渗透部位，以弥补稀释法的不足。更为重要的是通过对天然流场垂向流速的测定可直接用动量方程求出每层的静水头。

4）渗漏带、渗漏点及渗流通道测定

渗漏带、渗漏点及裂隙、岩溶、断层等构造通道的渗流测定，是监测坝基、水利工程渗漏等勘察研究中十分重要的物探工作。将放射性同位素投放到井中，用示踪仪进行追踪测量，可查出主要渗漏点、渗漏带、渗漏方向等。在渗漏较严重的地段，垂向流速很快，示踪仪跟踪测量也较困难，选用具有吸附特性的同位素如 ^{131}I（AgI 化合物）等，就能容易地找到渗漏点。

（2）连通性试验

1）方法技术

连通性试验是示踪法的一种，指通过人工或水下机器人（ROV）在钻孔中、上游库底（河底）投入示踪剂，利用渗漏入口的水流吸附力将颜料液体吸带入通道，根据下游示踪剂出露位置和高程查明渗漏通道大致分布，根据下游水体变色时间确定渗漏流速的量级。示踪剂可选用荧光素、食品红或其他对环境无毒害的颜料。该方法广泛应用于大坝、堤防的渗漏通道检测，系统的连通性示踪试验也常用于水下声呐渗漏检测成果的对比验证。

2）典型工程案例

新疆大库斯台水库为浇筑式沥青混凝土心墙坝，最大坝高 36.8m，坝长 430.0m。2012 年 10 月 3 日下闸蓄水，10 月 5 日下午发现坝后导流洞左侧靠山体部位、坝后右坝脚有渗水现象，6 日发现渗水部位增多，导流洞右侧（河床段）0+083～0+146 段高程在 1267～1267.4m（坝坡脚）处有渗水现象出现，坝后排水沟内水汇合后经估算其流量约 50L/s。

2012 年 11 月 8 日再次进行蓄水，到 11 月 18 日库水位蓄至 1285m 高程，坝后渗水量随水位的增高而显著增大，坝后渗水汇合后可见渗水量约 110L/s，渗水量大的地方主要集中在河床与左、右坝肩坡脚，坝后坡面浸湿面也随坝前水位的增高而增高，库水位蓄至高程 1285m 后，坝后坡面浸湿面最高点高程为 1276m，渗漏量呈快速发展态势。

如此大的渗漏量，在同类型的中低坝中并不多见，渗漏量的快速发展严重危及大坝安全运行。2013 年 3 月，采用水下声呐渗漏检测技术和连通性示踪试验对大坝渗漏进行检测。

声呐渗漏检测发现河床段以 S2-1 孔（桩号 0+130m）为中心存在集中渗漏区域，右

坝肩、左坝肩局部也存在明显渗漏区域,渗漏量与库水位密切相关,渗漏区域主要分布在高程 1264～1275m 范围内。

为了进一步确定渗漏通道的连通性,选择了渗漏流速最大的 S2-1 孔进行连通性示踪试验,在孔内投入了 10kg 食品红混合液体,90min 后开始在坝脚高程 1263m 处出现 3 处示踪红,孔内水流实际流速达到 40m/h,说明在库水位较低时,坝内渗透流速也较大,坝体极可能存在透水性强的渗漏通道。

2.2.4.2　温度场法

温度场法探测的基本原理是利用背景温度场与渗漏水温度场的差异性进行研究。水库蓄水后,在库水渗漏的部位其热效应必然会使该处及附近的温度场发生变化,渗流场和温度场之间呈明显的相关性,因此从温度场的变化可以推断渗漏的变化。当大坝不存在渗漏,仅存在孔隙渗流时,渗流速度稳定、缓慢,渗流水与周围介质之间的热交换具有充足的时间和空间,此时渗流水温度和土体温度基本相同,此时的温度场即为背景温度场。当集中渗漏发生时,由于渗漏通道中水流速度较快,与背景温度场进行热交换过程短暂,因此渗漏水的温度与渗漏源的水温接近。即使渗漏和渗流同源,渗流水温和渗漏水温往往也存在明显差异,温度差的存在必然产生热传导。由于背景温度场中水的渗流速度远小于渗漏通道中的水流速度,背景温度场热量来不及与渗漏水充分交换,只在渗漏通道边缘与周围环境进行少量热交换,因此背景温度场通道周围温度变化较大,远离渗漏通道位置温度变化较小,这就形成了具有一定特征的温度场。

一般情况下,没有渗漏存在的土石坝内部的温度受热传递作用的影响,表层的温度仅受季节温度变化的影响,越趋近表面,温度越接近于坝体附近的空气温度。由于土体导热性能差,大坝的内部温度场分布几乎是均匀的,当内部存在着渗漏水流时,土石坝内部的导热能力发生改变,改变了内部温度场均匀的特性。分析测量温度场数据,研究该处的正常地温及库区各个深度的参考水温,就可以确定温度异常区域的温度改变是否由渗漏引起。通过红外热成像扫描并识别温度场异常,并与可见光成像相互印证,可以直观快速地辨识渗漏位置。

红外热成像技术和可见光成像技术是两种常见的无损检测技术手段。这两项无损检测技术能够在不破坏被检测物体本身结构、理化性质的前提下,通过接收待检对象发射出的电磁波能量,并转化到图像上,以此来检测目标物存在的缺陷,进而识别物体缺陷的形状、尺寸、位置、数量等特征,具有覆盖面广、精确度高、实时性好等优点。近年来,无人机技术迅速发展,具有能耗成本低、作业空间广、操作自由度高等众多优势,被广泛运用于众多领域中。对于大体积、长距离的土石堤坝工程而言,无人机载式红外热成像技术和可见光成像技术具有很强的应用价值。

温度高于绝对零度(即−273.15℃)的物体都会从表面辐射出覆盖整个波谱范围的

电磁波。红外辐射波长（0.75～1000μm）介于微波和人眼可见光（0.4～0.75μm）之间，该区间又进一步被划分为近红外（0.75～1.5μm）、中红外（1.5～5.6μm）、远红外（5.6～14μm）和极远红外（14～1000μm）4 个波段（图 2.2-15）。大气对可见光和近红外电磁波的吸收能力很强，而对于波长处于 3～5μm 和 8～14μm 的中红外和远红外吸收较少，故称该波段为红外的"大气窗口"。因而绝大多数红外热像仪均是基于 3～5μm 或 8～14μm 这两个波段研制的。

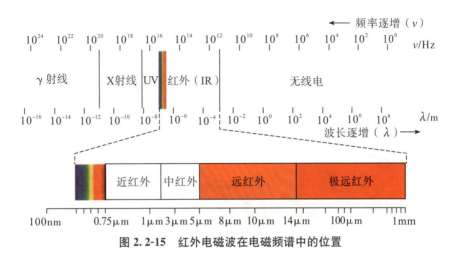

图 2.2-15　红外电磁波在电磁频谱中的位置

根据热辐射理论，物体每单位面积发射的电磁能与绝对温度及其发射率呈正相关关系。由于特定对象的发射率通常变化甚微，因此当被测对象的辐射能越大时，其绝对温度也相应越高。利用红外传感器感测被测对象的辐射场，通过换算可得对应的温度场，最后将温度场按一一对应的关系映射到特定的颜色空间内便可获得形象直观的红外热像图。通过识别热像图上的图像信息，可达到识别土石堤坝渗漏的目的。

国家重点研发计划项目"土石堤坝渗漏探测巡查及抢险技术装备研发"（项目编号 2019YFC1510800）开发的土石堤坝渗漏无人机可见—红外双光探测设备（图 2.2-16），利用无人机搭载可见光与红外相机进行巡测，操作较为简单方便，对于人工不方便到达的区域也可以进行探测，可实现土石堤坝坡面全覆盖式快速巡测。利用人眼观察和可见光相机拍摄均不易发觉，而采用红外热像探测可以呈现出较为明显的温度差异，快速精确找出温度异常点，从而针对性地观察确认或渗漏排除，在沂河邳州段堤防工程成功示范，取得良好效果。

沂河为淮河流域泗沂沭水系主干河流，两岸堤防土质较为复杂，多为渗透性较强的土质，如轻粉质砂壤土，多数堤基是砂性土质，以砂土、粉质壤土为主，夹带些许黏土，堤基自身的防渗能力不足。近年来，沂河河砂被人为大量开采，使得部分堤段的河床下切，进一步削弱了堤基的防渗能力；汛期持续高水位时，易发生堤防渗水、管涌等险情。

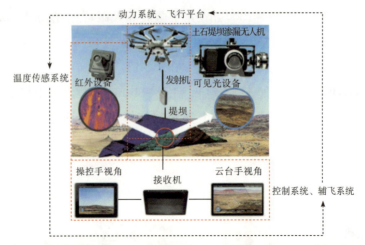

图 2.2-16　土石堤坝渗漏无人机可见—红外双光巡测设备

　　渗漏探测采用研制的长续航双光巡测装备对沂河郯州段右岸长约 8000m 的堤防背水侧开展了全覆盖式巡测。该堤坝下游坡面较平整,无输电塔、建筑物等高耸障碍物。无人机从堤顶公路起飞,尽可能平行于堤坝轴线在其背水坡上空飞行,作业完成后在坝顶公路就近着陆。巡测过程中,通过图传系统传输的红外图像实时检查堤坝的渗漏情况,并将疑似存在渗漏的红外图像及其对应的可见光图像提取出来,作进一步分析判断,对疑似存在渗漏的区域采用手动飞行模式进行精细探测。

　　根据机载双光巡测装备传回地面站的红外图像和可见光图像判断堤坝绝大部分区域处于正常状态。红外图像中有一处存在明显低温异常区域,且该低温异常区域具有由内而外的分层纹理和向下扩展的拖尾轮廓,由此判断该区域极可能真实存在渗漏。通过查询无人机图像的经纬度坐标位置,并前往疑似渗漏点进行近距离双光精细复核(图 2.2-17)。由近距离采集的无人机可见光图像可见,该位置处于堤坝的堤脚,土体湿润,存在明显积水。

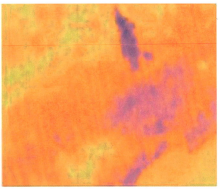

图 2.2-17　渗漏点探测的可见光和红外图像

为进一步确认该疑似渗漏点是否存在真实渗漏隐患,前往坐标位置,根据可见光图像所呈现的地物特征,快速搜寻匹配该疑似渗漏点的实际位置,最终准确定位该渗漏位置,确认该处土体湿润,堤脚有轻微渗水,渗水较清澈。

2.3　勘探检测

2.3.1　钻孔全孔壁成像技术

钻孔全孔壁成像技术是近年在钻孔电视基础上发展起来的一项新技术。通过对钻孔四周进行成像检测,可以直观识别地层岩性、岩土结构,观察孔壁孔洞岩溶、软弱夹层、裂隙发育、岩体破碎等地质现象;通过观察混凝土防渗墙孔壁混凝土的胶结情况、骨料均匀性、空洞、裂隙、离析等缺陷,可以分析混凝土浇筑质量和墙体的缺陷位置、形式、程度;通过设备探头电视录像,可以观察钻孔中地下水的运动状态、悬浮颗粒运动轨迹及示踪剂的消散情况;通过直观察孔壁缺陷情况及孔中地下水运动情况,可以分析可能存在的渗漏通道。同时全孔壁成像采集的连续、完整、原状、高清晰的钻孔图像,可形成数字化钻孔岩芯,永久保存。

（1）工作原理

钻孔全孔壁成像技术工作原理是在探头前端安装一个高清晰度、高分辨率的光学摄像头,摄录通过锥形镜或曲面镜反射回来的钻孔孔壁图像,随着探头在钻孔中的不断移动,形成连续的孔壁扫描图像及影像。

由于锥形镜或曲面镜顶部的反射面积较小,形成的图像分辨率较差,工作中一般将该部分图像进行裁剪,主要取外侧圆环部分作为有效图像范围。将实时摄录的圆环图像按照一定的方位顺序展开,并根据记录深度连续拼接,形成展开式钻孔孔壁图像。钻孔全孔壁成像见图 2.3-1。

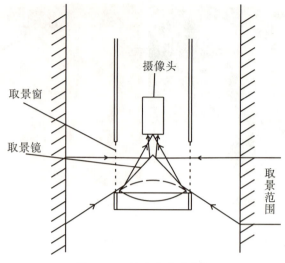

图 2.3-1　钻孔全孔壁成像

（2）工作方法

钻孔全孔壁成像是一种光学观测方法，主要适用于在清水孔或无水孔中进行。观测之前，要求进行以下准备工作：

①对探头与电缆接头部位进行防水处理，一般用硅脂等材料；

②对深度计数器进行零点校正，一般将取景窗中心位于地面水平线的位置定为深度零点；

③确定孔口孔径及钻孔变径情况，以便确定观测窗口及深度增量等参数；

④固定孔口定位器，使探头在孔中居中，并调节摄像头焦距、光圈，以期得到井壁的清晰反射图像。

在观测过程中，要注意观测速度，并且对采集过程进行监视，避免图像的重复采集或漏采。

（3）资料处理及解释

钻孔全孔壁成像资料处理主要分为图像展开、图像拼接及图像处理 3 部分。为了进行实时监控，绝大部分设备都将图像采集与展开同步进行。

1）图像展开

实时采集获取的是井壁经过锥形镜或曲面镜反射形成的圆环形图像，为了后续的图像拼接工作，需要将圆环形图像转换为按照一定方位顺序排列的矩形图像。首先要根据数字罗盘或普通罗盘确定图像的方位，将圆环图像沿着指北的方向切开，由于圆环内圈图像的实际深度位置大于外圈，因此在展开时按照由内到外，方向按照 N—E—S—W—N 的顺序。由于内外圈成像的像素不同，对内圈的图像以一定的比例进行插值，使展开图像为一个规则的矩形。在观测过程中，如果出现探头不居中的情况，采集的图像会发生变形,在图像展开过程中要对其进行校正。孔壁图像变换见图 2.3-2。

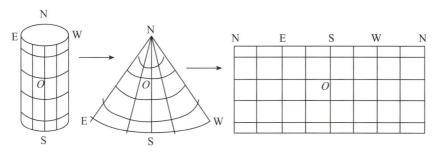

图 2.3-2　孔壁图像变换

2)图像拼接

每一个展开图像均为一段孔深范围的井壁图像,为了形成完整的全井剖面,要按照孔深依次进行拼接。

3)图像处理

采集中光照不均匀、探头偏心等原因,使拼接完成后的图像经常会出现百叶窗现象,因此要对图像进行亮度均衡等处理。

(4)仪器设备

为了取得较好的检测效果,开发的钻孔全孔壁成像设备及处理软件有以下主要特点:

①附带良好的照明光源;

②有较好的防水抗压性能;

③有精度较高的方位确定方法及深度计数方法;

④能够准确地获取分析倾向、倾角、距离等参数。

2.3.2　混凝土防渗墙质量检测

(1)超声法

在我国,超声法检测混凝土缺陷起源于 20 世纪 50 年代。超声法指采用带波形显示功能的超声波检测仪,测量超声脉冲波在混凝土中的传播速度、波幅和主频率等声学参数,并根据这些参数及其相对变化判定混凝土中的缺陷情况。随着电子工业的发展,超声法检测仪器正向小型化、自动化和智能化发展,已广泛应用于工程实践中,我国已制定《超声法检测混凝土缺陷技术规程》(CECS 21:2000)。

1)超声法检测技术原理

混凝土内部存在架空、蜂窝、不密实等质量缺陷,会破坏混凝土的整体性,也会影响声波的传递。超声法检测技术的基本原理如下:

①声波在混凝土中遇到缺陷时产生绕射,可根据声时及声程的变化,判别和计算缺陷的大小;

②声波在缺陷界面产生散射和反射,到达接收换能器的声波能量(波幅)显著减小,可根据波幅变化的程度判断缺陷的性质和大小;

③声波中各频率成分在缺陷界面中的衰减程度不同,接收信号的频率明显降低,可根据接收信号主频或频率谱的变化分析判断缺陷的情况;

④声波通过缺陷时,部分声波会产生路径和相位变化,不同路径或不同相位的声波叠加后,会造成接收信号波形畸变,可根据畸变波形分析判断是否存在缺陷。

2)检测混凝土缺陷基本方法

混凝土缺陷检测基本方法有单孔声波法、跨孔声波法、孔间声波层析成像法等。具体如下:

①单孔声波法。

单孔声波检测用于了解沿孔深方向混凝土的质量,测量方式为点测,点距0.2m,井下装置采用一发双收声系,源距0.3m,间距0.2m。换能器主频20kHz左右,井下装置直径有25mm、30mm、40mm等多种一发双收声系,可供不同孔径测试时使用。

②跨孔声波法。

跨孔声波检测混凝土体的物理特性包括传播速度、振幅、频率等,主要用于了解孔间混凝土质量。跨孔声波检测孔距应根据地球物理条件、仪器分辨率、激发能量来确定,一般3~4m为宜。测量方式为点测,点距0.2m,采用一孔发射,另一孔接收的水平同步(或斜同步)移动观测系统,收、发点距相同。

③孔间声波层析成像(Computer Tomography,CT)法。

孔间声波层析成像(CT)是在两孔之间一孔激发,另一孔单道或多道接收,形成扇形观测系统。

④混合检测法。

将一个径向振动式换能器置于钻孔中,一个厚度振动式换能器耦合于被测结构与钻孔轴线相平行的表面,进行对测和斜测。该方法适用于断面尺寸不大或不允许多钻孔的混凝土结构。

3)基本技术要求

①测试时不宜改变仪器放大倍数;

②孔深应大于预计缺陷深度0.5m,CT法测试宜采用扇形观测系统,测点距0.4m;

③穿透声波应综合分析速度分布、首波振幅和主频的变化情况,判断内部缺陷的性质、位置和规模;

④跨孔声波法用于裂缝深度的判别,应在波幅值达到最大并基本稳定,同时与无裂

缝时混凝土声学参数相近时方可确定。

4）混凝土防渗墙质量缺陷检测

堆石坝混凝土防渗墙质量缺陷常用跨孔声波法进行检测。跨孔声波法指将防渗墙浇筑时预埋的灌浆管作为换能器通道,每两根声测管为一组,其中一根放入发射换能器,另一根放入接收换能器,由防渗墙底部开始每隔一定距离取一个测点,发射并接收超声波。接收到的波形,是经过介质的物理特性调制的,不同的介质对波形的调制结果不同,因此可通过观察和分析波形的基本特征值判断混凝土质量。为准确反映缺陷的位置和情况,现场检测时分别采用平测、两次斜测的办法对两灌浆孔之间的墙体进行检测。其中,斜测比平测能更好地反映水平裂缝。根据声速和声幅判别防渗墙质量,当某区域的声速或声幅小于临界值时,即可判定该区域为异常区域。现场检测布置见图 2.3-3。

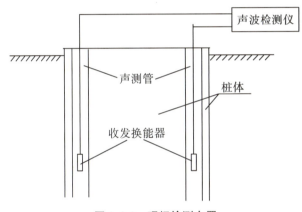

图 2.3-3　现场检测布置

该方法适用于检测已经预埋测管或布置少量钻孔的混凝土防渗墙完整性,可判定墙体缺陷的程度并确定其位置,可较准确地分析出混凝土缺陷的大小和位置。跨孔声波法先绘制声速和声幅随深度变化曲线,根据声速判据和声幅判据判别墙体质量。

（2）弹性波 CT 成像法

弹性波 CT 成像技术是利用地震波或声波进行地球物理高精度层析成像。该方法是通过人为设置的弹性波射线,让射线穿过工程探测对象,从而探测内部异常（物理异常）的地球物理反演新技术,是探测地下岩溶、断层、破碎带等地质缺陷的有效手段。弹性波 CT 成像和其他科学领域的成像技术（如医学 X 射线透视诊断技术）相类似,是一种边界投影反演方法。它的工作原理是利用物体外部边界某种物理观测数据,依据一定的物理定律和数学关系进行反演计算,以得到物体内部与观测场相关的物理参数分布,并以图像形式表现出来。

无论介质有多复杂,由点源激发的弹性波的传播均可以用 Huygens 原理来描述。

基于 Huygens 原理的射线追踪有两种实现方法：一是基于网络理论的最短路径算法，二是基于动力学的波阵面算法。这两种算法均能模拟直达波、折射波、散射波和绕射波，而且是一次计算即可得到一个共激发点记录的全部走时，计算效率高，很适合用于高精度弹性波 CT 成像的大量高精度射线追踪计算。

弹性波 CT 技术借鉴医学 CT 技术的基本原理，通过大量的弹性波信息进行反演计算，得到被测试区域混凝土弹性波速度的分布形态，据此进行混凝土的分类和评价。密实完整的混凝土弹性波速度较高，而疏松破碎的混凝土弹性波速度较低。当混凝土均匀时，弹性波的穿透速度是一致的，当有低速混凝土存在时（视为异常体），弹性波在穿透这些低速混凝土时会产生时间差。根据一条射线所产生的时间差来判别低速混凝土的具体位置是困难的，因为它的位置可能在整个射线的任何一处，如果再有另一条（或多条）射线在同一低速混凝土中穿过，则就限定了低速混凝土的位置。当采用相互交叉的致密射线穿透网络时，在空间上对低速混凝土具有较强的限定。弹性波 CT 法就是利用适当的反演计算方法绘制速度图像，从而获得低速混凝土的分布位置。该方法具有测量面积大、分辨率高、成果直观、空间定位准确等优点。

（3）多道瞬态面波法

多道瞬态面波技术的关键在于多道采集方法和多道数据处理。在此以前的面波技术研究，无论是稳态法还是瞬态法，一直被束缚在两个接收道采集和相关分析计算的模式下。多道瞬态面波技术，采集到瞬态激振条件下，面波在一定距离上的传播规律、传播特征和面波震形的变化等，为数据的分析计算提供了便利，为有效波形的利用和干扰波的排除提供数据基础，以较快的速度推广发展起来，成为一门高分辨率勘察技术。

多道瞬态面波法指在混凝土防渗墙轴线上采用锤击或其他震源，使被检测体产生一个包含所需频率范围的瞬态激励，与此同时利用多个接收道接收来自同一震源的信号并进行综合分析。多道瞬态面波法采用多个接收道同时接收来自同一震源的信号，一次实现由小到大变化这一过程，以满足面波勘探对采样间隔的要求。该方法可对混凝土防渗墙进行大面积检测，且检测成本较低、效率较高，但检测深度较浅。

（4）垂直反射法

垂直反射法指利用弹性波的反射原理，采用极小等偏移距的观测方式对防渗墙进行检测。用重锤在墙顶激振，产生一列弹性波。此弹性波在向下传播的过程中，如遇到墙底或墙体缺陷，则产生反射回波，该回波由安装在墙顶的检波器接收。接收信号的振幅、相位和频率与发射波不同，通过综合分析接收信号的特征来确定墙体深度，判断墙体中有无缺陷。该方法检测效率高，对薄层夹泥等层状缺陷有较高的分辨率。但是受激振能量、激振频率及仪器的限制，检测深度有一定局限。该方法一般用于定性分析混凝土防渗墙质量缺陷。

（5）地震映像法

地震映像法在施工采集形式上与地震波勘探的单点反射波法有相似之处，但与单点反射波法又存在本质区别。主要表现在两个方面：

1）在波型的利用方面

地震映像法采集的是以往地震波勘探中被称为干扰波的面波，是一种新近被利用的波型；而单点反射波法采集的是纵波和横波。

2）在波列的利用方面

单点反射波法利用纵波或横波的单一波；地震映像法不仅利用面波的反射，还利用面波的分解、转换，以及传递衰减和频率变化等，或称为多波列的利用。地震映像法利用面波在地层界面或地下不连续地质界面发生反射、分解与合成，达到勘察的目的。地震映像法有独立于以往单点反射波法的最佳采集窗口，采集偏移距比单点反射波法小，采集记录长度比单点反射波法长。

地震映像法分为陆地地震映像法和水域地震映像法。陆地地震映像法又称多波地震映像法。该方法中的激发与接收类似于地震反射法的单点激发单点接收或单点激发多点接收，每次移动的距离相同，又类似于地震反射中的多次覆盖，但处理手段、效果和解释方法有很大不同。地震映像法的处理和解释是基于计算机数字成像技术，在计算机上把地震波压密，将反射能量以不同的、可变换的颜色表示，经过实时数据处理，以大屏幕密集显示波阻抗界面的方法形成彩色数字剖面，再现地下地质体结构形态。地震映像法的处理和解释亦利用了成熟的地震勘探方法，常用的滤波、褶积、反滤波消除鸣震等方法均可采用，以达到最佳处理效果。实时、直观是地震映像法的特点。

该方法应用于堆石坝混凝土防渗墙检测时的基本原理与垂直反射法相类似，但外业工作模式和内业资料处理方法不同。工作模式为1点激发，3点接收，同时对3个接收信号进行综合分析。该方法数据采集速度较快，在资料解释中可以有效利用多种波的信息，但是抗干扰能力弱，检测深度有限。

2.3.3　典型工程案例

2.3.3.1　云南某水电站大坝渗漏探勘检测

（1）工程概况

云南某水电站枢纽工程为Ⅱ等大（2）型工程，大坝和泄水建筑物按1000年一遇洪水设计，10000年一遇洪水校核。水库正常蓄水位737.0m，死水位705.0m，总库容5.31亿m³。

大坝为混凝土面板堆石坝,坝顶宽度 10.0m,最大坝高 100.0m,坝顶高程 742.0m,最大坝底宽度约 400m,坝顶轴线长 450m,面板分缝宽度为 12.0m,面板面积 53748m²。大坝上游坝坡坡比 1:1.4,并在高程 660.0m 以下设黏土铺盖及盖重料。面板下游侧依次设垫层料、过渡料和堆石料区,下游坝坡在高程 700.0m、660.0m 设置马道,马道宽 3m;马道间坝坡坡比均为 1:1.4;下游坝坡设 1.0m 厚干砌石护坡。

(2)大坝渗漏情况

水电站于 2014 年 9 月 20 日下闸蓄水,9 月 21 日库水位达到 645m 时,下游开始出现渗水,渗漏量不断增大。9 月底至 10 月 21 日,库水位维持在 684m 左右,渗漏量也维持在 400L/s 左右。2014 年 10 月 25 日泄洪冲沙洞下闸继续蓄水,10 月 30 日库水位 688m 时,坝后渗水量超过量水堰量程,估计渗漏量超过 1000L/s。2015 年 2 月 11 日之后,新增量水堰投入使用,在库水位 723.5m 时,坝后渗漏量达到 1720L/s。此后库水位降低至死水位运行,死水位时坝后量水堰渗漏量 673L/s,导流洞渗漏量 422L/s,坝后量水堰库水位—渗漏量关系曲线见图 2.3-4。

图 2.3-4　库水位—渗漏量关系曲线

(3)钻孔综合检测

结合前期勘察成果及现有各种检测成果,采用钻孔取芯、压水试验、声波、彩电及声呐等综合检测措施,查明沿帷幕灌浆线附近绕坝渗漏基本情况。钻孔沿帷幕线布置,共 4 个,钻孔深度以揭穿 T_3y^{c-1} 组基岩并进入 T_3y^b 基岩中 10m 控制,单孔深度 200m 左右。

1)钻孔地质信息

①ZK1 钻孔。

钻孔孔口高程 708.30m,孔深 190.38m。孔深 27.5m 以上为强风化钙质砂岩、灰岩;孔深 27.5~95.5m 为弱风化钙质砂岩、灰岩。全孔多见溶蚀裂隙,但未见较大溶孔或溶洞。孔深 60m 以下涌水明显,其中孔深 103.4~104.5m、108m、110m、114m、

118.5~119.5m、121.5m、146m 各段附近均明显可见有水沿裂隙流入或流出,其中,孔深 108m 附近水流较大,影响声波测试,孔内声呐检测,孔内水流速度约 1.6m/s。

②ZK2 钻孔。

布置于左岸趾板线 X2~X3 点,位于趾板线上游 5.0m 的库内,孔口高程 666.5m,孔深 162.0m,钻孔岩性为 T_3y^{c-1} 的钙质砂岩、砂质灰岩,岩溶发育。孔深 17.47m 以上钻孔压水不起压,其中在孔深 12.1~14.0m 发现顺宽大溶缝库水注入孔内;孔深 17.47~45.0m,岩芯完整,钻孔压水试验吕荣值为 0.90~4.44Lu;孔深 44.8~78.3m,溶蚀强烈,发育多个溶洞,钻孔压水多数不起压,且钻孔水位突降至孔底以下;孔深 78.3m 以下,钻孔压水试验吕荣值为 0.22~0.26Lu;孔深 108.0~108.5m 发育溶蚀裂缝,可见顺溶缝向钻孔中涌水现象。

③ZK4 钻孔。

布置于右岸趾板线 X7 点,孔口高程 680.5m。钻孔上部为 T_3y^{c-2} 的砂岩、泥岩,至孔深 42.2m 进入至 T_3y^{c-1} 的钙质砂岩、砂质灰岩中,孔深 176.1m 进入 T_3y^b 的长石石英砂岩、粉砂岩、粉砂质泥岩中。孔深 39.7m 以上钻孔压水试验吕荣值为 0.10~0.18Lu;孔深 42.0~46.0m 为溶洞,顺 T_3y^{c-1} 顶界面溶蚀,顶部充填黄色黏土,下部粉细沙充填,压水试验不起压(图 2.3-5);孔深 46.0~58.5m 溶蚀裂隙发育,溶洞及溶蚀裂隙可见明显的漏水现象;58.5~122.0m 岩芯完整;孔深 125.8~128.6m 发育溶洞,掉钻 2.8m,钻孔录像可见明显的顺溶缝涌水、翻砂现象。

图 2.3-5　ZK4 钻孔在孔深 42.0~46.0m 溶洞充填物

④ZK5 钻孔。

位于右坝头溢洪道外边墙,顺帷幕线钻孔,孔口高程 742.0m。开孔岩层为 T_3y^{c-4} 的泥岩、泥质粉砂岩,至孔深 103.2m 进入 T_3y^{c-1} 的钙质砂岩、砂质灰岩中,至孔深 213.9m 揭穿 T_3y^{c-1} 岩层,进入 T_3y^b 的长石石英砂岩中,终孔孔深 237.35m。孔深 100.47m 以上,钻孔压水试验吕荣值为 0.16~0.21Lu;孔深 100.47~111.48m 发育溶

缝,顺 T_3y^{c-1} 顶界面溶蚀,未见充填物,压水试验不起压;其下岩溶发育较弱,仅孔深 173~178.35m 段见溶蚀,压水试验吕荣值为 20.95Lu,钻孔水位降至高程 627m 左右,水位略低于 T_3y^{c-1} 顶界面溶洞。

2)钻孔高清录像

钻孔高清录像主要通过视频或图片清晰直观地反映出钻孔内岩性、构造、岩溶及地下水活动等各种地质信息。4 个钻孔录像部分电子岩芯见图 2.3-6,可以清晰看到部分岩层存在明显的地质缺陷。

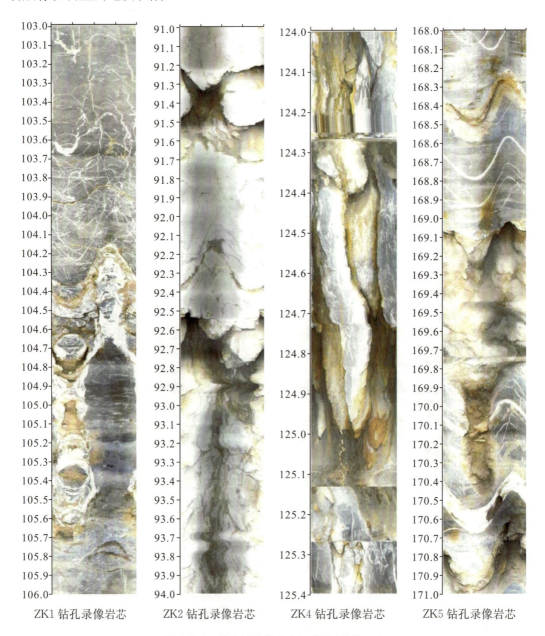

ZK1 钻孔录像岩芯　　ZK2 钻孔录像岩芯　　ZK4 钻孔录像岩芯　　ZK5 钻孔录像岩芯

图 2.3-6　钻孔录像部分电子岩芯(单位:m)

①ZK1 钻孔。

ZK1 未发现大的溶洞，但孔深 80m 以上岩体由于风化、溶蚀裂隙的发育而岩芯破碎，经常出现垮孔，在钻孔施工过程中，采用套管护壁，因此钻孔录像只完成了孔深 80m以下部分。

②ZK2 钻孔。

ZK2 进行了钻孔录像，其中孔深 5.0m 以上为套管，孔深 12.2m 受顺溶缝库水灌入影响，至孔深 75.5m 摄像头晃动，视频较模糊，至孔深 108.4m 由于岩石破碎，摄像头无法继续深入，实际摄像深度止于孔深 108.4m。

③ZK4 钻孔。

ZK4 在孔深 42～46m 遇充填黏土和粉细砂的溶洞，钻孔套管至孔深 50m，钻孔录像只完成了孔深 50m 以下的部分。

④ZK5 钻孔。

ZK5 数字录像至孔深 215.7m，其中孔深 33.3m 以上为混凝土，孔深 101.4～102.8m 和孔深 169.0～171.0m 分别见溶洞。

3）钻孔声波测试

勘探的 4 个钻孔均在钙质砂岩、砂质灰岩中进行声波测试。由测试数据可知，T_3y^{c-1} 的钙质砂岩、砂质灰岩在新鲜完整状态下，声波值在 4800～5000m/s，裂隙发育较多时声波值在 3000～4000m/s，如果岩溶发育较强，岩体出现较多溶蚀缝隙，则声波值可降至 2800m/s 以下，发育较大的溶洞，声波值降至 2000m/s 左右。

4）钻孔压水试验

在本次综合检测工作中，对补充的 4 个钻孔共进行了 140 段压水试验，且在钻进过程中连续观测了钻孔水位。

通过压水试验可知，趾板基础岩体除了在靠近坝顶部的风化岩体中透水性较强外，T_3y^{c-2}、T_3y^{c-3}、T_3y^{c-4} 的砂岩、页岩透水性一般较弱，而在大部分的 T_3y^{c-1} 的钙质砂岩、砂质灰岩中，如果发育溶洞、宽大的溶缝，则透水性极强，多数压水时不起压，没有溶蚀或溶蚀较弱的则透水性弱。通过对比帷幕轴线剖面，发现现有帷幕底界以下部分仍然发育较大的溶洞或溶缝。

从钻进施工过程中的孔内水位变化过程可以看出，进入灰岩地层后，由于岩溶的发育，出现了多次掉水现象：ZK1 孔内以溶隙、溶缝为主，未发现大的溶洞，钻孔水位也未出现突降现象；ZK2 在孔深 61.7～83.7m 出现了水位突降，经钻孔录像证实，该段岩溶较强，发育多个溶洞；ZK4 在孔深 39.7～53.4m 出现了水位突降，为顺灰岩顶部的溶洞大量漏水所致；ZK5 在孔深 100.47～115.98m 和 162.68～173.35m 出现了两次水位突降，经钻孔录像证实，上述两段均发育溶洞。

5)连通试验

通过钻孔施工及孔内录像分析,如果发现有溶洞漏水现象,则进行连通试验。试验采用试剂分红、黄两色,每次分颜色或时段投放,以保证资料的准确性。共在 ZK1、ZK2、ZK4 及坝后水位长观孔 DB-HW-11 内多次投放了试剂,但仅在 ZK2、ZK4 成功地观测到了试剂出露点。

①ZK2 钻孔。

钻探工作进行中,在趾板线防渗帷幕上游 5m 处 ZK2 在孔深 72.0~75.0m(高程 591.5~594.5m)一带发现溶洞,该溶洞不断漏水,压水试验出现失水现象。在尝试长时间注水后发现钻孔地下水位持续维持在孔深 75m。为查明该孔各溶洞与大坝渗漏的关系,在 ZK2 孔 78m 以上发育的溶洞、溶缝内进行连通试验。

连通试验选择 ZK2 孔深 72~75m 进行试验,采用试验段上、下部双栓塞止水,水泵送水至试验段,压入溶洞中。针对 ZK2 揭露溶洞进行的连通试验共进行了 3 次。

a. 第一次连通试验。

2016 年 2 月 26 日进行了第一次连通试验,试验进行于 6 时。自 6 时开始向钻孔内连续注水,于 8 时 55 分通过钻杆直接将溶解示踪剂的高浓度药水定位投放至 74m 处,示踪剂为食用色素胭脂红,共计投放 1.5kg。通过 30h 的观察,两个观测点的流水均未见明显变色迹象,遂于 2 月 27 日终止试验。

b. 第二次连通试验。

3 月 6 日进行了第二次连通试验,试验进行于 7 时。自 7 时开始向钻孔内连续注水,于 9 时 30 分自孔口向孔内直接投入溶解示踪剂,示踪剂为食用色素胭脂红,共计投放 7.5kg,于 11 时结束投放。14 时 45 分坝后 1 号观测点量水堰左侧塘水见红色(图 2.3-7),2 号观测点泄洪冲砂洞洞口的流水始终未见明显变色迹象,遂于 3 月 7 日 8 时终止试验。

图 2.3-7 量水堰水体变红

c. 第三次连通试验。

3月9日进行了第三次连通试验,试验进行于7时。自7时开始向钻孔内连续注水,以100L/min的流量向钻孔试验段内注水。于10时开始不间断连续投入示踪剂,示踪剂为食用色素亮蓝,将示踪剂溶于水中后用水泵抽入试验孔段中,共计投放7kg,投放时间10时至10时56分。

根据观察,开始投放3h36min后,于13时36分发现1号观测点量水堰左侧淡蓝色水流自地底冒出,至14时20分量水堰内水体整体呈浅蓝色(图2.3-8、图2.3-9)。2号观测点泄洪冲砂洞洞口流水始终未变色,3号观测点12号水位长观孔内地下水亦未变色。

通过连通试验结果,初步判定位于灌浆帷幕上游5m处的ZK2与下游量水堰间有连通的渗流通道(图2.3-10),主要发育于三叠系上统一碗水组上段第一层中的砂质灰岩与钙质砂岩中,以溶洞与较大的溶蚀裂隙的形式存在,估计渗流速度大于2.5cm/s。

②ZK4钻孔。

钻探工作进行中,在趾板线防渗帷幕ZK4孔深42.0~46.0m(高程634~638m)一带发现溶洞,该溶洞不断漏水,压水试验出现失水现象,在尝试长时间注水后发现钻孔地下水位始终稳定在孔深44.0~45.0m。根据对周边钻孔分析研究,该溶洞主要发育于三叠系上统一碗水组上段第一层与第二层分界面一带,位于砂质灰岩与钙质砂岩的顶部,该处溶洞存在一定的连通性,为查明该溶洞与大坝及导流洞渗漏的关系,决定在ZK4孔深42.0~46.0m发育的溶洞内进行连通试验。

根据钻孔资料,ZK4位于库区内坝前趾板线正上方,一期帷幕线上游2.5m处,二期帷幕线上游1.5m处,钻孔处库水位深23m,钻孔地下水位44.6m(高程635.9m)。钻孔内下3层套管,外定位套管直径168mm,下至趾板线混凝土上,内层隔水套管直径110mm,下至孔深47m。连通试验选择ZK4孔深47~56m段进行试验,采用试验段上下部双栓塞止水,采用水泵送水至试验段,通过溶洞下方溶蚀裂隙压入溶洞中。

图 2.3-8　投放溶解示踪剂

图 2.3-9　流量堰水体出现蓝色

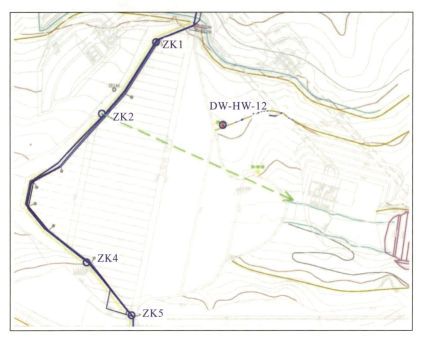

图 2.3-10　ZK2 钻孔中溶洞连通试验渗流通道

2016 年 3 月 5 日进行了连通试验,自 7 时开始向钻孔内连续注水,以 100L/min 的流量向钻孔试验段内注水。计划于 13 时开始投放示踪剂,示踪剂为食用色素胭脂红。于 12 时 54 分开始连续不间断将示踪剂溶于水中后用水泵抽入试验孔段中,共计投放 9.5kg,投放时间为 12 时 54 分至 14 时 20 分。

根据观察,1h20min 后,于 14 时 14 分发现导流洞内 11 号及 13 号排水孔率先变成淡红色,随后 9 号孔流水变红,至 14 时 34 分导流洞洞口水质已浑浊发红。

于 15 时 25 分发现导流洞出口水流变色达极致,染红半条江水,随后流水逐渐褪色变淡。18 时观测时江水已经恢复无色清澈状态。试验过程见图 2.3-11 至图 2.3-14。

图 2.3-11　准备投放示踪剂

图 2.3-12　导流洞左侧 11 号排水孔流水变红

图 2.3-13　导流洞左侧 13 号排水孔流水变红　　　　　图 2.3-14　导流洞口一带江水变红

通过连通试验结果,初步判定位于帷幕上游 2.5m 处的 ZK4 与下游导流洞内排水孔间有连通的渗流通道(图 2.3-15),主要发育于三叠系上统一碗水组上段第一层与第二层分界面一带,位于砂质灰岩与钙质砂岩的顶部,以溶洞与较大的溶蚀裂隙的形式存在,估计渗流速度大于 5cm/s。

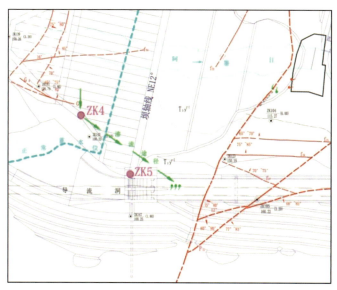

图 2.3-15　ZK4 钻孔中溶洞连通试验渗流通道

6)渗漏原因分析

①通过本次检测,结合原来勘察资料分析,可知大坝坝基 T_3y^{c-1} 层的钙质砂岩、砂质灰岩中岩溶发育较强,且岩溶水文地质条件较为复杂,岩溶渗漏是大坝坝基及绕坝渗漏的主要原因。

②大坝河床趾板基础下灰岩埋深达 100m,原来勘探钻孔显示河床下岩溶发育较深,出现较多强透水带,现有帷幕在河床坝基部分深度仅 65m 左右,库水可绕过帷幕底

线向坝后渗漏。

③右岸趾板 ZK4、ZK5 在灰岩顶部发育高度 4m 的溶洞，充填黏土及粉细砂，综合前期勘探钻孔资料，发现近岸坡的钻孔普遍发育溶洞，充填物均为黏土和粉细砂，溶洞高度一般为 2～4m，局部高达 50 余米，说明岸坡浅表部范围内该层溶洞连续性较好，可以构成连续的渗漏通道。

④左岸 ZK1 孔内未发现大的溶洞，但 ZK2 孔内发现了多个溶洞，且发育高程低于河床，钻孔水位曾出现大幅突降，说明存在较深的岩溶通道。

⑤左岸 ZK2 和右岸 ZK4 均位于帷幕线上游的库内，孔内连通试验中分别在下游流量堰和导流洞排水孔中发现示踪剂，说明现有帷幕尚有缺陷，库水可以通过其中的溶洞向下游渗漏。

综合两岸及下游钻孔地下水长观及补充钻孔的资料，可知大坝两岸均存在坝基渗漏，帷幕中的部分溶洞未得到有效的封堵，库水可以通过帷幕向下游渗漏，且幕底以下部分仍发现溶洞或宽大的溶缝。已有的资料表明，目前的帷幕尚存在缺陷，且帷幕的深度未达到岩溶发育的下限。

2.3.3.2　苏洼龙上游围堰防渗墙检测

（1）工程概况

四川苏洼龙水电站为金沙江上游梯级电站的第 10 级，上游围堰两岸大部分基岩裸露，河床部位覆盖层深厚，覆盖层主要由第四系冲洪积、堰塞湖积和冰积层组成，基岩主要为印支期黑云斜长花岗岩，与围岩呈断层接触或裂隙接触。上游围堰混凝土防渗墙轴线长 394.12m，最大深度 87m，厚度 1.0m，防渗墙体混凝土为 C5W8 塑性混凝土，伸入基岩 1.0m。洪水后混凝土防渗墙部分墙体受损，主要受损段为 K0＋140～K0＋247，共计 107m 左右。混凝土受损后进行修复，修复混凝土设计强度 C20。

（2）孔位布置

上游围堰修复后防渗墙 K0＋130～K0＋247 段共布置 10 个初检孔，2 个复检孔，上游复建围堰防渗墙检测孔位布置见图 2.3-16，其中 K0＋130～K0＋140 段为盖帽混凝土未受损段，布置了 2 个初检孔，K0＋140～K0＋247 段为盖帽混凝土受损段，混凝土修复后布置了 8 个初检孔。为检测混凝土缺陷处理效果，初检孔 ZK04（桩号 K0＋199）靠左岸位置 1m 处布置复检孔 J01，初检孔 ZK08（桩号 K0＋223）靠右岸位置 1m 处布置复检孔 J02。

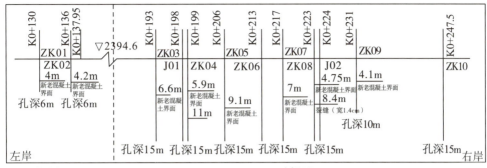

图 2.3-16　防渗墙检测孔位布置

（3）单孔声波检测

对上游围堰修复后的防渗墙 ZK01～ZK10 共 10 个初检孔、J01～J02 共 2 个复检孔进行单孔声波测试，经对相关数据分析处理，上游围堰修复后防渗墙单孔声波检测结果统计见表 2.3-1。

表 2.3-1　　　　　　　　　　防渗墙单孔声波检测结果统计

孔号	孔深/m	波速统计/(km/s)				相对低波速统计		备注
		最大值	最小值	平均值	标准差	孔深/m	波速/(km/s)	
ZK01	7.4	4.46	2.07	3.35	0.78	—	—	初检孔
ZK02	6.6	4.04	2.00	2.67	0.50	4.4～4.8	2.08	
ZK03	15.4	3.03	1.83	2.41	0.30	—	—	
ZK04	14.8	4.46	2.07	2.86	0.76	7.2～7.8	2.37	
ZK05	16.2	3.79	2.07	2.69	0.34	—	—	
ZK06	16.0	4.72	2.34	3.14	0.68	—	—	
ZK07	14.2	3.81	1.65	2.41	0.54	—	—	
ZK08	14.6	5.56	1.57	2.45	0.64	13.2～13.4	2.07	
ZK09	11.4	2.75	1.97	2.36	0.18	—	—	
ZK10	15.4	4.55	2.19	2.80	0.59	—	—	
J01	14.4	4.17	2.14	2.81	0.45	13.4～14.4	2.31	复检孔
J02	13.8	4.10	2.08	3.01	0.59	12.4～12.8	2.35	

从表 2.3-1 中可以看出，初检孔 ZK01～ZK10 波速平均值在 2.41～3.35km/s，波速差异的主要原因在于测试孔段混凝土波速的差异，原防渗墙混凝土与修复后混凝土之间波速的差异大。ZK02、ZK04 和 ZK08 共 3 孔存在相对低速异常段，分别为 ZK02 孔深 4.4～4.8m 段，平均波速 2.08km/s；ZK04 孔深 7.2～7.8m 段，平均波速 2.37km/s；ZK08 孔深 13.2～13.4m 段，平均波速 2.07km/s。

裂缝灌浆处理后复检孔 J01～J02 平均波速在 2.81～3.01km/s,J01 相对低波段在 13.4～14.4m,J02 相对低波速段在 12.4～12.8m。

(4)全孔壁数字成像检测

对上游围堰修复后防渗墙 ZK01～ZK10 共 10 个初检孔、J01～J02 共 2 个复检孔进行全孔壁数字成像检测。经处理分析,防渗墙全孔壁数字成像检测结果统计见表 2.3-2。

表 2.3-2　　　　　　　　　　防渗墙全孔壁数字成像检测结果统计

孔号	新老混凝土接触面/m	实测孔深/m	检测成像情况	备注
ZK01	4.0	7.2	4.2～4.4m 处局部破碎,其余孔壁较完整	初检孔
ZK02	4.2	6.4	孔壁较完整	
ZK03	6.6	15.6	孔壁完整	
ZK04	5.9	14.5	11.0m 处缝宽 16.65mm,其余孔壁完整	
ZK05	9.1	17.0	孔壁完整	
ZK06	6.8	14.4	孔壁较完整	
ZK07	7.0	13.6	孔壁完整	
ZK08	4.7	13.6	1.7～2.1m 孔壁粗糙,8.4m 处有裂缝,缝宽 14.05mm	
ZK09	4.1	9.5	孔壁完整	
ZK10	2.5	13.0	孔壁较完整	
J01	5.6	13.4	10.5～10.6m 处有裂缝,缝宽 12.59mm,可见水泥浆充填	复检孔
J02	4.5	12.5	6.9～7.0m 处有裂缝,缝宽 13.20mm,可见水泥浆充填	

从表 2.3-2 中可以看出,初检孔 ZK01～ZK10 孔壁大多数比较完整。其中:ZK01 孔深 4.2～4.4m 处局部破碎;ZK04 孔深 11.0m 处有裂缝发育,缝宽 16.65mm,倾角 16°;ZK08 孔深 1.7～2.1m 孔壁粗糙,8.4m 处有裂缝,缝宽 14.05mm。裂缝灌浆处理后 ZK04 复检孔 J01 在 10.5～10.6m 处有裂缝,缝宽 12.59mm,可见水泥浆充填;ZK08 复检孔 J02 在 6.9～7.0m 处有裂缝,缝宽 13.20mm,可见水泥浆充填。ZK04 孔及该孔的复检孔 J01 裂缝全孔壁数字成像见图 2.3-17。

从检测结果分析,可知修复后防渗墙混凝土整体较完整,ZK01 孔深 4.2～4.4m 处局部破碎,所有检测孔新老混凝土结合(除 ZK0 外)都比较紧密。在老混凝土中共发现两条裂缝,其中:ZK04 与 J01 在同一槽段,所发现裂缝为同一条裂缝,裂缝发育方向为左岸高,右岸低,倾角 26°左右;ZK08 与 J02 在同一槽段,所发现裂缝为同一条裂缝,裂缝发育方向为左岸低,右岸高,倾角 54°左右,综合分析此两条裂缝均没有跨槽段。

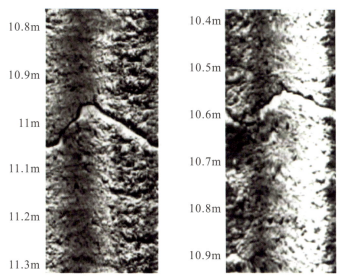

图 2.3-17 ZK04 孔及该孔复检孔 J01 裂缝全孔壁数字成像

(5)注水试验检测成果

为检验防渗墙质量,对检测孔进行注水试验。初检孔 ZK01～ZK02 孔深 0～6m 段进行注水试验,渗透系数 k 范围在 $1.11 \times 10^{-6} \sim 1.34 \times 10^{-6} \text{cm/s}$;ZK03～ZK10 分两段进行注水试验,第 1 段 0～8m,第 2 段 8m 以下孔段,渗透系数 k 范围在 $1.23 \times 10^{-6} \sim 8.45 \times 10^{-6} \text{cm/s}$,其中 ZK04 孔深 8～15m 段和 ZK08 孔深 8～15m 段漏水,无法计算渗透系数,孔口水位每分钟下降高度分别为 83cm 和 80cm。

复检孔 J01 和 J02 孔分两段进行注水试验,第 1 段 0～8m,第 2 段 8m 以下孔段,无漏水现象,渗透系数 k 范围在 $1.56 \times 10^{-6} \sim 5.69 \times 10^{-6} \text{cm/s}$,裂缝灌浆处理效果明显。

2.4 水下检测

针对不同形式的渗漏,检测方法也不相同。对于通道较为明显的渗漏,可采用水下电视、ROV 配合高清摄像、水下示踪等方法进行直观检测,确定渗漏通道;对于一些渗漏情况较为隐蔽、渗漏点较为分散的工程,可采用声呐探测、水下高清摄像等手段进行检测。渗漏检测是一项复杂的技术,实际工程中经常需要采用一种或多种方法进行综合检测,才能准确判断,确定水下渗漏位置和通道。

2.4.1 声呐渗漏探测

传统渗漏勘察中,常采用钻孔取芯或压(抽)水试验等间接方法推测渗漏的通道和方向,费时费力,且不能全面掌握渗漏的特征。声呐探测技术为岩土体渗流场的准确检测提供了可能。该方法能直接获得天然流场下地下水的流速矢量场,通过加密测点可

提供渗漏分区和渗流流速方向,为水下渗漏检测提供了一种便捷、高效、准确、对结构无损伤的检测手段。

2.4.1.1 工作原理

声呐渗漏探测技术,是利用声波在水中的优异传导特性,利用多普勒原理实现对水流渗漏场的检测(图2.4-1)。如果被测水域的水体存在渗漏,则会在测区产生渗漏流场,声呐探测器能够精细地检测出声波在流体中传播的大小,顺流方向声波传播速度会增大,逆流方向则减小,同一传播距离就有不同的传播时间。利用传播速度之差与被测流体流速之间的关系,可建立连续渗流场的水流质点流速方程如下。水库渗漏声呐探测仪检测原理见图2.4-2。

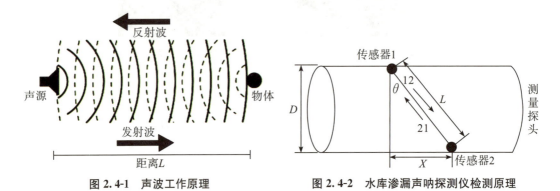

图2.4-1 声波工作原理 　　　图2.4-2 水库渗漏声呐探测仪检测原理

$$U = -L^2/2X(1/T_{12} - 1/T_{21})$$

式中:L——声波在传感器之间传播路径的长度(m);

$\quad X$——传播路径的轴向分量(m);

$\quad T_{12}$、T_{21}——从传感器1到传感器2和从传感器2到传感器1的传播时间(s);

$\quad U$——流体通过传感器1、2之间声道上平均流速(m/s)。

通过大量的室内外测试及水电工程的验证,本方法能够定量检测出水下建筑物和库底的渗漏入水口流速,尤其适合快速探测水下集中渗漏通道,测量精度可达1m/d,检测深度可达300m。

2.4.1.2 仪器设备

声呐渗漏探测技术应用的主要仪器是"三维流速矢量声呐测量仪",是集声呐探测技术、航空定向技术、电子计算机仿真技术、压力传导技术、水文地质测量和地下水渗流计算技术于一身的高科技产品。它利用水中声波对水下目标进行探测、定位和通信,是同位素示踪检测的替代产品,具有检测准确、高效、对结构无损伤的应用特点;由测量探头、电缆和软件系统3部分组成(图2.4-3)。

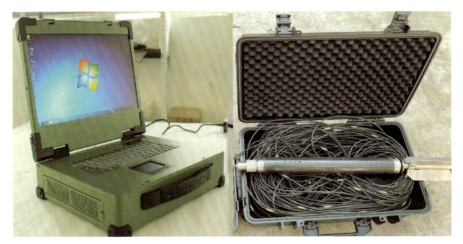

图 2.4-3　渗漏水库声呐测量仪

测量前,通过室内标准渗流试验井,对仪器进行渗流参数标记,才能进行现场渗流测量。野外试验测量前,对测量仪器通电预热 3min,即可把测量探头放入水面以下测量隔水底板的渗漏流场分布数据。如果是水文地质孔,则把测量探头放入测量井孔内进行测量,测量的顺序是自上而下,从地下水位以下开始测量,测量点的密度为 1m,1 个测点上的测量时间是 1min,测量完成后数据自动保存,再进行下一个点的测量,直到测量至孔底。

2.4.2　水下高清摄像

2.4.2.1　潜水员水下摄像

潜水员水下摄像是专业潜水员携带潜水设备和专业的摄像设备潜入水中直接拍摄,直观真实反映水下景象。在大坝水下工程领域,潜水技术通常是指潜水员直接与水接触,暴露在高压环境中,潜水结束后按照不同的下潜深度和逗留时间进行潜水减压。常规潜水是使用最为广泛的一种潜水方式,它压缩空气作为呼吸介质进行潜水作业,气源广泛,使用方便,而且经济性较好。由于空气潜水作业有氮麻醉和氧中毒的风险,我国规定空气潜水的最大安全深度为 60m。

潜水员水下摄像由于水的透明度低,水中微小无机物和有机物颗粒含量高等多种原因,影像容易模糊不清晰。这就要求潜水员摄像做好以下几点。

(1)选择透明度高的水域或时机拍摄

在通常情况下,水下摄影的作业水域是无法由作业人员自由选择的,但在有些情况下,比如附近有透明度高的水域、影像质量要求较高时,如果条件允许,则可以将作业对象转移到水质好的水域进行拍摄。此外,即便是在同一水域,随着潮汐、水流、天气等变化,水的透明度也会发生变化,作业人员要注意观察、积累资料,选择透明度相对较高的

时机进行作业,就会提高摄像效果。

(2)采用近距离拍摄

在相同的拍摄条件下,水下照相机或摄像机离被摄物体的拍摄距离越近,光在水中的传输过程中受到水的散射作用就越小,拍摄的影像也就越清晰。因此,在水下摄影作业时,只要能满足拍摄要求,拍摄距离越近越好。通常水下的拍摄距离应不超过水的透明度的 $1/3 \sim 1/2$。水的透明度可以采用圆盘法进行粗略的测算。但在采用近距离拍摄时,应注意实际的最小拍摄距离不应小于摄影镜头的最近拍摄距离,否则也会由于无法聚焦而影像模糊。

(3)使用专用的浑水水下摄像机或浑水摄影辅助装置

这种摄像机或装置是在摄像机的镜头前安装一个耐压或非耐压的摄影罩,罩内封闭空腔内的介质为空气或清水。这样,就使光线从被摄物体到镜头的传输过程中,在浑水中的路径缩短,从而减小了水的散射作用,提高了影像的清晰度。

(4)防止将水搅浑

水下拍摄过程中,特别是在水底拍摄时,潜水员移动位置或打脚蹼,很容易将水搅浑而影响拍摄效果,这一点在拍摄前应特别注意。通常在水底拍摄,潜水员一般不要穿脚蹼,可以穿工作鞋。当有水流时,潜水员应采用顶流或侧流的方向拍摄。

受水的浮力、水流以及涌浪等影响,潜水员在水下拍照时往往难以持稳相机,这会造成水下拍摄的照片模糊不清。首先要提高潜水员的潜水技能,保证在较为复杂的水下环境中能控制好自身的稳定性。此外,可以考虑布设辅助作业平台作为水下拍摄时的依托物。在水下进行拍摄,特别是在水流较大、水下情况复杂的条件下,给作业潜水员布设一个工作平台,作为稳定身体和照相机的依托物,对解决照相机晃动造成影像模糊等问题非常有效。工作平台可根据作业对象、位置、范围等实际情况自行制作。平台的样式可以多种多样,如用钢管焊制的吊篮、潜水梯、减压架等,有时还可以用麻缆系接在作业部位作为潜水员的依托物,如系兜底缆等。

2.4.2.2 水下电视

水下电视检测是传统潜水员水下探摸、目视检查的替代;通过水下摄像机将水下的实时图像传输到水面上的电视主机上,可在水面上对水下建筑物的运行状况进行直观判断,在水库大坝水下渗漏检测、水下结构破损和水下施工质量检查中得到了广泛应用。

水下电视指将摄像机置于水下,对水中目标进行摄像的应用电视,同时具备观察、监视和记录功能,广泛应用于水下侦察、探雷、导航、防险救生、资源调查勘探等领域。与水下照明类似,潜水员用水下电视摄像机(探头)也有手提式和头盔式两类,一般由水下摄像头(也称水下摄像机)、照明灯、水面监视控制箱、脐带电缆及附件(如录像、刻录设备,潜水通信设备等)组成。

目前,用于水下检测的电视系统种类繁多。比如,按照显示色彩,可分为黑白和彩色电视;按照摄像器件(即摄像机/探头所用器件),可分为 SIT(硅增强靶)型、CCD(电荷耦合)型和 SAD(硅二极管)型电视;按照对光的敏感性,可分为普通、微光、超微光(10~6Lux)电视。此外还有水下激光电视、水下测量电视、水下数字摄像机、高分辨率摄像机及静物摄像机等。

(1)普通水下电视

普通水下电视一般指潜水员使用的水下电视,使用较为普遍,由水下摄像机、传输电缆、控制器和监视器等组成。水下摄像机置于耐压、防水、抗腐蚀的金属壳内,由潜水员携带或安装在深潜器或拖体内,通常使用高灵敏度的摄像管,光灵敏度可达100Lux(靶面照度),工作深度可达 6000m。控制器和监视器通常设在运载平台(如救生船)上,通过脐带电缆向水下摄像头提供照明和摄像机电源,并接收来自水下摄像机的信号。通过开关切换,控制箱的内置显示器可显示水下摄像头的视频信号,也可显示来自录像设备的视频信号。控制箱上还备有视频输出接口,可供录像或外接显示器用。

根据使用需要,普通水下电视还配有其他附属设备,如录像机、水下照明灯具、潜水员携带摄像机时使用的水下通信工具,固定摄像机的稳定、旋转装置等。库水对可见光吸收和散射作用很强,导致能量衰减迅速,可视距离有限。水深大于 30m 时,一般均需用人工照明,在透明度较高的水中,可视距离为 30m 左右。正在发展中的水下激光电视,可视距离比一般可见光大 4 倍左右。

水下电视属于应用电视,它与其他应用电视系统的差别在于工作环境的特殊性。其工作原理是水下目标被氛围光(阳光、天光等)和辅助灯照明,从物体传到摄像机的反射光受到水的选择性吸收和散射。氛围照明和人工照明同样被水中的微粒散射,同时此散射的一部分重叠在被摄物体的影像上,成像光束经过密封光学壳窗时受到折射,偏折的大小取决于光线的方向与波长。被摄物体的影像在到达摄像机时,由于壳窗产生的像差和畸变以及水路径的吸收和散射效应,可能产生严重畸变,采用水下专用成像物镜可以补偿某些影像的畸变。最后目标影像成像在光电成像器件的靶面上,完成目标图像的快速捕捉,再经信号处理后输出到观察记录设备。

(2)水下测量电视

水下测量电视是国内为满足水下工程检测需要而开发的一种将微机技术与电视技术相结合的新型水下电视。这种基于电视图像的非接触式水下测量系统,不同于其他常规的水下闭路电视。它设计有以微机控制为核心的数据处理和字符、图像叠加器,具有独特的深度、宽度测量显示功能,能将测量用的电子标尺、目标尺寸、水深(标高)、检测位置代码,以及作业日期等图形数据叠加在电视图像上,与目标图像同时显示,在观察水下目标图像的同时,定量地测量出水下目标物的尺寸,是一种能够同时进行定量测量和实时观测的水下检测设备。水下测量的某电站 5 号机组拦污栅栅条表面情况见图 2.4-4,水下测量电视摄录的某电站 20/21 坝段错台情况见图 2.4-5。

图 2.4-4 水下测量的某电站 5 号机组
拦污栅栅条表面情况

图 2.4-5 水下测量电视摄录的某电站
20/21 坝段错台情况

水下电视是水下渗漏检测的直观方法,采用的彩色电视系统彩色复原性好、分辨能力强、视角广、配有特殊的照明光源,适用于水下渗漏检测工作。它的信号直接由视频传输电缆传送,信号损失小,使工作人员在船上操作方便、安全,同时又保证了录像的质量。

2.4.2.3 水下机器人摄像

水下机器人又称无人水下潜水器,是一种能够代替水下工作人员完成任务的装置,往往适用于大范围、长时间的水下作业。按照与水面支持系统之间的联系方式可分为无缆水下机器人和有缆水下机器人。有缆水下机器人又称为遥控水下机器人,由水下潜器、水面控制台和脐带缆 3 个部分组成,见图 2.4-6。其中水下潜器是传感器、水下作业工具、水下摄像头等的运动载体。水面的动力与控制命令由脐带缆传送至水下潜器,再把水下潜器携带载体获取的声呐、视频相关数据传递至水面控制台。水面控制台用来调节或控制水下潜器的灯光、运动、焦距等,同时实时显示相应的水下图像与观测数据。遥控水下机器人具有体积小、操作灵活便捷等特点,能够使用水面控制台上的几个按钮对水下潜器的前进、后退、上升、下沉、云台俯视等动作进行控制。

水下机器人能够携带图像扫描声呐、定位声呐、高清摄像头、辐射传感器、多参数水质检测传感器、机械手等,能够实时观测和检测水下视频,在搜寻丢失设备、安装水下结构、探查坝体结构病害等多方面得到广泛应用。

水下机器人的使用具有一定的高效性。潜水员到水下对水利工程进行水下检测工作,工作环境、工作条件以及工作时间的影响,极大地制约了水下工作的效率与质量。然而水下机器人可以深入水下的任意深度进行作业,能够根据实际情况发出的指令迅速到达指定的工作地点进行相关的检测工作,使得检测工作效率得到极大的提高,并且不会受到人为因素的影响而导致检测结果出现偏差,保证了检测结果的真实性与准确性。

（a）水下潜器　　　　　　　　　（b）水面控制器　　　　　　　　（c）脐带缆

图 2.4-6　水下机器人

水下机器人在水下进行相关作业的过程中,其水下潜器所携带的各种探测传感器,如水下高清摄像头、多波速声呐等相关探测设备可以使得工作人员对水下情况有更加直观的观察,可以清晰地观察到水下的实际情况,并且可以将在水下探测到的相关数据及时同步到控制平台系统之中,通过对存储的数据进行比对,分析总结出水下工程的实际问题,并提前找到相应的防治措施。"禹龙号"深水检测载人潜水器见图 2.4-7,声呐揭示水下影像见图 2.4-8。

 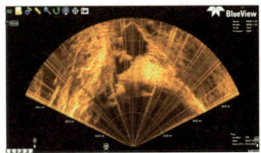

图 2.4-7　"禹龙号"深水检测载人潜水器　　　　图 2.4-8　声呐揭示水下影像

2.4.3　水下喷墨摄像

水下喷墨摄像检测是水下喷墨与水下高清摄像结合的综合检测方法,主要用于对渗漏入口的普查和直观确认。

实施水下喷墨摄像检测时,可采用人工潜水或水下机器人(ROV)携带特制的水下喷墨装置,在可能渗漏通道入口处释放带色颜料(食品级),同时利用高清摄像机实时记录颜料在渗流作用下被带入通道的影像,直观判断渗漏通道入口。此外,水下喷墨摄像检测还可用于渗漏区域中渗漏点的普查,通过多次喷墨确定渗漏点数量和渗漏大小。

国家大坝安全工程技术研究中心自主研发的水下喷墨器,搭载在水下机器人底部,检测深度可达 200m,每次下水可携带 1L 颜料,喷射次数可达 100 次,配合水下机器人自带的高清摄像机可实现对坝面或库底渗漏点的普查和确认(图 2.4-9)。

图 2.4-9 水下喷墨装置及效果图

2.4.4 典型工程案例

2.4.4.1 重庆蓼叶水库大坝渗漏检测

重庆蓼叶水库大坝位于梁平区东北部蓼叶河上游,总库容 1629 万 m³。大坝为混凝土面板堆石坝,最大坝高 66.2m,上游坝坡坡比为 1∶1.405,下游坝坡坡比为 1∶1.4。水库主体工程于 2007 年 10 月正式开工,2011 年 12 月底开始蓄水,2014 年 3 月全部竣工验收。

水库蓄水运行几年来,高水位时大坝下游量水堰渗漏量基本维持在 30～40L/s。2015 年 12 月 8 日,库水位 493.88m 时,下游坝脚沿线出现多处渗水点,渗漏量增大至 84.4L/s,随后采取降低库水位的措施,渗漏量也有所降低。2016 年 5 月 6 日,坝址区降雨达 74.5mm,库水位迅速抬升,坝后渗漏量再次突然增大,2016 年 5 月 31 日至 6 月 2 日的强降雨,使库水位抬升至 492.78m,6 月 1 日坝后渗漏量超过量水堰量程 120L/s,在坝后渠道中估测渗漏量,最大测值为 381L/s。后库水位维持在 489～490m,渗漏量维持在 330L/s 左右。

利用水库渗漏声呐探测仪对蓼叶水库混凝土面板堆石坝水下防渗面板渗漏疑似区域进行现场渗漏检测,获得了大坝防渗面板渗漏的渗流场分布,通过解析渗流场数学模型,准确地定位出水库面板漏水的位置,尤其在面板上有 5～10m 厚的土壤覆盖层条件下,尚属首例。检测结果为下一步制定有针对性的堵漏措施提供了准确依据。现场检测工作于 7 月 9 日开始至 7 月 19 日结束。

整编各测点的渗漏流速,根据渗漏流速结合加密测点数据综合确定渗漏异常区范围,并通过渗漏区云图的形式直观显示(图 2.4-10)。检测结果显示,水面声呐渗漏检测范围内存在一处集中渗漏区,位于右岸面板 MB33、高程 466～460m 范围,其影响范围涉及面板 MB32~34,集中渗漏区最大渗漏流速达 0.82m/s。

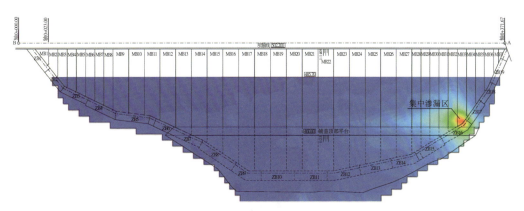

图 2.4-10　测区声呐检测渗漏分布云图

为验证声呐水下探测集中渗漏通道的准确性,采用水下机器人的机械手携带渗漏探测喷墨设备,对普查过程中发现的疑似渗漏入口进行水下喷墨和高清摄像,通过在水下的喷墨、录像等检查作业,能够对渗漏部位进行直观的观测和判断。

根据前期分析结论结合声呐检测结果特点,机器人从右岸 MB30 面板开始逐块向右岸趾板进行检查。机器人贴近混凝土面板,自下而上保持一定上升推进功率进行摄像检查,然后从相邻面板自上而下贴近面板行进到库底,如此循环。当发现有面板破损或缺陷部位时,对缺陷部位进行详查并进行喷墨示踪。在 N10~N11 条测线中间,靠近大坝右岸 M33 面板,高程在 462.5m 附近存在明显渗漏异常,对该区域附近进行仔细检查发现该区面板有两处明显破损区(图 2.4-11),破损区为两条宽约 5cm、总长为 5~8m 的错台裂缝,裂缝左侧面板存在塌陷。利用水下机器人喷墨系统进行喷墨示踪,发现红色示踪颜料被快速吸入裂缝中,且越靠近裂缝吸入流速越大,该处为大坝集中渗漏入口。检测期间,因水下机器人的扰动裂缝中吸入大量黏土和杂物,截至 7 月 18 日坝后渗漏降低 30~293L/s,说明该处错台裂缝为大坝渗漏的主要渗漏入口。

图 2.4-11　主要渗漏区破损、喷墨吸入明显

　　根据声呐渗漏检测和水下机器人视频检查结果确定集中渗漏区位置,在钢制机动船上定点吊入导管,通过水下摄像头辅助定位导管出口,使导管出口对准面板裂缝。然后将5kg经过溶解的高浓度食品红液体注入导管,利用渗漏入口的水流吸附力将食品红液体吸带入通道。集中渗漏区示踪连通性试验从7月20日10时40分开始,通过水下摄像头确定示踪剂导管位于集中渗漏区裂缝处,从水下摄像可以清晰看到示踪剂被吸入裂缝中。为确保及时发现大坝下游的水体颜色变化情况,以及弄清示踪剂在坝体内的流动时间,在大坝下游量水堰出口处派专人观察、计时,30min后5kg高浓度食品红液体全部灌入导管,经过约6h后大坝下游坝脚内发现变红的渗水,且浓度逐渐加深(图2.4-12)。至此,大坝上游渗漏点与下游集渗通道出口之间的连通关系得到验证,连通性试验取得成功,更进一步验证了声呐渗漏检测结果和水下机器人检测结果的准确性。

图2.4-12　示踪剂被吸入裂缝中,下游出水变红

　　根据集中渗漏区与下游坝脚出水点的直线距离(约170m)和出水点见红时间推算坝体内渗流流速为0.78cm/s,远小于面板裂缝附近声呐检测的渗漏流速,可见渗水在坝体内分散,流速变缓,也反映出坝体内尚未形成完全贯通的集中渗漏通道。

2.4.4.2　四川沙坪二级水电站上游围堰渗漏检测

　　四川沙坪二级水电站位于大渡河干流,是大渡河干流梯级开发方案中的第20个梯级的第二级,Ⅱ等大(2)型工程。一期截流于2013年10月底完成,工程采用分期导流方式,共分两期。一期由右岸围堰挡水,左岸已建导流明渠过流;二期由左岸围堰挡水,右岸已建泄水闸过流。

　　一期上游围堰为土石围堰,上游围堰防渗结构施工完成后,2014年2月10日开始基坑排水,预计10d内将基坑水位降至525m高程,计算上游围堰渗水约600m³/h、下游围堰渗水约300m³/h;2014年3月31日根据基坑抽水泵抽水量推算基坑开挖至高程518m时的渗水量约3200m³/h,基坑内外水头差18m;2014年4月21日渗水量约为4700m³/h,此时基坑开挖高程为506.8m,基坑内外水头差约30m。根据类似工程经验,本围堰工程渗水量增长速度偏快,渗水量值偏大,为保证6月初进入汛期后基坑安全度汛和上游围堰稳定,需尽快查出渗漏部位,有针对性地进行处理。

2014年4月,对沙坪二级水电站上游围堰防渗墙内和墙前钻孔进行渗漏检测。主要检测内容为:防渗墙内钻孔声呐检测和防渗墙前钻孔声呐检测。经过30余天现场检测,共完成检测孔30个,根据检测数据,并结合孔内电视和连通试验结果,基本确定上游围堰主要渗漏部位—河床部位(桩号0+130m~0+150m区间)高程490~515m范围,检测孔平均渗漏流速最大为20cm/s,单点最大渗漏流速为83cm/s,高程490~515m范围内(防渗墙与基岩基础段)存在多处渗漏通道。

根据检测结果,施工单位及时在漏水部位进行灌浆处理,以较少工程处理措施很快完成了渗漏处理。声呐检测孔平均渗漏流速分布见图2.4-13,防渗墙内检测孔渗漏流速沿高程分布见图2.4-14,上游围堰渗漏分区见图2.4-15。

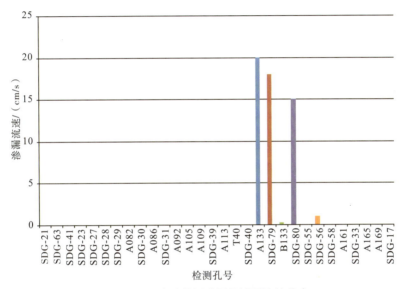

图2.4-13 声呐检测孔平均渗漏流速分布

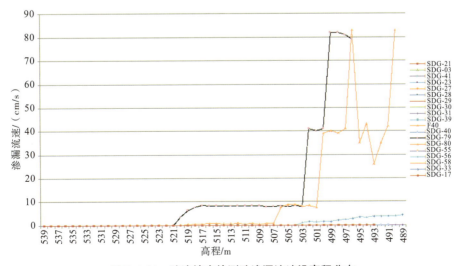

图2.4-14 防渗墙内检测孔渗漏流速沿高程分布

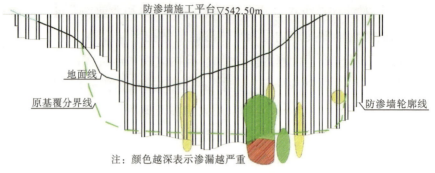

注：颜色越深表示渗漏越严重

图 2.4-15　上游围堰渗漏分区图

2.4.4.3　云南黄水河水库大坝渗漏检测

云南黄水河水库位于威信县麟凤乡黄水河上游,水库正常蓄水位 1275.0m,总库容 1793 万 m³。大坝为混凝土面板堆石坝,坝顶高程 1279.8m,最大坝高 77.8m。水库下闸蓄水后运行基本正常。根据监测资料,2019 年 2 月 11 日,库水位 1279.7m 时,下游坝脚出现渗水点,渗漏量增大至 283L/s,并持续增大,至 8 月 11 日,渗漏量达到 365L/s。

根据面板堆石坝渗漏规律,黄水河水库大坝面板、止水等防渗体可能存在渗漏,大坝渗漏问题较为复杂。针对大坝渗漏检测提出采用水下机器人高清摄像结合图像声呐普查、缺陷部位定位详查等综合手段对大坝面板、趾板、止水结构等防渗体系渗漏进行无损检测,快速查找、判断大坝渗漏。水库水下检测范围见图 2.4-16。

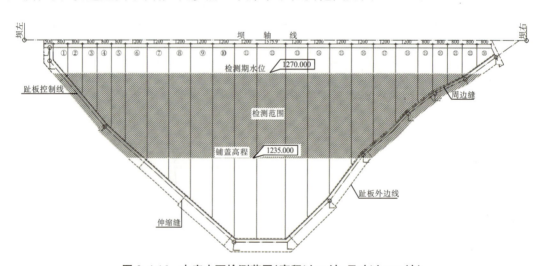

图 2.4-16　水库水下检测范围(高程以 m 计,尺寸以 mm 计)

黄水河水库面板水下检测采用广域普查结合定位详查的水下高清摄像技术,首先对铺盖以上、水面以下区域的面板、垂直缝及周边缝和趾板进行高清摄像普查,然后对重点部位、疑似渗漏部位进行详查,并对查明的集中渗漏点进行示踪试验。具体检测方案为:首先采用水下摄像机结合图像声呐系统对大坝面板进行检查,确定水下机器人相对位置后,沿同一高程自左向右对待测面板进行巡查,然后下潜 1.0m 对下一高程面板进行检测。若发现明显缺陷,可采用图像声呐大致确定缺陷位置和形状。对于水下高清摄像普查查明的面板缺陷和渗漏部位,通过水下高精度图像声呐确定缺陷和渗漏位置,并对缺陷和渗漏位置进行详查,记录缺陷类型、程度和具体位置。对检测查明的缺陷,通过水下机器人携带的特制示踪装置,对渗漏部位水体进行标识,采用投入食品级示踪剂的方式进行示踪。

经过水下机器人对水下约 9200m² 范围的检查,发现大坝 17 号面板底部存在一处集中渗漏区,高程 1245～1246m,渗漏区破损呈"7"形分布(图 2.4-17)。渗漏区上部面板塌陷,形成一条长 1.5m、高 10cm 的错台裂缝;高程 1245～1246m 周边缝顶部的盖片破坏,内部填料流失,形成一条长约 2m 的渗漏条带;高程 1245m 趾板附近,发现一处长 20cm 的三角形破损孔洞(图 2.4-18),渗漏吸入明显(图 2.4-19)。

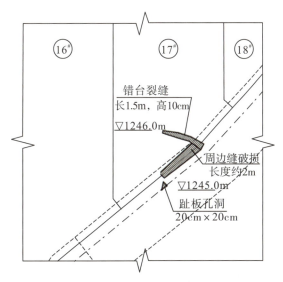

图 2.4-17　17# 面板集中渗漏区素描图

图 2.4-18　趾板部位三角形破损区(高程约 1245m)

图 2.4-19　17# 面板集中渗漏区示踪试验(趾板渗漏区)

参考文献

[1] 龚晓南,贾金生,张春生.大坝病险评估及除险加固技术[M].北京:中国建筑工业出版社,2021.

[2] 谭界雄,王秘学,蔡伟,等.水库大坝水下加固技术[M].武汉:长江出版社,2015.

[3] 李广超,毋光荣,耿瑜平.水库大坝渗漏探测技术与应用[M].郑州:黄河水利出版社,2015.

[4] 盛金保,李宏恩,盛韬桢.我国水库溃坝及其生命损失统计分析[J].水利水运工程学报,2023(1):1-15.

[5] 苏怀智,周仁练.土石堤坝渗漏病险探测模式和方法研究进展[J].水利水电科技进展,2022(1):1-10.

[6] 郑灿堂.应用自然电场法检测土坝渗漏隐患的技术[J].地球物理学进展,2005(3):854-858.

[7] 樊炳森,郭成超.高密度电法在水库渗漏检测中的应用[J].长江科学院院报,2019,36(10):165-168.

[8] 张凯馨,高文达,方致远.基于伪随机流场法的岩溶地区土石坝渗漏检测[J].中国水利,2018(20):46-49.

[9] 董海洲,陈建生.基于示踪方法的土石坝绕坝渗漏探测[J].辽宁工程技术大学学报,2009,28:174-177.

[10] 杜国平,曹建辉,李国凡,等.示踪技术在水库绕坝渗漏研究中的应用[J].地下水,1998,20(4):172-177.

[11] 王建强,陈汉宝,朱纳显.连通试验在岩溶地区水库渗漏调查分析中的应用[J].资源环境与工程,2007,21(1):30-34.

[12] 周仁练,苏怀智,刘明凯,等.基于被动红外热成像的土石堤坝渗漏探测试验研究[J].水利学报,2022,53(1):54-66.

[13] 罗飞,李红星,许虎.钻孔彩色电视成像技术在大坝渗漏探测中的应用[J].水利水电技术,2015,46(11):23-27.

[14] 唐明武,杜爱明,李亚雄.综合物探方法在苏洼龙水电站上游围堰混凝土防渗墙质量检测中的应用[J].四川水力发电,2022,41(2):9-13.

[15] 田金章,向友国,谭界雄.综合检测技术在面板堆石坝渗漏检测中的应用[J].人民长江,2018,49(18):103-107.

第3章　土质防渗体土石坝渗漏处置

3.1　概述

3.1.1　发展现状

土质防渗体土石坝系指坝体横断面防渗材料由各类天然土料填筑而成。按施工方法可分为碾压式、水力冲填式和水中填土式3类;按土质防渗体在坝体横断面内的位置可分为均质坝、心墙坝、斜心墙坝和斜墙坝4种。

在世界坝工建设中,土质防渗体土石坝是应用最广泛、发展最快的一种坝型。以我国的水利水电建设为例,20世纪80年代以前,土质防渗体土石坝主要为中低坝,100m以上的高坝仅有白龙江碧口水电站土石坝(101.8m)、石头河水库的土石坝(104.0m)。80年代以后,改革开放和经济的快速发展,极大促进了我国的水利水电建设。由于实施"西电东送"水电工程的要求和大江大河开发治理的需要,众多高土石坝正在建设、拟建和规划中,特别是在深厚覆盖层坝基、地质条件较差、地震烈度较高、坝高较大(坝高250m以上)的坝址,多数选择了土质防渗体土石坝。

自20世纪80年代以来,我国已建成的坝高超过100m的土质防渗体土石坝有:鲁布革水电站砾石心墙堆石坝(103.8m)、黄河小浪底水库斜心墙堆石坝(154.0m)、陕西黑河引水工程黏土心墙砂砾石坝(128.9m)、狮子坪水电站砾石土心墙堆石坝(136.0m)、大渡河瀑布沟水电站砾石土心墙堆石坝(186.0m)、水牛家水电站心墙堆石坝(108.0m)、大渡河长河坝水电站砾石土心墙堆石坝(240.0m)、澜沧江糯扎渡水电站砾石土心墙堆石坝(261.5m);目前建设中的超高土石坝有大渡河双江口水电站砾石土心墙堆石坝(315.0m)、雅砻江如美水电站砾石土心墙堆石坝(315.0m)、雅砻江两河口水电站砾石土心墙堆石坝(295.0m)等。除上述外,我国还在雅鲁藏布江支流年楚河上建成目前世界上海拔最高(坝顶高程4261.30m)、气候条件非常恶劣、地处高地震区的满拉水利枢纽黏土心墙堆石坝(76.3m)。

随着筑坝技术的发展,目前已实现全风化料筑坝,如老挝南椰Ⅱ水电站,大坝为黏

土心墙土石坝,最大坝高70.5m,是国内外已建工程中首例采用全风化花岗岩作为坝体主要填筑料的工程,其坝体分区见图3.1-1。

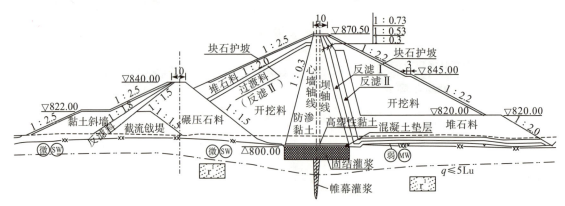

图 3.1-1   大坝分区(单位:m)

我国部分坝高超过100m的土质防渗体土石坝基本情况见表3.1-1。

表 3.1-1   我国部分坝高超过100m的土质防渗体土石坝基本情况

序号	坝名	所在河流	建成年份	坝高/m	坝型	总库容/亿 m³	坝顶长/m
1	双江口	大渡河	在建	315.0	砾石土心墙坝	28.97	639.25
2	糯扎渡	澜沧江	2013	261.5	砾石土心墙坝	237.03	608.2
3	长河坝	大渡河	2018	240.0	砾石土心墙坝	10.75	502.8
4	瀑布沟	大渡河	2009	186.0	砾石土心墙坝	53.90	573.0
5	小浪底	黄河	2001	154.0	壤土斜心墙坝	126.50	1667.0
6	狮子坪	岷江一级支流杂谷脑河	2007	136.0	砾石土心墙坝	1.33	309.4
7	石门	我国台湾淡水河	1964	133.0	心墙堆石坝	3.09	360.0
8	曾文	我国台湾曾文溪	1973	133.0	心墙土石坝	7.08	400.0
9	金盆	黑河	2003	128.9	心墙砂砾石坝	2.00	440.0
10	硗碛	东河	2007	125.5	砾石土心墙坝	2.12	457.2
11	水牛家	涪江一级支流火溪河	2006	108.0	砾石土心墙坝	1.40	317.0
12	石头河	石头河	1981	104.0	黏土心墙砂砾石坝	1.47	590.0
13	鲁布革	黄泥河	1991	103.8	砾石土心墙坝	1.22	217.2
14	碧口	白龙江	1997	101.8	黏土心墙坝	5.20	297.5

自20世纪80年代以来,特别是进入21世纪后,我国水利水电建设和高土石坝筑坝技术快速发展,在土质防渗体高土石坝的理论研究、科学试验、勘查设计和筑坝技术方面已达到了世界领先水平。

近年来,对筑坝材料的研究有了很大的进展,如防渗体土料由黏土、壤土等发展到高坝采用砾石土等粗粒土。双江口水电站大坝、糯扎渡水电站大坝心墙均采用砾石土,瀑布沟水电站大坝心墙采用宽级配的砾石土填筑。目前,对于高土石坝和超高土石坝的土质防渗体多采用砾石土填筑,以减小防渗体的后期沉降和拱效应,已成为坝工设计者的共识。对于坝壳料,过去要求应为坚硬、新鲜的岩石,现在发展到利用软岩、风化岩及开挖料作为坝壳料,并尽量就近采料,利用开挖的石渣料上坝,做好挖填平衡设计,尽量做到开挖料的充分利用。例如,糯扎渡水电站大坝,心墙上游坝壳内部在高程 $615.0\sim656.0$m 和下游坝壳内部在高程 $631.0\sim750.0$m 布置粗堆石料Ⅱ区,填筑强风化花岗岩和弱风化以下 T_{2m}^1 岩层的开挖料;小浪底大坝在下游坝壳高程 $152.0\sim240.0$m 设置 4C 区,全部利用建筑物的开挖料填筑,填筑量达 470 万 m^3。

大型土石方施工机械设备的普遍应用,使规模巨大的土石方工程从开挖、运输到填筑施工都能实现机械化,能够在合理的工期内完成,如 $10\sim11.5m^3$ 的单斗挖掘机,每小时产量 $2500m^3$ 的斗轮式挖掘机,$385\sim700$HP 的推土机,$65\sim110$t 的自卸卡车,$57.5m^3$ 的铲运机,$50\sim100$t 气胎碾及 $17\sim26$t 或更大的振动平碾和凸块振动碾等。上述大型机械设备的广泛应用,扩大了筑坝材料的利用范围,并提高了高土石坝和超高土石坝的施工效率、工程质量和经济性。例如,小浪底大坝施工时,采用的主要施工机械为:$285\sim370$HP 的推土机,$5.1m^3$ 和 $10.3m^3$ 的液压挖掘机,$5.9m^3$ 和 $10.7m^3$ 的液压装载机,载重 36t、65t 的自卸汽车和 17t 的振动碾等。施工计划的周密安排和机械设备的科学调度,创造了最高日填筑强度 6.7 万 m^3(1999 年 1 月 22 日)、最高月填筑强度 158 万 m^3(1999 年 3 月)和最高年填筑强度 1636 万 m^3(1999 年)的纪录。

土石坝坝体计算理论和计算手段的巨大进步和日臻完善,使计算成果已基本反映土石坝的运行性态;完善的科学试验手段,基本可以阐明土石材料的复杂特性,并且各种本构模型和参数更加接近实际;安全监测设备自动化程度的不断提高及观测资料精度的提高,使我们对土石坝工作性态有了更加清晰的认识。

土质防渗体土石坝具有较好的抗震性能,在强震区建坝,这种坝型较为安全可靠。例如,长河坝水电站、水牛家水电站、糯扎渡水电站、满拉水利枢纽,均位于地震基本烈度Ⅷ度区,以上各坝均按Ⅸ度地震设防;瀑布沟水电站大坝及黄河小浪底水利枢纽大坝等均位于地震基本烈度Ⅶ度区,按Ⅷ度地震设防。

3.1.2　渗漏病害特点

现有土石坝的主要病险情有以下几个方面:一是坝顶高程不满足要求;二是坝坡稳定不满足要求;三是变形和裂缝;四是渗流问题;五是抗震安全问题。其中,渗流问题的研究包括渗漏量和渗透变形。渗漏量问题主要表现为渗漏量过大和浸润线过高,产生

的主要原因为：①防渗体材料防渗性能差，渗透系数偏大；②碾压不密实使得渗透系数大；③铺土层偏厚，每层土上、下碾压质量不均匀，成层渗透特征明显，渗流出逸点高；④防渗体有裂缝；⑤防渗体与地基、岸坡或其他建筑物连接面形成渗漏通道；⑥透水坝基未做防渗处理或防渗处理效果不好；⑦白蚁洞穴深入坝体内，造成渗径大幅减短。

土质防渗体土石坝的渗透变形问题主要有以下几类。

(1)通过防渗体裂缝的渗透变形

用料不妥、碾压不密实、产生不均匀沉降等原因使得防渗体存在裂缝，尤其是横向裂缝，当防渗体下游侧无有效的反滤保护时，极易形成渗透破坏。防渗体裂缝产生的机理主要是水力劈裂、防渗体的渗透性较差或存在质量缺陷。一般认为，防渗体中产生裂缝及缺陷有两种原因：一是施工控制不当，二是后期坝体不均匀沉降。施工阶段各碾压土层之间以及同层不同施工段连接部位均是裂缝及缺陷易产生的位置，施工进程及施工时温度、湿度的变化也会产生一定影响。这些裂缝在施工阶段应是闭合的，而防渗体不均匀沉降和其导致的应力重分布是产生新裂缝和使施工期形成的闭合裂缝张开扩展的主要原因，即使不均匀沉降较小，也有可能产生这种裂缝。除此之外，在快速蓄水过程中，防渗体在不同竖向压力下非饱和土的吸湿变形差异，同样可能导致新的裂缝及缺陷的产生，也可能导致之前施工时的闭合裂缝张开扩大。填土质量不符合要求，表现为填筑体干密度较小，渗透性大，施工分段和分层之间碾压不实，或大坝加高时新老结合面处理不当。如广西澄碧河水库大坝施工分三期填筑，第一期填坝土料填筑时，填筑质量基本符合设计要求。在第二、三期填筑由于要求日填筑强度大，质量控制较差，局部区域架空现象严重。大坝施工到一定高程时，坝体开始出现裂缝，共产生72条裂缝，当时采用灌浆处理。20世纪90年代，坝顶开始出现裂缝，2006年路面错缝最大差值为10cm，到2008年最大错缝已达15cm。错缝主要以坝顶中间坝段为主，往两坝肩逐渐减少。其原因主要是施工阶段质量控制不严。

(2)通过防渗体与地基和岸坡接触面的渗透变形

这种情况可以分为两类：一类是接触面处理不好或未进行处理，使得地基表层内的渗流对防渗体淘刷，逐渐形成集中渗漏；另一类是接触面几何形状不适应防渗体变形，使防渗体与接触面脱开形成集中渗漏，或形成弱应力带在渗透压力作用下发生水力劈裂，形成集中渗流。

(3)通过防渗体与相连接的各种建筑物的渗透变形

其中，发生最多的是防渗体与坝下埋管接触的渗透破坏。防渗体与其他建筑物连接处的渗透破坏大多是连接面结构型式不当或接触面防渗体填筑质量不好，使得防渗体与接触面脱开或形成低应力区，在渗透压力作用下，形成集中渗流。接触面结构型式不当包括坡度不合适,甚至用直立面连接,或者接触面有突变等。与防渗体连接处的结构型式不当,使得接触部位土体填筑质量难以保证,导致防渗体与接触面脱开。在对以往大坝安全鉴定中发现,防渗体与坝下埋管接触面发生渗透破坏工程实例所占比例最高。如澄碧河水库引水管为穿坝涵管,存在渗流安全隐患,多次加固仍然渗水严重,最终采取封堵引水涵管,在大坝两岸重新布置引水隧洞。现行《碾压式土石坝设计规范》(SL 274—2020)规定,泄水建筑物不应采用坝下埋管型式。

(4)坝基渗透破坏

大多数病险土石坝坐落在砂砾石、土基等非岩石坝基上,渗透破坏多发生在未进行防渗处理的坝基,对于进行了防渗处理的坝基,采用水平防渗发生渗透破坏的比例多于采用垂直防渗处理的坝基。

渗透变形对大坝安全影响确有与其他病险不同的特点,主要表现是,初期发生渗透变形时难以及时发现,也难以准确判断对安全的影响程度,一旦发现有明显渗透变形现象,坝体内部往往渗透破坏已经比较严重,已经对大坝安全构成了威胁。

3.2　渗漏处置

3.2.1　渗漏处置方法

土质防渗体土石坝渗漏处置包括坝体防渗加固和坝基防渗加固。坝体防渗加固常用的措施有各种方式的灌浆、复合土工膜、各种型式的防渗墙等。对于砂砾石坝基和土基,常用的防渗加固措施有黏土铺盖、复合土工膜铺盖、各种防渗墙和灌浆等;岩石坝基常用的防渗加固措施是帷幕灌浆。

3.2.1.1　坝体防渗加固措施

(1)防渗体灌浆

1)冲填灌浆

冲填灌浆常用自流或压力灌浆,或者先自流后加压力进行灌浆,作用主要是对钻孔周围缝隙进行冲填,提高防渗体的防渗性能。冲填灌浆孔一般常用多排布置,孔距 2m 左右。冲填灌浆材料与原坝防渗体相同或相近,适用于防渗体填筑质量差,内部因存在裂缝而防渗性能不满足要求的情况。

2)劈裂灌浆

劈裂灌浆是利用浆液压力大于坝体小主应力的原理在防渗体内进行压力灌浆,灌浆材料采用黏性土,通过灌浆在防渗体内形成一道 0.2～0.3m 厚的黏土浆脉,提高防渗体的防渗性能,从而达到防渗加固目的。劈裂灌浆孔一般单排布置,孔距较大,多采用

5～10m。灌浆压力一般通过试验确定,并大于灌浆部位的小主应力,确保能将防渗体劈裂开形成连续的浆脉。劈裂灌浆适用于坝体填筑质量相对均匀的情况。若防渗体碾压质量差,不均匀,内部可能有裂缝存在,防渗体应力场不规律,往往需要在主排孔上、下游布置副排孔。副排孔布置位置、排数、深度等需要根据防渗体的病险情况确定。

上述两种灌浆有一些共同的特点,在采用时需要高度重视,具体如下:

①这两种灌浆方式都很难通过一次灌浆消除防渗体的病险,往往需要间隔相当一段时间,待浆脉固结、坝体应力调整完成后,再进行复灌。对于有些坝,可能需要复灌3～4次。

②对于碾压质量不均匀、内部裂缝严重的情况,在灌浆过程中串浆、跑浆现象难以避免,灌浆工艺不当会对防护体形成新的破坏,应谨慎采用。

③两种灌浆方式大多是在坝轴线上、下游布置,对于整体质量较差的均质坝,上游坝体质量得不到显著提高的情况下,蓄水后水位以下坝体浸水饱和,在固结的过程中会产生新的变形和裂缝,严重时在水位降落时会形成溜坡破坏。

由于这两种灌浆处理效果难以控制,在土石坝加固中已较少采用。

(2)复合土工膜防渗加固

近年来,采用复合土工膜对防渗体进行防渗加固较为普遍。根据防渗体型式不同,复合土工膜的铺设方式可分为两种。对于均质坝和斜墙坝,复合土工膜铺设在防渗体上游面;对于心墙坝,采用垂直铺塑方式。前者采用得较为普遍,后者采用不多。常用土工膜材料有聚氯乙烯(PVC)、高密度聚乙烯(HDPE)、氯磺化聚乙烯(CSPE)、氯化聚乙烯(CPE)、丁基橡胶(ⅡR)、乙烯—丙烯单体橡胶(EPDM)和氯丁橡胶(CR)等。采用复合土工膜防渗,主要需要确定复合土工膜的类型规格。当采用上游面板式结构时,大坝迎水坡坡度除满足大坝自身抗滑稳定以外,还应复核土工膜与垫层和保护层之间的滑动稳定,而且往往由此决定了坝坡的陡缓。因此,设计中要重点把握好摩擦系数的取用,且由于复合土工膜须由分幅搭接而成,其连接方式与要求对复合土工膜防渗性、可靠性及耐久性影响很大,是设计的重点之一。

(3)防渗墙加固

按工法不同,常用的防渗墙有槽孔混凝土防渗墙、高压喷射灌浆防渗墙和水泥搅拌桩防渗墙等,另外还有槽孔塑性混凝土防渗墙、灰浆防渗墙等。防渗墙加固适用于均质坝和心墙坝,坝体防渗墙加固常常与坝基防渗处理一并进行。

1)混凝土防渗墙

主要有混凝土防渗墙和人工挖井防渗墙。混凝土防渗墙是采用钻凿、抓斗等方法在坝体中建造槽型孔后,浇筑成连续的混凝土墙,以达到防渗的目的。防渗墙加固可以适应各种不同材料的坝体和各种复杂的地质条件,两端能与岸坡防渗设施或基岩相连接;墙体穿过坝体及基础覆盖层嵌入基岩一定深度,彻底截断坝体及坝基的渗透水流。混凝土防渗墙适用性广,实用性强,施工条件要求较宽,耐久性好,防渗可靠性高。其最主要的特点是,适用于各类土石坝防渗加固,在我国病险水库加固中应用较多。如安徽卢村水库大坝为黏土心墙砂壳坝,最大坝高 32m,由于心墙填筑质量差,大坝清基不彻底及左坝肩断层带未做防渗处理等,大坝下游坝脚多处出现渗漏。坝体采用混凝土防渗墙、坝基帷幕灌浆防渗。加固后,渗流监测资料显示,经过多年的运行,防渗墙截渗效果良好。广西澄碧河水库大坝为黏土心墙坝,最大坝高 70.40m,采用混凝土防渗墙进行加固,墙厚 0.8m,墙底部嵌入基岩,最大墙深 75.2m,混凝土防渗墙加固施工已完成。

人工挖井防渗墙是采用人工倒挂井开挖和简易冲抓设备挖槽后,回填防渗性能好的黏性土或浇筑混凝土,形成连续防渗体进行防渗加固。该方法适用于深度小于 40m 的防渗加固。坝高小于 20m 时,采用该工法较为合理,其最大优点在于施工质量"看得见、摸得着",目前这种方法已很少采用。

2)高压喷射灌浆防渗墙

利用钻机钻孔,喷射管下至土层的预定位置喷射出的高压射流冲切破坏土体,喷射流导入水泥浆液与被冲切土体掺搅凝固,在地基中按设计的方向、深度、厚度及结构型式与地基结合成紧密的凝结体,达到加固地基和防渗的目的。高压喷射灌浆防渗墙适用于淤泥质土、粉质黏土、粉土、砂土、砾石、卵(碎)石等松散透水地基或填筑体内的防渗工程,因具有可灌性好、可控性好、适应性广及对施工场地要求不高等特点,目前国内病险土质心墙堆石坝防渗加固采用此法的工程较多。但应注意的是,高压喷射灌浆防渗效果受地层条件及坝体碾压程度影响较大,高喷桩径的经验数据主要来自未经碾压的土层。土质心墙是经过碾压的土层,施工工艺及技术参数需要通过现场高喷试验确定,同时,对施工队伍和设备的要求较高。尤其是心墙填筑质量不好,填筑料中对含有较多漂石或块石的,应慎重使用。对坝高较小,填筑比较均匀的坝体,加固效果比较好,比较适合坝高在 30m 以下,防渗深度小于 30m 的大坝。广西客兰水库、布见水库、三利水库等大坝均采用高喷灌浆防渗加固,起到较好的防渗效果。广西兰洞水库主坝最大坝高 42.50m,采用高压喷射灌浆后,未能消除渗流安全隐患,后采用混凝土防渗墙重新加固。

3.2.1.2　坝基防渗加固措施

(1)水平铺盖

1)黏土铺盖

黏土铺盖适用于坝基覆盖层深厚,但颗粒组成相对较均匀的中低坝。对于分层特征显著,不均匀性大,顶部强透水,易产生接触流土地层及基岩为岩溶发育地基,均不宜

用黏土铺盖防渗。

在采用黏土铺盖防渗中,需要注意以下问题:

①掌握覆盖层材料的颗粒组成及其分布情况。当铺盖土料与覆盖层之间不能满足层间关系时,需选用可靠的反滤保护。

②铺盖上面应有可靠的保护层,防止冲刷破坏、干裂和冻胀。

2)复合土工膜防渗铺盖

①大面积铺设复合土工膜应做好排气设计,释放土工膜下面大气压力,常采用逆止阀排气措施。

②复合土工膜上面设置足够厚度的保护层和盖重层。

③铺设施工中,避免尖锐物品刺破土工膜,确保土工膜焊接质量。

(2)防渗墙

1)高压喷射灌浆防渗墙

因造价适中、防渗效果基本可靠,高压喷射灌浆防渗墙在除险加固工程中采用较多。根据坝高、覆盖层材料组成等进行分类,有旋喷、摆喷和定喷3种方式可供选用。

对于覆盖层中粒径大于200mm颗粒含量较多的情况,不宜采用高压喷射灌浆。坝高相对较高宜采用旋喷灌浆,坝高较低可选用摆喷或定喷灌浆。当覆盖层中含有一定数量的粒径为150～200mm的粗颗粒时,难以保证摆喷或定喷灌浆防渗墙防渗效果,不宜采用。如山东泰安角峪水库,大坝为均质土坝,最大坝高16.8m,坝顶长1145.0m。主坝坝体质量差,渗透性大,且坝基为粉质壤土,存在渗漏现象,设计采用坝基高压定喷灌浆防渗墙＋坝体复合土工膜防护的处理方案。

2)槽孔防渗墙

槽孔防渗墙一般有槽孔混凝土防渗墙和自凝灰浆防渗墙两种。槽孔防渗墙防渗效果最好,但造价相对较高,一般多用于坝高相对较高、水库规模较大、位置重要以及坝基地质条件相对复杂的情况。如山东济南卧虎山水库为大(2)型水库,大坝为黏土宽心墙土石混合坝,最大坝高37.0m,坝体坝基渗漏严重。因坝体土料填筑混杂,砾石含量高,河床坝基砂砾石覆盖层厚4～8m,龙口段存在大孤石等问题,设计采用混凝土防渗墙＋复合土工膜防渗加固方案。

3)搅拌桩防渗墙

在防渗墙中,搅拌桩防渗墙造价最低。搅拌桩防渗墙适用于颗粒较细的砂性坝基。在墙深小于25m的情况下,防渗效果基本可靠。如山东济南的公庄水库,大坝为黏土心墙砂壳坝,最大坝高23.15m。大坝心墙上部坝体填土含砂量大,透水性强,含有薄层的砂层透水体,存在严重渗漏现象。对桩号0＋140～0＋366上部坝体采用水泥土搅拌桩防渗墙防渗的加固方案。防渗墙中心线位于坝轴线上游1.0m处,墙体厚度为0.25m,

防渗墙深度为 6.5~10.0m。

3.2.2　渗漏处置方案设计

3.2.2.1　渗漏处置方案选择

土质防渗体土石坝渗漏处置方法各有优缺点,具体采用哪种方式进行防渗加固需根据工程地质条件、渗漏处置范围、病害程度等,进行方案设计比较后综合确定。混凝土防渗墙、高压喷射灌浆等加固措施防渗效果不同,进行防渗加固方案比选时,除了进行完整的防渗加固方案设计和经济性比较外,还要考虑方案的施工难度、技术可行性与不确定因素、处理效果等综合因素。

3.2.2.2　渗流控制设计标准

(1)坝体及防渗体

《碾压式土石坝设计规范》(SL 274—2020)对坝体及防渗体规定如下。

①均质坝坝体黏土渗透系数不大于 1×10^{-4} cm/s;心墙和斜墙防渗体渗透系数不大于 1×10^{-5} cm/s;铺盖黏土渗透系数应小于 1×10^{-5} cm/s,并小于坝基砂砾石层的 1/100。

②土质防渗体断面应自上而下逐渐加厚,顶部的水平宽度不宜小于 3.0m;底部厚度,斜墙不宜小于水头的 1/5,心墙不宜小于水头的 1/4。

③土质防渗体顶部在正常蓄水位或设计洪水位以上应满足一定的超高,斜墙坝不应低于 0.6m,心墙坝不应低于 0.3m。

④铺盖应由上游向下游逐渐加厚,前端最小厚度可取 0.5~1.0m,末端与坝身防渗体连接处厚度应由渗流计算确定,且应满足构造和施工要求;铺盖与坝基接触面应平整、压实,并宜设反滤层。

(2)反滤层和过渡层

土石坝反滤层和过渡层对坝体及防渗体的保护十分重要,因此渗流控制需对土石坝反滤层和过渡层详细设计。《碾压式土石坝设计规范》(SL 274—2020)对反滤层和过渡层规定如下。

①土质防渗体(包括心墙、斜墙、铺盖和截水槽等)与坝壳和坝基透水层之间以及下游渗流出逸处,应设置反滤层。

②下游坝壳与坝基透水层接触区,与岩基中发育的断层破碎带、裂隙密集带接触部位,应设反滤层。

③土质防渗体分区坝的坝壳内不同性质的材料分区之间,宜满足反滤要求。

④防渗体下游和渗流出逸处的反滤层,在防渗体出现裂缝的情况下土颗粒不应被

带出反滤层。

⑤反滤层每层的厚度应根据反滤层部位、材料级配、料源、施工方法等综合确定。土质防渗体上、下游侧的反滤层的最小厚度不宜小于 1.00m；土质防渗体上、下游侧以外的反滤层，人工施工时，水平反滤层的最小厚度可采用 0.30m，垂直或倾斜反滤层的最小厚度可采用 0.50m；机械施工时，最小厚度应根据施工方法确定。

⑥在下列情况下，宜加厚土质防渗体上、下游侧反滤层。

a. 地震设计烈度为Ⅷ度、Ⅸ度的土石坝。

b. 峡谷地区的高土石坝，或岸坡坡度有突变的部位。

c. 防渗体与岩石岸坡或刚性建筑物接触面附近部位。

d. 防渗体由塑性较低、压缩性较大的土料筑成。

e. 防渗体与坝壳的刚度相差悬殊。

f. 坝建于深厚覆盖层上。

⑦土质防渗体分区坝过渡层设置，应根据防渗体与坝壳材料变形特性差异大小，以及反滤层厚度能否满足相邻两侧材料变形协调功能要求确定。当防渗体与坝壳料之间的反滤层总厚度满足过渡要求时，可不设过渡层。不满足过渡要求时，应加厚反滤层或增设过渡层。

⑧土质防渗体分区坝坝壳为堆石时，过渡层应采用连续级配，最大粒径不宜超过 300mm，顶部水平宽度不宜小于 3.00m，采用等厚度或变厚度。

（3）坝基

这里所指坝基包括两岸坝肩。土石坝坝基有土质坝基和岩质坝基两种，土质坝基本身有可能发生渗透破坏，还有可能引起坝体发生渗透破坏。岩质坝基主要容易引起接触渗透变形，本身不易发生渗透破坏。其渗流控制要点为：

1）土质坝基渗透变形

土质坝基本身渗透破坏及引起坝体发生渗透破坏形式有 4 种，分别为管涌、流土、接触流土及接触冲刷，判别方法和控制要求与土质防渗体分区坝坝体类似。

2）基岩灌浆

《碾压式土石坝设计规范》(SL 274—2020)对基岩帷幕灌浆要求是：当防渗体的岩石坝基的透水率不满足要求时应设置帷幕灌浆，同时宜进行固结灌浆。灌浆帷幕的设计标准应按灌浆后的基岩透水率控制，和基岩相对不透水层的透水率标准相同：1 级、2 级坝及高坝，基岩透水率为 3～5Lu；2 级中坝、低坝和 3 级以下中坝，基岩透水率 5～10Lu。

当河床砂砾石层坝基设置混凝土防渗墙，两岸岩石坝基设置灌浆帷幕时，两岸基岩灌浆帷幕应与混凝土防渗墙搭接，搭接长度应满足渗径要求。混凝土防渗墙下基岩是否设置灌浆帷幕，应根据覆盖层厚度、空间分布情况、渗透特性以及坝高和大坝对防渗的要求等确定。

3）混凝土防渗墙

《碾压式土石坝设计规范》(SL 274—2020)对混凝土防渗墙要求应有足够的抗渗性和耐久性,具体要求如下。

①防渗墙插入土质防渗体的部分应做成光滑的楔形,插入高度宜为1/10坝高,低坝不应小于2m,高坝可根据工程类比并经渗流计算确定。

②墙底嵌入基岩0.5～1.0m,风化较深和断层破碎带可根据坝高和断层破碎情况加深。

③防渗墙允许渗透比降可按80～100作为控制上限值。根据《水工混凝土结构设计规范》(SL 191—2008),混凝土防渗墙抗渗等级要求见表3.2-1。

表 3.2-1   混凝土防渗墙抗渗等级的最小允许值

水力梯度 i	抗渗等级
<10	W4
10～30	W6
30～50	W8
>50	W10

④混凝土防渗墙渗透比降较大,可能产生混凝土的溶蚀问题,从而使其强度和防渗性能降低。因此应对其溶蚀年限提出要求。

4）防渗体基岩面要求

对断层、张开节理裂隙防渗体基岩面应逐条开挖清理,并边开挖清理边用混凝土或砂浆封堵。

土质防渗体土石坝基岩面上宜设混凝土盖板,硬岩的陡坡面可喷混凝土或喷水泥砂浆。

5）黏土防渗体与刚性建筑物接触面

①土质防渗体与混凝土面结合的坡度不宜陡于1∶0.25。

②坝轴线下游侧接触面与土石坝轴线的水平夹角宜为85°～90°。

③连接段的防渗体宜适当加大断面。

④宜加厚下游反滤层。

⑤严寒地区应符合防冻要求。

黏土防渗体与坝下涵管连接处,应扩大防渗体断面;涵管本身设置永久伸缩缝和沉降缝时,需做好止水,并在接缝处设反滤层;防渗体下游面与坝下涵管接触处,应做好反滤层,将涵管包裹起来。

3.3　混凝土防渗墙加固

混凝土防渗墙指利用钻孔、挖(铣)槽机械,在松散透水地基或坝(堰)体中以泥浆固壁,挖掘槽形孔或连锁桩柱孔,在泥浆下浇筑混凝土,筑成的具有防渗性能的地下连续墙。混凝土防渗墙造孔施工方法主要包括钻劈法、钻抓法、抓取法、铣削法等。防渗墙施工可适应各种不同材料的坝体和各种复杂地基,墙的两端能与岸坡防渗设施或岸边基岩相连接,墙的底部可嵌入基岩内一定深度,彻底截断坝体及坝基的渗漏通道。

混凝土防渗墙技术于 20 世纪 50 年代初期起源于意大利和法国,我国于 1957 年引进该项技术。1959 年山东月子口水库在坝基砂砾石层中建成了一道长 472m、深 20m、有效厚度 0.43m 的混凝土防渗墙(由 959 根直径为 60cm 的联锁桩柱构成)。同年,湖北明山水库在坝基砂砾石层中建成了一道长 13839m、深 12m、厚 1.55m 的联锁桩柱式混凝土防渗墙,北京密云水库在坝基砂砾石层中建成了一道长 593m、深 44m、厚 0.8m 的槽孔式混凝土防渗墙,之后防渗墙技术在我国得到快速发展。

早期防渗墙主要采用乌卡斯钻机钻凿法施工,成墙厚度 0.8～1.0m,20 世纪 80 年代后,施工工法又出现了锯槽、液压开槽、射水及薄抓斗等多种成墙方法,墙体厚度也愈来愈薄,在土层、砂层或砂砾层,可减薄到 0.1m,施工成本和造价也不断降低,墙体深度也愈来愈大。混凝土防渗墙加固的优点是适应各种复杂地质条件;可在水库不放空的条件下进行施工;防渗体采用置换方法,施工质量相对其他隐蔽工程施工方法比较容易监控,耐久性好,防渗可靠性高。混凝土防渗墙应用范围由早期坝基防渗和围堰工程,扩展到病险水库土石坝防渗加固,并取得了很好效果。我国最早使用混凝土防渗墙对大坝进行防渗加固的是江西柘林水库黏土心墙坝,之后又在丹江口水库土坝加固中得到应用。

防渗墙墙体材料根据其抗压强度和弹性模量,可分为刚性材料和柔性材料两大类,具体分类如下:

刚性材料 ⎰普通(钢筋)混凝土防渗墙　　　　　柔性材料 ⎰塑性混凝土防渗墙
　　　　　黏土混凝土防渗墙　　　　　　　　　　　　　　自凝灰浆防渗墙
　　　　　粉煤灰土混凝土防渗墙　　　　　　　　　　　　固化灰浆防渗墙

刚性材料一般抗压强度大于 5MPa,弹性模量大于 1000MPa,有普通混凝土(包括钢筋混凝土)、黏土混凝土、粉煤灰混凝土等。柔性材料一般抗压强度小于 5MPa,弹性模量小于 1000MPa,有塑性混凝土(砂浆)、自凝灰浆、固化灰浆等。

20 世纪 50 年代末,防渗墙建墙技术尚处于初期,墙的深度较小,墙体承受的水压力不大,墙体材料主要用普通混凝土和黏土混凝土,抗压强度一般在 10MPa 左右。为降低墙体的弹性模量,在混凝土中加入一些粉土、黏土,这种"黏土混凝土"不但可以降低弹性模量,而且具有更好的和易性,浇筑时不易堵管,因而长时间被广泛应用。随后,由于防渗墙承受的水头提高,墙体内力增加,开始提高混凝土强度等级,有的强度达到了25MPa,近年来有的工程达到35MPa。80 年代初,国内陆续研制了适用于低水头闸坝或临时围堰的固化灰浆材料,适用于中低水头大坝和临时围堰的塑性混凝土,适用于高坝深基防渗墙的高强混凝土,以及后期强度较高的粉煤灰混凝土。

普通混凝土是指抗压强度在 7.5MPa 以上,胶凝材料除水泥外不掺加其他混合材料的高流动性泥浆下浇筑的混凝土。混凝土防渗墙发展初期多采用素混凝土,要求抗拉强度高,渗透性能小。在水下浇筑混凝土,要求有较大的流动性。我国一般采用的是C15 普通混凝土防渗墙,抗渗等级 W8,允许水力坡降 80～100。防渗墙嵌入基岩内,水平变位较大时,墙内出现拉应力,素混凝土难以承受,在混凝土防渗墙拉应力较大的部位增设钢筋,可以限制混凝土开裂。

黏土混凝土主要适用于中等水头的大坝或基础的防渗墙,在混凝土中掺加一定量的黏土(包括黏土和膨润土),不仅可以节约水泥,还可降低混凝土的弹性模量,使混凝土具有更好的变形性能,同时也可改善混凝土拌和物的和易性。在我国已修建的防渗墙中大部分采用黏土混凝土,黏土的掺和率一般为水泥和黏土总重量的 12%～20%。现代施工的黏土混凝土防渗墙,多采用膨润土代替黏土。黏土混凝土的 28d 抗压强度一般都在 10MPa 左右,弹性模量为 11000～14000MPa。

塑性混凝土是用黏土和(或)膨润土取代普通混凝土中的大部分水泥形成的一种柔性墙体材料。由于土坝中的混凝土防渗墙的弹性模量与地基差别很大,地基的沉陷和变位会使防渗墙的顶部受到很大的压力,侧面受到很大的摩擦力,引起防渗墙内的应力有时比混凝土强度高出很多,应变也比混凝土的极限应变高得多,从而致使墙体产生裂缝,墙的防渗作用降低。塑性混凝土比普通混凝土或黏土混凝土的弹性模量小得多,与周围土体的变形模量相近,能很好地适应地基的变形,减小墙体内的应力,避免开裂。

3.3.1　防渗墙设计

(1)防渗墙布置

采用混凝土防渗墙加固,应根据土石坝的坝型、坝高及渗漏原因确定布置型式。

①对于坝基和坝体都存在渗漏隐患的均质土坝,混凝土防渗墙宜布置在坝轴线上游附近;对于黏土心墙坝,宜布置在黏土心墙中部,以达到对坝基和坝体渗漏进行全面防渗加固(图 3.3-1、图 3.3-2)。

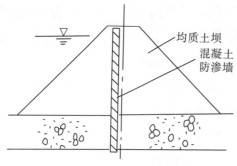

图 3.3-1 均质土坝混凝土防渗墙位置

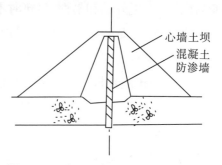

图 3.3-2 黏土心墙坝混凝土防渗墙位置

②对于斜墙土坝,如坝基出现渗漏,在水库可以放空的条件下,一般布置在斜墙脚下(图 3.3-3)。如坝体坝基均渗漏,布置同均质土坝。

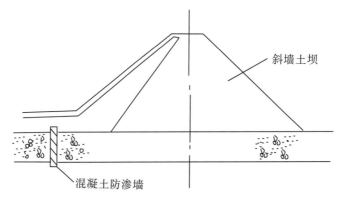

图 3.3-3 黏土斜墙土坝混凝土防渗墙位置

③对于水头小于 50m 土石坝,如果坝基和坝体都存在渗漏隐患也可采用下部防渗墙、上部土工膜的联合防渗体加固措施(均质坝、心墙坝及斜墙均可用)。该法的优点是,防渗墙可布置在上游坝坡上,可减小防渗墙深度,降低防渗墙施工难度。

(2)混凝土防渗墙厚度选择

混凝土防渗墙厚度的选择,主要根据墙体抗渗性能、耐久性及施工条件确定。

1)抗渗要求

墙厚 D 应满足下式:

$$D \geqslant \frac{H}{[J]}$$

$$[J] = J_{max}/K$$

式中:H——防渗墙上下游水头差;

$[J]$——防渗墙允许渗透比降,根据作用水头和墙体材料确定;

J_{max}——防渗墙发生渗透破坏时的临界渗透比降;

K——安全系数。

由于加固土石坝材料结构组成较为复杂,防渗墙上、下游水头差宜根据大坝的渗流场确定。大坝的渗流场可采用渗流计算方法或渗流模拟试验方法确定,随着现代计算机及渗流数值计算软件的发展,渗流有限元计算分析已经变得十分便捷,而且计算精度已足以满足工程的需求。

设计允许渗透比降[J]应根据承受的水头按《混凝土结构设计规范》(GB 50010—2010)先确定其抗渗等级,再按表 3.3-1 确定防渗墙设计允许渗透比降。普通黏土混凝土一般取[J]=60~80,塑性混凝土一般取[J]=40~60。国内已建工程中南谷洞水库取[J]=91,密云水库取[J]=80,毛家村水库取[J]=80~85,这几项工程已正常运行超过 40 年。国外也有渗透比降超过 100 的实例,但在我国允许渗透比降[J]以 80~100作为控制上限值。

表 3.3-1　　　　　　　　混凝土防渗墙抗渗等级与设计允许渗透比降

抗渗等级	W2	W4	W6	W8
渗透系数/(cm/s)	2×10^{-8}	0.8×10^{-8}	0.4×10^{-8}	0.2×10^{-8}
临界水力梯度	133	267	400	533
允许水力梯度	<25	<50	<80	<100

混凝土防渗墙墙体材料不像土质材料有发生颗粒流失的渗透破坏问题,其渗透比降与混凝土的溶蚀速度有关,因此限制其上限值对延长墙的寿命有利。

对重要混凝土防渗墙,尚需核算墙体接缝夹泥的抗渗能力。根据我国王马、毛家村、崇各庄、西斋堂等水库试验成果,夹泥破坏水力梯度为 20~60。

2)耐久性要求

混凝土防渗墙的耐久性主要受渗透水的侵蚀作用控制。侵蚀的特征是水泥水化后形成的各类钙盐逐步分解出氢氧化钙被水淋洗冲走,直到水中氧化钙的浓度超过各类钙盐的极限浓度后,才能继续以固相存在。而处于水压力作用下的混凝土防渗墙,由于水长期从内部渗透,固相与液相的平衡难以建立,氢氧化钙便会不断溶出,导致混凝土结构疏松,逐步丧失结构强度。根据 B. M. 莫斯克文试验资料,氧化钙溶出量达总量的25%以上时,混凝土强度将急剧下降 50%以上。

根据试验研究,按其强度降低 50%的年限作为选择墙厚的准则,年限 T 用下式计算:

$$T = \frac{auL}{kiB}$$

式中 a——使混凝土降低 50%所需溶蚀水量(m³/kg),一般情况 a=1.5~1.8m³/kg;

u——每立方米混凝土水泥量(kg/m³);

L——墙厚（m）；

k——渗透系数（m/a）；

i——渗透比降；

B——安全系数，一般 1 级建筑物取 20，2 级取 16，3 级取 12，4 级以下取 8。

混凝土防渗墙使用年限 T 可根据《水利水电工程合理使用年限及耐久性设计规范》（SL 654—2014）确定，1～3 级壅水建筑物结构的设计基准期应采用 100 年，其他永久性建筑物结构应采用 50 年。

我国舒士懋提出按水泥中氧化钙总量的 25％被溶出时间计算耐溶蚀年限 T：

$$T = 0.25a \frac{V_c}{Q(M - M_0)}$$

式中：a——胶结材料（水泥熟料及掺合料）中氧化钙总含量（％）；

V_c——防渗墙每平方米受压面中混凝土的体积（m³）；

M——渗出液氧化钙浓度；

M_0——环境水所具氧化钙浓度；

Q——单位渗透面积中一年内的渗水量（m³/a）。

在水泥品种相同、用量相同情况下，以等量的粉煤灰代替黏土时，粉煤灰混凝土与双掺混凝土（同时掺高效减水剂及粉煤灰）中氧化钙的溶出量分别低于黏土混凝土的 7％及 13％，双掺混凝土防渗墙的使用寿命为黏土防渗墙的 1.44 倍，具有较高的耐久性。

3）施工要求

采用的槽宽及墙厚应与挖槽机具的一次成槽宽度相适应。国内已建成的墙厚在 0.6～1.3m，如不能满足设计厚度要求，则以两道墙解决。受现有冲击钻机负荷所限，1.3m 直径钻具的重量已近极限。造墙的工期和造价由钻孔和浇筑混凝土两道主要工序决定。薄墙钻孔数量增加，混凝土量减少，厚墙则相反，两者有一个经济的组合。墙厚小于 0.6m 时，减少的混凝土量已不能抵偿钻孔量增加的代价，在经济上已不合理。在我国采用冲击钻造孔的设计墙厚一般取 0.8m，抓斗造孔可取 0.3m、0.4m、0.6m、0.8m 等不同厚度。对需设置钢筋笼的防渗墙，槽宽不能小于 0.5m。

施工实际成槽宽度略大于冲击钻头外径或抓斗宽度，混凝土的强度在墙体与泥浆接触面处较低，固壁泥浆也会在槽壁上形成泥皮，减少防渗墙的有效厚度，墙体有效厚度宜取冲击钻头外径或抓斗宽度减去 10cm。

（3）混凝土防渗墙控制指标要求

1）抗渗等级

混凝土抗渗等级按 28d 龄期的标准试件测定，根据建筑物开始承受水压力的时间，也可按 60d 或 90d 龄期的试件测定抗渗等级。

2）渗透系数

一般而言，只要混凝土防渗墙抗渗等级达到 W4，其混凝土的渗透系数就能小于 10^{-8} cm/s 量级。但混凝土防渗墙分槽段浇筑，各槽段间分缝处存在泥皮接缝，其厚度对防渗墙的整体防渗性能存在一定的影响。另一方面，在防渗墙混凝土水下浇筑过程中，若施工质量控制不好，出现夹泥或不密实的情况，其防渗性能也会下降。因此，混凝土防渗墙渗透系数按小于 $i \times 10^{-7}$ cm/s（$1 \leqslant i \leqslant 5$）控制。完成施工的混凝土防渗墙渗透系数通过检查孔注水试验测得。

3）抗压强度与弹性模量

混凝土防渗墙的抗压强度与弹性模量主要受防渗墙在坝体中的受力状态控制。混凝土防渗墙属薄型结构，其受力状态实际主要受抗拉强度控制。混凝土的抗拉强度与抗压强度有相关关系，抗压强度越高，抗拉强度就越高。因抗压强度检测比较方便，一般采用抗压强度作为控制因素之一。同时，混凝土防渗墙的受力状态与防渗墙适应坝体变形的能力也有关系，防渗墙的弹性模量越低，适应坝体变形的能力越强，防渗墙应力就越小。在工程设计中，一般希望防渗墙混凝土的抗压强度高些，弹性模量低些，这是一对矛盾，具体需要根据防渗墙的应力应变分析确定。

（4）混凝土防渗墙入岩深度

混凝土防渗墙应嵌入坝下的基岩，入岩深度主要按不出现渗透破坏和基岩嵌固作用引起的墙体拉应力小于允许值控制。《碾压式土石坝设计规范》（SL 274—2020）规定，墙底宜嵌入基岩 0.5～1.0m，对较深风化层和断层破碎带可根据坝高和断层破碎情况加深。

（5）槽孔施工期坝体稳定分析

在病险水库大坝防渗墙造孔过程中，将坝体劈开，会引起应力重新分配。槽孔壁分别受到钻具冲击挤压力、固壁泥浆压力、浇筑混凝土的冲击力和流态混凝土产生的压力。从荷载条件来看，如果坝料强度较低，且透水性差，则施工期比正常运用期更为不利。如设计考虑不周，还会出现坝体裂缝，甚至出现滑坡，影响坝体安全。防渗墙施工时，在分孔序、控制混凝土浇筑上升速度和造孔机械布置等方面均应考虑坝体内成槽对大坝稳定的影响，并采取相应措施。

（6）墙体材料

防渗墙为混凝土墙体的物理力学指标要求一般标准为：28d 标准立方体抗压强度大于 10MPa，弹性模量小于 10000MPa，渗透系数小于 $i \times 10^{-7}$ cm/s（$1 \leqslant i < 10$）。

在施工过程中，应通过试验确定防渗墙混凝土配合比。配制防渗墙混凝土的原材

料主要如下。

①水泥：采用普通硅酸盐水泥强度等级 42.5 以上水泥。

②商品膨润土：一级膨润土。

③粗骨料：最大粒径应小于 40mm，含泥量应不大于 1.0%。

④细骨料：应选用细度模数 2.4～3.0 范围的中细砂，含泥量应不大于 3%。

⑤水：应符合拌制水工混凝土用水要求。

⑥外加剂：减水剂和加气剂等的质量和掺量应经试验，并参照《水工混凝土外加剂技术规程》(DL/T 5100—2014)的有关规定执行。

配合比试验和现场抽样检验的混凝土性能指标应满足下列要求：入槽坍落度 18～22cm，扩散度 34～40cm，坍落度保持 15cm 以上的时间不小于 1h，初凝时间不小于 6h，终凝时间不宜大于 24h。

实际工程采用较多的普通黏土混凝土防渗墙参考配合比见表 3.3-2。

表 3.3-2　　　　　　　　　　混凝土防渗墙参考配合比

水/kg	水泥/kg	膨润土/kg	砂/kg	骨料/kg	木钙减水剂/%
280	325	65～95	720	780	0.2～0.3

3.3.2　防渗墙施工

混凝土防渗墙施工使用钻机和挖槽机械，在土质防渗体中以泥浆固壁挖掘槽形孔或连锁桩柱孔，在槽孔内浇筑水下混凝土地下连续墙。混凝土防渗墙主要施工程序见图 3.3-4。槽孔划分及施工顺序见图 3.3-5。

（1）造孔

防渗墙造孔工艺应根据地层情况、钻机类型和其他施工条件选择钻劈法、两钻一抓法或抓取法等。造孔机具主要有冲击式钻机、钢绳式抓斗、液压式抓斗、回转式钻机、多头钻，以及液压铣槽机。它们各有特点和适用性，对于复杂的地层，一般采用几种机具配套应用的方法。迄今为止，还没有一种机具能全面适应任何地层的防渗墙施工。

1）冲击式钻机

冲击式钻机是最早使用的防渗墙造孔机械。我国开始使用的是苏联的乌卡斯冲击式钻机。这种钻机利用重锤冲击，对地层进行破碎，同时也可对地层起到一定的挤压作用，使地基有所挤紧，防止孔壁坍塌。这种钻机的优点是构造简单，操作简便，可以适应各种复杂地层，如在卵石较多，有大孤石的地层中也可钻进，可达到很深的地层，可钻凿深度达 150m；缺点是工效较低。冲击式钻机的排渣方式由抽筒出渣逐渐发展为正循环出渣和反循环出渣，现在 3 种方式都有应用。

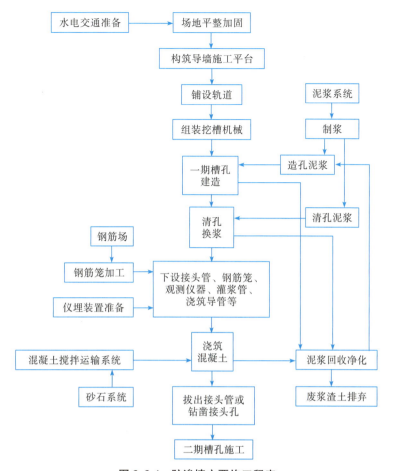

图 3.3-4　防渗墙主要施工程序

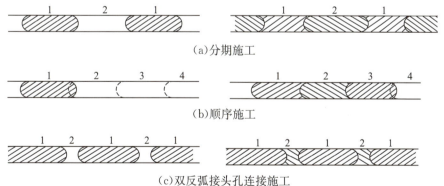

（a）分期施工

（b）顺序施工

（c）双反弧接头孔连接施工

图 3.3-5　槽孔划分及施工顺序

1、2、3——表示施工顺序

2）抓斗

自 20 世纪 80 年代以来，国外大量使用抓斗挖槽机造墙。抓斗对于土、砂、砾卵石等土层均适用，遇到块石、漂卵石时辅以重凿冲击破碎。由于抓斗不需要对土渣进行充分

破碎,所以在一般情况下比冲击式钻机工效高。抓斗可分为机械式和液压式两类,悬吊方式有钢索和导杆两种。机械式抓斗构造简单,操作方便,便于维修,但控制孔斜的能力稍差,抓斗闭合切土能力取决于抓斗自身的重量,一般挖槽深度在 60m 以内。液压式抓斗有的装有纠偏装置,可控制孔斜,它的闭斗力是靠高压油缸来控制的,最大闭斗力可达 637.4kN。液压式抓斗适宜的挖槽深度不及钢索抓斗。

3)回转式钻机

在软弱的土层、砂层及砂砾石层中钻孔,回转式钻机的效率高于冲击式钻机。回转式钻机排渣分为正循环和反循环两种方式。正循环是由钻杆进入泥浆,孔内泥浆水位上升将渣带走。孔内上升流速很小,不能带出砾、卵石,如流速太大,则孔壁易受冲刷,影响孔壁稳定,且供浆量也不太大。因此,卵石要被打成细砂粉末,才能浮起排出,所以效率低。而反循环是由钻杆内部排渣,钻杆内径一般为 150~200mm,最大 300mm,钻杆内部拌渣流速可达 3.0~3.5m/s,相当于同井径正循环的 40 倍,直径 10~15cm 卵石亦可排出孔口,孔底很少集聚钻屑,减少了二次重复碾磨和破碎的工作,因而进展速度快,造价低。回转式钻机只能钻圆形孔,造槽孔必须用其他机械进行整形加工,因此常用于钻进导孔。

4)多头钻

多头钻实际是几台回转式钻机的组合,可以一次成槽。这种钻机对均质土层的适应性好,挖槽速度快,机械化程度较高,但设备复杂,自重大,维修保养要有熟练的技术。1966 年,日本研制的多头钻——BW 钻机投入使用。这种钻机由多台潜水钻机和反循环排渣装置组成,挖槽时用钢索悬吊,全断面钻进,一次成槽,深度可达 50m。

5)液压铣槽机

当前,液压铣槽机被认为是最先进的防渗墙造孔设备。这种机械于 1973 年由法国开始研制,次年第一台液压铣槽机在巴黎完成了 12000m² 的地下连续墙的施工。1986 年各国使用的液压铣槽机已达 15 台,完成的总工程量达数十万平方米。液压铣槽机的一次铣槽长度为 2.4~2.8m,一般钻深为 35~50m,最大深度为 100m,可适用于各种土层和抗压强度低于 100MPa 的基岩。这种钻机的缺点是不适用于软硬不均的地层、漂石和块球体。当遇到这种地层时,仍需使用重锤冲击钻进。液压铣槽机价格十分昂贵,因而造墙成本较高。1992 年,日本横跨北部湾的高速公路使用 EM-320 型液压铣槽机建成了深 136m、厚 2.8m 的防渗墙,是现今世界上最深的防渗墙,反映了国外防渗墙的最高水平。为了使混凝土防渗墙厚度均匀,必须保证槽(孔)段间接头处满足最小厚度要求,钻孔的垂直度要达到一定的精度。美国伊科斯公司规定最大偏差在任何位置不得超过 15cm,我国葛洲坝防渗墙钻孔偏斜度控制在 0.3%~0.5%。造孔设备及施工工艺均需有相应的措施,特别是钻孔较深时,造孔机械均应设有导向装置,使用导向钻头,有利于减少偏斜。日本对 100m 深的地下连续混凝土防渗墙,偏斜度要求在 1/1500~1/800 孔深,即孔深 100m 时,偏差最大 12.5cm。

6)防渗墙造孔主要要求

①划分槽段时,应综合考虑地基的工程地质及水文地质条件、施工部位、造孔方法、机具性能、造孔历时、混凝土供应强度、墙体预留孔的位置、浇筑导管布置原则以及墙体平面形状等因素。合拢段的槽孔长度以短槽孔为宜,应尽量安排在槽深较浅、条件较好的地方。

②孔口应高出地下水位 2.0m。在造孔过程中,孔内泥浆面应保持在导墙顶面以下 30~50cm。

③槽孔孔壁应平整垂直,不应有梅花孔、小墙等,孔位允许偏差不得大于 3cm;孔斜率不得大于 0.4%,含孤石、漂石地层以及基岩面倾斜度较大等特殊情况,孔斜率应控制在 0.6% 以内;一、二期槽孔接头套接孔的两次孔位中心在任一深度的偏差值,不得大于设计墙厚的 1/3,并应采取措施保证设计墙厚。

④清孔换浆结束后 1h,孔底淤积厚应不大于 10cm。

(2)泥浆固壁

建造槽孔时泥浆的功用是支撑孔壁,悬浮、携带钻渣和冷却钻具。泥浆应具有良好的物理性能、流变性能、稳定性以及抗水泥污染的能力。应根据施工条件、造孔工艺、经济技术指标等因素选择拌制泥浆的土料,选择土料时宜优先选用膨润土。商品膨润土的质量标准可参考《膨润土》(GB/T 20973—2020)。拌制泥浆的黏土,应进行物理试验、化学分析和矿物鉴定,以选择黏粒含量大于 50%,塑性指数大于 20,含砂量小于 5%,二氧化硅与三氧化二铝含量的比值为 3~4 的黏土为宜。泥浆的性能指标和配合比,必须根据地层特性、造孔方法、泥浆用途,通过试验加以选定。膨润土泥浆新制浆液性能指标以满足表 3.3-3 为宜。黏土泥浆新制浆液性能指标以满足表 3.3-4 为宜。泥浆性能指标测定项目,可根据不同阶段按表 3.3-5 确定。

表 3.3-3 膨润土泥浆新制浆液性能指标

项目	性能指标	试验用仪器	备注
浓度/%	>4.5		指 100kg 水所用膨润土重量
密度/(g/cm³)	<1.1	泥浆比重秤	
漏斗粘度/s	30~90	946/1500mL 马氏漏斗	
塑性粘度/(MPa·s)	<20	旋转粘度计	
10min 静切力/(N/m²)	1.4~10	静切力计	
pH 值	9.5~12	pH 试纸或电子 pH 计	

表 3.3-4　　　　　　　　　　　　　　黏土泥浆新制浆液性能指标

项目	性能指标	试验用仪器	备注
密度/(g/cm³)	1.1~1.2	泥浆比重秤	
漏斗粘度/s	18~25	500/700mL 漏斗	
含砂量/%	≤5	含砂量测量器	
胶体率/%	≥96	量筒	
稳定性	≤0.03	量筒、泥浆比重秤	
失水量/(mL/30min)	<30	失水量仪	义称为滤失量
泥饼厚/mm	2~4	失水量仪	
1min 静切力/(N/m²)	2.0~5.0	静切力计	
pH 值	7~9	pH 试纸或电子 pH 计	

表 3.3-5　　　　　　　　　　　　不同阶段泥浆性能指标测定项目

土料种类阶段	膨润土	黏土
鉴定土料造浆性能时	密度、漏斗粘度、失水量、静切力、塑性粘度	密度、漏斗粘度、含砂量、胶体率、稳定性
确定泥浆配合比时	密度、漏斗粘度、失水量、泥饼厚、动切力、静切力、pH 值	密度、漏斗粘度、含砂量、胶体率、稳定性、失水量、泥饼厚、静切力、pH 值
施工过程中	密度、漏斗粘度、含砂量	密度、漏斗粘度、含砂量

拌制膨润土泥浆应使用高速搅拌机,新浆经 24h 水化溶胀后方能使用。储浆池内的泥浆应经常搅动,以保持泥浆性能指标均一。在海水或地下水可能对泥浆产生污染的情况下,应进行水质分析并采取保证泥浆质量的措施。泥浆一般均经回收处理后再用,回收率为 60%~85%,每挖掘 1m³ 土体需浆 0.4~0.5m³,泥浆处理系统生产速率一般为 50~250m³/h,最大可达 500m³/h。

（3）混凝土浇筑

槽孔混凝土浇筑是关键的工序,虽占时间不长,但对成墙质量至关重要,一旦失败,整个墙段将全部报废,经济和时间的损失很大,因此应当十分重视,周密组织,精心准备,把握好每一个环节,做到万无一失。

防渗墙混凝土的浇筑采用水下导管浇筑法,导管内径以 200~250mm 为宜。槽孔内使用两套以上导管时,导管间距不得大于 3.5m。一期槽端的导管与孔端或接头管距离宜为 1.0~1.5m,二期槽端的导管与孔端距离宜为 1.0m。当槽底高差大于 25cm 时,导管应布置在其控制范围的最低处。导管的连接和密封必须可靠。应在每套导管的顶部和底节管以上设置数节长度为 0.3~1.0m 的短管。导管底口与槽底距离应控制在 15~25cm。开浇前,导管内应置入可浮起的隔离塞球。开浇时,应先注入水泥砂浆,随即浇入足够的混凝土,挤出塞球并埋住导管底端。混凝土终浇顶面宜高于设计高程50cm。

防渗墙浇筑需遵守下列规定。

①入孔坍落度应为18～22cm,扩散度应为34～40cm,坍落度保持15cm以上的时间应不小于1h;初凝时间应不小于6h,终凝时间不宜大于24h;混凝土的密度不宜小于2100kg/m³。当采用钻凿法施工接头孔时,一期槽段混凝土早期强度不宜过高。

②普通混凝土的胶凝材料用量不宜少于350kg/m³;水胶比不宜大于0.60,砂率不宜小于40%;配制混凝土的骨料,可使用天然卵石、砾石人工碎石和天然砂、人工砂,最大骨料粒径应不大于40mm,且不得大于钢筋净间距的1/4。

③开浇前,导管内应放入可浮起的隔离塞球或其他适宜的隔离物。开浇时,宜先注入少量的水泥砂浆,随即浇入足够的混凝土,挤出塞球并埋住导管底端。导管埋入混凝土的最小深度不宜小于2m,最大深度不宜大于6m。

④混凝土面上升速度不应小于2m/h;混凝土面应均匀上升,各处高差应控制在0.5m以内,在有钢筋笼和埋设件时尤应注意;至少每隔30min测量一次槽孔内混凝土面深度,至少每隔2h测量一次导管内混凝土面深度,并及时填绘混凝土浇筑指示图,以便核对浇筑方量;混凝土终浇顶面宜高于设计高程50cm。

(4)墙间接缝

各槽段间由接缝(或接头)连接成防渗墙整体,槽段间的接缝是防渗墙的薄弱环节。两槽孔间混凝土墙的连接,是保证防渗的关键。在连接部位,从孔口到孔底的任一高度连接的墙厚,都必须达到设计厚度,而且混凝土墙间必须连接紧密,夹泥层不能过厚,以防渗透破坏。如果接头方案设计不当或施工质量不好,就有可能在某些接缝部位产生集中渗漏,严重者会引起墙后地基土的流失,进而导致坝体的塌陷。目前,采用的接头主要方法如下。

1)钻凿法

在一期槽孔混凝土浇完后,将其两端凿除一个孔位,形成新鲜面与二期墙段的混凝土相连。这种方法主要适用于冲击式钻孔,由于工效低、消耗大,现在已不多用。

2)拔管法

在一期槽孔的两端下设接头管当作模板,而后浇筑混凝土,待混凝土浇完并具一定强度后用液压千斤顶逐步向上将接头管拔出,则一期槽孔混凝土墙两端会形成干净的半圆形凹槽。然后,建造二期孔并浇筑混凝土,这样可较好保证一、二期槽孔的混凝土连接。这种办法施工的接头深度一般不超过50m。

3)双反弧接头法

一期槽孔两端为半圆形,两个相邻一期槽孔的混凝土墙间用双月牙钻头造孔,再用

双月牙可张式钻头清理已浇筑的混凝土面,以保持一、二期槽孔的混凝土连接紧密。加拿大马克尼3号主坝和大角坝使用这种方法,我国柘林大坝混凝土防渗墙也采用了这种方法,效果均较好。

4)铣槽法

使用液压铣槽机施工混凝土防渗墙,可以有效地解决墙段接头问题。在铣钻二期槽孔时,即将一期槽孔混凝土的端部铣出新鲜的表面,并留下若干沟槽,对止水极为有利。

5)接缝设置止水

在一期槽孔的接头部位下设工字型钢,靠二期孔的一侧回填砂砾,浇完一期槽孔混凝土后用高压水冲出砂砾,施工二期槽孔,用高压水冲净露出的接头板上的泥渣,再浇筑二期孔的混凝土,这样工字型钢就形成了接头缝处的止水。型钢也可用预制混凝土板代替。近年来更进一步发展为设置橡胶或塑料止水片。

3.3.3 质量检查

防渗墙施工属隐蔽工程,对它的检测手段至今尚不十分完善。在墙体混凝土机口和槽口分别取样,其标准试件抗压强度是防渗墙重要质量控制指标。防渗墙质量检查和控制主要靠施工过程控制。要全面考虑各项检测结果综合分析评价,看整体防渗效果,不能因个别数据的差异而得出片面结论。《水利水电工程混凝土防渗墙施工技术规范》(SL 174—2014)规定,防渗墙质量检查程序应包括工序质量检查和墙体质量检查。

①工序质量检查应包括造孔、终孔、清孔、接头处理、混凝土浇筑(包括钢筋笼、预埋件、观测仪器安装埋设)等检查。采用钻劈法、钻抓法和铣削法施工时孔斜率不得大于0.4%,抓取法施工时不得大于0.6%;接头套接孔的两次孔位中心在任一深度的偏差值不得大于设计墙厚的1/3;孔底淤积厚度应不大于100mm;混凝土的抗渗指标合格试件的百分率应不小于80%;普通混凝土强度保证率不小于95%,黏土混凝土和塑性混凝土强度的保证率不应小于80%,强度最小值不应低于设计标准值的75%。

②墙体质量检查应在成墙后28d进行,检查内容为必要的墙体物理力学性能指标、墙段接缝和可能存在的缺陷。检查可采用钻孔取芯、注水试验或其他检测等方法。检查孔的数量宜为每15~20个槽孔一个,位置应具有代表性。

对于塑性混凝土,由于其强度很低,取芯率高低不应作为评判质量的标准。无损检测如超声波法和弹性波透射层析成像法(简称CT法)等,可用于墙体质量检测。但由于物探的局限性,其检测结果只能作为对墙体综合评价的依据之一。对防渗墙墙体取芯后进行物理力学性能试验所得到的结果,以及钻孔注水试验的结果,是评价墙体质量的重要依据。但应注意,其指标一般低于槽口取样的试验结果,这是正常现象。部分已加固的病险水库混凝土防渗墙主要技术指标见表 3.3-6。

表 3.3-6　　　　　　部分已加固的病险水库混凝土防渗墙主要技术指标

序号	工程名称	实施年份	墙厚/m	最大墙深/m	截渗面积/m²	备注
1	甘肃金川峡水库	1965	0.8	38	4480	建墙后坝高由 21m 增至 35m
2	甘肃南营水库	1975	1.0	49.5	8700	上部坝体黏土,下部为砂砾石层
3	北京海子水库副坝	1976	0.8	44	13157	上部坝体黏土,下部为砂卵石层
4	江西柘林水库	1976	0.8	61.2	30000	在黏土心墙坝的心墙中成墙
5	辽宁南城子水库副坝	1979	0.7	24	6250	上部坝体黏土,下部为砂卵石层
6	河北邱庄水库	1983	0.8	58.6	40300	黏土混凝土墙,上部 28m 均质坝体为粉质壤土,下部为砂卵石层
7	丹江口水库左副坝	1983	0.8	50.5	5589	黏土混凝土墙,上部为坝体黏土心墙,下部为砂砾石层
8	山西册田水库	1991	0.8	44	12337	塑性和粉煤灰混凝土墙,上部坝体为均质壤土,下部为砂砾石层
9	新疆乌拉泊水库	1991	0.8	55	16319	上部坝体为黏土,下部为砂卵石层
10	山东太河水库	1997	0.8	53	36161	上部为塑性混凝土墙,下部为黏土混凝土墙。上部为黏土坝体,下部为砂卵石层,胶结砂砾石
11	河北黄壁庄水库	2002	0.8	67.7	271500	上部 19.2m 粉质壤土坝体,下部为砂卵石层
12	陕西石头河水库	2002	0.8	75	10082	塑性混凝土墙,上部为黏土心墙,下部为砂卵石层
13	青海黑石山水库	2002	0.6	55	7540	塑性混凝土墙,上部为黏土心墙,下部为砂卵石层
14	浙江长潭水库	2003	0.8	67.3	17895	塑性混凝土墙,在坝体黏土和坝基砂砾石中造墙
15	贵州绿荫湖水库	2003	0.8	38	5168	塑性混凝土墙,在均质坝坝体土中造墙
16	云南毛板桥水库	2003	0.6	32	2247	在均质坝坝体土中造墙
17	江西老营盘水库	2005	0.8	55	5893	塑性混凝土墙,在砾质土坝体中成墙
18	安徽钓鱼台水库	2006	0.8	45	6015	黏土混凝土墙,在黏土心墙中成墙
19	安徽卢村水库	2006	0.6	44	35400	黏土混凝土墙,在黏土心墙中成墙
20	安徽长春水库	2008	0.6	37	12350.8	黏土混凝土墙,在黏土心墙中成墙

序号	工程名称	实施年份	墙厚/m	最大墙深/m	截渗面积/m²	备注
21	安徽红旗水库	2006	0.6	40	7272	黏土混凝土墙,在黏土心墙中成墙
22	安徽龙须湖水库	2007	0.6	24.7	10822	黏土混凝土墙,在均质土坝中成墙
23	安徽张家湾水库	2008	0.6	18.2	2860	黏土混凝土墙,在均质土坝中成墙
24	安徽塘埂头水库	2006	0.6	32.5	6705	黏土混凝土墙,在黏土心墙中成墙
25	安徽花凉亭水库	2009	0.8	69.4	29670	黏土混凝土墙,在黏土心墙中成墙
26	湖北夏家寺水库	2007	0.6	38.1	15156	黏土混凝土墙,在黏土心墙中成墙
27	湖北青山水库	2008	0.8	63.35	22630.9	黏土混凝土墙,在黏土心墙中成墙
28	湖北徐家河水库	2008	0.6	36.3	20354.9	黏土混凝土墙,在均质土坝中成墙
29	湖北东方山水库	2018	0.6	24.7	3112	黏土混凝土墙,在黏土斜墙坝中成墙
30	湖北漳河水库	2021	0.4	23.8	23086	黏土混凝土墙,在均质土坝中成墙
31	湖北巩河水库	2021	0.8	47	6865	黏土混凝土墙,在均质土坝中成墙
32	江西油罗口水库	2007	0.6	37	7182	黏土混凝土墙,在黏土心墙中成墙
33	江西芦苇水库	2007	0.6	20.2	8139	黏土混凝土墙,在均质土坝中成墙
34	广西凤凰水库	2009	0.6	35.9	2829	黏土混凝土墙,在均质土坝中成墙
35	广西石枧水库	2009	0.6	42	5520	黏土混凝土墙,在均质土坝中成墙
36	广西澄碧河水库	2015	0.8	75.2	18325	黏土混凝土墙,在黏土心墙中成墙
37	河南长洲河水库	2009	0.6	24.8	4746	黏土混凝土墙,在黏土心墙中成墙
38	河南窄口水库	2007	0.8	82.75	10137	刚性及塑性混凝土组合式防渗墙,在黏土心墙中成墙
39	四川大竹河水库	2015	0.8	64	9744	黏土混凝土墙,在石渣料中成墙
40	山东宋化泉水库	2022	0.8	21.9	42554	黏土混凝土墙,在均质土坝中成墙

3.3.4 典型工程案例

3.3.4.1 湖北漳河水库付集坝防渗墙加固

漳河水库位于湖北省中部的荆门、宜昌、襄阳三市交界处,是一座以灌溉为主,兼有防洪、发电、城市供水等综合利用功能的大(1)型水库,控制流域面积 2212km²,总库容 21.13 亿 m³,水库工程由 7 座大坝、4 座溢洪道、9 座洞涵等建筑物组成。其中,付集坝东起漳河镇,西至杨巷子,不连续长 8370m。该坝为均质土坝,坝顶宽 8m,最大坝高 15.7m,坝顶高程 126.5m。上游坡比为 1:3~1:2.5,采用干砌块石护坡和现浇混凝土护坡;下游坡比为 1:3~1:2.5,采用草皮护坡;坝脚设导渗减压沟和排水沟。

3#坝段桩号 K3+430~K4+000 和 K5+000~K5+400、4#坝段桩号 K7+200~

K7+700 分布胶结程度差的新近系疏松砂岩,具弱—中等透水性,在渗透压力作用下,下游坝脚多处出现渗水和渗砂现象。该区域结合坝体防渗加固,沿坝轴线上游侧 3.15m 布置一道厚 40cm 的混凝土防渗墙,防渗墙深度按穿过 C 类新近系疏松砂岩 1～2m 控制。混凝土防渗墙全长 970m,最大墙深 23.8m。防渗墙混凝土物理力学指标:28d 抗压强度不小于 8.0MPa,弹性模量小于 12000MPa,抗渗等级 W6,渗透系数小于 $1×10^{-7}$cm/s,允许渗透比降[J]为 40～60。混凝土防渗墙施工见图 3.3-6、图 3.3-7。

图 3.3-6 混凝土防渗墙施工冲击设备

图 3.3-7 混凝土防渗墙施工液压抓斗

3.3.4.2 山东宋化泉水库大坝防渗墙加固

宋化泉水库位于大沽河支流流浩河上游,水库坝址距青岛市即墨区人民政府驻地约 12km,距宋化泉村约 1.5km,坝址以上集雨面积 42.7km²。水库是一座以防洪为主,兼顾城市供水等综合利用功能的中型水利工程,为囤蓄水库。水库正常蓄水位 42.45m,设计洪水位 43.29m,校核洪水位 43.75m,水库总库容 2534 万 m³,防洪标准为 100 年一遇洪水设计,1000 年一遇洪水校核。水库大坝为均质土坝,坝轴线长度 7062m,坝顶高程 46.70～47.0m。

2021 年 5 月,大坝桩号 1+400～1+600、4+900～5+000、5+600～6+100 段下游侧坝顶纵向裂缝出现纵深向发展加大趋势。其中,桩号 1+400 处裂缝长约 70m,桩号 1+600 处裂缝长约 30m,宽 1～4cm,深 1.9m,已贯穿沥青面层和水稳层,并延伸至大坝新老坝体交接处;大坝桩号 5+660～5+720、5+740～5+820 段纵向裂缝有继续发展趋势,裂缝两侧已出现 3～5cm 高差。2021 年 10 月中下旬,库水位为 38.50m 时,坝后多处出现异常渗漏,造成坝后多处耕地出现浸没问题。部分混凝土防渗墙渗透系数不满足设计和规范要求;大坝部分坝基运行过程中存在渗漏现象,导致坝后积水,破碎断裂带处尤为严重。

2000年实施的坝基帷幕灌浆范围较小且不连续,帷幕底界不满足现行规范要求;2008年实施的混凝土防渗墙渗透系数不满足设计要求,钻孔检查揭示大部分防渗墙底部仍存在厚1.2~6.8m的冲积覆盖层,墙底未进入基岩。考虑到大坝已实施的坝基帷幕灌浆和混凝土防渗墙并未形成连续封闭的防渗体系,现状混凝土防渗墙仅有0.3m厚且部分墙底未进入基岩,坝体坝基接触带及坝基表层岩体渗漏现象依然存在且逐渐加剧,对现有防渗系统进行加固无法解决坝体坝基接触带和坝基表层岩体渗漏问题,需要重构坝体坝基防渗系统。

大坝防渗加固方案比选了坝体新建混凝土防渗墙+坝基帷幕灌浆的垂直防渗加固方案和全库盆铺设土工膜的水平防渗加固方案,推荐垂直防渗加固方案。

水库垂直防渗体系由大坝防渗体和新建防护堤防渗体组成,可形成封闭的防渗系统(图3.3-8)。

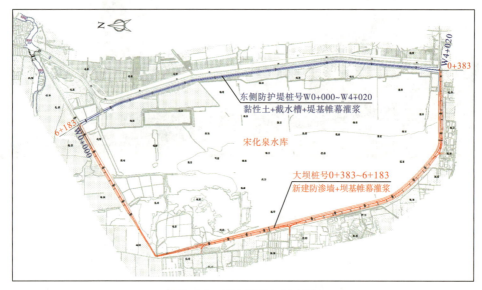

图3.3-8 垂直防渗加固布置

大坝垂直防渗方案为坝体新建混凝土防渗墙+坝基帷幕灌浆。大坝坝体防渗加固范围为大坝桩号0+383~6+183段,总长5800m。大坝防渗线路与坝轴线平行,位于坝轴线下游0.5m,防渗线路两侧与防护堤两侧防渗帷幕衔接,形成封闭防渗系统。坝体防渗结构型式采用混凝土防渗墙,防渗墙顶高程45.0m,墙底在火山岩区坝基嵌入全—强风化层底线,在沉积岩区坝基嵌入强风化层底线,最大墙深21.9m,墙厚0.6m。

大坝坝基采用帷幕灌浆防渗,帷幕灌浆范围为大坝桩号0+383~6+183段,总长5800m。帷幕设计参数根据坝基工程地质分类确定如下。

(1)A类

大坝桩号0+500~0+700、1+950~2+150、5+500~5+700段坝基工程地质分类

为 A 类,总长 600m。A 类坝基为 F1 断层、F2 断层影响带,岩体破碎,透水率 3Lu 线埋深较大,设 3 排帷幕防渗。

(2)B$_1$ 类

大坝桩号 0+383～0+500、0+700～1+950、2+150～4+000 段坝基工程地质分类为 B$_1$ 类,总长 3217m。B$_1$ 类坝基为非断层影响带火山岩坝基且坝基面低于水库正常蓄水位,坝基表层岩体破碎,透水率较大,设两排帷幕防渗。下游排防渗帷幕轴线与防渗墙轴线重合,帷幕孔距 1.5m,帷幕底部伸入 3Lu 线以下不小于 5.0m;上游排帷幕孔距 2.0m,帷幕底部伸入强透水下限线以下不小于 5.0m。

(3)B$_2$ 类

大坝桩号 4+000～5+100 段坝基工程地质分类为 B$_2$ 类,总长 1100m。B$_2$ 类坝基为非断层影响带火山岩坝基且坝基面高于水库正常蓄水位,坝基承担的渗透水头较小,设 1 排帷幕防渗,帷幕孔距 1.50m,帷幕底部伸入 3Lu 线以下不小于 5.0m。

(4)C 类

大坝桩号 5+100～5+500、5+700～6+183 段坝基工程地质分类为 C 类,总长 883m。C 类坝基为非断层影响带沉积岩坝基,坝基岩体以粉砂岩、泥岩为主,设 1 排帷幕防渗,帷幕孔距 1.50m,帷幕底部伸入 3Lu 线以下不小于 5.0m。混凝土防渗墙现场取芯芯样见图 3.3-9。

图 3.3-9　混凝土防渗墙现场取芯芯样

3.3.4.3　广西澄碧河水库大坝防渗墙加固

澄碧河水库(图 3.3-10)位于右江支流澄碧河的下游,具有发电、防洪、养鱼、供水等综合利用功能,总库容 11.3 亿 m³,为大(1)型水利枢纽工程。水库于 1958 年 9 月动工兴建,1961年10月基本建成,后经1963—1978年和1987—1998年两次加固形成现有规模。澄碧河水库大坝为混凝土心墙与黏土心墙结合的土坝,坝顶高程190.40m,最大坝高70.40m,坝顶长425.0m,坝顶宽6.0m。

图3.3-10　澄碧河水库大坝鸟瞰图

水库大坝第一次除险加固从1963年开始至1978年基本结束。1960年9月,大坝施工到高程185.0m时,坝体出现裂缝,至1961年1月底,共出现72条裂缝,大坝下游发现渗水。1962年8月起对坝体进行帷幕灌浆。1971年8月,库水位首次达到181.5m时,下游坝坡严重渗水,高程174.0m处2个渗水点呈现集中射流状,坝坡渗水面积达4315m²。

1972年1—5月,在大坝下游坡根据坝面渗水区设导渗沟,导渗沟布置呈"Y"形或"W"形,沟深1.0~1.2m,宽0.6~0.8m,间距7.0m,内填砂、卵石。上游坝坡高程174.0m以上做黏土防渗斜墙,厚1.0~2.0m,并用混凝土预制块护坡。

1972年4月,开始混凝土防渗墙的设计与施工。混凝土心墙厚0.8m,其轴线位于坝顶中部偏下游侧,墙顶高程188.2m,主河槽最深处底部高程133.0m,部分墙底高程140.0m,两岸的混凝土心墙底部伸入基岩1.0m。在引水发电管及引水灌溉管部位,混凝土心墙底部在引水管上方,分别高出两管3.8m和2.2m。

混凝土防渗墙施工完毕后,坝顶加高至190.40m,并在坝顶浇筑混凝土路面,增设钢筋混凝土防浪墙,防浪墙顶高程191.80m。

水库大坝第二次除险加固从1987年开始至1998年基本结束。在水库大坝第一次除险加固时,混凝土心墙在引水发电管及引水灌溉管处留有缺口,混凝土心墙54#槽孔段存在质量缺陷。上述部位的下游坝坡仍有渗水,且当库水位超过180.0m时,右坝肩下游侧高程178.0m处的山体有绕坝渗漏。因此,采用高喷灌浆对两条引水发电管、原灌溉管周边的混凝土防渗墙缺口和心墙54#槽孔进行了加固,同时对两坝肩进行了帷幕灌浆。

2010年,澄碧河水库大坝采用混凝土防渗墙加固方案。

在大坝混凝土防渗墙下游侧增加一道新的混凝土防渗墙,防渗墙穿过坝体嵌入基岩,弱风化岩层入岩0.5m,强风化岩层入岩1.0m,以新建混凝土防渗墙替代原黏土心墙和原混凝土防渗墙的防渗功能。新建混凝土防渗墙轴线长390.0m(桩号K0+000~K0+390),最大墙深75.2m,中心线位于原防渗墙轴线下游侧4.0m,墙厚0.8m,混凝土强度等级为C15,抗渗等级W8。混凝土防渗墙加固横剖面见图3.3-11。

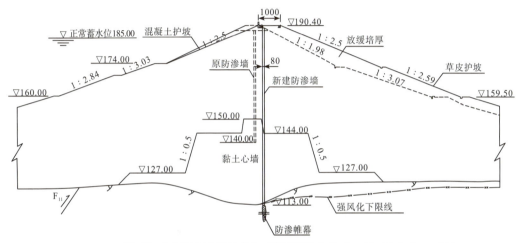

图3.3-11 澄碧河大坝混凝土防渗墙加固横剖面(高程以m计,尺寸以mm计)

大坝坝基(肩)强风化带岩体平均透水率为8.64Lu,属弱透水性,坝基(肩)弱风化带岩体透水率平均值为8.98Lu,属弱透水性,但局部地段受裂隙及断层的影响,透水率达10~43Lu,具中等透水性,不满足规范要求,采用帷幕灌浆进行防渗处理。帷幕灌浆轴线与新建混凝土防渗墙中心线重合,长度为445m(桩号K0-020~K0+425),其中防渗墙下采用墙下帷幕灌浆,该段帷幕长390m,左坝肩段采用压浆板下灌浆。帷幕深至基岩透水率5Lu线以下5m,最大孔深约28m。

由于防渗墙施工需要较宽的平台才能实施,混凝土防渗墙施工前,将坝顶开挖至高程188.20m,使其宽度满足施工需要。防渗墙施工完成后,采用黏土回填至高程190.00m。

浇筑混凝土防渗墙时,应将已实施完成的防渗墙顶部凿除不少于50cm。

混凝土防渗墙采用冲击钻成槽,槽段长4~8m,泥浆护壁。混凝土防渗墙施工可在水库蓄水条件下进行。槽孔内采用泥浆平压,可保持槽孔稳定。帷幕灌浆采用混凝土防渗墙预埋管、自下而上分段灌浆,埋管内径为110mm,钻孔孔径为76mm。帷幕灌浆安排在枯水期施工,其间宜保持库水位在较低水位。

澄碧河水库大坝混凝土防渗墙设计技术参数如下：

28d 立方体抗压强度＞15MPa；

弹性模量＜20000MPa；

抗渗等级为 W8；

允许渗透比降[J]＞80；

渗透系数不大于 $i×10^{-7}$cm/s。

防渗墙材料要求如下：①水泥：采用普通硅酸盐强度等级 42.5 以上(含)水泥。②黏土：黏粒含量大于等于 50%，含砂量小于 3%。③膨润土：国标一级以上。④骨料：细骨料(砂)要求细度模数为 2.4～2.8(中砂)，适宜的砂率为 35%～45%；粗骨料(石子)最大粒径不宜超过 40mm，有条件时最大粒径以 20mm 为好，小石与中石的比例以 4：6 为宜，否则容易堵管。

防渗墙混凝土物理性能要求：①较好的和易性，一般要求混凝土的坍落度为 18～22cm，扩散度为 34～40cm，并能保持 1h 左右。②较小的泌水率，一般要求在 2h 内，泌水率小于 4%。③初凝时间不小于 6h，终凝时间不宜大于 24h。④密度不小于 2.1g/cm³，不用轻骨料。⑤施工混凝土强度应比设计混凝土强度高 30%～40%。⑥28d 抗渗等级为 W8，水灰比为 0.5～0.55。⑦防渗墙材料中水泥用量一般不少于 300kg/m³。

防渗墙质量检查在成墙一个月后进行，检查内容为墙体的物理力学性能指标、墙体的均匀性、可能存在的缺陷和墙段接缝。检查方法包括混凝土浇筑槽口分段随机取样检查、墙体钻孔注水试验、芯样室内物理力学性能试验，以及超声波、CT 物探无损检测等。检查孔间距约为 100m 一个，位置应具有代表性，包括槽孔接头、坝高较大以及施工薄弱等部位。

3.3.4.4　河北黄壁庄水库大坝防渗墙加固

黄壁庄水库位于距河北省石家庄市西北 30km 的鹿泉区黄壁庄镇附近的滹沱河干流上，是海河流域子牙河水系的两大支流之一滹沱河中下游控制性的大(1)型水利枢纽工程，总库容 12.1 亿 m³，与上游 28km 处的岗南水库联合控制流域面积 23400km²，是以防洪为主，兼顾城市供水、工业供水、农业灌溉、生态供水、水力发电等功能的综合水库。

水库枢纽建筑物主要由主坝、副坝、电站重力坝、正常溢洪道、非常溢洪道、新增非常溢洪道、灵正渠电站穿坝涵管等组成。主坝坝体为水中填土均质坝，坝顶长 1757.63m，最大坝高 30.7m。副坝亦为水中填土均质坝(部分坝体为碾压式均质坝)，坝顶长 6907.30m，最大坝高 19.2m。

工程始建于 1958 年 10 月，1960 年开始蓄水，1965—1968 年进行了扩建；1999 年 3 月开始全面除险加固，2005 年 12 月 24 日通过竣工验收。

水库除险加固工程被列为河北省"九五"计划内防洪保安一号工程,除险加固工程主要内容包括副坝垂直防渗工程、新增5孔非常溢洪道工程、正常溢洪道加固改建、电站重力坝加固改建、原非常溢洪道闸门及启闭设备改建、主副坝坝坡整治及副坝坝体恢复、环境治理与水土保持工程、管理设施工程、副坝下游用水补偿工程、新建工程管理自动化系统。副坝垂直防渗工程,包括混凝土防渗墙4860m、高压旋喷墙585.73m、高压摆喷墙200m、基岩灌浆1079.5m等,截渗面积27.15万m²。

(1)施工布置

原坝顶高程129.2m,坝顶宽度6m,防渗墙轴线位于上游防浪墙轴线上。根据防渗墙施工需要,将坝顶开挖至高程126.7m,利用防浪墙和上游护坡拆除的块石料砌筑上下游挡土墙,不足部分块石料外购,上、下游挡土墙内填筑坝顶开挖土料,"半挖半填"形成宽度为23.0~31.5m的防渗墙施工平台。防渗墙施工平台典型断面见图3.3-12。

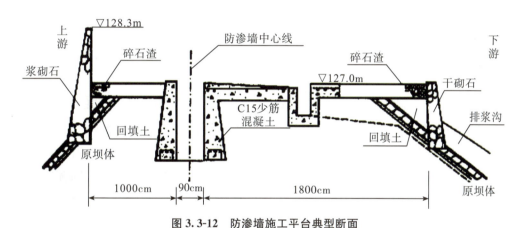

图3.3-12　防渗墙施工平台典型断面

钻机平台布置在防渗墙轴线的上游侧,倒浆平台布置在下游侧,造孔废浆通过下游坝坡的排浆沟系统汇入坝脚的废浆池内集中处理。导向槽和倒浆平台采用C15混凝土浇筑。混凝土导墙为梯形断面,横断面顶宽45cm,底宽60cm。导向槽深1.5m,宽0.90m。倒浆平台宽2.8m,下游与宽40cm的混凝土排浆沟和宽90cm的抓斗履带基础连成整体。

两座膨润土制浆站布置在坝下游压坡平台上,每座制浆站有4个容积为340m³的储浆池,6#管路引至坝顶钻机平台上游侧向槽孔供浆。水泵站布置在上游坝坡库水位附近,4#管路向槽孔和下游制浆站供水。

两个废浆池布置在坝下游压坡平台上,单池容积为2000~4000m³。

在施工平台下游坝肩3m开外位置,沿轴线每150~200m布置1台500kVA变压器,低压电缆横跨施工平台引至上游架空线路向钻机供电。

土石坝渗漏检测与处置

（2）成槽工艺

采用"上抓下钻法"成槽工艺，即上部抓斗能够抓动的较松散地层（土层、部分砂层），采用"全槽纯抓"或"两钻三抓"工艺；下部抓斗无法抓取的坚硬密实地层（部分砂层、卵石层、基岩），采用"钻劈法"成槽。

（3）防渗墙施工质量控制标准

除满足《水工混凝土防渗墙施工技术规范》（SL 174—2014）规定以外，防渗墙存在以下一些特殊标准。

①槽孔孔斜率：端孔≤0.4％，中间孔及小墙≤0.6％，并确保墙体厚度连续。

②接头孔套接：任意深度达Ⅰ、Ⅱ期接头孔的孔中心距≤1/3 设计墙厚（即 26.7cm），接头孔套接厚度满足设计要求（≥75cm）。

③泥浆密度：非仪埋槽孔≤1.20g/cm³，仪埋槽孔≤1.10g/cm³。

④含砂量：非仪埋槽孔≤10％，仪埋槽孔≤5％。

⑤黏度：非仪埋槽孔≤40s；仪埋槽孔≤35s。

⑥混凝土开浇时间：非仪埋槽孔，清孔结束后 4h 以内；仪埋槽孔，清孔结束后 6h 以内。

黄壁庄水库主、副坝均建在强透水基础上，尤其是副坝覆盖层厚度在 40m 以上，且有集中渗漏带存在。自 1960 年开始，水库逐年在坝上游做黏土铺盖减少渗漏量，并在坝下游打减压井，稳定基体。为了彻底解决坝基渗漏和下游浸没问题，曾拟用垂直防渗方案进行处理。于 1961 年 9 月至 1963 年 3 月采用密云、崇各庄等水库泥浆固壁造混凝土防渗墙的方法进行施工试验，用清水水压固壁的方法造槽型孔并浇筑混凝土防渗墙。与泥浆固壁造孔相比，清水水压固壁造孔不但经济，工序简单，而且工效高。清水水压固壁造孔法，为后来基础处理工程开创了新途径，这项新技术当时在国内外属首创。

1999—2005 年水库开展的除险加固工程，点多、线长、面广，地质情况复杂，施工条件困难，技术含量较高。特别是副坝混凝土垂直防渗墙，为当时全国水库工程面积最大的防渗墙。在工程建设过程中，围绕设计、施工中的问题，开展了大量研究和科技攻关工作，包括混凝土防渗墙施工全过程质量检测技术研究、副坝深厚强渗漏地基防渗技术研究、混凝土防渗墙接头管新技术研究、副坝混凝土防渗墙安全监测研究、正常溢洪道泄洪及下游河床冲刷数模分析研究、新增非常溢洪道整体布置优化及应用试验研究、副坝防渗工程对下游地下水资源影响及对策研究、工程管理自动化系统在水库工程中的应用研究、大型水利枢纽建筑物变形监测系统应用研究等，取得了许多成功的经验和技术创新。

3.3.4.5　广西兰洞水库大坝高喷防渗加固

兰洞水库位于珠江水系桂江流域莲花河支流兰洞河上游，坝址位于广西壮族自治区恭城瑶族自治县,总库容 3808 万 m^3,是一座以灌溉为主,兼顾防洪、发电、养殖等综合利用功能的中型水库。水库由大坝、放水涵管、泄洪隧洞及电站等建筑物组成。水库设计洪水位 664.92m,校核洪水位 666.47m,正常蓄水位 663.10m,死水位 634.00m。水库于 1966 年 9 月动工兴建,1969 年 11 月蓄水。水库大坝为均质土坝,坝顶高程 668.90m,最大坝高 42.50m,坝顶长 122m、宽 5.0m。大坝典型横断面见图 3.3-13。

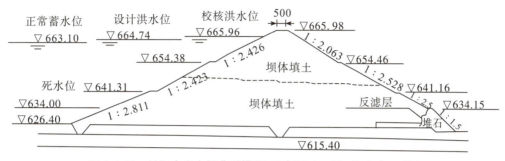

图 3.3-13 兰洞水库大坝典型横断面(高程以 m 计,尺寸以 cm 计)

自水库建成蓄水后大坝下游坝坡散浸渗漏比较严重,渗漏点一直渗水。大坝下游坝坡散浸渗漏区位于高程 647.00~653.94m 处,宽约 50m,主要有 9 个散浸渗漏区。该区域坝坡散浸、渗漏严重,局部沼泽化。

由于水库存在诸多安全隐患,2007 年水库放水至死水位 634.00m,运行 1 年之久,但下游坝坡高程 657.56m 处 Q10 渗漏点一直渗水。为解决兰洞水库下游渗漏问题,自大坝建成后进行了多次加固,具体如下:1974 年在下游坝坡高程 653.45~640.16m 处设置 5 条"Y"形导渗沟排水;1999 年 1 月在大坝坝脚设置排水砂井;1999 年 4 月在大坝坝肩帷幕灌浆;1999 年 6 月在大坝下游坝坡散浸部位设置反滤贴坡;2001—2002 年采用高喷灌浆对大坝坝体进行防渗加固,共完成沿坝轴线 98 个孔的高压摆喷灌浆。由于未认识到坝体存在滞水体,虽进行了多次加固,但均未解决渗流问题。随着时间推移,大坝渗流问题日益严重。

"滞水体"是根据工程实践提出的名词,指土坝坝体内存在的富含水土体。此土体不同于坝体浸润线以下的饱和土体,滞水区的储水率远大于饱和土体的含水量。若坝体某个区域为含砂量较高的土,其底部及四周均为渗透系数很小的土体,便形成了桶状的储水区,即所谓的滞水体。滞水体的含水率一般在 35% 以上,局部区域含水率甚至超过 45%。

当库水位较高时,水进入滞水区,滞水体储存大量的水,但由于滞水区底部及四周的"桶"阻水作用,水无法很快排出,只能通过局部薄弱部位缓慢排出,从而使出水点长期渗漏,且库水位对坝体渗漏影响不大或基本没有影响,以至于无法解释坝体渗漏原因,甚至误认为是山体水在大坝中渗出。

针对兰洞水库存在的特殊的渗漏问题,经研究分析,采取在坝体设置混凝土防渗墙、对坝肩及坝基进行帷幕灌浆的方案进行处理,解决了坝体常年渗漏问题。同时由于坝体设置防渗墙,下游坝坡浸润线明显降低,坝体材料的物理力学性能得到改善,也解决了下游坝坡抗滑稳定安全系数不满足规范要求的问题。其防渗加固方案如下。

(1)混凝土防渗墙

混凝土防渗墙中心线位于坝轴线上,墙顶长142m、厚0.6m,最大墙深48.4m,嵌入基岩1.0m,混凝土强度等级C15。混凝土防渗墙施工采用"两钻一抓"成槽,槽段长4~7m,泥浆护壁。槽孔内采用泥浆平压,保持槽孔稳定。

(2)帷幕灌浆

防渗墙以下坝基及坝肩进行帷幕灌浆,帷幕沿防渗墙轴线布置,总长184m,其中向左坝肩延伸20m,向右坝肩延伸42m。帷幕灌浆采用单排布孔,最大孔深22m,孔距1.6m。

帷幕灌浆采用混凝土防渗墙内埋管,自上而下分段灌浆。帷幕深度按基岩透水率10Lu线以下5m控制,钻孔孔径为76mm,混凝土防渗墙内埋管内径为110mm。帷幕灌浆时应设置先导孔,先导孔深入10Lu线以下5m。

3.3.4.6 黄河小浪底深厚覆盖层防渗处置

(1)工程概况

小浪底水利枢纽位于黄河中游最后一个峡谷的出口处,距三门峡大坝130km,控制黄河总流域面积的92.3%,控制黄河近100%的输沙量,是治理黄河下游的控制性骨干工程。水库设计最高运用水位275m,总库容126.5亿 m^3,属Ⅰ等大(1)型工程,按1000年一遇洪水设计,10000年一遇洪水校核。枢纽由主坝、副坝、3条明流泄洪洞、3条孔板泄洪洞、3条排沙洞、溢洪道和电站厂房组成。

大坝为壤土斜心墙堆石坝,坝顶设计高程281m,最大坝高154m,坝顶长1667m,宽15m,坝体填筑工程量5073万 m^3。

(2)基础防渗设计

小浪底坝基为深厚砂砾石覆盖层,库区最终淤积厚度达120m以上。如何利用好淤积泥沙进行坝基防渗是坝型比较中考虑的重要因素之一。大坝最终选择壤土斜心墙堆石坝坝型,防渗设计具有"垂直防渗为主、水平防渗为辅"的特点。垂直防渗体系为厚1.2m的混凝土防渗墙,水平防渗体系为内铺盖、围堰斜墙和库区淤积形成的防渗线。

上游围堰下混凝土防渗墙仅作为施工期临时防渗措施。其中,深槽部位采用塑性混凝土防渗墙,左岸浅覆盖层即主流截流龙口段和塑性墙墙顶接旋喷灌浆防渗墙,塑性混凝土防渗墙从深槽向右延伸一定长度,右岸覆盖层利用天然和人工组合铺盖防渗。

大坝横剖面见图 3.3-14。

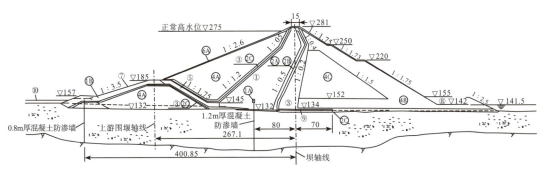

图 3.3-14　小浪底大坝横剖面(单位:m)

①、①B—黏土;①A—高塑性黏土;②A、②B、②C—反滤层;③—过渡料;④A、④B、④C—堆石;⑤—掺合料;⑥A、⑥B、⑥C—护坡块石;⑦—堆石护坡;⑧—石渣;⑨—回填砂卵石;⑩—上游储盖

(3)覆盖层处理

1)挖除坝基表面砂层

坝基高程 132m 以下为上更新统(Q_3)冲积砂砾石层,且经过 30m 以上盖重的预压,比较紧密。高程 132m 以上为全新统(Q_4)近代冲积较疏松的砂砾石和粉细砂层,易发生液化,全部挖除。

2)混凝土防渗墙

主坝防渗墙采用单墙方案,防渗墙位于坝轴线上游 80m 处,墙厚 1.2m,墙顶插入心墙内 12m,相应抗渗比降为 92。混凝土防渗墙上部 3m 为光滑的楔形体,顶端为圆弧形。墙顶设 4m×5m 高塑性土区以改善墙顶周围土体的应力状态。

防渗墙混凝土设计强度取决于防渗墙应力。采用不同力学模型、参数和计算程序的计算结果表明,最大压应力发生在墙下部,其值大于 50MPa;最大拉应力发生在高程 130m 附近,其值大于 5MPa。根据计算分析结果,类比国内外已建高标号混凝土防渗墙工程实例,同时考虑利用混凝土的后期强度增长,确定防渗墙混凝土的设计强度为 35MPa,一年后强度可达到 50MPa 以上,满足防渗墙强度要求。防渗墙混凝土抗渗等级为 W8。防渗墙水下浇筑的混凝土强度保证率要求不小于 85%。

防渗墙与下部基岩的连接一般嵌入基岩 1m,遇断层嵌入深度增加至 2m,在基岩陡坎段墙体嵌入基岩的深度在各个方向均不小于 1m;考虑右端 3 个槽孔开挖后的基础处理及墙身的稳定性,嵌入基岩的深度增加至 4m。

3)设置下游坝坡压戗

大坝按Ⅷ度地震、0.215g 的地震加速度进行动力分析,并按 6.25 级的水库诱发地震、0.5g 的地震加速度进行了复核计算。结果显示,在下游坝脚附近的坝基砂砾石有液化风险。为保证大坝稳定,在下游坝脚外设置了宽 80m 的石渣压戗,按上覆有效压力不

小于 0.2MPa 计算,压戗顶部高程为 155m,厚约 23m。

（4）混凝土防渗墙施工与检测

1）横向槽孔塑性混凝土保护下的平板式接头

大坝混凝土防渗墙施工采用具有国际先进水平的施工技术,即横向槽孔塑性混凝土（抗压强度 2～4MPa）保护下的平板式接头技术,克服了高强混凝土（抗压强度 35MPa）防渗墙接头孔施工困难的缺点,仅用 93d 就完成了防渗面积达 5085.7m² 的防渗墙施工,混凝土浇筑的平均上升速度为 4.37m/h。

该技术主要施工设备包括钢缆式抓斗、9～12t 重锤和液压铣槽机（又称双轮铣）等,用优质膨润土泥浆固壁。在施工中先按预定位置施工横向槽孔（垂直墙轴线方向长 2.8m,厚 1.2m）,并浇筑塑性混凝土;然后施工横向槽孔轴线间的Ⅰ序槽孔,槽孔墙两端各外延 0.1m;Ⅱ序槽孔开挖时,将Ⅰ序槽外延 0.1m 的墙体用液压铣槽机铣掉,露出新的混凝土,再浇筑Ⅱ序槽孔混凝土,连接成墙。该接头型式不仅墙体连续性好,两期混凝土结合紧密,而且接头缝上、下游还有厚 0.8m 的塑性混凝土保护,能确保接头缝的抗渗性能。

2）上游围堰主河槽旋喷灌浆

上游围堰主河槽防渗墙采用了旋喷灌浆技术,旋喷灌浆在上游枯水围堰顶高程 152.5m 上施工,最大灌浆深度 40m。由于灌浆形成的墙体强度低,不宜采用试验的方法检查成墙质量,只能用严格的工艺控制措施予以保证。旋喷灌浆采用二重管法,使用的钻机、高压泵、灌浆机,以及可以实时观察和记录钻灌参数的多功能记录仪等均是国际上较先进的设备和仪器。根据现场单桩和围井试验及挖坑试验结果,确定旋喷灌浆孔距 1m,灌浆形成的最小墙厚 0.6m。施工采用浆液配比为水：水泥：膨润土＝850kg：450kg：22kg,浆液指标为比重 1.35g/cm²,马氏粘度小于 40s。旋喷施工参数为浆压大于 40MPa,浆量 225L/min,使用双喷嘴,气压大于 l.5MPa,旋转速度 12r/min,提升速度 13.3～26.7cm/min。共完成钻孔进尺 11562m,旋喷灌浆进尺 10075m,成墙面积 9897m²。

3）大坝混凝土防渗墙质量检查

混凝土防渗墙是坝基防渗的最主要措施,其质量的好坏直接关系到大坝的安全。除一般性的质量检查措施外,对由国内承包商施工的墙体进行了钻孔取芯检查、压水试验、混凝土岩芯抗压试验和弹性波透射 CT 测试等工作。通过系统检测,对防渗墙墙体质量作出较全面的评价,对局部缺陷采取了可靠的加固处理措施。

3.4　高压喷射灌浆防渗加固

高压喷射灌浆指利用钻机造孔,然后把带有喷头的灌浆管下至土层的预定位置,以高压把浆液或水从喷嘴中喷射出来,形成喷射流冲击破坏土层,将土粒从土体上剥落下来后,一部分细小土粒随着浆液冒出地面,其余部分与灌入的浆液混合掺搅,在土体中形成凝结体。其基本原理是利用射流作用切割掺搅地层,改变原地层的结构和组成,同时灌入水泥浆或混合浆形成凝结体,借以达到加固地基和防渗的目的。

　　高压喷射灌浆技术最早是由日本于 20 世纪 60 年代末期创造出来的一种全新的施工方法,当时定名为 CCP(Chemical Charning Pile)工法,即单管法。此后,在 70 年代中期,日本又相继开发出 JSG(Jumbo Special Grout)工法,即二重管法,CJG(Column Jet Grout)工法,即三重管法。80 年代以来,高喷灌浆技术在国外得到迅速发展,尤其是在水利工程的防渗方面。新的施工工艺及施工设备的开发应用极大地提高了高喷板墙的整体性和连续性,增强了高喷板墙的防渗性能。

　　除日本外,我国是对高喷技术研究开发较早和应用范围较广的国家。中国铁道科学研究院于 1972 年率先开始试验旋喷桩并获得成功,此后该项技术被广泛应用于铁路、市政、建筑工程中的粉砂、淤泥、黏土、黄土等软土地基的加固,取得了显著效果。20 世纪 80 年代初,山东省水利科学研究院运用该项技术原理,经过研制改进和多年的试验探索,提出了一整套较为完善的高喷灌浆防渗技术。特别是近年来,为适应众多防渗工程的需要,我国的高喷技术有了很大进展,尤其是在堤坝防渗加固方面。据不完全统计,目前全国用该项技术处理大、中、小型防渗工程数百项,构筑防渗板墙数百万平方米,大多取得了较好的效果。目前,我国研制成功的大颗粒地层动水条件下的高喷灌浆和人工堆石体防渗新工艺及淤泥地层高喷灌浆等新技术,均走在了世界前列。

3.4.1　高喷设计

　　高喷的高压射流与速度和压力有关,流速愈大,动压力愈高,则破坏力愈大,冲切掺搅地层的范围也愈大。浆液随高压射流在低压条件下掺搅进入地层,形成充填凝结体。其分类大致如下。

　　(1)按防渗体结构形式分类

　　目前,高喷灌浆的形式分为旋喷、摆喷和定喷 3 种。旋喷喷射时,喷嘴一面提升一面旋转,形成柱状凝结体;摆喷喷射时,喷嘴一面提升一面摆动,形成哑铃状凝结体;定喷喷射时,喷嘴一面提升一面喷射,喷射方向始终固定不变,形成板状凝结体。高喷灌浆板墙典型结构布置型式见图 3.4-1。在实际工程中图 3.4-1(b)、图 3.4-1(c)、图 3.4-1(d)3 种型式也都有双排或多排布置的。各工程应依据具体情况和地质条件,进行技术经济比较确定。

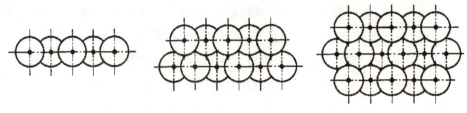

(a)单排或多排旋喷套接

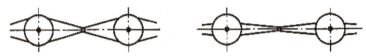

(b)旋喷摆喷、旋喷定喷搭接

(c)摆喷对接、折接

(d)定喷折接

图 3.4-1　高喷灌浆板墙典型结构布置型式

根据《水电水利工程高压喷射灌浆技术规范》(DL/T 5200—2019)规定,各种型式高喷墙的适用条件如下。

①定喷和小角度摆喷适用于粉土和砂土地层;大角度摆喷和旋喷适用于淤泥质土、粉质黏土、粉土、砂土、砾石、卵(碎)石等松散透水的地基或填筑体内。

②承受水头较小的或历时较短的高喷墙,可采用摆喷折接或对接、定喷折接型式。

③在卵(碎)砾石地层中,当深度小于 20m 时,可采用摆喷对接或折接型式,对接摆角不宜小于 60°,折接摆角不宜小于 30°;当深度 20～30m 时,可采用单排或双排旋喷套接、旋摆搭接型式;当深度大于 30m 时,宜采用两排或三排旋喷套接型式或其他型式。

在不同地层中的高喷墙墙体性能指标可参照表 3.4-1 确定。

(2)按高压喷射灌浆方法分类

按高压喷射灌浆方法可分为单管法、二管法、三管法和多管法等几种方法,它们各有特点,可根据工程要求和土质条件选用。

表 3.4-1　　　　　　　　　　　高喷墙墙体性能指标

地层	渗透系数 k/(cm/s)	抗压强度 R_{28}/MPa
粉土层	$i \times 10^{-6}$	0.5～3.0
砂土层	$i \times 10^{-6}$	1.5～5.0
砾石层	$i \times 10^{-6} \sim i \times 10^{-5}$	3.0～10
卵(碎)石层	$i \times 10^{-5} \sim i \times 10^{-4}$	3.0～12

注：1. $i = 1 \sim 9$。

2. 渗透系数 k 为现场试验指标，凝结体抗压强度为室内试验指标。单管法和二管法 K 取低值，R 取高值；三管法 K 取高值，R 取低值。

一些工程的旋喷桩直径见表 3.4-2，可参考使用。

表 3.4-2　　　　　　　　　　　旋喷桩的直径选用　　　　　　　　　　（单位：m）

土质		单管法	二管法	三管法
粉土和粉质黏土	$0 < N < 10$	0.7～1.1	1.1～1.5	1.5～1.9
	$10 \leqslant N < 20$	0.5～0.9	0.9～1.3	1.1～1.5
	$20 \leqslant N < 30$	0.3～0.7	0.7～1.1	0.9～1.3
砂土	$0 < N < 10$	0.8～1.2	1.2～1.6	1.6～2.0
	$10 \leqslant N < 20$	0.6～1.0	1.0～1.4	1.2～1.6
	$20 \leqslant N < 30$	0.4～0.8	0.8～1.2	1.0～1.4
砂砾	$20 < N < 30$	0.4～0.8	0.8～1.2	1.0～1.4

注：N 为标准贯入击数；摆喷及定喷的有效长度为旋喷桩直径的 1.5 倍左右；振孔高喷孔距常为 0.4～0.8m。

1）单管法（CCP 法）

单管法指利用高压泥浆泵装置，以 30MPa 的压力，把浆液从喷嘴中喷射出去，以冲击破坏土体，同时借助灌浆管的提升或旋转，使浆液与从土体上崩落下来的土混合掺搅，经过一定时间的凝固，便在土中形成凝结体。它的优点有水灰比易控制、冒浆浪费少、节约能源等。该工法适用于淤泥、流砂等地层。但由于该工法需要高压泵直接压送浆液，泵的制造较难，且易磨损，形成凝结体的长度（柱径或延伸长）较小。一般桩径可达 0.5～0.9m，板墙体延伸可达 1.0～2.0m。

单管法用于加固软土地基，淤泥地层中的桩间止水，已有建筑物纠偏及地基加固等。

2）二管法（JSG 法）

二管法指利用两个通道的注浆管通过在底部侧面的同轴双重喷射，同时喷射出高压浆液和空气两种介质射流冲击破坏土体，即以高压泥浆泵等高压发生装置喷射出 30MPa 左右压力的浆液，从内喷嘴中高速喷出，并用 0.7～0.8MPa 的压缩空气，从外喷

嘴(气嘴)中喷出。因在高压浆液射流和外圈环绕气流的共同作用下,破坏泥土的能量显著增大,与单管法相比,其形成的凝结体长度可增加一倍左右(在相同的压力作用下)。

二管法用于加固软土地基及粉土、砂土、砾石、卵(碎)石等地层的防渗加固。

3)三管法(CJP法)

三管法指使用分别输送水、气、浆3种介质的三管,在压力达30～60MPa的超高压水喷射流的周围,环绕0.7～0.8MPa的圆筒状气流,利用水气同轴喷射,冲切土体,再另由泥浆泵注入压力为0.1～1.0MPa、浆量为50～80L/min的稠浆进行充填。浆液比重可达1.6～1.8,浆液多用水泥浆或黏土水泥浆。如前所述,当采用不同的喷射型式时,可在土层中形成各种要求形状的凝结体。这种方法由于可用高压水泵直接压送清水,机械不易磨损,可使用较高的压力,形成的凝结体较二管法大,较单管法则要大1～2倍。

三管法又分为老三管法和新三管法。新三管法除了利用高压水冲击切割地层外,还利用约40MPa的高压浆液进行充填,所以新三管法又叫二次切割法,它喷射的距离远,形成的桩径大。

三管法用于淤泥地层以外的软土地基,以及各类砂土卵石等地层的防渗加固。

上述高喷灌浆法均为半置换法。

4)多管法(SSS-MAN法)

这种方法需先在地面上钻一个导孔,然后置入多重管,用逐渐向下运动旋转的超高压射流,切削破坏四周的土体,经高压水冲切下来的土和石,用真空泵随着泥浆立即从多重管中抽出,如此反复冲和抽,便在地层中形成一个较大的空间,装在喷嘴附近的超声波传感器可及时测出空间的直径和形状,最后根据需要用浆液、砂浆、砾石等材料填充,在地层中形成一个大的柱状固结体。在砂性土中最大直径可达4m。此法属于用浆液等充填材料全部充填空间的全置换法。

3.4.2 防渗体性能

高压喷射灌浆形成的凝结体用于防渗工程,其物理力学性能及结构稳定性等,均需通过室内或现场试验,对其各项性能指标作出正确的判断。高压喷射灌浆凝结体是否稳定,主要从两个方面考虑:其一是渗透稳定性,其二是结构稳定性。

(1)渗透稳定性

渗透稳定性目前尚无准确的分析计算方法。显然,喷射形成的凝结体既不属于浇筑混凝土,也不属于填筑的黏性土。混凝土防渗墙一般规定渗透破坏坡降值为80～100,是按混凝土在标准渗压作用下,产生渗水作用加安全系数确定的。黏性土的渗透破坏坡降一般定为5～8。研究证明,在有反滤保护的情况下,黏性土的渗透破坏坡降值是很大的,有时高达几百;在无反滤保护情况下的分散黏性土,渗透破坏坡降很小。喷射灌浆形成的凝结体,其渗透情况既不同于混凝土,也不同于黏性土。确定渗透破坏坡降时,允许产生正常渗透,以不致造成渗蚀或剥蚀为准。因为水泥中掺加土成分产生的凝结体,属于稳定性体系,与黏性土相比,自身有较高的强度,不致产生刺蚀,即使在无反滤保护的情况下也不易产生渗透破坏。

为探讨喷射灌浆形成的凝结体实际允许的渗透破坏坡降,山东省水利科学研究院曾取各工程现场的代表性样品,在渗透破坏试验仪器上进行了试验,其结果见表3.4-3。由表3.4-3可见,喷射灌浆形成的凝结体,在渗透坡降为693~1200时仍产生正常渗透,受设备条件限制,其渗透破坏坡降值未能测出,可见其抗渗力是比较强的。

表 3.4-3　　　　　　　　　　　　　　凝结体渗透坡降

序号	样品来源	样品性质	渗透坡降	渗透系数/(cm/s)
1	山东费县石沟拦河闸	黏土水泥浆	793	1.1×10^{-8}
2	广东迳口拦河闸	水泥浆	1200	2.7×10^{-10}
3	福建漳州堤防	黏土水泥浆	800	6.7×10^{-9}

(2)结构稳定性

高压喷射灌浆形成的防渗凝结体虽呈连续板墙状,但其外形不像机械造槽浇筑形成混凝土防渗墙那样规则,也不像静压灌浆法浆液扩散距离远,在渗透和结构方面,有着独特的稳定性。

1)良好的复合体防渗作用

高压喷射灌浆形成的防渗体,无论是定喷或旋喷,多呈现复合型,具有良好的防渗性和结构性。渗水先经渗透凝结层,再进入防渗性极强的浆皮层,最后才能达到呈木纹状的墙体核心,然后沿相反的层次穿过防渗体。由于是多层复合体,削减渗水压力的作用极为明显。从开挖试验观察,很少发现均匀板体有渗水观象。高压喷射灌浆时,这种逐渐过渡的复合结构可在地层中自动均衡地形成,如在强透水砂卵石层中渗透凝结层一侧厚度可达50cm,而透水较弱的砂层则较薄,黏性土层实际上不存在渗透凝结层。但在挤压作用下墙体两侧与地层不仅结合严密,防渗性能也是极强的。

2)较强的变形适应性

高压喷射灌浆形成的板墙状防渗体,弹性模量较低,有较强的变形适应性。不仅使用水泥黏土浆时,防渗体的弹性模量较低,即使采用水泥浆,由于地层中的细粒成分被挟带掺入浆液中,形成的凝结体的弹性模量也较低。如浇筑混凝土弹性模量一般大于2×10^4MPa,而喷射水泥浆所形成的凝结体弹性模量一般为1×10^3MPa;喷射黏土水泥浆所形成的凝结体弹性模量一般远小于1×10^3MPa。为使高压喷射灌浆所形成的凝结体有更高的变形适应性,采用掺加黏土的水泥浆是必要的。黏土掺加量应视对弹性模

量和抗压强度的要求而定,通常黏土和水泥重量比为1:1时,凝结体的抗压强度仍不低于 3.0MPa,这已可满足中低水头堤坝地基的防渗要求。

从上述高压喷射灌浆防渗弹性模量和结构状况分析,高压喷射灌浆形成的板墙状凝结体在适应地基的变形方面较混凝土防渗墙有明显的优越性。混凝土防渗墙在依靠泥浆固壁进行机械造槽过程中已使地基应力"释放",使地层有所松动,混凝土防渗墙与地层泥浆固壁形成的"泥皮"相互接触,各道混凝土防渗墙之间的连接处,亦存在所谓的"泥皮"难以完全清除,会在结合部位形成诸多薄弱面。而高压喷射灌浆防渗体则属逐渐过渡性接触,在施工过程中按序施工,喷射时对地层起挤压作用不会导致地基应力"释放"。凝结体的强度由内向外逐渐变小,直到与地基完全一致,这对适应和协调地基变形是十分有利的。

3.4.3 高喷施工

高喷一般工序为机具就位、钻孔、下喷射管、喷射灌浆及提升、冲洗管路、孔口回灌等,当条件具备时,也可以将喷射管在钻孔时一同沉入孔底,而后直接进行喷射灌浆和提升。高压喷射灌浆施工流程见图3.4-2。

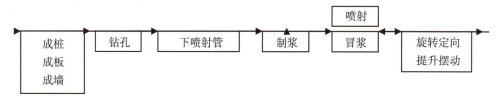

图3.4-2　高压喷射灌浆施工流程

(1)设备

高喷施工设备按其工艺要求由多种设备组装而成,分为造孔、供水、供气、供浆、喷灌五大系统和其他配套设备共六大部分。高喷施工设备组装布置见图3.4-3。

1)钻机

按钻进方法钻机可分为回转式钻机、冲击式钻机、振动式钻机、射水式钻机等。高喷灌浆施工常用的钻机是立轴式液压回转式钻机。

2)高压供水泵

常用 3D2-S 型卧式三柱塞泵,其额定压力为 30～50MPa,流量为 50～100L/min,工作压力为 20～40MPa。

3)高压胶管

常用的为 4～6 层钢丝缠绕的胶管,其内径有 $\Phi16mm$、$\Phi19mm$、$\Phi25mm$、$\Phi32mm$ 等几种,工作压力为 30～55MPa,要求爆破压力为工作压力的 3 倍。

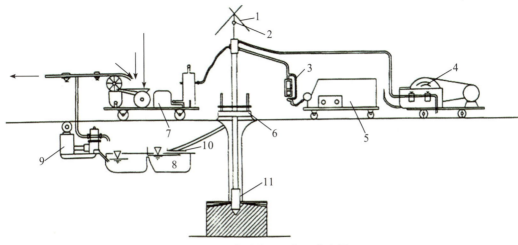

图 3.4-3   高喷施工设备组装布置

1—三脚架;2—卷扬机;3—转子流量计;4—高压水泵;5—空压机;6—孔口装置;7—搅浆机;8—贮浆池;9—回浆泵;10—筛;11—喷头

4)空气压缩机

高喷灌浆施工中常用 YV 型活塞式风冷通用空气压缩机,排气压力为 0.7~0.8MPa。

5)供浆系统

主要包括搅浆机、灌浆泵、上料机 3 部分。

6)喷灌系统

主要包括机架、卷扬机、旋摆机构、喷射装置等。

7)其他配套设备

主要包括回浆泵、监测装置等。

(2)主要施工要求

①重要的、地层复杂的或深度较大的高喷墙工程,应选择有代表性的地层进行高喷灌浆现场试验。试验宜采用单孔和不同孔、排距的群孔进行,以确定高喷灌浆的方法及其适用性,确定有效桩径(或喷射范围)、施工参数、浆液性能要求、适宜的孔距排距、墙体防渗性能等。

②多排孔高喷墙宜先施工下游排,再施工上游排,后施工中间排。一般情况下,同一排内的高喷灌浆孔宜分两序施工。

③高喷灌浆浆液的水灰比可为 1.5:1~0.6:1(密度 1.4~1.7g/cm^3)。有特殊要求时,可加入掺合料。

④钻孔施工时应采取预防孔斜的措施,钻机安放要平稳牢固,加长粗径钻具。钻杆和粗径钻具的垂直度偏差不应超过 5‰。有条件时应进行孔斜测量,当孔深小于 30m 时,钻孔偏斜率不应超过 1%。

⑤高喷灌浆常用施工参数可按照表 3.4-4 选择。

表 3.4-4　　　　　　　　　　高喷灌浆常用施工参数表

项目		单管法	二管法	三管法
水	压力/MPa			35~40
	流量/(L/min)			70~80
	喷嘴数量/个			2
	喷嘴直径/mm			1.7~1.9
气	压力/MPa		0.6~0.8	0.6~0.8
	流量/(m³/min)		0.8~1.2	0.6~2.0
	喷嘴数量/个		2 或 1	2
	环状间隙/mm		1.0~1.5	1.0~1.5
浆液	压力/MPa	25~40	25~40	0.2~1.0
	流量/(L/min)	70~100	70~100	60~80
	密度/(g/cm³)	1.4~1.5	1.4~1.5	1.5~1.7
	喷嘴数量/个	2 或 1	2 或 1	2
	喷嘴直径/mm	2.0~3.2	2.0~3.2	6~12
	回浆密度/(g/m³)	≥1.3	≥1.3	≥1.2
提升速度	粉土层/(cm/min)		10~20	
	砂土层/(cm/min)		10~25	
	砾石层/(cm/min)		8~15	
	卵(碎)石层/(cm/min)		5~10	
旋喷	转速/(r/min)		$(0.8~1.0)v$	
摆喷	摆速(次/min)		$(0.8~1.0)v$	
	摆角　粉土、砂土/°		15~30	
	砾石、卵(碎)石/°		30~90	

注:1. 对于振动高喷,提升速度可为表列数据的 2 倍。

2. 摆速次数以单程为 1 次。

3. v 为提升速度。

3.4.4　质量检查

施工过程中应做好对高喷灌浆材料、浆液和各道工序的质量控制、检查,并做好记录。施工质量检查主要是对墙体的防渗性能的检查。《水电水利工程高压喷射灌浆技术规范》(DL/T 5200—2019)规定,高喷墙防渗性能的质量检查应根据墙体结构型式和深度选用围井、钻孔或其他方法进行检查。

厚度较大的和深度较小的高喷墙可选用钻孔检查法,并应符合以下要求:每个单元工程可布置 1 个检查孔,检查孔孔位宜布置在墙体中心线上,钻孔宜自上而下分段进行;采取芯样和采用静水头进行压水试验,当采用钻孔法进行静水头压水试验时,透水率 q 值的估算应按现行行业标准《水工建筑物水泥灌浆施工技术规范》(SL/T 62—2020)的规定执行。

围井检查法适用于各类结构型式的高喷墙。围井检查应符合以下要求:可在井内开挖进行直观检查和取样,并做注水(或抽水)试验,亦可在围井中心处钻孔,做注水(或抽水)试验;每 3~5 个单元工程宜布置一个围井,少于 3 个单元的工程也应布置一个围井;围井各面墙体轴线围成的平面面积,砂土、粉土层中不宜小于 $3.0m^2$,其他地层中不宜小于 $4.5m$;围井边墙与被检查墙体的技术条件应一致;悬挂式高喷墙围井底部应进行封闭;当注水水头高于围井顶部时,围井顶部应予以封闭。

质量检查宜布置在地层复杂、漏浆严重、可能存在质量缺陷,以及随机抽检的部位。墙体钻孔检查宜在该部位高喷灌浆结束 28d 后进行。围井检查宜在高喷灌浆结束 7d 后进行,如需开挖或取样,宜在 14d 后进行。

高喷墙整体效果的检查可布设测压装置或量水堰,观测和对比水位差和渗水量,分析整体防渗效果。高喷墙防渗工程的质量应结合分析施工资料和检查测试结果,综合进行评定。

3.4.5　典型工程案例

3.4.5.1　江西上游水库大坝高喷防渗加固

上游水库位于江西省高安市上游村境内,是一座以供水、灌溉为主,兼顾防洪、养殖、发电等综合利用功能的大(2)型水库,总库容 1.85 亿 m^3。上游水库于 1958 年动工兴建,1960 年枢纽工程主副坝、主坝放水涵管基本建成并开始蓄水,水库工程经多次加固和改建后达到现有规模。上游水库除险加固前,挡水建筑物包括主坝、东一副坝、东二副坝、东三副坝、西一副坝、西二副坝和新副坝。

东一副坝为均质土坝,坝顶轴线长 140.0m,坝顶宽 8.0m,坝顶高程 89.10m,最大坝高 16.4m。大坝上游坡比自上而下分别为 1:3.2 和 1:3.75,高程 79.76m 处设一条宽 1.5m 的平台,上游采用厚 8cm C15 混凝土预制块护坡;下游坡比自上而下分别为 1:2.35 和 1:1.75,高程 80.32m 处设一条宽 5.4m 的马道,采用草皮护坡;下游坝脚右侧设排水棱体,棱体反滤设计同主坝,棱体顶高程 70.70m;下游坝脚左侧设贴坡反滤排水,贴坡排水顶高程 76.50m。

经 2000 年除险加固,东一副坝坝体布置了冲抓套井回填黏土心墙,但左侧黏土心墙未完全伸入坝基;桩号 S0−283.0 左侧坝基上部含砂黏土和下部全强风化花岗片麻岩未

采取防渗措施;坝体与坝基含砂黏土接触带局部渗透系数为 2.21×10^{-3} cm/s,含砂黏土局部渗透系数为 1.47×10^{-4} cm/s,呈中等透水性,下部全强风化花岗片麻岩呈弱—中等透水性,左侧坝基及坝肩防渗不满足规范要求。

2018 年 6 月 4 日库水位为 81.33m,下游坝脚左侧地面与山体接触部位(高程70.7m)有水渗出,左坝基及坝肩存在渗漏现象。此次除险加固进行防渗处理的部位包括左坝基上部含砂黏土和下部全强风化花岗片麻岩相对透水层。

左坝基含砂黏土防渗可采用混凝土防渗墙或高压喷射灌浆防渗型式,考虑到该坝坝体已采取冲抓套井回填黏土心墙防渗,推荐采用高压喷射灌浆对坝基及左坝肩含砂黏土层进行防渗处理。

在坝顶沿原冲抓套井回填黏土心墙轴线对坝基含砂黏土进行高压旋喷灌浆,旋喷孔顶部接坝体冲抓套井回填黏土心墙,底部伸入坝基千枚状变质砂岩。高压旋喷灌浆布置范围为桩号 S0−278.0〜S0−367.6,轴线长 89.6m,最大孔深 13.20m,采用单排布孔,孔距 0.75m,墙体有效厚度 0.4m,要求允许比降$[J] \geqslant 60$。

沿高压旋喷灌浆防渗墙底部对左坝基全强风化花岗片麻岩相对透水层采取帷幕灌浆防渗,帷幕范围同坝基高压旋喷灌浆,轴线长 89.6m,最大孔深 17.80m,帷幕灌浆孔按深入相对不透水层基岩透水率 5Lu 线以下 5m 控制。帷幕单排布置,孔距 1.5m,对透水性较大的部位根据实际情况适当加深或加密。每 18m 左右布置一个先导孔,先导孔深入帷幕底线以下 5m。施工时先进行坝基帷幕灌浆,再进行上部含砂黏土层高喷灌浆,高喷灌浆孔可利用帷幕灌浆孔。高压喷射灌浆防渗墙完成后,采用钻孔取样的方法对防渗墙进行检测。东一副坝高压旋喷灌浆孔为 121 个,灌浆总长 1134.1m。高压喷射灌浆防渗墙抗压强度与墙体渗透系数检测结果见表 3.4-5。

表 3.4-5　　　　　高压喷射灌浆防渗墙抗压强度与墙体渗透系数检测结果

检测内容	取样部位	设计等级	实测值			平均值	备注
抗压强度 /MPa	桩号 0+341.2	≥5.0	6.0	5.7	5.5	5.7	合格
	桩号 0+308.3	≥5.0	5.7	5.2	5.4	5.4	合格
渗透系数 /(cm/s)	桩号 0+341.2	$\leqslant 5.0 \times 10^{-6}$	$\leqslant 6.5 \times 10^{-7}$			/	合格
	桩号 0+308.3	$\leqslant 5.0 \times 10^{-6}$	$\leqslant 5.7 \times 10^{-7}$			/	合格

高喷灌浆施工见图 3.4-4。

图 3.4-4　高喷灌浆施工

3.4.5.2　广西大任水库大坝高喷防渗加固

（1）工程概况

梧州市藤县大任水库位于广西壮族自治区藤县太平镇境内,水库于 1980 年竣工,水库总库容 4153 万 m³。大任水库主坝灌浆区域出露地层由老到新岩性分述如下:①震旦系培地组(Z_P):砂岩,分布于主坝。②坝体人工填土(Q_4^s):坝体填土土质均一,主要为砖红、红褐、褐灰色的粉砂土,遇水松散,层厚 19～60m。2018 年 10 月 10 日设备进场,2019 年 4 月 5 日完工,共完成高压旋喷灌浆钻孔 344 个,钻孔进尺 14350m,灌浆段长 13939.18m。

（2）设计参数

根据水库前期地质勘探资料,结合现场实践经验提炼出施工参数,具体如下:水压力 35～40MPa,水量 80L/min,灌浆压力 0.5～1.0MPa,灌浆量 60～80L/min,气压力 0.5～0.8MPa,气量 0.8～1.2m³/min,提升速度 8cm/min,质量要求达到规范验收标准。具体参数通过现场生产性试验确定。

（3）生产性试验

2018 年 10 月 12—23 日在主坝布置了高喷灌浆试验孔 5 个,其中生产性试验孔 3 个。高压旋喷灌浆防渗墙检查孔 1 个,进尺 197.3m,进行注水试验 4 段,并进行了现场开挖,试验结果均满足设计要求,确定了设计参数为施工参数。

（4）施工质量

该项目是最大孔深达 60m 的高喷灌浆项目,对钻孔质量要求比较高。孔位、孔斜、

孔径均影响桩与桩之间的搭接,从而影响成墙,故钻孔的质量决定灌浆施工质量。

根据设计图纸按孔号划分好单元,采用经纬仪进行高喷灌浆轴线整体放样,确定施工轴线后,按孔距 0.8m,逐孔定好孔位,用钢筋标记,并每隔 16m 设置控制性桩号。因为在施工过程中出现了大坝开裂沉陷现象,在大坝开裂沉陷段采用经纬仪单独放孔(放一个孔施工一个孔)。此外,必须保证钻孔与地面的垂直度,在钻孔施工过程中必须定点测斜纠斜,保证终孔孔斜小于 10cm。因为孔斜超标准会影响底部桩的搭接,从而影响防渗质量。最后,孔径尽量大,孔径大对高压水的切割阻力小,有利于增大桩径。

钻孔的深度超设计孔深 30cm,施工时选定部分 I 序孔作为先导孔,采取芯样,划分地层,并做注水实验。先导孔间距为 24m,分为 12 个单元,每单元 1 个先导孔、1 个检查孔,以便于灌浆效果分析。

(5)水泥材料质量和浆液质量控制

水泥的质量决定防渗墙的防渗效果,因此水泥质量必须合格。本项目水泥采用 PO42.5 普通硅酸盐水泥,并按 300t/组抽样送检。

灌浆浆液一律按试验选择的最优配合比采用重量法配制,误差严格控制在 5% 之内;浆液水灰比控制在 0.8∶1~1∶1,浆液密度不小于 $1.55g/cm^3$;制浆使用高速制浆机,并严格检测浆液密度,搅拌时间不少于 30s。浆液自制备至用完的时间控制:当环境气温 10℃以下时,不超过 5h;当环境气温在 10℃以上时,不超过 3h;当浆液存放时间超过有效时间时,按废浆处理。

浆液质量检查:除按时量测进浆和回浆比重外,还随机抽取相应进浆和回浆浆液制作模块,并对模块进行 28d 抗压试验。

(6)施工过程控制

1)高喷灌浆施工

高喷灌浆应在钻孔施工过程中完成,并验收合格后进行。施工时必须将喷头下入孔底(基岩内 30cm 处)后方可进行灌浆施工,并等待孔口返水泥浆后,在高压水、气、浆畅通的情况下再开始提升。施工中必须严格按设计参数施工。在施工前各仪器、仪表均应进行校验。

2)高喷灌浆过程中特殊情况处理

①在高喷灌浆过程中,当出现压力突降或突升、孔口回浆浓度或回浆量异常等情况时,查明原因及时处理。②在喷射过程中发生串浆,填堵被串孔。待灌浆孔高喷灌浆结束后,尽快进行被串孔扫孔、高喷灌浆或继续钻进,加大施工间距。③在喷 A110~A231 孔时,在大坝坝顶表面出现开裂沉陷和穿孔现象,灌浆施工时采取加大施工间距的措施,分三序施工,并对开裂部位进行了充填灌浆。

3）桩孔回填

高喷灌浆完毕均及时进行回灌,避免高喷灌浆后孔内浆液的析水、收缩使上部墙体出现空缺现象,影响墙体的质量。采用水灰比0.5∶1的浓水泥浆进行回填。

4）与基岩结合部位高喷灌浆施工

在高喷灌浆孔钻孔施工过程中详细记录地层变化情况,准确记录了基岩的分界线,避免了与基岩帷幕搭接不好而返工,影响工期与防渗质量,必须将喷头下入孔底至设计孔深以下30cm处后方可进行灌浆施工。

5）灌浆质量检查

高喷墙体质量检查以检查孔注水试验结果为主,结合灌浆结果分析以及检查孔取芯情况进行综合评定;检查孔在该部位灌浆完成28d后进行。每单元布置1个检查孔。每个检查孔抽取不同地层芯样送检,做芯样抗压强度试验,芯样均全孔素描和拍照。检查孔完成后,按要求进行置换和压力灌浆封孔。

（7）施工设备配备

配备高喷设备2台套(高喷台车为衡探HT-60),钻孔设备4台套。设备使用实行定人、定机、定责,严格执行设备操作规程和岗位责任制。

（8）灌浆效果分析

本项目钻孔工作量:14350m,灌浆段长13939.18m,总用水泥6770.34t,先导孔注水试验92段;渗透系数1.77×10^{-3}cm/s全泵量吸收,钻孔施工时Ⅰ序孔钻孔很少有回水,而Ⅱ序孔钻孔施工时基本上都有回水;Ⅰ序孔在灌浆时基本上没有回浆,而Ⅱ序孔在灌浆时,每孔都有回浆。Ⅱ序孔回浆比重均大于$1.35g/cm^3$,可见灌浆效果明显。从检查孔情况看,旋喷墙体中进行降水头注水试验,注水试验49段,渗透系数为$5.95 \times 10^{-6} \sim 9.76 \times 10^{-6}$cm/s,均满足设计要求。

高喷灌浆施工完毕两个月后,库区蓄水至正常水位,主坝桩号$0+001.00 \sim 0+487.25$段和$0+964.25 \sim 1+261.50$段坝体下游没有明显的冒水点;主坝桩号$0+487.25 \sim 0+964.25$段也很少见明显的冒水点,只在原来设计帷幕灌浆孔的W232～W271位置下游仍有3个明显的冒水点,但冒水量明显比原来减小;下游的量水堰的水流量比灌浆前减少了90%。

3.4.5.3　西藏冲巴湖水库大坝高压摆喷防渗墙加固

（1）工程概况

冲巴湖水库位于西藏自治区日喀则地区康马县境内,海拔4570m,水库位于喜马拉雅山北坡,南与不丹王国相邻,北为冰碛阶地,水库总库容6.61亿m^3。大坝为黏土心墙堆石坝,坝体基础防渗加固处理采用高喷防渗墙方案,左副坝防渗长度475m,右副坝防

渗长度 100.5m,高喷成墙面积 9008.75m²。水库两侧分水岭地带出露石炭系二叠系碳酸盐岩和碎屑岩,有轻微变质,岩石走向 NE、倾向 SE 或 NW、倾角 20°～25°。

(2)生产性试验

为检验高喷防渗墙方案的可行性,提出合理的技术参数。在左副坝地质条件相对复杂的部位桩号 0+250～0+280 段,进行了生产性试验,墙底部高程 4565m,试验段大坝轴线长度 30m,墙深 16m;围井试验在左副坝(桩号 0+324.8～0+353.3 段)已开挖的溢流堰段进行。完成成墙面积 504m²,围井一口,成墙面积 48m²。高喷施工参数见表 3.4-6。

表 3.4-6 高喷施工参数

喷嘴	高喷台车		高压水泵		空压机		水泥浆泵	
孔径/mm	摆动率/(°/min)	提升速度/(cm/min)	压力/MPa	流量/(L/min)	压力/MPa	流量/(L/min)	压力/MPa	流量/(L/min)
1.8～1.9	12～15	7～8	36～38	75～80	0.4～0.6	5～6	0.5～0.7	75～80

摆喷孔距 1.5m,孔径 15cm,摆动轴线与防渗墙轴线夹角 22.5°,摆角 45°,接头处摆角 60°(图 3.4-5)。

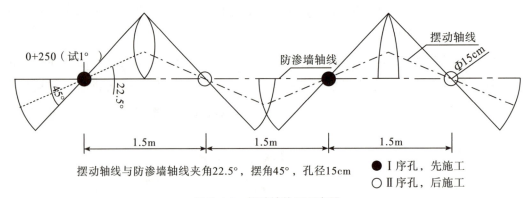

摆动轴线与防渗墙轴线夹角22.5°,摆角45°,孔径15cm

● Ⅰ序孔,先施工
○ Ⅱ序孔,后施工

图 3.4-5 摆喷墙体平面布置

(3)高喷成墙施工

1)工艺及技术指标

为保证墙体瓶颈部位厚度满足 25～30cm 要求,孔径采用直径 150mm。孔位偏差控制在 5cm 以内,钻孔倾斜率控制在 1% 以内。孔深深入实际设计墙底高程以下 0.3～0.5m。Ⅰ序孔到Ⅱ序孔施工,时间间隔 3～5d。各序孔施工时做好详细班报记录,包括钻进过程的快慢、返浆情况、有无大的孤石及地质异常等情况,供高喷时调整施工参数。

2）钻孔施工

立轴垂直度保证在 1‰以内,钻进过程中实时监控,发现倾斜及时纠正。护孔:灌浆导孔用泥浆护壁,回转钻进,终孔孔径不小于 150mm,终孔后立即换浓浆护孔,保证 72h 内喷杆能顺利下到孔底。施工中安排了部分导孔取芯,复核地层岩性。采取浓浆护壁或套管护壁,确保孔壁稳定。泥浆参数见表 3.4-7。

表 3.4-7　　　　　　　　　　　　　　泥浆参数

项目	密度 /(g/m³)	漏斗粘度/s	失水量 /(mL/30min)	泥皮厚 /mm	塑性指数	静切力 /(Pa/min)	动切力 /Pa	pH 值
一般	±1.06	28～37	±12	0.8～1	10～15	2～4	2～8	8.5～10
极限	<1.1	>20	≤30	≤3	<20	—	<10	≤10

3）高压摆喷成墙

采用高压摆喷三重管灌浆工艺。主要内容包括设备安装、调试、就位,孔口试喷,下注浆管,高压摆喷注浆作业,回填灌浆等工序。

孔口试喷:设备性能检查调试,台车就位,明确导孔序号和摆角方向。下喷杆前必须进行地面试喷。方法是将预先设置的压力、流量等值加到喷射注浆施工的要求值。检查水流辐射半径、离散、雾化值是否与标准值相符。

高压摆喷注浆作业:将注浆管下到预定深度后,调整好喷嘴方向及摆动角度,依次送浆、气、水,在孔底摆喷数秒(一般控制在不少于 60s),待泵压、风压升至设计值且孔口返浆比重在 1.3～1.4 后开始提升。摆动角度 22.5°/s,提升速度控制在 7～8cm/min,水泥浆液比重控制在 1.6～1.8。喷浆过程中,应经常测试水泥浆液比重和回浆比重,当达不到设计要求时,立即暂停喷浆作业并调整水灰比,然后迅速恢复喷浆作业。

由于水泥浆液会析水、凝固收缩,每孔高压摆喷完成后,需及时和不间断地进行回灌,直至孔口浆液面不再下沉为止,保证成墙质量。

(4)特殊问题采取的技术措施

①右坝肩桩号 0+000～0+100 段地质结构松散,易失稳,泥浆漏失。钻孔施工时采用了泥浆堵漏护壁,局部地段采用了套管护壁,效果较好。

②当土体中有较大空隙引起不冒浆时,适当增大注浆量或采用砂浆充填,填满空隙后再继续喷射。

③当冒浆量过大时,适当提高喷射压力或缩小喷嘴孔径,亦可加快速度的提升,减少冒浆量。

④当遇邻孔串浆时,适当减小水压,或加快速度提升,或延长相邻孔施工间隔时间。

（5）质量缺陷处理

施工过程中，在右坝肩 36# 孔钻孔至高程 22.5m 处发现大孤石，直径在 80cm 以上。由于该深度处高喷射流对土体的冲切受到限制，可能会导致防渗墙在该处形成缺口，因此在该轴线外侧（垂直向距离 70cm）增加一个高喷钻孔，在 19～25m 段进行了 90°高压摆喷施工，以包裹该大孤石，连接轴线高喷防渗墙墙体，避免出现墙体孔洞，确保墙体底部连续封闭。

3.4.5.4　河南弓上水库大坝高喷防渗加固

弓上水库位于河南省林州市西南合涧镇河西村，坝址控制流域面积 605km²，总库容 3191 万 m³。该水库于 1958 年 4 月动工兴建，1960 年 5 月主体工程建成并蓄水使用。水库大坝为黏土心墙砂壳堆石坝，坝基覆盖层较为深厚，基本为卵砾石层。坝顶高程 507.3m，最大坝高 50.3m，坝顶长 274m，黏土心墙底部为梯形齿槽，伸入坝基砂砾石层 6.0m。水库建成蓄水后，相继出现大坝心墙裂缝和坝基漏浑水问题，共发生漏浑水达 34 次，最大漏水量达 286L/s，严重威胁着水库大坝的安全。大坝渗漏主要存在以下几个方面的问题：①坝体心墙填筑局部质量差，运行过程中因沉降和冲刷产生裂缝，存在发生渗透变形的安全隐患；②坝基砂卵石覆盖层厚度达 28m，透水性强，易产生管涌现象，造成渗透变形；③左坝端断层发育，基岩破碎，绕渗严重。因此，于 1997 年开始对大坝进行除险加固工程。

弓上水库大坝防渗加固采用高喷灌浆方案，高喷灌浆墙顶部按黏土心墙顶部以下 5m 控制，底部伸入基岩 1m。由于孔深达 83m，黏土心墙瘦窄（顶宽 3m，底宽 26m，高 54m），考虑施工及孔斜等多种因素影响，为保证黏土心墙的安全，比较采用单排还是双排孔，经过分析比较，认为孔斜控制在 0.5% 以内，旋喷影响直径 1.3～1.5m 的情况下，可保证垂直防渗墙的连续，故采用单排孔方案。设计钻孔位于黏土心墙中心线上，孔距为 0.5m，孔位误差 3cm，旋喷桩成桩直径不小于 1.3m，最小成墙厚度不小于 40cm，墙体取样抗压强度为 4～10MPa，弹性模量小于 1000MPa，墙体渗透系数小于 1×10^{-5} cm/s，墙体允许渗透坡降大于 80。工程于 1999 年 3 月开始，至 1999 年 10 月底完成主体工程，施工范围为桩号 0+59.5～0+156 段，共完成高喷孔 182 个。

旋喷施工采用 XY-4、XY-2、10-A 型地质钻机，高喷设备主要采用 YGP-5 型高喷台车、QB-50 型高压泥浆泵、31C1-15/6 型空压机。高压浆流量 160L/min，实际工作压力大于 36MPa，水泥浆相对密度大于 1.45，气压力 1MPa，气流量 90m³/h，提升速度 10～20cm/min，转动速度 10～20r/min。黏土心墙段钻孔使用刮刀钻头，砂卵石层钻孔使用镶齿牙轮钻头，基岩钻孔使用金刚石钻头（图 3.4-6）。

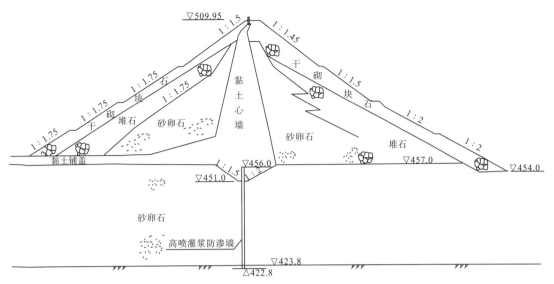

图 3.4-6　弓上水库大坝加固横剖面(单位:m)

高喷灌浆施工按顺序分为 10 步:①开孔:由现场技术人员确定应施工的孔号及木桩,机台人员使钻机就位,完成整平,做好开孔前的准备工作。②确定黏土层厚度:以确定旋喷墙顶高程。③下套管:根据黏土心墙厚度及旋喷墙顶高程决定套管长度,以确保心墙不受到损坏。④砂卵石层钻进:下完套管后换镶齿牙轮钻头、金刚石复合钻具钻砂卵石层,至基岩界面后进行基岩面深度的确认。⑤基岩钻进:换金刚石钻头钻取基岩,并检查岩芯确认基岩。⑥测斜:终孔后进行测斜。⑦高喷准备:根据孔深量取喷射管长度,入孔后测量余尺,确认已下入孔底,高喷参数符合设计要求。⑧高喷:整个高喷过程监理工程师进行旁站监理,遇有不返浆、喷射参数不正常等情况均记录在案,经调整仍达不到要求则需进行二次处理。⑨拔套管:高喷结束后,拔出套管。⑩封孔:现场调配好封孔浆液,进行机械封孔。

现场完成注水试验 15 段,渗透系数大多数小于 $i \times 10^{-6}$ cm/s,最大为 8.33×10^{-6} cm/s,最小为 7.52×10^{-7} cm/s;共布置检查孔 15 个,取芯进行了抗压、抗渗两项指标的室内试验,抗压强度为 $17.58 \sim 18.53$ MPa,渗透系数为 $1.55 \times 10^{-8} \sim 2.13 \times 10^{-8}$ cm/s,均满足设计要求。

坝后流量观测显示,加固前,1999 年 3 月 7 日库水位 487.38m,坝后流量90L/s。加固后,1999 年 12 月 17 日库水位 485.44m,坝后明流消失,测压管水位也逐渐降至 3.5m以下,高压喷射灌浆防渗效果十分显著,防渗加固达到了预期目标。2000 年 10 月至今,库水位一直保持在高水位,防渗工程质量较好。

3.4.5.5　广西布见水库大坝高喷防渗加固

广西壮族自治区百色市平果市布见水库总库容 4095 万 m^3,是一座以灌溉为主,兼

顾防洪、发电、供水等综合利用功能的中型水库。水库大坝为黏土心墙坝,坝顶高程 236.27m,最大坝高 28.97m,坝顶长 160m,坝顶宽 5m。由于大坝坝体填筑质量较差,坝体、坝基及坝下输水涵管存在渗漏问题,大坝渗流达不到安全要求,水库一直降低水位运行。

经研究,坝体采用高喷防渗墙进行防渗加固。高压旋喷灌浆沿坝轴线布孔,位于坝轴线上游 1m,旋喷孔穿过坝基覆盖层,覆盖层下接基岩帷幕灌浆。高压旋喷灌浆轴线长 160m,最大孔深 30.6m,采用单排布孔,孔距 0.75m,墙体有效厚度 0.4m,要求允许比降 [J] ≥60。坝下输水涵管周围加设一排高压旋喷灌浆。坝基强风化岩层及两岸坝肩岩体采用帷幕灌浆加固,帷幕灌浆采用单排孔,孔距 1.50m,深入基岩 10Lu 线以下 5m,帷幕线总长 280m,最大孔深 27.5m。坝体部分施工时高压旋喷灌浆和帷幕灌浆一次钻孔,先施工下部基岩帷幕灌浆,然后施工上部高压旋喷灌浆(图 3.4-7)。

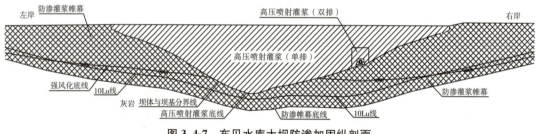

图 3.4-7 布见水库大坝防渗加固纵剖面

计算分析表明,大坝增设高压旋喷灌浆和帷幕灌浆加固后,大坝的防渗能力和抗渗能力得到明显提高,下游坝体浸润线降低,大坝下游坝坡抗滑稳定性提高;同时大坝单宽渗漏量由加固前的 2.151~2.652m³/(d·m) 降到 0.796~0.887m³/(d·m)。

布见水库大坝防渗加固于 2009 年上半年完工,经过近几年运行和观测,发现大坝坝脚渗漏消失。

3.5 土质心墙坝裂缝处置

3.5.1 裂缝特性及成因

公元 2000 年以前,我国建成的土质心墙堆石坝多为百米级大坝,最高的是小浪底,坝高 154m。进入 21 世纪,我国陆续建成了瀑布沟(坝高 186m,覆盖层最大厚度 77.9m)、糯扎渡(坝高 261.5m)、毛尔盖(坝高 186m,覆盖层最大厚度约 50m)和长河坝(坝高 240m,覆盖层最大厚度 50m)等高土质心墙堆石坝。双江口心墙堆石坝(坝高 315m)、两河口心墙堆石坝(坝高 295m)、如美心墙堆石坝(坝高 315m)等已开工建设,综合分析工程实践可见,200~300m 级高土质心墙坝的筑坝技术已趋于成熟。然而,个别水库蓄水后,坝顶出现了近似平行于坝轴线的纵向裂缝,引起了我国水利水电行业的关注。

(1)高土质心墙坝裂缝特性

从已建工程实践看,土石坝的裂缝种类较多。按影响因素可分为变形裂缝、滑坡裂缝、干缩裂缝、冰冻裂缝、地震裂缝、水力劈裂缝等。按出现部位可分为表面裂缝和内部裂缝。按裂缝形式可分为纵向裂缝、横向裂缝和水平裂缝。

会产生坝体变形以及由此引起的裂缝是高土质心墙坝区别于低坝的显著特点。变形裂缝主要有纵向裂缝、横向裂缝和水平裂缝等,多表现为表面裂缝。纵向裂缝大致平行于坝轴线,常出现在坝顶和上、下游坝坡,缝宽一般较大,主要是由坝体、坝基变形不协调引起。横向裂缝大致垂直于坝轴线,常出现在陡岸坡、局部地形剧烈变化或坝下埋管等部位,若裂缝贯通防渗体,则危害较大。水平裂缝主要由坝身、坝基的不均匀沉降引起,如果裂缝贯通上、下游,可能形成集中渗漏通道。

国内外出现裂缝的高土质心墙坝以及坝体裂缝特性见表3.5-1。由表3.5-1可知,1940年至今,几乎每个年代均有高土质心墙坝出现裂缝。这些出现裂缝的大坝在发达国家和发展中国家均有分布,且竖直土质心墙与斜土质心墙,建设在覆盖层与基岩上心墙堆石坝均有可能出现裂缝。

表3.5-1　　　　国内外高土质心墙坝裂缝特性(坝高大于100m)

序号	大坝名称	建成年份	最大坝高/m	坝体裂缝特性
1	瀑布沟	2008	186	蓄水后坝轴线下游侧有4处不连续的、近似平行坝轴线的纵向裂缝,部分裂缝延伸至坝顶水泥路面以下,地表可见裂缝累计长度66m,出现裂缝区域长221m
2	伊朗马斯吉德苏莱曼(Majed-E-Soleyman)	2000	177	坝顶出现纵向裂缝,心墙上游与反滤层、反滤层与坝壳堆石之间出现分离
3	加拿大拉格朗德2(La Gruande 2)	1978	160	首次蓄水时,心墙与坝壳的交界面出现纵向裂缝
4	小浪底	2001	154	探坑发现,坝顶裂缝沿坝轴线方向平直无弧形,缝面基本竖向、两侧无错台;裂缝深度2.0~3.9m,均位于下游过渡料区内,与大坝心墙相距6.31m

序号	大坝名称	建成年份	最大坝高/m	坝体裂缝特性
5	巴西恩卜卡萨（Emboreao）	1982	158	1981年8月首次蓄水,水位上升速度很快,库水位600m时坝顶处心墙沿下游侧出现一条长130m的纵向裂缝,深度0.6m,最大宽度7mm;1982年1月,库水位642m时,心墙上游侧过渡料中出现纵向裂缝,长达700m,最大宽度0.25m,深4m,裂缝底端接近水库最高水位
6	美国寇加尔（Coger）	1964	158	1964年6月首次蓄水后坝顶出现纵、横向裂缝。横向裂缝出现在距左坝端12m处,贯穿坝顶,缝宽3.8cm、深1.6m;纵缝遍布坝顶,当库水位下降时,裂缝变宽并产生新裂缝;1965年1月,主要裂缝宽15cm,坝顶上游侧下沉30cm,坝顶呈台阶状
7	奥地利界伯奇（Gpatsch）	1965	153	坝顶上游侧的测点向上游位移,下游侧的测点向下游位移,两个堆石区的变位方向相反,在坝顶产生了沿轴线方向的纵向裂缝
8	毛尔盖	2012	147	2012年6月底至7月初,水位从2103m抬升至2124m后,坝顶陆续出现纵、横向多条裂缝,防浪墙结构缝错开及坝下游渗水等现象
9	美国隆德巴特坝（Round Butte）	1964	134	1964年10月库水位低于正常蓄水位14m时,坝顶中心出现一条纵向裂缝,11月裂缝长增至150m,缝宽4~15mm,深入防渗体内;此后,又在心墙与上游过渡层之间出现纵向裂缝,缝宽127mm,深度大于1.2m
10	美国泥山（Mud Mountin）	1948	130	1942年坝顶心墙与上、下游过渡层接合处出现纵向裂缝,最大缝宽100mm,深1.8m,经回填后,于1948年又重新开裂
11	印尼贾提路哈尔坝（Diatiahar）	1967	112	大坝竣工后不久,在坝顶中部心墙下游侧与反滤层的交界面出现长约300m的纵向裂缝,缝宽25~38mm,此后主要裂缝稍有发展
12	美国樱桃谷（Cherry Valley）	1955	101	1957年水库蓄满后,坝顶心墙与上、下游过渡层交界面上出现纵向裂缝,长9~12m,深25~30m,上游侧裂缝比下游侧多;第二次蓄水又再次发现纵向裂缝

（2）坝体裂缝成因与机理

高土质心墙坝主要裂缝为变形引起的纵、横向裂缝,主要原因大致可分为以下 3 类。

1）坝体碾压密实度差

20 世纪 40—60 年代建设的坝,心墙多采用碾压方式填筑,但坝壳堆石料则主要利用抛填方式填筑,即便采取碾压方式,铺层厚度也很大,碾压激振力不够。坝壳料密实度通常低于心墙,有些工程的上、下游堆石体密实度差异较大,导致坝体不均匀沉降,从而产生裂缝。

2）大坝建基于深厚覆盖层上

我国瀑布沟、毛尔盖和小浪底坝均建基于覆盖层上,心墙和坝壳料均采用现代碾压技术,坝体上、下游的填筑密实度差异并不大,产生裂缝可能与坝基覆盖层的不均匀变形有一定关系。

3）过快的坝体填筑速度或蓄水速率

坝体填筑速度过快、蓄水速度过快或者库水位快升骤降可能会引起坝体局部变形过大,出现不协调变形甚至裂缝。因此,控制水库水位上升或下降的速度也非常重要。

因此,高土质心墙堆石坝裂缝的产生与坝体的变形,特别是不均匀变形存在密切关系。坝体横向裂缝主要由岸坡段坝体与河床段坝体的不均匀变形引起,纵向裂缝则通常由坝壳堆石与心墙的不协调变形产生,而水平裂缝则可能由水力劈裂导致。从裂缝控制的角度分析,坝体变形控制与变形协调是避免高土质心墙坝裂缝的根本措施。

（3）裂缝分类

土坝心墙裂缝对大坝危害非常大,可能引起坝体集中渗漏,甚至影响坝体安全。土坝心墙大部分裂缝是由不均匀沉降引起的,其主要原因是基础处理不到位、岸坡较陡、压实度低、含水量控制不严、地震、干缩及冻融等,有的在坝顶出现张开裂缝,也有看不见的内部裂缝。施工阶段各土层之间以及同层不同面连接部位均是裂缝及缺陷易产生的位置,施工时温度、湿度的变化也会产生一定的影响。这些裂缝在施工期可能是闭合的,运行期坝体不均匀沉降会导致应力重分布,致防渗体产生裂缝,或使原已存在的闭合裂缝重新张开扩展。在一定条件下,作用于上游坝面上的库水压力也能在水力劈裂作用下,引起现有的闭合裂缝张开或形成新的裂缝。裂缝主要分类如下。

1）横向裂缝

土石坝对地基要求一般不高,沿坝轴线方向坝基的地质构造差异一般较大,坝肩往往是陡峭而相对不可压缩的岩石,中部河床段坝基多为可压缩的土基,容易导致不均匀沉降而产生横向裂缝。在狭窄河床和坝基地形变化大,岸坡与坝体交接处填土高差过大,压缩变形不一等情况下,也容易出现横向裂缝。另外,在土石坝施工中采用分段填筑

时,分段进度不平衡,填土层高差过大;结合部位坡度太陡,粗土沿坡堆积而不易夯实;分段施工时,合龙段采用台阶式连接,填土压实度不均匀以及土石料未按要求选用级配等,都有可能产生不均匀沉降而产生横向裂缝。土石坝与混凝土建筑物(如溢洪道导墙、内埋输水混凝土管或钢管等)结合部,也容易产生不均匀沉降而产生横向裂缝。

横向裂缝与坝轴线垂直或斜交,可能形成集中渗流通道,多是由坝肩与中部坝体不均匀沉降造成的。

2)纵向裂缝

纵向裂缝是与坝轴线基本平行的裂缝,这种裂缝主要由坝体与坝基的不均匀沉降及坝体滑坡造成,此外,地震容易产生纵向裂缝。黏土心墙两侧坝壳料竖向位移大于心墙竖向位移时,心墙产生剪切力,可能引起坝体或心墙产生纵向裂缝。施工填筑往往由多个单位进行,各单位不同的进度及施工质量控制,使土石坝在建成蓄水后易在质地较差的分界处产生纵向裂缝。另外,排水设施堵塞或损坏、起不到排渗作用,背水坡渗水处逸点抬高,坝坡发生渗透变形等,也都可能使坝体产生纵向裂缝。库水位骤降,迎水坡产生较大的孔隙水压力,也极有可能产生纵向裂缝甚至滑坡。

纵向裂缝有时是滑坡的前兆,但纵向裂缝与滑坡裂缝是有区别的。沉降裂缝在坝面上一般接近直线,基本上是垂直地向坝体内延伸。裂缝两侧错距一般不大于30cm,缝宽错距和发展逐渐减慢。而滑坡裂缝在坝面上一般呈弧形,裂缝向坝体内延伸时向上游或下游弯曲,裂缝的发展逐渐加快,裂缝宽度有时超过30cm,并伴有较大的错距,发展到后期,可发现在相应部位的下部出现圆弧状隆起或剪出口。

3)干缩与冻融裂缝

干缩与冻融裂缝一般产生在均质土坝的表面,黏土心墙坝的坝顶,施工期黏土填筑面以及库水放空后的防渗铺盖上。由于土料暴露在空气中受热或遇冷,土料含水迅速蒸发或结冰,会产生干缩、收缩或冻融等裂缝。这些裂缝分布广,裂缝方向无规律性,纵横交错呈龟裂状,上宽下窄,缝宽和缝深一般较小。

坝体干缩也会产生裂缝。特别是细粒土、高压缩性土及高塑性黏土,因其收缩量大,极易产生收缩裂缝。干缩与冻融裂缝容易导致雨水下渗和裂缝发展,需尽快进行闭合处理。

4)内部裂缝

除上述的几种裂缝外,在土石坝面上还有一些看不到的裂缝,它主要出现在坝体内部,通称为内部裂缝。由于裂缝隐蔽,事先不易发现,危害性很大。

对于黏土心墙土石坝,心墙竖向位移大于坝壳竖向位移,或者坝壳的竖向位移已终止,心墙竖向位移还在继续发生。此时,心墙受到坝壳的钳制,不能自由下沉,因而产生水平裂缝。在通常情况下,黏土心墙边坡愈陡,坝壳对心墙的钳制力愈大,心墙产生水平裂缝的可能性愈大。

混凝土防渗墙顶部的黏土心墙有时会因挤压产生裂缝。由于防渗墙两侧的深厚覆盖层产生竖向位移,而防渗墙本身的压缩变形很小,因此防渗墙顶部的黏土与两旁的黏土会发生较大的相对位移,黏土被防渗墙顶部的反力挤压而产生放射状裂缝。当心墙宽度较小时,产生裂缝的可能性增大。

3.5.2   裂缝处置措施

(1)坝体裂缝控制措施

在糯扎渡、双江口、长河坝等高土质心墙坝的论证与建设过程中,相关单位开展了大量的大坝应力变形计算。计算分析结果显示,心墙与坝壳的变形不协调是高土质心墙坝的显著特点之一,坝体不同区域的变形不协调是导致表面裂缝的主要原因。因此,结合高土质心墙坝变形规律和已有工程经验,提出了以"控制变形差异"为重点的裂缝控制措施。

①控制坝基不均匀压缩变形。对于坝基压缩性大、可能液化的软弱夹层,应采取挖除措施;经分析,坝基中软弱土层可采用振冲、旋喷等方式进行加固处理;心墙基础覆盖层中可进行深 8~15m 的固结灌浆。

②控制坝体及坝基结合部位的变形差异,使心墙基础与岸坡、坝壳与岸坡山体平顺连接。

③优化结构分区、坝料级配、孔隙率和干密度等,确保坝体各分区的变形协调,并考虑坝料湿化变形和流变变形的影响。

④严格控制坝体填筑质量。坝面填筑应尽可能平起,避免过多的坝体接缝;避免防渗体土料出现横向接缝;严格控制防渗体冬、雨季施工质量。

⑤严格控制坝体填筑速度,结合监测资料进行综合分析,在坝体沉降基本稳定后进行坝顶结构施工。

⑥严格控制蓄水速率,设置必要的观察水位,可每隔 20~30m 设置一个蓄水观察水位,停留 5~10d 进行观察,如无异常则继续下一蓄水过程;对于高土质心墙坝工程,初期蓄水过程的水位上升速率可按不大于 1m/d 或 1.5m/d 控制;中、后期蓄水过程适当放缓,按不大于 1m/d 或 0.5m/d 控制。

⑦重视坝顶结构分区设计,并从坝料分区、填筑指标等方面研究可行的浅层裂缝的控制措施。

⑧提出限制库水位快升骤降的运行要求,以减少对坝体变形的不利影响。

(2)裂缝处置措施

土质心墙坝裂缝一般采用挖除回填、裂缝灌浆以及两者相结合的方法进行处理。

影响坝坡稳定的裂缝需采取抗滑处理措施,影响坝体防渗的裂缝需在一定范围采用冲击钻孔,回填混凝土或塑性材料,形成防渗墙,截断裂缝。

产生土石坝裂缝的原因多种多样,错综复杂,应加强检查观测,认真分析发生的原因,进行有针对性的加固处理。主要处理措施如下。

1)挖除回填

挖除回填是一种既简单易行,又比较彻底和可靠的方法,对纵向裂缝或横向裂缝都可以使用。对于一般的表面干缩裂缝或冻融裂缝,因深度不大可不必挖除,只用砂土填塞并在表面用低塑性的黏土封填,夯实,以防止雨水进入即可。坝顶部的浅层纵向缝可按干缩裂缝处理,也可以挖除重填,可视坝的重要性和部位的关键性而定。

深度小于5m的裂缝,一般可采用人工挖除回填;深度大于5m的裂缝,最好用简单的机械挖除回填。开挖时,一般采用梯形断面,这样能使回填部分与原坝体结合得更好。当裂缝较深时,为了开挖方便和施工安全,可挖成梯形坑槽(图3.5-1)。回填时逐级消去台阶,保持斜坡与回填土相接。对于贯穿的横向裂缝,应开挖成十字形结合槽(图3.5-2)。

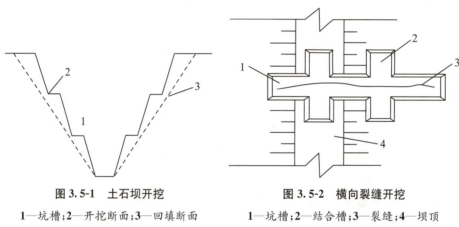

图 3.5-1 土石坝开挖
1—坑槽;2—开挖断面;3—回填断面

图 3.5-2 横向裂缝开挖
1—坑槽;2—结合槽;3—裂缝;4—坝顶

开挖前,在裂缝内灌入白灰水,以掌握开挖边界。开挖深度应比裂缝深0.3~0.5m,开挖长度应超过缝端2~3m,槽底宽度以能够作业并能保持边坡稳定为准。不同土料应分别堆放,但不能堆在坑边。开挖后应保护好坑口,避免日晒雨淋或冻融。回填土料应与原土料相同,其含水量略大于塑限。回填前应检查坑槽周围土体含水量。如果土体偏干,则应将表面洒水湿润;如果表面过湿或冻结,应清除后再进行回填。回填应分层夯实,严格控制质量,并采取洒水、刨毛及适当的充填和压实等措施,以保证新老回填土结合良好。

2)灌浆处理

灌浆处理适用于裂缝较深或处于内部的情况,一般常用黏土浆或黏土水泥浆。黏土浆适用于坝体下游水位以上的部位,黏土水泥浆适用于下游水位以下的部位。黏土浆施工简单,造价也较低,固结后与土料的性能比较一致。水泥可加快浆液的凝固,减少体积收缩,增加固结后的强度,但水泥的掺量不宜太多,常用的水泥掺量大致为固体颗粒的 15%(重量比)。浆液的浓度根据裂缝宽度及浆液中所含的颗粒大小而定。灌注细缝时,可用较稀的浆液,灌注较宽的缝时则用浓浆。灌注的程序,一般是先用稀浆,后用浓浆。由于浓浆的阻力大,常常需要在浓浆中掺入少量塑化剂,以增加浆液的流动性。

灌浆一般采用重力灌浆或压力灌浆方法。重力灌浆仅靠浆液自重灌入裂缝;压力灌浆除浆液自重外,再加压力,使浆液在较大压力作用下灌入裂缝。在采用压力灌浆时,要适当控制压力,防止裂缝扩大,或产生新的裂缝,但压力过小,又不能达到灌浆的效果。重力灌浆时,对于表面较深的裂缝,可以抬高泥浆桶,取得灌浆压力。但在灌浆前必须在裂缝表面开挖回填厚 2m 以上的阻浆盖,以防止浆液外溢。浆液对裂缝具有很高的充填能力。浆液与缝壁的紧密结合,使裂缝得到控制,但在使用灌浆方法时应注意:①对于尚未作出判断的纵向裂缝,不能采用灌浆方法进行加固处理;②灌浆时,要防止浆液堵塞反滤层,进入测压管,影响滤土排水和浸润线观测;③在雨季或库水位较高时,由于泥浆不易固结,一般不宜进行灌浆;④在灌浆过程中,要加强观测,如发现问题,应当及时处理。

3)挖除回填与灌浆处理相结合

在进行很深的非滑坡表面裂缝加固处理时,可采用表层挖除回填和深层灌浆相结合的办法。开挖深度达到小于裂缝宽度 1cm 后进行钻孔,一般孔距 5~10m,钻孔排数视裂缝范围而定,一般 2~3 排。预埋管后回填阻浆盖,灌入黏土浆,控制灌浆压力。

4)反压盖重和放缓坝坡处理

影响坝坡稳定的裂缝需采取反压盖重、放缓坝坡、帮坡、加强排水等抗滑处理措施,需根据对坝坡稳定的影响程度和位置,具体分析并比较各种可行的方案后慎重确定。

5)截渗处理

影响坝体防渗系统的裂缝,需分析其影响范围和程度,在一定范围内采用冲击钻孔,回填混凝土或塑性材料,形成防渗墙,截断裂缝的渗漏通道。

3.5.3　典型工程案例

3.5.3.1　黑龙江象山水库大坝心墙裂缝处理

(1)工程概况

象山水库位于黑龙江右侧支流法别拉河的中上游黑河市境内,坝址距黑河市区 72km,是一座以发电为主,兼有防洪、养鱼、净化水质等综合利用功能的水利水电枢纽工

程,控制流域面积 1972km^2,水库总库容 3.34 亿 m^3。大坝为沥青混凝土心墙堆石坝,坝顶长 385m,最大坝高 50.7m。

工程于 1992 年 10 月正式开工,随即开始开挖拦河坝基础,浇注坝基齿槽混凝土,进行灌浆和非缺口段坝体填筑,1994 年 11 月大坝合龙进行填堵导流缺口段坝体,至 1995 年 7 月全坝沥青混凝土心墙和坝体堆石已分别填筑至高程 282.3m 和 282.8m,达到 100 年一遇设计洪水位。当距坝顶 284.6m 只差 1.8m、2.3m 时,因资金不到位被迫停工,8 个月后复工时发现大坝沥青混凝土心墙在左、右坝肩处有一条裂缝。

(2)裂缝产生原因

右岸裂缝产生在桩号 0+389 处,是坝肩与山体接坡的 1/2 位置。裂缝顶部宽 18mm,裂缝自坝顶开始向下延伸至高程 274m 基本消失,深达 8.3m。左岸裂缝产生在桩号 0+140 处,沥青混凝土心墙与插入坝段混凝土防渗墙间的交接面脱开 10mm。

裂缝产生的原因主要是导流缺口坝段填筑速度快、堆石容重低、压实质量差、坝体产生集中沉陷和沥青渣油低温下的收缩变形所产生的水平拉力将位于斜坡段上的心墙拉开。0+389 处正置导流缺口坝段内,按设计要求,自 1994 年 11 月填堵导流缺口起至 1995 年 4 月和 7 月必须先后到达拦 100 年一遇的春汛与挡 100 年一遇的夏汛高程。为此,坝体平均月升高 6m,最大月升高 8m,经实测该坝段普遍下沉 63cm。据测定大庆减压渣油的脆点为 −17℃。根据试验资料,−20℃时沥青的允许变形量仅 2.5%,而此工程沥青混凝土心墙停止铺筑后,未加任何覆盖物,一直裸露在外,历经 −30℃ 以下的冬季,不可避免发生变形。

(3)裂缝处理方案

鉴于产生的裂缝基本趋于稳定、不再扩大的状况,根据坝体施工现状和裂缝特点,对两条裂缝分别提出不同的处理方案。

1)桩号 0+389 处裂缝处理

①心墙上游补贴加固方案。原心墙基本不动,心墙两侧的混凝土预制块不拆,在其上游面补浇厚 16cm 的沥青混凝土,使之变成双层沥青混凝土和三层混凝土预制块组合防渗结构,并把高程 281.70m 以上,坝顶裂缝两侧宽度 1m 范围内的原心墙及砌块均予以拆除,然后重新浇筑沥青混凝土和砌筑砌块;对已经开挖暴露的混凝土心墙上游侧粘贴复合土工膜。

②塑料油膏补贴加固心墙方案。原心墙上游侧的混凝土预制块拆除,沥青混凝土心墙上游侧补浇厚 5cm 的塑料油膏与原心墙结合为一体,处理宽度为 2.0m。

③沥青混凝土补贴加固心墙方案。原心墙上游侧的混凝土预制块拆除,沥青混凝土心墙上游侧补浇厚 15cm 的沥青混凝土,使之与原心墙结合为一体,处理宽度

为 2.0m。

④重新浇筑心墙方案。原心墙拆除一道宽 1.0～5.5m 的缺口,然后按原心墙结构尺寸重新浇筑沥青混凝土,使之与原心墙从两侧连接成整体。

⑤黏土防渗加固方案。原心墙砌块结构不动,在其上游填筑厚 1.0～2.0m 的黏土,墙前填土厚度 4～8m。

⑥土工膜防渗方案。原心墙不动,在其上游粘贴一层宽 3m 的复合土工膜。

本着技术稳妥可行、施工简便安全、工期短、造价低的原则,对上述 6 种处理方案进行分析对比、全面权衡,最后选定方案④为实施方案。

2)桩号 0+141 处裂缝处理

①心墙上游补贴加固与端头粘贴土工膜方案。原心墙基本不动,只把左端头的混凝土预制块拆除,以便加宽与插入坝段混凝土防渗墙的接触面。在上游补浇厚 16cm 的沥青混凝土,使之变成双层沥青混凝土和双层混凝土预制块组合结构。左端头粘贴复合土工膜做辅助防渗,且起到延长渗径的作用。在原心墙沥青混凝土裂缝处,用插管灌注沥青或塑料油膏,灌实灌满下部裂缝。

②心墙上游侧加固与端头填筑黏土方案。该方案基本与方案①相同,只是把左端头的复合土工膜辅助防渗改为黏土辅助防渗。

③沥青混凝土加固心墙与端头粘贴土工膜方案。原心墙上游和左端头的混凝土预制块拆除,原沥青混凝土心墙上游侧补浇厚 15cm 的沥青混凝土,使之与原心墙结合为一体,左端头粘贴复合土工膜做辅助防渗。

④土工膜防渗加固方案。原心墙不动,在其上游和左端头,粘贴一层复合土工膜。土工膜与插入坝段上游面间采用混凝土键槽方式连接。

经过对上述 4 种处理方案进行比较分析,认为方案①稳妥可靠,施工难度小,速度快,故选定方案①。

(4)裂缝处理施工技术要求

1)桩号 0+389 处裂缝

①沥青混凝土的制配与浇注。混凝土预制块的制备、砌筑心墙两侧碎石过渡层和坝体填筑、对原材料的要求均应严格按设计要求进行施工。

②新砌块的砌筑外表要平整,砌缝间砂浆填满且勾缝抹平,整个砌面要用厚 2～3cm 的砂浆抹平,使土工膜粘贴牢靠平整。

③心墙两侧的过渡和坝体填筑要平起,使两侧受力平衡。

④原心墙补强段上游侧混凝土预制块表面要彻底清除浮灰、黏附的沥青和其他污物,重新涂刷冷底子油,待油挥发后可浇沥青混凝土。冷底子油的配制采用下列配合比:沥青(或沥青与渣油):柴油(或煤油)=4:6(重量比)。

⑤沥青混凝土的入仓温度以不冒烟、不离析、呈稠状浇注入仓后能整体流动为控制条件,入仓温度不低于140℃。

⑥补强深度应达心墙裂缝终止点以下40cm。

⑦复合土工膜为厚0.5mm的聚氯乙烯膜与200～400g/m² 的土工布热压而成,采用沥青玛蹄脂、塑料油膏或其他黏合剂与砌块外侧面粘接。

⑧铺设的土工膜,应在其上游面夯实填筑厚25cm的砂砾石保护层。

2)桩号0+141处裂缝

除做到对0+389处裂缝的施工技术要求外,根据此处裂缝的特点,尚须遵守以下要求。

①与补强沥青混凝土接触的插入坝段,上游表面的污物必须彻底清净,涂刷冷底子油。

②浇沥青混凝土之前,对止水铜片左右侧裂缝,应从其顶部和侧面灌注沥青或塑料油膏,并且必须达到密实饱满。

3.5.3.2 安徽花凉亭水库大坝心墙裂缝处理

(1)工程概况

花凉亭水库位于长江流域皖河支流长河上游,坝址位于安徽省安庆市太湖县城西北约5km处。水库控制流域面积1870km²,总库容23.68亿m³。水库工程主要由大坝、溢洪道、泄洪隧洞、引水隧洞以及电站等建筑物组成。其中,大坝布置在河床,右岸依次布置溢洪道、引水隧洞和泄洪隧洞,引水隧洞穿过溢洪道底部基岩。花凉亭水库工程等别为Ⅰ等,主要建筑物按1000年一遇洪水设计,10000年一遇洪水校核;溢洪道消能防冲设计洪水标准为100年一遇。水库正常蓄水位88.0m,设计洪水位95.21m,校核洪水位97.30m。花凉亭水库于1958年动工兴建,1976年主要建筑物基本建成。

(2)心墙黏土灌浆过程

1966年在埋设大坝测压管时发现心墙内钻孔漏水,21个钻孔有19个漏水,一般漏量大于70L/min,涌水高程在45～65m。当时认为心墙裂缝严重,随即进行黏土灌浆。1971年钻孔7个进行注水试验检查,其中4个孔漏量为56.0～86.6L/min,漏水高程为49.1～56.4m,而后进行了第二次黏土灌浆。1980年在坝体施工结束后进行了第三次黏土灌浆。以上三次灌浆共钻孔131个,灌黏土泥浆总量为3764m³。

第一次灌浆孔口压力0.05～0.1MPa,灌浆过程中曾发生上游坝坡冒浆两处。第二次灌浆孔口压力0.1～0.15MPa,发生穿过上游或下游坝壳于坡面冒浆的现象达17处之多。后在心墙内开挖3个探井检查裂缝情况和灌浆效果,1#和3#探井位于右岸山坡脚,2#探井位于河槽段。在1#探井内发现一些裂缝,但不十分发育,裂缝的走向与坝轴线斜交,缝宽1～2mm。2#探井所见主要为纵向裂缝,基本平行于坝轴线,向下游倾斜,倾角85°～88°,缝宽一般为20～30mm,最小1～2mm,最大达60mm。3#探井内纵横和斜缝交错分布情况复杂,纵向裂缝走向与坝轴线交角不大或平行,一般缝宽2～3mm,最宽约16mm,两条横向裂缝最大缝宽28mm。

由于探井内各种裂缝几乎全被浆体充填,所谓缝宽即是两侧浆体厚度。探井中所见缝内黏土浆体充填胶结和固结情况均较好。经取样试验,浆体属粉质黏土,含水量26.1%～30.5%,干容重14.8～16.8kN/m³,渗透系数 $2.82×10^{-7}$～$3.03×10^{-7}$cm/s,满足防渗要求。

(3)心墙裂缝原因分析

从3个探井内观察到的各种产状的缝,是在心墙灌浆过后开挖的,因此确切地说,把探井内所见充满浆体的缝称作灌浆缝才恰当。至于灌浆前心墙裂缝如何并不明确。

从土的断裂特性和心墙应力状态的对比中,可推断心墙中上部抗裂能力较薄弱的个别土区,原来有可能出现裂缝,而心墙其他绝大部分区域,出现裂缝的可能性则很小。由于心墙始终处于三向压应力状态,按照试验结果分析,裂缝不会有明显的张开度。在试验中,周围压力与轴向压力之差产生轴向伸长应变是引起土样断裂的直接因素,该断裂缝与拉应力产生的拉裂缝的性质是不相同的。心墙实际三向应力不像断裂试验中有两个方向同时达到大主应力值,故以上引用试验结果分析心墙裂缝尚偏于安全。按上述分析,在灌浆前心墙可能出现裂缝的特征,与后来在探井内所见延伸很长、扩展很深的灌浆缝相比,在性质上有明显区别。

把心墙小主应力沿高度的分布与钻孔注水压力沿高度的分布进行比较,大部分小主应力值均小于满孔注水压力,在心墙中下部尤其如此。据以往多次钻孔注水检查记录和灌浆钻孔情况描述,漏水部位都在高程70.0m以下,漏水量在70L/min左右,而心墙上部则基本不漏水。由此可以推断,各时期发现的心墙钻孔漏水现象,实际上都是水压力超过小主应力引起劈裂所致。灌浆时由于黏土浆液比重大于1,孔壁压力更大,因此灌浆劈裂规模也更大。心墙灌浆时发生多起远距离串孔冒浆,各序孔吸浆量没有显著递减,有些坝段灌入的泥浆量达心墙体积的2.5%,这些现象都说明灌浆劈裂作用十分严重。灌浆劈裂缝面的走向和倾角与小主应力面较接近。在坝轴线附近,心墙大主应力方向和坝轴线的交角大多数在10°以内,故小主应力面倾角向下游的角度大多在80°以上,这与2#探井内所见灌浆缝缝面的倾角情况互相吻合。

(4)心墙黏土灌浆效果分析

花凉亭水库大坝心墙曾先后进行过3次灌浆,通过探井检查,多数缝内黏土浆体充填和固结情况良好,并与缝壁胶结,浆体各项物理力学性能满足防渗要求。根据坝体应

力分布的规律和心墙黏土的三轴断裂特性,结合以往的试验资料,对灌浆效果进行分析评价。

1980年曾做过两个孔全孔段注浆试验,两孔吃浆量分别为421m³和250m³,比前两次灌浆时在孔口有压力情况下的最大单孔吃浆量还要大得多。其中,一孔内浆液面只升到高程92m,距离孔口尚有7m。两孔的最大吸浆量均在50L/min以上。现坝顶处孔口高程比过去提高了13m,按水土比1∶1的黏土浆液容重14.5kN/m³计算,这段高度的浆液自重压力达0.189MPa,比当初在同一水平上所加的灌浆孔口压力还要大,而心墙下部的小主应力值比过去仅增长0.04MPa,所以劈裂规模更大。由此可以判断,不论心墙内有无裂缝,只要具备一定的压力,浆液总是可以大量灌入心墙的。

由前两次灌浆统计得出,向上游或下游坝坡面冒浆的现象共发生19起。一般说来,灌浆劈裂面应沿着小主应力面发展,故在河槽坝段,裂面常呈纵向。但是在应力分布较复杂的坝头段,或遇到局部土质各向异性时,劈裂延伸方向就可能有所改变,或会产生像探井中曾见到过的分岔裂面。统计前后两次灌浆的总孔数比为57∶74,前后发生坝面冒浆处数量比为2∶17。第二次灌浆采用的孔口压力比第一次提高了0.05MPa,发生坝面冒浆处数就增加很多。可见灌浆压力愈大,劈穿心墙的概率就愈大。

在探井中所见灌浆裂缝内已固结的浆体厚度常达几毫米至几十毫米。曾几次从心墙中取原状土进行容重试验,变化甚小。虽然前后曾灌填了大量黏土浆液,但并没有提高心墙的密实程度。其中3#探井所取土样的干容重明显偏低,这可能与该井内灌浆缝纵横交错且较为发育有关。综上所述,除了已灌入的浆体尚能满足防渗要求外,灌浆引起的劈裂损坏了心墙的整体性,此现象不容忽视。故不宜轻易进行灌浆,更不能认为灌入浆液愈多愈好。

通过土工试验、理论分析及对灌浆过程的研究,明确了花凉亭水库大坝心墙中并不一定存在很多的延伸很长的危害性裂缝,黏土灌浆并无必要。钻孔漏水及能灌入大量泥浆主要是由水力劈裂所造成的,不论心墙内有无裂缝,只要钻孔注水超过一定高度总会漏水,浆液超过一定压力总可以大量灌入心墙。灌入的浆体虽能满足防渗要求,但其抗剪强度低于心墙原土。灌浆劈裂会造成一些缺陷,损坏心墙的整体性,故灌浆越多,对心墙损坏越大。

3.5.3.3　河南窄口水库大坝心墙裂缝处理

(1)工程概况

窄口水库坝址位于河南省灵宝市南23km处,控制流域面积903km²,是黄河支流弘农涧河中游的大(2)型水库,总库容1.85亿m³。主要建筑物有大坝、溢洪道、非常溢洪道、泄洪洞、灌溉(发电)洞、水电站等。窄口水库主坝为土质心墙堆石坝,土质心墙两侧为中粗砂碎石反滤料、过渡料、堆石料，坝体下伏基岩为安山玢岩，与坝体接触部位基岩破碎，左右坝基处有3条断层带交会。窄口水库为20世纪50年代建设的"三边工程"，坝体填筑质量较差，带病运行40多年来多次出现险情，大坝曾出现纵横多条裂缝，尤其是2003年水库蓄水至高程642.0m时，坝体出现严重渗漏情况。

窄口水库大坝在填筑过程中发现多处横向裂缝和纵向裂缝，当时有的进行了挖除并重新回填，有的进行了灌浆处理。为检查心墙裂缝，在大坝心墙中开挖了3个探坑，均有裂缝，缝中有黏土、水泥结石充填，这些裂缝在坝体下部分布无规律性(表3.5-2)。

表3.5-2						裂缝变化观测值					(单位:mm)
位置	0+087.5		0+106.6		0+120.9		0+142.80		0+164.80		0+188.7	
宽度和错距	缝宽	错距	缝宽	错距	缝宽	错距	缝宽	错距	缝宽	错距	缝宽	错距
	70	160	南1,中26,北26	105,120	南19,北16	下游260	2	上游67	86	下游180	37	下游180

(2)裂缝情况

为查清心墙内部裂缝情况，分别在坝面裂缝较严重的位置挖了4个竖井(0+132.35、0+201.48、0+218.18、0+235.78)。大坝中段竖井ZBJ1(0+132.35)、ZBJ2(0+201.48)两处均未发现明显的裂缝，右坝头倒挂井段ZBJ3(0+218.18)、ZBJ5(0+235.78)两处发现明显裂缝。

ZBJ3竖井，桩号0+218.18，井深15m。井深1.3～1.7m为混凝土板，与其下心墙之间发现水平缝缝宽15～20cm，混凝土板下游侧壁与心墙土体接触部位发现拉伸缝，宽度10～15cm，均未充填；井深5.8～6.3m为混凝土倒挂井顶板，与其下心墙之间发现水平缝，宽度15～20cm，下游侧壁与心墙土体接触部位发现拉伸缝，宽度10cm左右，均未充填。

ZBJ5竖井，桩号0+235.78井深15m。井壁上有2条纵向裂缝，分别沿倒挂井下游井壁和上游防浪墙分布。

沿倒挂井下游井壁分布的纵向裂缝：走向与大坝轴线基本平行，从井深1.2m一直延伸到14.0m，14.0m至井底裂缝闭合。其中5.5m以上，倾向下游，倾角为70°左右，0.5～1.0m处见有台阶状剪切错动面，错动距离约5cm。井深1.2～2.0m段裂缝由一系列小的竖向剪切裂缝组成，总宽度可达20cm以上，5.5m处裂缝宽10cm左右，1.2～5.0m裂缝内充填心墙松散土体，局部可见黏土浆及水泥浆，单条裂缝宽度0.5～1cm，裂缝多张开；5.5m以下裂缝沿倒挂井下游井壁分布，倾角近90°，5.5～14.0m为拉伸缝，未见充填；裂缝宽5.5～9.0m。由10cm变窄为5cm，9.0～14.0m裂缝宽度逐渐变小，

由 5cm 至接近闭合；14.0m 至井底裂缝闭合，裂缝面可见红色黏土浆。

沿上游防浪墙纵向裂缝：井深 5.0m 处为倒挂井混凝土顶板，1.4～4.6m 段裂缝基本竖直，为拉伸缝，宽度 5～7cm，4.6m 处倾向上游，伸出井壁向上游坝坡延伸，未充填。

大坝中段竖井 ZBJ1（桩号 0+132.35）、ZBJ2（桩号 0+201.48）两处地表发现坝面混凝土板横向裂缝，但在竖井中均未发现明显的裂缝。

（3）心墙质量检查

本次勘察共布置钻孔 3 个和竖井 4 个进行质量检查。

填土干密度小于 $1.65g/cm^3$ 的部位整体看比较分散。碾压、夯实的土坝存在层间结合面的问题。在发现的结合面中，以麻面、光麻面为主，但也有极少的光面结合。结合呈麻面、光麻面的大多是毛面，不易掰开；结合呈光面的，都是比较平整的光面，容易掰开。

（4）心墙裂缝的原因分析

本次勘察在竖井 ZBJ3 和 ZBJ5 分别发现纵向裂缝、水平缝，分析原因如下。

纵向裂缝：心墙、倒挂井、坝壳筑坝材料不同，则相应沉陷速度、沉陷量不同，其中倒挂井基本不发生沉陷，ZBJ5（桩号 0+235.78）处竖井中沿倒挂井下游井壁发现裂缝属不均匀沉陷而产生的拉伸缝、剪切缝。ZBJ5（桩号 0+235.78）竖井中在 5m 勘探深度范围内心墙沿坝上游防浪墙发现的纵向裂缝亦是心墙土体、坝壳不均匀沉陷拖拽作用下形成的拉伸缝。

水平缝：竖井 ZBJ3（桩号 0+218.18）中倒挂井顶板为混凝土，倒挂井顶板与其下黏土心墙间出现水平缝，其原因是心墙土体沉陷。

本次勘察在右坝头 15m 竖井深度范围内大坝心墙发现纵向裂缝和水平缝。纵向裂缝位于心墙与混凝土倒挂井井壁接触面处，发育深度大于 15m，属不均匀沉陷而产生的拉伸缝、剪切缝。水平缝位于倒挂井顶板与心墙土之间，发育深度 6.5m，宽度 15～20cm，无充填，由心墙土体沉陷所致。

心墙河槽段浸润线以上干密度 1.52～$1.87g/cm^3$，平均值 $1.73g/cm^3$，按设计干密度 $1.70g/cm^3$，合格率 77.6%；河槽段浸润线以下干密度 1.55～$1.87g/cm^3$，平均值 $1.74g/cm^3$，合格率 79.3%；右坝头倒挂井段干密度 1.53～$1.78g/cm^3$，合格率 47.4%；截水槽干密度 1.58～$1.79g/cm^3$，合格率 60.0%。填土干密度小于 $1.65g/cm^3$ 的部位整体看比较分散。

3.5.3.4 湖北白莲河水库大坝心墙裂缝处理

（1）工程概况

白莲河水库位于长江中游支流稀水河上，控制流域面积 $1800km^2$，总库容 12.5 亿 m^3，是一座以灌溉、发电为主,兼顾防洪、航运和养殖的综合利用功能的大(1)型水库。大坝为黏土心墙风化砂壳坝,最大坝高 55m,坝顶高程 111.05m,坝顶长 259m,坝顶宽 8m,上游坝坡坡比 1∶1.77～1∶3.5,下游坝坡坡比 1∶1.66～1∶2.5。心墙顶部高程 110.5m,顶部宽 0.6m,底部宽 16.0m。水库于 1959 年 10 月动工兴建,1960 年 10 月竣工。

为了解大坝心墙的开裂情况,1977 年 1 月至 1978 年 2 月在心墙中开挖了 5 个探井,井口直径 1.6m。从探井中发现主要裂缝 20 条,裂缝起止高程一般在 90～105m,缝宽为 1～30mm,裂缝大部分为纵向裂缝,也有向上、下游倾斜的裂缝,倾角在 70°左右。

(2)黏土心墙裂缝处理措施

鉴于黏土灌浆投资少、工期短、见效快,采用黏土灌浆对心墙裂缝进行处理。黏土灌浆共设计布孔 46 个,Ⅰ序孔和Ⅱ序孔各 23 个。Ⅰ序孔间距 10m,Ⅱ序孔间距 5m。河床段孔深 25m,坝两端孔深一般为 7～13m,另外布置了 2 个各为 30m 深的检查孔。自 1978 年 4 月 6 日至 9 月 14 日,灌浆进尺 1006m,灌入黏土浆 979.6m³,折合干土 702.4t。黏土心墙造孔采用人工和机械相结合,人工造孔使用麻花钻、冲击钻,机械造孔主要使用 100 型钻机。两种造孔都使用干钻,严格控制加水,保持裂缝的自然状态,不影响灌浆效果。灌浆用黏土从库内土料场取得。

选用合理的水土比,以保证浆液灌注到坝体后,能最大限度地填充裂缝,达到抗渗的要求。根据试验选用 4 级水土比,即 1.5∶1、1.3∶1、1∶1 和 0.8∶1 的级配,先稀后浓进行灌浆,浆液的灌注分为Ⅰ序孔和Ⅱ序孔,以机械灌浆为主。采用自下而上分段纯压式灌浆,分三段进行。高程 86～93m 为第三段(下段),孔口压力控制在 0.5kg/cm²;高程 93～101m 为第二段(中段),孔口压力控制在 0.2kg/cm²;高程 101～111m 为第一段(上段),孔口压力控制为零,即自重灌浆。在灌浆过程中发现,一个孔灌浆,相邻几孔浆面相应升高,孔与孔之间互相串浆比较普遍。全坝段有 14 个孔在造孔过程中发现有泥浆串入孔内。有一孔浆面在孔内上升超过 7m,一般上升 2～3m。浆液的含沙量、粘度,根据试验室提供的试验数据进行控制。含沙量一般要求不大于 10%,由于在稀浆中掺入干土粉及浆液搅拌,含沙量达到 10%～30%,少量浆液达到 40%。在浆液中掺入 0.3%的水玻璃,粘度可达 30s 左右。灌浆结束标准是在设计压力下,停止吸浆或吸浆率不超过 0.5～1.0L/min,延长灌浆 30～60min。全部 46 孔的平均吸浆率为 0.925m³/孔。Ⅰ序孔耗浆量为 768m³,占总耗量的 78.4%,Ⅱ序孔耗浆量为 211.6m³,占总耗浆量的 21.6%。从全坝耗浆量情况分析,主要耗浆量集中在桩号 0+100～0+205 的河床段,这一段共有 21 孔,耗浆量达 940.5m³,占总耗浆量的 96%。右坝段 17 孔耗浆量只有 37.3m³,占 3.8%。左坝段耗浆 1.8m³,仅占 0.2%。从分析计算和挖探坑检查结果可知,桩号 0+100～0+205 段是坝体纵向裂缝开裂严重区,所以 96%的浆液充填在该坝段,单孔吸浆量大于 50m³ 的有 9 个孔。

（3）灌浆效果

为检查灌浆效果，在桩号0+123（最大断面0+130附近）、桩号0+178（灌浆前已挖井断面0+130附近）、桩号0+192.5（吸浆最大部位）3处挖探井。从检查情况来看，3个井的浆脉基本上沿着心墙轴线或略倾向心墙下游进入井壁或消失，浆路中的泥浆不但充填得饱满，而且和原心墙结合得很好，没有因浆体收缩而重新产生裂缝。充填泥浆经过一年多的时间运行，含水量在40%左右，干容重为1.3t/m³，说明浆液固结较慢。原心墙渗透系数为$1.4×10^{-4}$～$7.9×10^{-6}$cm/s，比原设计值大，灌浆后渗透系数为$1.9×10^{-7}$～$9.2×10^{-8}$cm/s，灌浆后坝体防渗效果良好。

3.5.3.5 日本胆泽黏土心墙堆石坝震后修复

（1）工程概况

胆泽大坝位于日本岩手县奥州市，大坝为黏土心墙堆石坝，最大坝高132m，大坝标准横剖面见图3.5-3，主要特性指标见表3.5-7。坝体填筑始于2005年10月，至2008年10月，坝体填方达1000万m³（占填筑总量的75.8%），工程于2013年底竣工。2008年6月4日，日本岩手县南部8km处发生里氏7.2级地震，胆泽大坝位于震源东北偏北10km处，地震中库区边坡坍塌，心墙与反滤层交界面附近出现宽度1～30mm的裂缝，施工中的溢洪道混凝土表面也出现了裂缝。

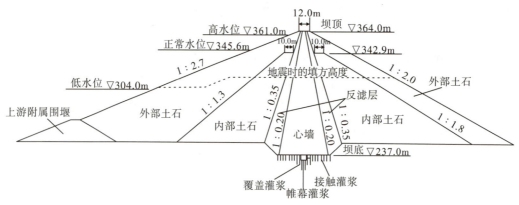

图 3.5-3　日本胆泽大坝标准横剖面

表 3.5-3　　　　　　　　　　　　　　胆泽大坝主要特性指标

坝型	黏土心墙堆石坝
坝高/m	132.0
坝顶长度/m	723.0
坝顶宽度/m	12.0
坝体体积/万 m³	约1350

续表

坝顶高程/m			364.0
填方坡度	堆石料	上游	1：2.7
		下游	1：2.0
	反滤料	上游	1：0.35
		下游	1：0.35
	心墙料	上游	1：0.2
		下游	1：0.2
工程任务			防洪、维持正常水流功能、灌溉供水、公共供水、发电

（2）地震对施工中的大坝损坏情况

坝址附近发生多处边坡滑坡，施工中的坝体表面集中出现宽 1～30mm 的裂缝，溢洪道结构混凝土表面出现裂缝。

（3）心墙与反滤层表面的外观检查

震后即对大坝损坏情况进行了紧急检查，确定裂缝主要发生在心墙和反滤层交界面附近，外观检查的结果显示，裂缝特点取决于纵断面和横断面的形状，并可以分为以下 5 类。

①分布于心墙与反滤层交界面附近宽度 3～5m 范围内，并平行于坝轴线的裂缝群和带状松动（图 3.5-4）。

②临近心墙和反滤层交界面处的区域裂缝向心墙侧倾斜（向大坝轴线一侧的倾斜达到 8°，因心墙沉降大于反滤层的沉降）。

③平行于大坝轴线的心墙表面裂缝（裂缝宽度为 10～20mm）。

④沿大坝轴线的填方高度发生变化的，穿过大坝轴线的弧形裂缝（图 3.5-5）。

⑤坝肩与岸坡岩石接头处裂缝穿过坝轴线。

图 3.5-4　沿心墙和反滤层的裂缝群

图 3.5-5　穿过坝轴线的弧形裂缝

（4）裂缝深度探测

采用开挖沟槽方式对裂缝深度进行探测，探测结果表明心墙和反滤层内裂缝的深度具有以下特点。

1）心墙

裂缝深度范围为 10～50cm，几乎全部消失于表面的第一层和第二层；在探测地点上没有发现裂缝深度和填方高度之间有联系。

2）反滤层

裂缝深度范围为 80～240cm，几乎全部消失于表面的第二层至第四层。未发现裂缝深度与表面裂缝宽度之间有联系；上游反滤层中的裂缝发展深度与填方高度有关，下游反滤层中表现不明显。

（5）裂缝检查结论

①沿着心墙和反滤层交界面处形成了很多纵向裂缝。反滤层内的裂缝较深；心墙中的裂缝仅在表层发展，在反滤层深部，裂缝朝心墙边界一侧开展。

②心墙填方高度变化处出现弧形裂缝；坝肩与岸坡接头处，心墙中出现横向裂缝。

③采用不同的示踪剂探测心墙和反滤层中的裂缝，能够确定裂缝开展深度。

④裂缝开展深度之下，坝体密度和渗透系数未受地震影响。

（6）裂缝处理方案

对心墙和反滤层受损部位进行开挖和清除，开挖深度需超过裂缝开展深度，确定的开挖线连接了上游反滤层和下游反滤层中必要的开挖范围（最小层厚 60cm），损坏的心墙和反滤层的开挖、清理范围包含沟槽勘测确定的裂缝深度。在大坝轴线方向，清理深度按 10％或更小的坡度递减。

3.6　防渗外部处置技术

除前述土质防渗体土石坝坝体防渗加固和坝基防渗加固常用措施外，还有降低坝体浸润线，减小坝体孔隙水压力，控制渗流，防止渗透破坏等坝体防渗外部处置技术，如贴坡排水、棱体排水、减压井、导渗沟及管涌封堵等。

3.6.1　贴坡排水

贴坡排水是将坝体下游坡脚附近渗水排出并保护土石坝下游边坡不受冲刷的表层排水设施，也称表面式排水，自下游坝脚起沿下游坝坡铺筑。贴坡排水由块石（厚度不小于 0.4m）及反滤（每层厚度不小于 0.2m）所组成。其主要作用是保护浸润线以下坝体材料不被渗水带出沿坡面流失，防止浸润线以下坝体在靠近坝面处冻结而影响排水。

如有尾水位,贴坡排水还可防止风浪冲刷坝坡。贴坡排水可以防止坝坡土发生渗透破坏,保护坝坡免受下游波浪淘刷,与坝体施工干扰较小,易于检修,但不能有效地降低浸润线。

贴坡排水适用于坝体浸润线不高、当地缺少石料的情况,其顶部应高于浸润线逸出点,使浸润线在当地冻结深度以下,且1、2级坝不小于2m,3～5级坝不小于1.5m。贴坡排水底部应设排水沟或排水体,其深度应使下游水面结冰后,仍能保持足够排水断面。如下游有水,贴坡排水的设置应满足防浪护坡要求。

3.6.2　棱体排水

棱体排水是在土石坝下游坡脚处设置的棱形排水体,可以降低坝体浸润线,防止坝坡土的渗透破坏和冻胀,在下游有水条件下可防止波浪淘刷,还可与坝基排水相结合,在坝基强度较大时,可以增加坝坡的稳定性,是均质坝常用的排水设备,但需要的块石较多,造价较高,且与坝体施工有干扰,检修较困难。

棱体排水适用于下游有水的各种坝体及坝基。顶部高出最高下游水位及波浪在坡面的爬高,对于1、2级坝不小于1m,对于3～5级坝不小于0.5m。顶部高程还应保证浸润线距坝面至少超过当地冻结深度。顶宽由施工及观测要求确定,且不宜小于1m。其内坡坡度1∶1,外坡坡度1∶1.5或更缓,在棱体上游坡脚处不应出现锐角。

3.6.3　减压井

减压井是降低土石坝下游覆盖层的渗透压力而设置的井式减压排渗设施。如表层弱透水层较厚,或透水层成层性较显著,宜采用减压井深入强透水层;如表层不太厚,可结合减压井开挖反滤排水沟。减压井设计应确定井径、井距、井深、出口水位,并计算渗流量及井间渗透水压力,使其小于允许值,同时应符合下列要求。

①出口高程应尽量低,但不应低于排水沟底面。

②进水花管贯入强透水层的深度,宜为强透水层厚度的50%～100%。

③进水花管的开孔率宜为10%～20%。

④进水花管孔可为条形和圆形,外部应填反滤料,反滤料粒径与条孔宽度之比应不小于1.2,与圆孔直径之比应不小于1.0。

⑤减压井周围的反滤层采用砂砾料或土工织物均可。采用在砂砾料作反滤料时,反滤料的粒径应不大于层厚的1/5,不均匀系数宜不大于5。

⑥蓄水后应加强观测,对效果达不到设计要求的地段可加密井网。

减压井由井管(滤管和引水管)和上部出水口组成。造井步骤:以冲击钻造孔,用清水固壁(用泥浆固壁会影响以后排水效果),下井管,回填井管与孔壁之间空隙(在滤管周

围填反滤,在引水管周围如为强透水层则填砂砾,如为弱透水层则填土料),洗井,进行抽水试验,安装井口井帽。井管由滤管和引水管组成,滤管进入透水层,管周开孔用以进水,开孔面积占表面积的12%~15%,外包玻璃丝网或土工织物网。

井距、井径和井深通过计算确定,使位于减压井之间弱透水层底面上的水头 H_m (高出尾水位的测压管水头)不超过容许值。一般减压井之间透水层的水头最大,可在此处布设测压管。如发现水头超过设计值,可补打新井,以缩短孔距,降低压力。井距一般为20~30m。

井径以保证出流能力和井的各种水头损失不致过大为宜,通常为150~300mm;对于强弱透水层互为夹层,其中存在几个强透水层的坝基,可以设一个减压井穿透各层,同时排泄各层渗水。如有条件,最好布设几个减压井,分别排泄各强透水层的承压水,避免各层承压水的压力不同,出现各层间串水现象。

井口高程应高于排水沟中水位,以防沟中泥水倒灌,淤积减压井。目前,常用井管有无砂混凝土井管、铸铁井管、塑料井管等。无砂混凝土井管易堵,包土工织物作反滤可减少淤堵。塑料井管轻便耐用,滤管周围的反滤料,应根据地层砂砾料的级配确定。为减少淤堵,可在滤管与砾石反滤间设土工织物。

3.6.4 导渗沟

导渗沟应用于涌砂等不良现象多发地带,具有排渗、减压、导流等功能,其分布形式不同于减压井的独立分布,而是一种连通的线形分布,因此,在布置方面对场地环境及地质条件的适应性不如减压井灵活,但在清淤和造价方面比减压井方便和经济。

导渗沟的平面形状有"I"形、"Y"形、"W"形等(图3.6-1)。"I"形适用于渗水不严重的坝体及岸坡;当坡面散浸面积分布较广且出逸点较高时,可用"Y"形;当坡面散浸很严重且面积很大时,则采用"W"形。导渗沟一般深0.8~1.2m、宽0.5~1.0m,沟内按滤层要求填砂、砾石、碎石。沟的间距根据渗水严重程度确定,一般为3~10m。

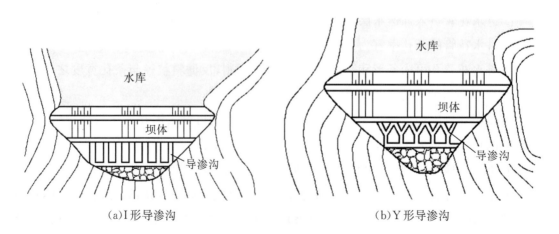

| (a)I形导渗沟 | (b)Y形导渗沟 |

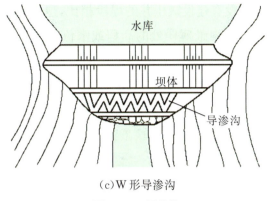

（c）W 形导渗沟

图 3.6-1　导渗沟

导渗沟的基本结构包括反滤料层、土工布、导槽及盖板四大部分。

反滤料层是导渗的关键，各层最小厚度应不低于 30cm。砂料的杂质含泥量应小于 5%。

土工布铺设在导槽与黏土和反滤料层与黏土之间，材质为针刺土工无纺布，密度大于 250g/m²。

导槽由浆砌块石砌成，基础座在反滤料层顶部的碎石上。为使其结构稳定，下部以坡比 1∶0.5 放脚，上部直立，直立部分厚度一般为 40cm，为使黏土里饱和水能及时外排，在导槽中部每隔 1.0m 设一个塑料排水管，长 0.5m，直径 5cm，水管外侧端头设砂包滤料。

盖板为盖在导槽顶部的钢筋混凝土预制板，单块结构尺寸为 1.8m×1.0m×0.12m（长×宽×厚）。

3.6.5　管涌封堵

因为管涌险情常见，且对堤防安全危害性大，所以管涌的发生和扩展规律一直是水工渗流及相关专业的重点研究对象，总体而言，规律性认识在不断地深入。专业内已经认识到管涌险情未必一定会导致溃堤，有些管涌为"无害管涌"。对管涌危害性的判别方法及抢险范围也已经有一些讨论，但距离指导防汛抢险实践的要求还有一定差距。

堤防工程各种渗流控制措施都是为了防止或减少堤身堤基渗流险情的发生。对于已经发生的管涌来说，已经大规模实施的垂直防渗墙和在部分堤防中实施的减压井，可以在很大程度上影响险情的扩展过程和危急性。

对于天然堤基渗流场起重要作用的作用水头，在实施垂直防渗墙或减压井后，会有不同的作用规律。即使经历同样的洪水过程，与建设防渗墙之前，或者与没有实施防渗墙的堤段相比，建设防渗墙之后的作用水头应该更高，堤防更安全，否则就有可能是防渗墙深度不够，或者质量存在缺陷，未能达到预期的渗流控制效果。同样的洪水条件下，

与建设减压井之前,或者与没有建设减压井的堤段相比,建设减压井之后的下游水位取决于井口高程,一般会低于堤内最薄弱处的高程或水位,使得作用水头更高,否则就有可能是减压井未达到理想的渗流控制效果。尤其是随着运行时间的延长,相同或相近洪水条件下作用水头的上升,意味着减压井可能发生了淤堵,甚至失效。

3.6.6 典型工程案例

3.6.6.1 湖北漳河水库大坝防渗引排

(1)付集坝现状

湖北漳河水库付集坝东起漳河镇,西至杨巷子,不连续长 8370m。该坝为均质土坝,坝顶宽 8m,最大坝高 15.7m,坝顶高程 126.5m,防浪墙顶高程 127.70m。上游坡比为 1:3~1:2.5,采用干砌块石护坡和现浇混凝土护坡;下游坡比为 1:3~1:2.5,采用草皮护坡;坝脚设导渗减压沟和排水沟。

(2)防渗引排加固

疏松砂岩坝基防渗加固:3#坝段桩号 K3+430~K4+000 段和 K5+000~K5+400 段,4#坝段桩号 K7+200~K7+700 段分布胶结程度差的新近系疏松砂岩,具弱—中等透水性,在渗透压力作用下,下游坝脚多处出现渗水和渗砂现象。该区域结合坝体防渗加固,沿坝轴线上游侧 3.15m 布置一道厚 40cm 的混凝土防渗墙,防渗墙深度按穿过 C 类新近系疏松砂岩 1~2m 控制。混凝土防渗墙全长 970m,最大墙深 23.8m。

为解决下游坝坡散浸安全隐患,沿付集坝 3#坝段和 4#坝段布置贴坡反滤,底部设厚 40cm 内层反滤料和厚 40cm 外层反滤料,面层铺设厚 15cm 植生块护坡;植生块与反滤料之间设置土工布和厚 50cm 土料(利用开挖料回填)。沿下游坝脚和局部渗砂位置布置纵向导渗沟,导渗沟深 2.0m,底宽 1.5m。为降低下游坝脚的渗透压力,局部导渗沟底部增设排水井,排水井采取钻孔埋设软式透水管的方式。付集坝加固剖面见图 3.6-2,贴坡排水大样见图 3.6-3。

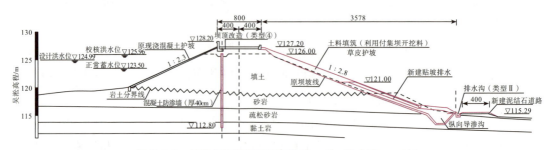

图 3.6-2 付集坝加固剖面(高程以 m 计,尺寸以 mm 计)

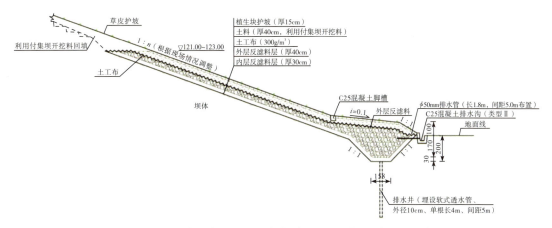

图 3.6-3　贴坡排水＋纵向导渗沟(高程以 m 计,尺寸以 mm 计)

3.6.6.2　湖南梓山村水库大坝井沟导渗

(1)大坝渗漏情况

梓山村水库是一座中型水库,位于湖南省益阳市市区中心。大坝为均质土坝,轴线长 590m,最大坝高 19.0m。

大坝长期存在较为严重的渗漏。在正常蓄水情况下,高程 48.0m 以下外坡坡面、41.2m 平台普遍渗水,沿外坡脚排水沟内侧有 7 处集中渗漏点。其中,41.2m 平台左端沼泽化面积 1800m²,0＋270 桩号处集中渗水量达 12.6L/s。在设计洪水条件下稳定渗流时,下游坝坡最小抗滑稳定安全系数为 1.16,不满足规范要求;当考虑到此大坝防洪对象的重要性而按 7.0 级地震设防时为 1.07。大坝横剖面见图 3.6-4。

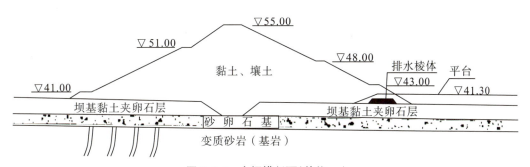

图 3.6-4　大坝横剖面(单位:m)

大坝渗漏的主要原因是:①坝体夯压不实,填筑质量差。填土干密度最小值为 1.13g/m³,均值为 1.39g/cm³;渗透系数 k 均值为 $6.3×10^{-5}$cm/s。大坝为两期分段施工,层面结合不紧密,搭口不密实,存在渗漏通道。②基础处理不彻底,大坝基础下卧厚 3~5m 的砂卵石强透水层,施工时未进行防渗处理,其上覆盖厚 2~3m 的灰褐色黏土夹卵石层(现代河流冲积物),施工时仅对截水槽部位进行清除。③下游排水棱体过小,部

分失效。

（2）处置方案

梓山村水库大坝渗漏处理井沟导渗系统由导渗竖井、横洞及导渗沟组成。竖井及横洞用砂卵石回填，采用了土工布作滤层、PVC管作排水的防渗新工艺。方案设计主要确定竖井的孔径、深度及间距。

1）竖井孔径

竖井孔径不宜过大或过小，既要满足导渗需要，又要考虑施工的安全与方便。一般以孔壁不垮塌、人能施工为宜，确定竖井孔径为 1.2m。

2）竖井深度

主要根据坝体渗漏情况、原下游排水体的位置及导渗要求，对照大坝剖面图来确定。本工程导渗井深 6m，既达到了渗漏严重的黏土夹卵石层，又与原下游排水体连通。

3）竖井间距

主要由导渗井的影响半径 R 来确定，但是必须考虑竖井间横洞施工的安全与方便。根据克尔贝斯理论，影响半径与土壤的性质、填筑质量、井内最大设计水深有关。井内最大设计水深由使下游坝坡最小抗滑稳定安全系数满足规范要求值的浸润线位置来确定，通过反演计算可得 $H=3.02m$。取时间 $T=1d$、给水系数 $U=0.15$（对于黏土 U 值一般取 $0.1\sim0.15$），按照克尔贝斯公式 $R=2\sqrt{KHT/U}$ 计算，综合考虑施工等方面的因素，竖井间距取值为 4.0m。

4）导渗井沟的布置与构造

导渗竖井沿大坝下游坡高程 43.0m 的平台，在存在强透水砂卵石层和黏土夹卵石层的范围内布置，平行于坝轴线，与原排水棱体相通，黏土单排布孔，孔径 1.2m，井深 6m，间距 4.0m。考虑到原下游排水体部分失效，各相邻竖井之间通过直径 0.75m 横洞连接，横洞内置一根外裹土工布、直径 250mm 的刺孔 PVC 管，内集渗水由布置于外坡脚 41.2m 平台内，间距 80m 的 3 条导渗沟排出。导渗沟内置一根直径 250mm 的 PVC 管。导渗沟进口底高程 40.0m，由竖井设计水深确定。为便于导渗排水，设置 1/100 的纵坡。PVC 管刺孔孔径 20mm，间距 80mm，排距 100mm。

为防止塌坑，导渗井施工时纵剖面一般开挖成楔形，相邻竖井间横洞要挖掘成圆形，并按设计要求尽快完成导渗砂石料回填。施工时，要把库水位降至最低，尽量避开雨季施工。如遇竖井渗漏量较大，要用排污泵抽水。

1998 年冬，梓山村水库采用此方法对坝体渗漏进行了处理。运行之后效果良好。高程 48.0m 以下外坡坡面及 41.2m 平台变得干燥，左坝端平台沼泽化现象消失，外坡脚排水沟内侧再没有出现集中渗漏现象。据观测，坝体浸润线下降了 0.6～3.0m，下游坝坡的最小抗滑稳定安全系数提高。

参考文献

[1] 关志诚,等.水工设计手册·第6卷,土石坝[M].北京:中国水利水电出版社,2014.

[2] 邓斌,杨炯,苏涛.老挝南椰Ⅱ水电站黏土心墙土石坝施工技术[J].四川水力发电,2017,36(5):36-38,44.

[3] 代艳华,张崇祥,覃建付,等.老挝南椰Ⅱ水电站全风化料筑坝技术的研究[J].云南水力发电,2013,29(1):5-8,14.

[4] 谭界雄,高大水,周和清,等.水库大坝加固技术[M].北京:中国水利水电出版社,2011.

[5] 陈明致,金来鋆.堆石坝设计[M].北京:中国水利水电出版社,1982.

[6] 王柏乐.中国当代土石坝工程[M].北京:中国水利水电出版社,2004.

[7] 白永年,等.中国堤坝防渗加固新技术[M].北京:中国水利水电出版社,2001.

[8] 陈正茂,韦洪枫.兰洞水库土坝高压摆喷防渗设计[J].水利规划与设计,2011(1):73-75.

[9] 矫勇.中国大坝70年[M].北京:中国三峡出版社,2021.

[10] 牛运光.病险水库加固实例(之一)——邱庄、澄碧河、柘林三座病险水库的加固[J].水利建设与管理,2001(2):77-79.

[11] 王银山,崔文光,房小波,等.窄口水库刚性及塑性混凝土组合式防渗墙施工[J].人民黄河,2011,33(9).

[12] 王天星,张启富.花凉亭水库大坝心墙裂缝成因及灌浆效果分析[C]//中国水利学会第二届青年科技论坛论文集.2005.

[13] 李海东.水利工程运行维护与病险检测处理技术及标准规范应用实务全书[M].长春:吉林摄影出版社,2003

[14] 佐佐木隆史,小山行男,宍戸资彦,等.2008年岩手—宫城内陆地震中胆泽堆石坝的损坏及其修复[C]//第一届堆石坝国际研讨会论文集.2009:546-553.

[15] 陈红星,等.西藏冲巴湖水库除险加固工程高喷混凝土防渗墙施工[J].湖南水利水电,2007(3).

[16] 张永保,孙江生,黄章勇,等.高喷灌浆技术在弓上水库坝基防渗工程中的应用[J].山东水利,2001(7).

[17] 洪伟,牛保国,程富,等.象山水电站大坝心墙裂缝处理方案选定[J].东北水利水电,1997(6):12-14.

[18] 陈厚霖.窄口水库大坝心墙裂缝及产生原因分析[J].西部探矿工程,2020(2):

21-25.

[19] 李书平.导渗沟在长江堤防加固整治工程中的应用[J].岩土工程界,2001(7):35-36.

[20] 谭立涛,郭峰.井沟导渗在梓山村水库大坝渗漏处理中的应用[J].大坝与安全,2003(3):50-51.

[21] 张家发,丁金华,张伟,等.论堤防管涌的危急性及其分类的意义[J].长江科学院院报,2019,36(10):1-10.

[22] 林金良,宁占金,崔堃鹏,等.2016年九江市永安堤管涌抢险技术回顾与思考[J].人民长江,2022,53(S2):6-10.

[23] 刘忠,王学彦.黄壁庄水库除险加固工程副坝混凝土防渗墙施工技术[C]//中国水利学会堤防及病险水库垂直防渗技术交流会论文集.天津:天津科学技术出版社,2000:22-32.

[24] 卢建华,程井.土坝坝体滞水体探析[J].湖北水力发电,2009(4):26-29,41.

第4章　混凝土面板堆石坝渗漏处置

4.1　概述

4.1.1　发展概况

面板堆石坝最早出现在19世纪50年代美国加利福尼亚州内华达山脉的矿区,当时的堆石坝采用木板防渗。此后至今的170余年间,混凝土面板堆石坝的发展大致可分为三个时期。第一个时期:1850—1940年,这一时期是以抛填堆石筑坝为特征的早期阶段,该阶段修建的面板堆石坝坝高一般低于100m,坝体变形较大,面板开裂渗漏问题严重。第二个时期:1940—1965年,这一时期为抛填堆石到碾压堆石筑坝的过渡阶段,在此期间,由于筑坝高度不断增加,刚性面板不能适应抛填堆石变形而开裂,出现严重渗漏的大坝明显增加,该阶段面板堆石坝的发展基本停滞。第三个时期:1965年至今,这一时期是以堆石薄层碾压筑坝为特点的现代阶段,随着大型振动碾的出现和堆石分层碾压技术的逐渐成熟,堆石质量显著提升,碾压堆石完全取代了抛填堆石,面板堆石坝的数量和筑坝高度迅速增加。

4.1.1.1　我国混凝土面板堆石坝的发展现状

我国于20世纪80年代中期引入现代筑坝技术修建混凝土面板堆石坝,在保证筑坝质量的同时也提高了筑坝的效率,促进了混凝土面板堆石坝建设的飞速发展,加之该坝型具有对复杂地形地质条件和复杂气候适应能力强、抗震性能优良、工程造价低等优点,混凝土面板堆石坝已成为我国高坝大库重大水利工程建设中的主力坝型之一。作为水库枢纽工程的挡水建筑物,混凝土面板堆石坝主要防渗结构是坝体上游侧的混凝土面板。面板与竖缝止水结构和周边缝止水结构连成一体,承担阻水防渗功能,铺设在坝体上游面上,坝体则为面板提供支撑。典型混凝土面板堆石坝结构见图4.1-1。

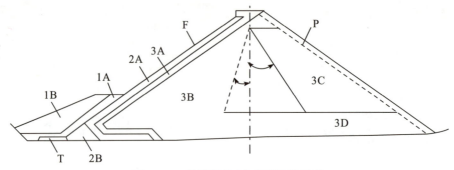

图 4.1-1　典型混凝土面板堆石坝结构

1A—上游铺盖区;1B—盖重区;2A—垫层区;2B—特殊垫层区;3A—过渡区;3B—上游堆石区;3C—下游堆石区;3D—排水区;P—块石护坡;F—面板;T—趾板

我国混凝土面板堆石坝的发展,大致可以分为"引进消化、自主创新和突破发展"三个阶段。

(1)引进消化阶段(1985—1990 年)

我国于 1985 年引进现代面板堆石坝筑坝技术,先后启动了西北口和关门山两项试点工程,随后开工建设了沟后、株树桥、龙溪、铜街子左岸副坝、小干沟等混凝土面板堆石坝,有 14 座。

(2)自主创新阶段(1990—2000 年)

这一阶段开工建设的混凝土面板堆石坝有 70 余座,如万安溪、天生桥一级、白云、东津、古洞口、白溪和珊溪等混凝土面板堆石坝。

(3)突破发展阶段(2000 年至今)

进入 21 世纪后,我国混凝土面板堆石坝建设飞速发展,100m 级面板堆石坝的筑坝成套技术已成熟普及,200m 级面板堆石坝的筑坝技术已被掌握,300m 级面板堆石坝筑坝理论技术也已取得一定突破。这一阶段开工建设的混凝土面板堆石坝超过 150 座,其中,已建、在建、拟建坝高超过 150m 的有 26 座,超过 200m 的有 9 座,包括已建的世界第一高混凝土面板堆石坝——水布垭面板堆石坝(坝高 233m)、在建的世界第一高混凝土面板堆石坝——大石峡面板堆石坝(坝高 247m)、拟建的世界第一高混凝土面板堆石坝——茨哈峡面板堆石坝(坝高 257.5m)。

目前,我国已建、在建、拟建混凝土面板堆石坝总数超过 400 座。截至 2022 年(不完全统计),我国已建、在建坝高超过 150m 的混凝土面板堆石坝统计情况见表 4.1-1。由于混凝土面板堆石坝可以充分利用当地材料,造价低,同时对地形地质条件适应性好、气候环境适应性强、抗震性能好,在我国各省(自治区、直辖市)均有分布。此外,随着 21 世纪以来混凝土面板堆石坝筑坝技术的迅猛发展,我国在高严寒、高海拔、高地震烈度区、深厚覆盖层等复杂环境条件下的混凝土面板堆石坝工程也取得了重大进展,建设了诸多非常有代表性的混凝土面板堆石坝工程,见表 4.1-2。

表 4.1-1　　　　　　　我国已建、在建坝高超过 150m 的混凝土面板堆石坝统计情况

序号	坝名	位置	河流	坝高/m	库容/亿 m³	建成年份
1	大石峡	新疆	库玛拉克河	247.0	11.70	在建
2	拉哇	四川、西藏	金沙江	239.0	24.67	在建
3	玉龙喀什	新疆	玉龙喀什河	233.5	5.36	在建
4	水布垭	湖北	清江	233.0	45.80	2009
5	猴子岩	四川	大渡河	223.5	7.06	2018
6	江坪河	湖北	溇水	219.0	13.66	2020
7	玛尔挡	青海	黄河	211.0	16.00	在建
8	三板溪	贵州	清水江	185.5	40.90	2008
9	洪家渡	贵州	六冲河	179.0	45.90	2006
10	天生桥一级	贵州	南盘江	178.0	102.57	2000
11	卡基娃	四川	木里河	171.0	3.75	在建
12	溧阳蓄能上库	江苏	芝麻沟、青山沟	165.0	0.1423	2015
13	阿尔塔什	新疆	叶尔羌河	164.8	22.49	2021
14	平寨	贵州	三岔河	162.7	10.89	2015
15	响水涧	安徽	泊口河	162.4	0.166	2012
16	滩坑	浙江	小溪	162.0	41.90	2009
17	龙背湾	湖北	官渡河	158.3	8.30	2014
18	吉林台一级	新疆	喀什河	157.0	25.30	2005
19	紫坪铺	四川	岷江	156.0	10.80	2006
20	巴山	重庆	任河	155.0	3.15	2009
21	梨园	云南	金沙江	155.0	8.05	2014
22	马鹿塘二期	云南	盘龙江	154.0	5.46	2011
23	董箐	贵州	北盘江	150.0	9.55	2010
24	羊曲	青海	黄河	150.0	15.68	在建

表 4.1-2　　　　　　　　我国已建的部分代表性混凝土面板堆石坝工程

序号	坝名	坝高/m	备注
1	水布垭	233.0	世界上已建坝高最高,最大坝高 233m
2	天生桥一级	178.0	堆石填筑坝体,堆石填筑规模最大,填筑量 1800 万 m³

续表

序号	坝名	坝高/m	备注
3	阿尔塔什	164.8	砂砾石填筑坝体,砂砾石填筑规模最大,填筑量 2494.13 万 m^3,三高一深,2021 年建成;高陡边坡:超 660m;深厚覆盖层:94m;高地震烈度:设计烈度Ⅸ度
4	紫坪铺	156.0	经受高烈度地震,经受地震烈度Ⅸ度以上
5	莲花	71.8	气温最低:极端最低气温−45.2℃;最大温差:年最大温差 82.7℃
6	洪家渡	179.5	河谷极不对称且边坡高陡;左岸:70°~80°的灰岩陡壁,高差 300m 左右;右岸:35°~45°的坡地
7	龙首二级	146.5	河谷最狭窄,河谷宽高比 1.3
8	董箐	150.0	采用软岩筑坝的最高坝,溢洪道开挖的砂泥岩混合软硬岩
9	查龙	39.0	海拔最高,坝顶高程 4388.00m
10	山口	40.5	纬度最高,48°N

注:表中代表性特征均为混凝土面板堆石坝工程领域。

在我国混凝土面板堆石坝的建设发展过程中,根据面板材料、坝体填筑料的差异,较传统的混凝土面板堆石坝又可细分为沥青混凝土面板堆石坝、混凝土面板砂砾石坝。

沥青混凝土面板堆石坝指上游防渗面板采用沥青混凝土浇筑而成的面板堆石坝,具有适应变形能力强、无接缝渗漏量小、面板应力分布均匀、施工快捷、缺陷修补方便等特点。自 20 世纪 70 年代沥青混凝土面板防渗技术在我国应用以来,已积累了近 50 年的研究成果和实践经验,尤其是近些年抽水蓄能电站建设中广泛采用沥青混凝土面板堆石坝,促进了该坝型在我国的进一步推广和发展。我国建设的第一个沥青混凝土面板堆石坝是天荒坪抽水蓄能上水库沥青混凝土面板堆石坝,时至今日,已建、在建的沥青混凝土面板堆石坝工程有 40 余项。典型的沥青混凝土面板堆石坝结构与图 4.1-1 所示类似。我国已建、在建的部分沥青混凝土面板堆石坝工程见表 4.1-3。

表 4.1-3　　　　　我国已建、在建的部分沥青混凝土面板堆石坝工程

序号	坝名	位置	坝高/m	备注
1	天荒坪抽水蓄能上库	浙江	72.0	2000 年建成,我国第一座沥青混凝土面板堆石坝
2	宝泉抽水蓄能上库	河南	94.8	
3	张河湾抽水蓄能上库	河北	57.0	
4	西龙池抽水蓄能下库	山西	97.4	
5	句容抽水蓄能上库	江苏	182.3	在建,世界上最高

　　混凝土面板砂砾石坝指以砂砾石作为主要的坝体填筑料的混凝土面板堆石坝。砂砾石料广泛分布于河床和岸坡滩地,比爆破块石料具有更低的开采成本、更高的抵抗变形能力。随着我国混凝土面板堆石坝在各地的广泛建设,国内利用砂砾石料为填筑材料的高面板坝工程实践也日益增多。当前在建的大石峡水利枢纽工程挡水建筑物采用的就是混凝土面板砂砾石坝,最大坝高247m,是当前世界上在建的最高混凝土面板砂砾石坝。典型混凝土面板砂砾石坝结构见图4.1-2。我国已建、在建的部分混凝土面板砂砾石坝工程见表4.1-4。

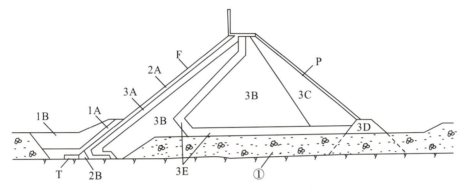

图 4.1-2　典型混凝土面板砂砾石坝结构

　　1A—上游铺盖区;1B—盖重区;2A—垫层区;2B—特殊垫层区;3A—过渡区;3B—主堆石(砂砾石)区;3C—下游堆石(砂砾石)区;3D—排水区;3E—排水棱体(或抛石区);P—下游护坡;F—混凝土面板;T—混凝土趾板;①—坝基覆盖层

表 4.1-4　　　　　　　我国已建、在建的部分代表性混凝土面板砂砾石坝工程

序号	坝名	位置	河流	坝高/m	建成年份
1	大石峡	新疆	库玛拉克河	247.0	在建
2	阿尔塔什	新疆	叶尔羌河	164.8	2021
3	吉林台一级	新疆	喀什河	157.0	2006
4	乌鲁瓦提	新疆	喀拉喀什河	130.0	2003
5	肯斯瓦特	新疆	玛纳斯河	129.4	2015
6	纳子峡	青海	大通河	121.5	2014
7	察汗乌苏	新疆	开都河	110.0	2007
8	那兰	云南	藤条江	108.7	2006
9	斯木塔斯	新疆	阿克雅孜河	106.0	2014
10	沟后	青海	恰卜恰河	71.0(溃决)/55.0(复建)	1989/2001

4.1.1.2　我国混凝土面板堆石坝设计理念

　　在我国混凝土面板堆石坝工程建设过程中,西北口大坝作为我国混凝土面板堆石

坝的第一座试验坝,被列入国家"七五"科技攻关课题。自国家实施"七五"计划开始,混凝土面板堆石坝筑坝关键技术就被列入国家重点科技攻关项目、国家自然科学基金课题,以及水利水电行业重点科研课题,对混凝土面板堆石坝建设中的关键技术问题进行了大量和系统的科学研究,解决了一系列重大技术难题,促进了混凝土面板堆石坝在我国的发展,经及时总结工程经验,在已有碾压式土石坝设计与施工规范的基础上,编制了《混凝土面板堆石坝设计规范》(SL 228—2013),建立了面板堆石坝筑坝技术标准化体系。我国的混凝土面板堆石坝工程经过近 40 年的建设,已基本遍布全国各省(自治区、直辖市),涉及各种不利的地形、地质条件和气候条件,基本积累了应对各种复杂条件的经验和教训。无论是筑坝数量、大坝高度和规模,还是技术创新能力都处于世界前列,形成了一套具有自主知识产权的混凝土面板堆石坝筑坝技术。

当前,我国高混凝土面板堆石坝主要筑坝设计理念主要如下。

(1)注重坝体变形控制和变形协调

因混凝土面板堆石坝结构上的特点,坝体堆石的变形对大坝的运行特性和安全有着重要的影响。对于堆石体变形的问题如未能予以足够的重视,将导致工程出现面板裂缝、止水损坏、面板挤压破坏等问题。

基于对混凝土面板堆石坝应力变形特性的分析与研究,以及对现代高混凝土面板堆石坝建设经验和相关研究成果的总结,徐泽平等提出了混凝土面板堆石坝变形控制与综合变形协调的理念,其核心在于以坝体的变形控制与协调为重点,从材料选择、断面分区和施工填筑分期等方面控制坝体的变形总量,并在此基础上,协调坝体各区域的变形。这一新理念的主要内容包括:①高混凝土面板坝变形控制的核心是堆石体的变形控制。堆石体的变形与母岩材料特性、堆石颗粒级配、压实密度,以及坝高、河谷形状系数等直接相关,堆石体的变形控制需综合考虑上述相关因素。②高混凝土面板坝设计、施工应通过选择低压缩性、级配良好的筑坝堆石材料并且严格控制碾压密实度以减小坝体变形总量值。③高混凝土面板坝的设计应通过合理的材料分区,实现坝体不同部位、区域的变形协调。④高混凝土面板坝的施工应通过填筑工序的调整,为上游堆石区提供充足的变形稳定时间。

·在变形控制与综合变形协调理念中,堆石体变形总量的控制是基础,在此之上是分区变形的综合协调,主要包含坝体上游与下游堆石区的变形协调、岸坡区堆石与河床区堆石的变形协调、混凝土面板与上游堆石的变形协调、上部堆石与下部堆石的变形协调、堆石变形时序的协调。

(2)严格控制渗流稳定

混凝土面板坝的渗流控制理念经历了 3 个发展阶段。第一阶段主要强调以混凝土面板控制渗流为主,在这一阶段,垫层料主要起变形协调和应力过渡的作用,其颗粒级配较粗,材料渗透系数偏大。一旦面板出现裂缝或面板止水发生破坏,往往会产生严重的渗漏。20世纪80年代,美国坝工专家谢拉德提出了将垫层料作为混凝土面板坝第二道防渗防线的建议,要求垫层料的渗透系数应满足范围 $10^{-4} \sim 10^{-3}$ cm/s。谢拉德的建议对混凝土面板坝的设计是一次重大突破,它进一步完善了面板坝的防渗系统,提高了大坝的防渗安全性,得到了国内外大多数工程师的认可,并在工程实践中广泛应用。以此为标志,混凝土面板堆石坝渗流控制技术的发展进入第二阶段。

随着我国混凝土面板堆石坝建设的发展,在工程实践中经历了沟后混凝土面板砂砾石坝溃坝、株树桥垫层料流失面板破坏等教训,加之近年来筑坝高度不断增加,我国对混凝土面板堆石坝防渗系统可靠性和大坝渗透稳定安全的要求也日益提高。1993年,我国颁布的《混凝土面板堆石坝设计导则》(DL 5016—93)就规定在主堆石区的上游要设垫层区、过渡区,周边缝处要加设小区料区(特殊垫层区);1998年颁布的《混凝土面板堆石坝设计规范》(SL 228—98)规定混凝土面板砂砾石坝的垫层料应连续级配且内部渗透稳定;2013年颁布的《混凝土面板堆石坝设计规范》(SL 228—2013)进一步明确混凝土面板堆石坝坝体各分区之间应满足水力过渡和渗透稳定要求,过渡料对垫层料应具有反滤保护作用,要求砾石坝排水通畅安全,并重视垫层料的反向渗透破坏问题。由此,逐步发展出以面板防渗为主,综合考虑各个分区协调保护作用的高混凝土面板堆石坝渗流控制理念。以此为标志,我国混凝土面板堆石坝渗流控制技术的发展进入第三个阶段。

在第三个阶段中,高混凝土面板坝防渗系统的层次主要包括以混凝土面板和接缝止水为主的第一道防渗线、以过渡区保护下的垫层区为第二道防渗线以及具备强透水性和抗冲蚀性的堆石区为排水、减压保护。从渗透稳定的角度看,面板堆石坝的上、下游堆石体具有很强的透水性,与垫层料的渗透性相比较,二者相差百倍以上。面板一旦失去防渗能力,垫层将变成防渗斜墙,渗透水头大部分由垫层区承担,堆石体充足的排水能力将使得坝体浸润线迅速降低,从而充分发挥排水、减压的作用。

(3)强调全生命周期设计

高混凝土面板堆石坝变形控制问题贯穿于工程设计、施工、运行全过程,堆石体全生命周期的变形演化及变形控制是高混凝土面板堆石坝建设与运行过程中迫切需要解决的基础理论和核心技术问题。近年来,我国高混凝土面板堆石坝建设蓬勃发展过程中,坝体填筑料变形一直都是建设的重要制约因素之一。虽然当前高混凝土面板堆石坝的变形控制措施相对完善,但各工程变形控制措施不够系统、控制指标不够严格导致坝体变形控制仍存在不足,尚不能解决由变形导致的面板破损问题,特别是很多高坝在设计、建设过程中仅重视总沉降变形控制,而忽视了建设期和运行期的变形控制,从而

导致运行期变形大。

基于此现状,我国在高混凝土面板堆石坝建设实践与科研探索过程中,逐渐形成了"高混凝土面板堆石坝全生命周期设计"的理念,综合考虑工程的功能、结构、材料以及设计、施工、运行、维护等各个阶段,以实现工程全生命周期最优化的设计理念。它强调了全生命周期概念的重要性,并要求在设计过程中充分考虑所有可能的影响因素,以确保工程在整个生命周期内具有最优的性能和价值。这一设计理念的核心是系统性考虑高混凝土面板堆石坝在设计、建设、运行全生命周期过程中的变形、防渗问题。

我国猴子岩混凝土面板堆石坝(坝高223.5m)在设计过程中采用"全生命周期设计"的理念,主要体现在3个方面:一是针对堆石体沉降、面板裂缝、接缝失效等可以预见的缺陷,合理提高设计标准,力求在施工期间予以消除,尽量避免在运行期间出现缺陷;二是设置放空建筑物,以满足极端情况下能够基本放空水库、便于缺陷修复的目标要求;三是在坝前高程1735m以下、运行期完全不具备缺陷修复条件的部位,设置辅助防渗铺盖,一旦面板或面板接缝出现裂缝等缺陷,可以使用砾石土、石粉、粉煤灰等材料进行淤堵裂缝,增强面板(趾板)的自愈、防渗效果。

4.1.1.3 我国混凝土面板堆石坝发展趋势与面临挑战

(1)建设更高的混凝土面板堆石坝

现代混凝土面板堆石坝的坝体布置、筑坝材料、断面分区、防渗结构、地基处理、施工技术、试验研究、安全监测等各方面都取得了长足的进步,为进一步建设混凝土面板堆石坝提供了技术保障和支撑。随着筑坝技术的快速发展,为了满足河流梯级水电开发和水资源配置的需要,未来我国西部还将建设一批高坝大库,混凝土面板堆石坝的高度正在从200m级向300m级突破。如在建的玛尔挡(坝高211m)、玉龙喀什(坝高233.5m)、大石峡(坝高247m)、拉哇(坝高239m),以及拟建的古水(坝高243m)、茨哈峡(坝高257.5m)。

我国众多学者就300m级特高混凝土面板堆石坝建设可行性开展了系统性分析,已有结果表明,采用适当的工程处置措施后,建设300m级特高混凝土面板堆石坝是可行的,但仍面临诸多挑战,其中坝体变形控制和混凝土面板防裂仍是300m级特高混凝土面板堆石坝建设面临的重大挑战。坝体越高变形问题越突出,随之带来的面板开裂、破损问题也越明显。针对这些问题,众多学者从理论研究、资料分析等多方面开展研究。徐泽平等归纳、提出了混凝土面板堆石坝变形控制与综合变形协调的理念;徐琨等基于水布垭监测资料研究分析认为,坝体沉降是坝体后期变形的主要形式,适当提高坝体中上部填筑料的填筑标准对降低坝体后期变形能起到良好效果;周墨臻等指出,坝体变形所导致的面板转动挤压和位移挤压是导致面板发生挤压破坏的本质原因。这些研究为促进我国混凝土面板堆石坝建设起到了积极作用。

（2）复杂地质条件下建坝

当前,混凝土面板堆石坝的另一个主要发展方向是在复杂地质条件下建坝,典型的复杂地质条件包括高陡边坡、高地震烈度、高寒高海拔地区以及深厚覆盖层地基,即当前通常说的"三高一深"。

国内外已有多座混凝土面板堆石坝修建在高陡边坡地区,位于这类地区的混凝土面板堆石坝必须具有适应陡边坡不均匀变形的能力。此外,在高陡边坡环境下还面临卸荷扰动区及深部裂缝、边坡岩体的时效变形预应力锚固耐久性、强降雨和泄洪雾化雨渗流及边坡稳定等一系列工程技术问题。

我国建设在强地震烈度区的第一座超 150m 的混凝土面板堆石坝为吉林台一级,坝高 157.0m,地震设计烈度为Ⅸ度;2021 年建成的阿尔塔什混凝土面板堆石坝坝高 164.8m,地震设计烈度为Ⅸ度。此外,紫坪铺混凝土面板堆石坝经受了汶川地震的考验,是目前经历过最高地震烈度考验的大坝。堆石坝坝体的抗震稳定性和面板防渗体系对高烈度地震的适应性是强地震烈度区修建高混凝土面板堆石坝面临的问题。

我国在高纬度严寒地区、高原严寒地区成功兴建了一批混凝土面板堆石坝,如辽宁关门山(坝高 58.5m)、黑龙江莲花(坝高 71.8m)、西藏查龙(海拔 4388m,坝高 39m)、新疆 JLBLK(坝高 140.6m)等,但也在施工、运行过程中发现了诸多问题。面对高寒高海拔地区冬季极端低温、冻土环境,混凝土面板堆石坝设计、施工面临筑坝材料的抗冻等级、抗渗等级等耐久性指标要求更高,面板混凝土养护、坝体反渗排水等不同于温和地区。覆盖层地基是一种典型的复杂地质条件,广泛分布于我国西南地区河流中。建在覆盖层上的混凝土面板堆石坝一般指趾板直接设置在覆盖层的大坝中。目前建在覆盖层上的混凝土面板堆石坝越来越高,覆盖层厚度越来越深,2021 年建成的阿尔塔什混凝土面板堆石坝坝高 164.8m,覆盖层厚度 94m,是建在深厚覆盖层上最高的混凝土面板堆石坝。覆盖层上混凝土面板堆石坝建设的关键是覆盖层地基工程特性的勘察以及反渗结构和接缝止水的合理设置,较建在基岩上的混凝土面板堆石坝,变形控制的重点除了重视坝体变形,也应重视覆盖层的变形,特别是一些深厚覆盖层对坝体变形有着重要的影响。

（3）大坝智能建造

随着新一代信息技术的高速发展,物联网、大数据、人工智能、云计算、区块链等技术深度融入筑坝领域,为大坝建造智能化提供了新理念、新技术、新装备,为大坝智能建造注入了新动力。近年来水利部、住房和城乡建设部等相继发布了智能建造发展的指导意见和方案,对支撑水利工程安全运行、水利工程建设的关键问题提出了新的要求,推动高坝"安全、高质、高效、经济、绿色"智能化建设是未来大坝工程领域新的发展趋势。大坝智能建造将积极促进我国混凝土面板堆石坝建设发展,提高混凝土面板堆石坝建设水平。目前,我国在建的世界第一高混凝土面板堆石坝大石峡面板堆石坝(坝高247m)将在建设中引入开放型知识管理优化施工工艺,开展面板入仓手段改进、无轨或有轨自提升滑模技术改进、坝体填筑料源规划动态平衡、"互联网+"的数字化大坝填筑,运用数字化大坝填筑碾压施工质量过程监控系统,以GPS、北斗全球定位系统为核心技术,通过对上料、碾压等施工过程的监控,实现对大坝填筑进度和质量进行全天候的监控,以"互联网+"技术实现互联网在生产要素配置中的优化和集成作用,提升整体的施工质量和施工效率。

4.1.2 渗漏病害现状

坝体稳定性和防渗性是各类坝型设计建设运行需要重点考虑的关键因素。根据《混凝土面板堆石坝设计规范》(SL 228—2013)定义:混凝土面板堆石坝是堆石或砂砾石分层碾压填筑成坝体,并用混凝土面板作防渗体的坝的统称。坝体主要用砂砾石填筑的坝也可称为混凝土面板砂砾石坝。

作为一种成熟的坝型,混凝土面板堆石坝在世界范围内广泛建设。坝体采用堆石或砂砾石填筑,具有良好的堆积特性,通过分层碾压、严格控制孔隙率或相对密度达到高质量的填筑,可以实现很高的稳定性,使混凝土面板堆石坝的上、下游坝坡可以在坝坡较陡的情况下就能满足稳定性要求。《混凝土面板堆石坝设计规范》(SL 228—2013)规定:当筑坝材料为硬岩堆石料时,上、下游坝坡可采用1:1.4～1:1.3,软岩堆石体的坝坡可适当放缓,并结合坝坡稳定计算确定;当用质量良好的天然砂砾石料筑坝时,上、下游坝坡可采用1:1.6～1:1.5。已建混凝土面板堆石坝具有非常好的稳定性,鲜有坝坡失稳、溃坝失事案例发生,我国唯一一座溃坝的面板堆石坝是青海沟后面板砂砾石坝。

混凝土面板堆石坝是一种以面板作为主要防渗体的坝型,其防渗体系除混凝土面板外,还主要包含趾板、趾板地基的灌浆帷幕、周边缝和面板间的接缝止水等,对于趾板建在覆盖层上的面板堆石坝,其防渗体系还包括覆盖层混凝土防渗墙。此外,坝体上游一般还会布置一定高度的黏土铺盖区及盖重区作为辅助防渗体。一般来讲,设计施工质量良好的混凝土面板堆石坝防渗效果是非常优异的,渗漏量的变化与库水位相关,总体上会呈现出随着服役时间的增加逐渐减小或不变的趋势,大坝渗漏量处于安全范围内。根据相关工程资料,水布垭(坝高233m)渗漏量48～86L/s、鲤鱼塘(坝高130m)渗漏量30L/s、董箐(坝高150m)渗漏量20～30L/s、洪家渡(坝高179.5m)渗漏量20L/s、公伯峡(坝高132.2m)渗漏量14L/s、东津(坝高85.5m)渗漏量4～10L/s。

混凝土面板堆石坝的混凝土面板设置在大坝上游侧,由大坝堆石体提供支撑直接承受库水压力,堆石体的变形对混凝土面板工作性态有着直接显著的影响。混凝土面板堆石坝坝体由堆石或砂砾石填筑而成,相比于混凝土材料具有变形大且变形持续时间长的特点,混凝土面板和坝体填筑料变形特性存在的明显差异,使得面板堆石坝防渗体的工作性态极为复杂。混凝土面板堆石坝防渗体系在大坝运行过程中不可避免地产生了一系列病险问题,如面板裂缝、面板脱空、面板挤压破坏、面板塌陷、面板错台、止水失效等将破坏防渗体系的完整性。病险问题的进一步发展将导致大坝出现不正常的渗漏,随着渗漏量的不断增加,严重者影响水库大坝的安全运行,更有甚者会导致大坝溃坝。我国部分高混凝土面板堆石坝渗漏量统计见表 4.1-5,其中一些大坝渗漏量明显高于正常水平,如甲岩、普西桥、布西等混凝土面板堆石坝。

表 4.1-5　　　　　　　　　我国部分高混凝土面板堆石坝渗漏量统计

序号	坝名	位置	河流	坝高/m	库容/亿 m³	建成年份	渗漏量/(L/s)
1	水布垭	湖北	清江	233.0	45.80	2009	40
2	三板溪	贵州	清水江	185.5	40.90	2008	303
3	洪家渡	贵州	六冲河	179.5	45.90	2006	59
4	天生桥一级	贵州	南盘江	178.0	102.57	2000	150
5	滩坑	浙江	小溪	162.0	41.90	2009	80
6	吉林台一级	新疆	喀什河	157.0	25.30	2005	278
7	紫坪铺	四川	岷江	156.0	10.80	2006	51
8	马鹿塘二期	云南	盘龙河	154.0	5.46	2010	223
9	龙首二级	甘肃	黑河	146.5	0.86	2006	76.5
10	甲岩	云南	普渡河	144.0	1.85	2015	1677
11	普西桥	云南	阿墨江	140.0	5.31	2014	1870
12	九甸峡	甘肃	洮河	136.5	9.43	2008	68
13	布西	四川	雅砻江鸭嘴河	135.8	2.36	2011	3000
14	龙马	云南	把边江	135.0	5.90	2008	125
15	公伯峡	青海	黄河	132.2	6.92	2006	7
16	乌鲁瓦提	新疆	喀拉喀什河	130.0	3.47	2000	3

由于混凝土面板堆石坝大坝填筑料具有良好的抗刷特性,在发生较大渗漏情况下大坝仍能保持稳定,溃坝风险很低,在发现异常渗漏经过加固处理后仍能正常运行。国外和国内部分出现较严重渗漏的面板堆石坝及其处理效果分别见表 4.1-6 和表 4.1-7,部分面板堆石坝的渗漏量超过 1000L/s,经过加固处理基本仍能正常运行,如长江设计集团有限公司(原长江勘测规划设计研究院,以下简称"长江设计集团")承担的湖南株树桥水电站面板堆石坝工程渗漏处置、湖南白云水库面板堆石坝工程渗漏处置,在成功处

置多年后仍正常运行。

表 4.1-6　　　　　　　国外部分出现较严重渗漏的面板堆石坝统计

工程名称	地域	建成年份	坝高/m	坝顶长度/m	破坏型式	总渗漏量/(L/s)		处理方式
						最大渗漏量	处理后渗漏量	
肯柏诺沃	巴西	2006	202	592	面板挤压与剪切破坏	1300	600	放空处理
巴拉格兰德	巴西	2006	185	665	面板挤压破坏	1280		
伊塔	巴西	1999	125	881		1700	380	
伊塔佩比	巴西	2002	120	583		902	127	
塞格雷多	巴西	1993	145	720		390	45	水下抛填处
辛戈	巴西	1994	151	850	左岸面板拉伸性结构裂缝	210	100	
安其卡亚	哥伦比亚	1974	140	240	周边缝变形过大	1800	180	放空处理
戈里拉斯	哥伦比亚	1978	127	120	周边缝变形过大	1080 650	200	放空处理
希罗罗	尼日利亚	1984	125	1400		1800 500	100	抛砂淤填
新国库	美国	1985	150		坝体沉降大	140000	50	
帕拉德拉	葡萄牙	1958	112	600	面板破坏，止水损坏	1750/1380	25	放空处理
默霍尔	莱索托	2000	145	600	面板挤压破坏	600	48	
东南亚某坝	东南亚	2013	110	882	面板破损	1730	150	水下修复

表 4.1-7　　　　　　　我国部分出现较严重渗漏的面板堆石坝统计

工程名称	位置	建成年份	坝高/m	坝顶长度/m	破坏型式	总渗漏量/(L/s)		处理方式
						最大渗漏量	处理后渗漏量	
株树桥	湖南	1990	78	245	面板破坏，止水损坏	2500	10	放空处理

续表

工程名称	位置	建成年份	坝高/m	坝顶长度/m	破坏型式	总渗漏量/(L/s) 最大渗漏量	处理后渗漏量	处理方式
白云	湖南	1998	120	200	面板破坏	1240	60	放空处理
普西桥	云南	2014	140	450	垂直缝挤压破坏	1870		水下修补
布西	四川	2011	135.8	271	施工缝破坏	3000	100	降水处理
天生桥一级	贵州	2000	178	1104	垂直缝挤压破坏	150	80	水下修补
紫坪铺	四川	2006	156	663.8	面板挤压破坏（地震）			降低水位处理
茄子山	云南	1999	106	258	趾板基础破坏	1170		放空处理
磨盘	广西	1977	61	92.6	坝体变形	880	1	放空处理

湖南株树桥混凝土面板堆石坝最大坝高78m，1990年11月下闸蓄水后就出现渗漏，且逐年增加，1999年7月渗漏量已超过2500L/s。长江设计集团通过水下检测，发现多块面板下部塌陷、折断，大坝防渗系统严重破坏，遂即放空水库对大坝处理。面板塌陷破损情况见图4.1-3。2001年处理后，渗漏量一直稳定在10L/s以内，运行状态良好。

图4.1-3　湖南株树桥面板塌陷破损情况

湖南白云混凝土面板堆石坝最大坝高120m，1998年12月下闸蓄水后的10年内，渗漏量正常，2008年5月后渗漏量开始加大，2012年渗漏量达1240L/s。2010年采用水下声呐、电磁示踪、高清摄像、水下导管示踪等声像综合查漏新技术检测，发现大坝存在两处明显渗漏区，混凝土面板存在严重破坏（图4.1-4）。2014年采取放空水库进行处理，证实面板存在两处严重破损和塌陷区，面积分别为50m²和250m²。修复处理后，工程于2015年下闸蓄至正常水位。

(a)L5～L6(高程490m)   (b)L4～L7(高程460m)

图 4.1-4　湖南白云水库面板塌陷

4.1.3　渗漏破坏形式及原因

4.1.3.1　直接原因

混凝土面板堆石坝防渗体系破坏是产生渗漏病害的直接原因。混凝土面板堆石坝运行过程中常见的防渗体系病害及破坏形式包括:面板裂缝、面板脱空、面板塌陷、面板挤压破坏、面板错台、止水失效等,而这些病害又由不同的原因造成。

(1)面板裂缝

面板裂缝可分为非结构性裂缝和结构性裂缝。非结构性裂缝是由混凝土本身干缩和温降引起的收缩性裂缝,作为面板的初始缺陷,会降低面板的耐久性和大坝安全性。结构性裂缝是在填筑体自重和水压力等外荷载作用下,由坝体的不均匀沉降变形和面板受力不均匀引起的面板裂缝。面板刚度较大,当外部受力和支撑条件发生变化使得内部应力过大时即产生裂缝,继续发展成为贯穿性裂缝,增大渗漏量,加剧裂缝的发展。结构性裂缝对工程质量和安全的影响远大于非结构性裂缝。布西混凝土面板堆石坝面板裂缝分布情况见图4.1-5。

图 4.1-5　布西混凝土面板堆石坝面板裂缝分布情况

对于沥青混凝土面板堆石坝,由于沥青混凝土与传统混凝土材料特性有明显不同,其面板裂缝的产生除与传统混凝土面板有相似之处外,又有明显特点,如反向压力鼓包裂缝、低温冻断裂缝、高温流淌撕裂裂缝、性能劣化裂缝等。

1)反向压力鼓包裂缝

在运行期间,沥青混凝土面板因材料性能、气候、水位等变化而产生由内向外的反向力使面板局部隆起甚至开裂的现象,被称为鼓包。沥青混凝土面板鼓包的成因主要有反水压、蒸汽压、斜坡流淌等。如张河湾抽水蓄能电站上库防渗面板自 2009 年建成后,陆续发现不规则鼓包和裂缝,2016 年开展了全面普查发现鼓包 193 处,其中直径 10~30cm 的鼓包占 78%,鼓包开裂的数量约占 50%。

2)低温冻断裂缝

沥青混凝土具有柔性好、施工速度快等优势,非常适宜抗裂要求高、施工期短的寒冷地区防渗工程建设,如北欧、我国北方等。但沥青混凝土是感温性材料,其材料性能受温度影响变化较大,低温下沥青混凝土变形性能大幅下降。当遭遇寒潮温度骤降时,沥青混凝土会冷缩而产生裂缝,甚至断裂,即冻断。如 1976 年建成的半城子水库沥青混凝土防渗面板,当年冬季持续低温(低于−20℃),同时由于库水位较低,面板大部分暴露在大气中,沥青混凝土面板出现多条贯穿性裂缝。

3)高温流淌撕裂裂缝

在烈日曝晒下,沥青混凝土面板表面温度可达到 70℃以上,易产生流动变形导致骨料与沥青分离,在自重下顺坡向流淌,出现向下壅包,壅包上方可出现横向开裂。面板一旦出现流淌壅包,一般每年都会出现新包,彻底修复难度很大,严重时就得拆除重做面板。南谷洞水库建成后,发生了大面积的流淌现象,且在周边接头部位拉裂严重。

4)性能劣化裂缝

石油沥青具有老化的基本特征,包括氧化老化、紫外线老化、热老化等。沥青混凝土面板堆石坝一般处于高山峡谷区,运行环境恶劣复杂。在日照、热空气、浸水、高低温循环等外界因素的长时间作用下,沥青更易变脆、变硬,会导致沥青混凝土柔性降低、变形性能变差,严重的会导致开裂。

(2)面板脱空

在正常情况下,混凝土面板和垫层是相互接触的,但在实际工程中,面板与垫层脱开的现象时有发生。面板脱空会导致面板在水压力作用下产生裂缝、断裂,随着险情的发展,将有可能出现面板局部塌陷、坝体渗漏等险情。

天生桥一级混凝土面板堆石坝的一、二、三期面板均发生了面板脱空,脱空面板数分别占各期面板数的 85%、85%和 52%,最大脱空高度 15cm,可探深度 10m。株树桥混凝土面板堆石坝于 1990 年竣工投入运行后不久,出现严重漏水,放空水库进行检查,发现有些面板塌陷、断裂,开挖后发现面板已破坏处与垫层之间都存在脱空问题。

(3)面板塌陷

混凝土面板是依附在垫层和过渡料上的薄板结构,初期渗漏会使垫层细料被带走而变得疏松,垫层对面板的支撑性能变弱,在外力作用下面板发生塌陷,这一过程会随着时间推移而不断加剧,如湖南白云和株树桥混凝土面板堆石坝均是在运行 10 年后面板出现了严重塌陷(图 4.1-6)。导致面板塌陷破坏的主要因素有:①支撑面板的垫层料由于渗漏或填筑质量缺陷等无法提供足够的支撑作用;②面板长期承受较高水头作用。

图 4.1-6　白云混凝土面板堆石坝面板塌陷

白云水库放空后,发现左岸 L4~L7 面板高程 450~490m 范围内出现两处面积约 500m² 的塌陷破损区,最大塌陷深度约 2.5m,周边缝处底部铜止水可见明显的拉裂破坏,塌陷影响区内面板裂缝密布,裂缝形态为贯穿裂缝,且底部张开明显。根据破坏形态分析,在失去下部支撑时,面板在水压力作用下底部先出现裂缝,然后不断向顶部发展,直至贯穿,因钢筋布置在面板中部(中性轴附近),所以对这种裂缝并不起限裂作用。随着破坏的不断发展,裂缝逐渐增大直至拉开,导致大坝渗漏加剧。

(4)面板挤压破坏

混凝土面板堆石坝挤压破坏是近年来高面板堆石坝面临的突出问题。这种挤压破坏又分为水平向挤压破坏和垂直缝挤压破坏。巴西的巴拉格兰特和坎波斯诺沃斯混凝土面板堆石坝、莱索托的默霍尔面板堆石坝以及我国的天生桥一级、三板溪、紫坪铺、布西、马鹿塘等混凝土面板堆石坝,均发现了面板挤压破坏问题。巴西坎波斯诺沃斯水平向挤压破坏情况见图 4.1-7,天生桥一级垂直缝挤压破坏情况见图 4.1-8。

图 4.1-7　巴西坎波斯诺沃斯水平向挤压破坏情况　　　图 4.1-8　天生桥一级垂直缝挤压破坏情况

水平向挤压破坏分为沿水平施工缝的挤压破坏和面板内沿水平向的挤压破坏。三板溪面板堆石坝沿一、二期水平施工缝发生总长 184m 的挤压破坏;坎波斯诺沃斯水库快速降水后大坝中下部面板水平向挤压破坏;布西面板堆石坝水平施工缝错台、面板混凝土破损、钢筋弯曲变形,挤压破坏长 216m。造成水平施工缝发生破坏的主要原因有:施工缝面常是水平的,结构抗力不足;大坝蓄水期间变形较大,特别是蓄水过程中,面板产生偏心受压;上游坝体上、下部分的不同变形趋势,形成对施工缝的水平剪切作用;面板脱空过大或脱空不均匀,导致面板内部钢筋受压屈曲失稳,致使保护层混凝土开裂并引发挤压破坏。

垂直缝挤压破坏多发生在蓄水初期的压性垂直缝上,从坝顶向下发展,发展至坝中或坝高 1/3 处,高坝常伴有水平向挤压破坏和渗漏量增大等问题,如坎波斯诺沃斯混凝土面板堆石坝在发生挤压破坏后的渗漏量是之前的 40 多倍。水布垭水电站蓄水过程中面板受力及坝体变形研究表明在蓄水期水荷载作用下,堆石体的应力增加部位主要集中在上游堆石区,上下游堆石体变形不一致使得垫层外法线方向向河床中心剖面偏转。这种堆石体变形不一致,是导致碾压密实的 200m 级面板堆石坝在运行一段时间后,发生垂直缝挤压破坏的重要原因。

(5)止水失效

面板分缝止水状况是防止面板堆石坝渗漏的关键。周边缝变形较大,一般采用设置顶部、中部和底部 3 道止水。止水结构主要破坏形式有:①顶部止水的柔性填料与混凝土黏接不好,顶部止水盖片之间没有搭接好或者未与面板紧密连接封闭,在高水头的水压力作用下填缝材料被击穿,导致顶部止水失效;②底部止水由于选用铜材缺乏足够的延展性能,施工中止水铜片翼缘嵌入的混凝土浇筑质量不好和嵌入深度不满足设计要求而容易出现缺陷和破坏。典型止水破坏情况见图 4.1-9。

图 4.1-9　典型止水破坏情况

　　除止水结构本身缺陷及坝体变形过大,水位变幅区止水材料老化等原因也会导致止水失效。坝体变形过大易导致压性缝止水结构鼓起、缝周混凝土脱落等,也会造成周边缝剪切或张开过大,拉裂、撕破铜止水。止水结构一旦发生破坏,将直接导致大坝渗漏增大,并造成面板破坏。

4.1.3.2　其他原因

　　此外,导致混凝土面板堆石坝渗漏病害的原因除了以上与防渗体系直接相关的原因,还包括以下一些原因。

　　(1)垫层料不良级配

　　在两岸垂直分缝及周边缝附近产生较大变形导致止水破坏后,垫层料的功能就具有至关重要的作用,垫层料可以减少渗漏量,另外其与过渡料的联合作用,可以使大坝的渗控系统正常运行而不致被破坏。这就要求垫层料必须满足级配要求,具有较高的密实性和较低的渗透性。由于垫层料的级配和填筑要求相对较高,如果在一些工程施工中未达到要求,会出现超径块石过多、碎石与河砂掺和不匀、含泥量和含水量超标等问题,在止水或面板混凝土出现问题后,则不能有效抵御高水头作用出现渗漏甚至渗透破坏。

　　(2)过渡料不符合要求

　　垫层料与过渡料之间应符合反滤原则,过渡料对垫层料应起到支撑、反滤保护作用,一般要求最大粒径 300mm,小于 5mm 含量 20%～30%,小于 0.1mm 含量少于 5%,并要求过渡料具有较高的密实性。施工中密实性不能得到保证,过渡料在运行中就会产生较大变形,会直接引起垫层料变形和流失。当通过垫层料渗漏时,过渡料不能满足层间关系,不能起到反滤作用,就会产生垫层料中的细颗粒通过过渡料被水流带进堆石区,加大渗漏量进而造成破坏。

（3）堆石体材料与密实度不合理

混凝土面板堆石坝的面板直接依靠在堆石体上,堆石体的变形直接影响到面板及止水结构的工作状态。过大的堆石体变形会导致面板出现裂缝、面板脱空乃至挤压破坏,以及止水的拉裂。因此,一般要求堆石体材料具有较高的岩块强度和软化系数,密实性好,为上游面的防渗面板提供坚实的支撑。

（4）坝体与两岸基础变形不协调

大坝变形较大的直接原因是填筑材料的特性和压实较不密实,而在两岸,因与两岸基岩的不协调变形,大坝坝体成为面板堆石坝防渗结构的薄弱部位。另外,堆石体填筑结束后,其变形尚未完全完成,一般宜在堆石体填筑(宜超填 20m 左右)结束 6 个月以后再浇筑混凝土面板。如因抢工期,填筑结束就浇筑混凝土面板,则堆石体的过大变形会导致混凝土面板出现大量裂缝,甚至出现贯穿裂缝而漏水,且影响到混凝土的使用寿命。如白云水电站面板堆石坝河谷狭窄(最大坝高 120m,坝长约 200m,宽高比 1.67),两岸山体陡峻,坝体是防渗的薄弱环节;加之坝体与两岸基岩的不协调变形,导致接缝特别是该部位周边缝变形较大,而止水系统不能适应较大的变位导致止水破坏。从株树桥面板堆石坝揭露的情况看,面板破坏主要发生在与两岸的连接带及周边缝,如 L1、L9、L10 等,而中间的面板基本完好。这说明大坝与两岸基岩边界之间产生了较大的相对变形,恶化了相应部位的止水结构运用条件,且地形的不利因素导致周边缝剪切变形较大,而止水系统因不能适应大的变位而被破坏。

4.1.4　渗漏处置特点

混凝土面板堆石坝渗漏处置施工条件上可分为两类:一类为在放空水库或降低水位至死水位的干地条件下处置施工,另一类为在不放空水库或适当降低水库水位条件下的水下处置施工。上述两类不同条件下的处置方案在处置工程投资、施工手段与方法、处理效果、施工技术及工期等方面,差别较大,必须根据面板堆石坝病险情与缺陷部位、类型、对大坝安全的危害程度,进行总体的处置方案比较确定。

在干地条件下的处置施工具有施工方便、施工质量易于保证、处置效果好、处理缺陷彻底等优点,成为优先考虑方案,但为形成干地条件,必须降低库水位,乃至放空水库,这往往将严重影响水库(水电站)经济效益。对于高坝大库的面板堆石坝,有时大坝不具备完全放空水库的条件,这时就必须研究采用水下施工技术进行水下处理。受潜水员潜水深度的限制,潜水员水下施工作业的深度一般不超过 60m,近几年无人智能水下施工作业技术和小型化混合气潜水技术的快速发展,使深水条件下的施工成为可能。

由于混凝土面板堆石坝自身结构的特点,其渗漏处置较其他坝型有其特殊性。又由于面板堆石坝病害形式多样性及成因的复杂性,各个面板堆石坝在渗漏处置前先要精准检测与诊断,制定具有针对性的处置方案。混凝土面板堆石坝渗漏处置根据其加固方案与措施,具有以下特点。

①混凝土面板堆石坝防渗系统是大坝安全的生命线。面板堆石坝防渗系统包括:混凝土面板、混凝土趾板、面板垂直缝止水结构、面板与趾板的周边缝止水结构及基础帷幕等。在上述防渗系统的各结构中,出现病险情最常见的部位为混凝土面板及垂直缝、周边缝止水结构。因此,混凝土面板及垂直缝、周边缝止水结构的加固是面板堆石坝渗漏处置的关键。

②混凝土面板堆石坝的运行状态的监测,目前已有比较成熟系统的监测技术,但监测仪器完好率长期较低,监测点位覆盖面有限,对于出现较大渗漏量的面板堆石坝,一般很难通过监测仪器准确发现渗漏部位。确定渗漏部位、查明渗漏原因是有效除险加固的前提和关键。但面板堆石坝一般处于有一定水位的运行状态,或者不具备放空水库的条件,或者放空水库经济损失巨大,因此,面板堆石坝渗漏检测是面板堆石坝渗漏处置的首要工作。

③现代混凝土面板堆石坝结构复杂,上、下游坝坡均较陡,大坝横断面在堆石坝中最小,大坝渗漏处理时不可能在坝体内进行灌浆处理,只能采用对原防渗体进行修复的方法,而面板堆石坝防渗体系范围大,面板厚度薄,止水结构复杂。因此,面板堆石坝渗漏处置具有施工条件不便利、施工工艺复杂的特点。

④部分混凝土面板堆石坝渗漏处置只能在水库不放空条件下进行水下施工,而水下渗漏处置技术涉及水下材料技术、水下潜水技术、水下爆破技术、水下技术装备等诸多专业前沿技术。因此,混凝土面板堆石坝加固水下渗漏处置更为复杂,是多学科交叉、多技术集成的复杂系统性工作。

⑤堆石体和面板材料变形特性差异大,除险加固时应结合监测资料、工程经验考虑大坝堆石体后期变形,采取可适应坝体后期变形的加固措施。

⑥对于沥青混凝土面板堆石坝,除以上特点外,由于沥青混凝土是感温性材料,其材料性能受温度影响变化较大,对沥青混凝土面板进行局部修补需要选用合适的原材料和配合比,确保沥青混凝土的热稳定性能;由于沥青混凝土具有易老化的基本特征,在对沥青混凝土面板局部进行修补后,可考虑表面粘贴防水材料进行防护处理。

4.2　面板防渗体系修复

4.2.1　面板裂缝处理

4.2.1.1　面板裂缝处理现状

受施工期间混凝土养护不当、基础不均匀沉降、温度应力等因素影响,混凝土面板会出现裂缝,而裂缝是导致混凝土面板耐久性及防渗性能降低的主要原因。一般以缝宽作为主要参考因素,并综合考虑裂缝的深度及工程裂缝处理经验,将混凝土面板裂缝分为以下三类。

Ⅰ类裂缝:表面缝宽 $\delta \leqslant 0.2mm$ 且不贯穿;

Ⅱ类裂缝:表面缝宽 $0.2mm < \delta \leqslant 0.5mm$ 且不贯穿,或缝宽 $\delta \leqslant 0.2mm$ 且为贯穿裂缝;

Ⅲ类裂缝:表面缝宽 $\delta > 0.5mm$ 裂缝,或缝宽 $\delta > 0.2mm$ 且为贯穿裂缝。

《混凝土面板堆石坝设计规范》(SL 228—2013)规定,面板裂缝宽度大于 0.2mm 或判定为贯穿裂缝时,应采取专门措施进行处理。在国内外工程实践中,对混凝土面板裂缝多采用缝内化学灌浆加表面处理的方式。对于Ⅰ类裂缝,不进行化学灌浆处理,仅对裂缝进行表面处理;对于Ⅱ、Ⅲ类裂缝,需先进行化学灌浆处理,再进行表面处理。化学灌浆材料一般采用双组分、无溶剂、低粘度、亲水型环氧树脂灌浆材料,具有粘度小、可灌性好、黏接力高、无毒等优点(表 4.2-1)。

表 4.2-1　　　　　　　　无溶剂型高强环保环氧裂缝灌浆材料性能指标

项目		单位	指标
可灌性能	初始粘度($T=25℃$)	MPa·s	<80
	凝胶时间($T=25℃$)	h	4~6
力学性能	抗压强度($T=25℃$)	MPa	>80
	抗拉强度($T=25℃$)	MPa	>15
	干粘强度($T=25℃$)	MPa	>6.0
	湿粘强度($T=25℃$)	MPa	>3.5
	无约束线收缩系数	%	≤0.1

混凝土面板裂缝化学灌浆完成并验收后,再进行裂缝表面处理,一般分为刚性处理法和柔性处理法。

(1)刚性处理法

使用相对刚性材料对面板裂缝进行修补,常用的材料有环氧砂浆、混凝土砂浆、预

缩砂浆等材料,或者采用在裂缝表面浇筑薄层钢筋(或钢纤维)混凝土等方法。刚性处理法的优点是能有效封堵由面板裂缝产生的渗漏,部分恢复面板应有的刚度,适用于存在大量裂缝的混凝土面板修补处理,缺点是当坝体变形尚未停止时,修补后的混凝土面板可能重新产生裂缝。

(2)柔性处理法

通过对裂缝采取灌浆、表面粘贴柔性材料等工程措施,对混凝土面板裂缝进行修补。常用的用于表面粘贴的材料有防渗盖片、聚脲涂层、快速修补带等。柔性处理法的优点是能有效封堵面板细微裂缝,防止由其引起渗漏,可以适应面板裂缝修补后的一般变形。

工程实践中,采用柔性处理法修补混凝土面板裂缝的工程实例较多。下面将主要介绍防渗盖片、聚脲涂层以及复核土工膜这 3 种面板裂缝柔性处理方法。

4.2.1.2　防渗盖片处理

防渗盖片是一种三元乙丙橡胶(SR)片,具有强度高、耐老化、变形大等特点,颜色为黑色,盖片厚度可根据工程需求选择;作为混凝土面板裂缝表面覆盖材料,一般选择厚度 1.0cm 的盖片,宽度 25cm 左右。SR 柔性防渗盖片结构包括厚度 3~4mm 的三元乙丙橡胶片、高强度帘子布以及厚度 3mm 的 SR 塑性止水材料(图 4.2-1)。施工时,在混凝土基面涂刷 SR 底胶,人工跨缝粘贴盖片,盖片两侧使用弹性封边剂封边,在裂缝转弯和交叉部位需进行搭接处理。目前,防渗盖片在混凝土面板裂缝处理中应用较多,湖南白云水库、株树桥混凝土面板堆石坝大坝的面板裂缝修补中都有应用。

图 4.2-1　三元乙丙橡胶防渗盖片

防渗盖片粘贴应在裂缝化学灌浆完成后进行,施工流程为:表面清理→底胶涂刷→找平层施工→防渗盖片粘贴→防渗盖片搭接→封边→质量检查。

(1)表面清理

首先应将裂缝表面原有涂层、杂物清理干净,并用磨光机打磨裂缝表面老化混凝土,裂缝交叉和转弯处应扩大清理范围,以满足防渗盖片搭接和接头处理的要求,打磨后的基面用高压水冲洗干净并干燥。

(2)底胶涂刷

在防渗盖片粘贴范围内均匀刷涂第一道底胶,晾干后再刷涂第二道底胶,待表面晾干,即可进入下一道工序。

(3)找平层施工

将塑性填料搓成细长条,用木板从缝中部向两侧抹刮,在粘贴 SR 防渗盖片的混凝土表面形成柔性填缝材料找平层后,再进行防渗盖片粘贴,以确保盖片与混凝土面之间连接成密实的整体。

(4)防渗盖片粘贴

待找平层施工完成后,逐渐展开 SR 防渗盖片,撕去面上的防粘保护纸,将 SR 防渗盖片粘贴在混凝土基面上,从盖片中部向两边赶尽空气,使 SR 防渗盖片粘贴密实。

(5)防渗盖片搭接

对于需要搭接的部位,选择合适的搭接长度,并在搭接段防渗盖片(橡胶面)上先涂刷配套底胶,再进行搭接。

(6)封边

封边前用钢丝刷将防渗盖片周边混凝土部位打磨干净,并除去浮尘。首先将防渗盖片两侧翼边掀起,在混凝土基面上均匀涂刷一层封边剂,涂刷范围应超出翼边宽度,然后将翼边粘贴在封边剂上,再用封边剂在翼边上部均匀涂刷一层,涂刷宽度以将整个翼边包裹为准。

(7)质量检查

防渗盖片修复施工完毕,目视检查表面是否平整,有无翘边,封边是否到位;检查防渗盖片下部有无气泡或粘贴不密实现象,可手按或使用橡胶锤轻轻敲击防渗盖片表面,观察有无虚空现象。

4.2.1.3 聚脲涂层处理

聚脲是一种新型环保材料,防渗性能、耐老化性能较好,适应冷热气温变化,耐紫外线照射,使用寿命超过 20 年,而传统采用环氧类材料和 SR 材料覆盖封闭混凝土面板表面裂缝一般在 10 年左右就会出现老化现象。湖南白云水库混凝土面板加固和其他多个工程裂缝处理时,采用喷涂聚脲对面板表面裂缝进行封闭处理,喷涂聚脲作为裂缝覆盖材料,满足裂缝封闭、防渗要求,施工快速方便。

喷涂聚脲一般要求如下:先对裂缝进行检查,必要时进行灌浆处理,再对裂缝及两

侧混凝土表面进行打磨,修补孔洞,涂刷防水性能好的渗透结晶材料,刷涂底涂,最后喷涂聚脲,具体要求和做法如下。

(1)基面清理

混凝土面板裂缝进行必要的灌浆处理并经验收后,用角磨机清理、打磨混凝土基面,对裂缝两侧进行清理。基面打磨完成后,用高压水或者高压风清理基面,将基面松散物、泥沙、污垢等清洗干净,对于难以清除的污垢,可采用汽油、乙醇等溶剂辅助擦洗干净,之后对基面进行干燥处理。

(2)孔洞修补

基面孔洞需要进行修补处理,较大孔洞可使用环氧砂浆修补。基面清理后先施工一层环氧底胶,再用腻子板将环氧砂浆刮涂在基面上,待环氧砂浆固化后,用钢刷选择性地除掉表面凸起。细小孔洞可使用环氧树脂腻子进行修补。先用环氧树脂胶液浸润干燥基面,然后将环氧树脂与水泥粉调制的修补腻子用金属刮刀刮涂在混凝土基面上。

(3)水性渗透结晶型无机防水材料

在混凝土基面喷涂水性渗透结晶型防水材料(Deep Penetration Sealer,DPS),该材料下渗容易,结晶慢,能渗入混凝土结构内部,并在混凝土毛细管中发生物化作用,形成不溶于水的结晶体,与混凝土结构结合形成封闭式的防水层整体;进行混凝土结构防水处理后,可以阻止混凝土基面以下的水汽上行,防止聚脲涂层出现鼓包、涂层脱落等现象。

施工注意事项:①DPS防水材料严禁加水或其他物质使用,不能加入任何其他成分;②打开DPS防水材料包装前,上下摇晃一分钟左右;③喷DPS防水材料时,要注意速度需缓慢、均匀,防止漏喷、多喷,混凝土表面湿润,出现水迹现象即可;④雨天不宜进行室外喷涂作业,如果施工过程有大水冲过,要重新喷涂,风力大于5级以上的天气不宜进行室外喷涂作业;⑤在气温高于35℃的烈日环境下进行喷涂作业时,要洒适当的清水润湿混凝土表面,防止DPS防水材料过度挥发;⑥气温低于0℃时不宜施工;⑦喷涂DPS防水材料时选用低压喷雾器即可;⑧基面干燥后进行下一道工序。

(4)聚脲底涂施工

底涂可采用聚氨酯类材料,在需要喷涂聚脲的部位均匀刷涂一层底涂,要求在混凝土表面形成均匀薄层,混凝土基面不能漏涂。底涂面干燥并验收合格后,方可进行聚脲喷涂作业。

(5)聚脲喷涂

喷涂施工前应检查A、B两组分物料是否正常,使用时将B料用气动搅拌器进行充分搅拌。严禁现场向涂料中添加任何稀释剂,严禁混淆A、B组分进料系统。

聚脲喷涂应根据现场情况设计喷涂的步骤和层数,对于裂缝交叉位置应做好搭接喷涂。将双组分聚脲加热,温度达到材料要求的温度后,方可喷涂。试喷合格后,方可进行正式喷涂作业。聚脲喷涂时,下一道要覆盖上一道的50%(俗称"压枪"),同时下一道和上一道的喷涂方向要垂直,以保证喷涂厚度大致均匀。聚脲喷涂边缘与混凝土基面应平缓过渡,不宜出现台阶。喷涂时应随时观察和调整压力、温度等参数。调节喷枪的喷射角度、高度以及与底材的距离,以达到表面光滑的效果,提高美观性。

4.2.1.4　复合土工膜处理

复合土工膜是一种优质、经济、可靠的土工合成防渗材料,施工方便快捷,适应变形能力强,有很好的防渗性。在混凝土面板表面裂缝部位铺设一层连续的复合土工膜,形成封闭的防渗系统,可达到面板裂缝处置的目的(图4.2-2)。工程上应用比较普遍的复合土工膜为聚氯乙烯(PVC)和聚乙烯(PE)。

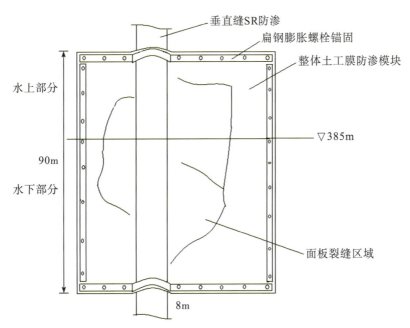

图4.2-2　某面板堆石坝上游面板土工膜防渗平面布置

复合土工膜封闭面板裂缝防渗的施工工艺流程为:作业面清理→SR填料封缝和找平→土工膜接缝处理→土工膜下放→土工膜下沉→土工膜铺贴→土工膜固定→周边压条并封边剂密封,复合土工膜施工剖面见图4.2-3。

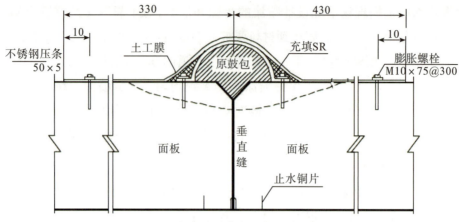

图 4.2-3　复合土工膜施工剖面(单位:mm)

4.2.2　面板破损修复

根据工程实践,混凝土面板常见的破损主要有两类:一是塌陷破损,二是挤压破坏。一般认为,面板塌陷破损是面板裂缝密集,引发强渗漏,并导致面板下部垫层料、过渡料产生渗透破坏,细颗粒被水流带走,坝体无法为面板提供有效支撑,在水压力作用下面板塌陷破损;挤压破坏是受堆石体向河床中央长期变形的影响,两岸面板在自身重力和坝体变形等因素共同作用下逐渐向中央"漂移",河床部位混凝土面板遭受来自两侧面板的挤压作用,超出混凝土面板抗压强度时发生挤压破坏。国内外建成的部分高混凝土面板堆石坝工程在竣工蓄水运行后发生了在河床段的面板挤压破坏问题,如中国天生桥一级(坝高178m)、中国水布垭(坝高233m)、非洲默霍尔(坝高145m)、巴西巴拉格兰德(坝高185m)、巴西肯柏诺沃(坝高202m)。上述面板破损现象在我国早期修建的100m级面板堆石坝湖南株树桥、湖南白云中也有发生。

根据面板破损程度不同,混凝土面板破损修复可分为局部面板修复和重建面板修复。

(1)局部面板修复

破损混凝土面板的处理,一般采用将破碎混凝土凿除、修复破坏的止水、浇筑新的混凝土或者加厚混凝土面板等措施,其中新浇筑的混凝土面板应布置钢筋网,可提高混凝土标号和在混凝土中掺加纤维,恢复混凝土面板的防渗功能。株树桥、白云面板堆石坝面板混凝土破损均采用了局部面板修复。

(2)重建面板修复

若混凝土面板施工质量较差,破损、开裂严重,止水系统已整体老化损坏,局部对防渗面板加固、修补难以保证防渗系统长期有效时,在水库具备放空的条件下,可考虑重建面板修复方案。重建面板可考虑拆除原面板重建新钢筋混凝土面板和防渗系统,也可考虑在原面板上重新浇筑钢筋混凝土面板,重设面板防渗系统,两种方案各有优缺点。

1)拆除原面板重建新钢筋混凝土面板

这种处理方式可对面板下的垫层进行直接检查和处理,可彻底处理大坝渗漏病害,缺点是面板拆除难度大,施工时间往往难以满足度汛和尽早发挥工程效益的要求,无法在有限的时间内完成施工,目前国内尚无先例。

2)在原面板上重新浇筑钢筋混凝土面板

这种处理方式的优点是施工周期相对较快,原面板对新面板可起到支撑作用,可避免拆除原面板对坝体堆石体和垫层的扰动,缺点是难以处理垫层存在的问题,可能还会留下隐患。

不管采用何种方式重建防渗面板,都应按照现行《混凝土面板堆石坝设计规范》(SL 228—2013)进行设计,但也要考虑工程实际情况和堆石体变形收敛情况。由于我国面板堆石坝筑坝历史较短,正式设计规范颁布时间不长,20 世纪七八十年代所建面板堆石坝是在无规范的情况下进行设计和施工,很多技术和经验不成熟,新的防渗系统应较原防渗系统适当加强,新面板较原面板加厚,适当增加配筋,有条件可配双层钢筋。广西磨盘面板堆石坝采用了原面板上重新浇筑钢筋混凝土面板的处理方法,具体案例说明见4.2.4 节。

4.2.3　面板止水系统修复

止水是混凝土面板堆石坝防渗体系的重要组成部分,可靠的止水结构是防止止水结构的破坏导致大坝渗漏的基础。从周边缝的三道止水结构和垂直缝的两道止水结构,发展到目前周边缝和垂直缝的复合型止水结构,都是力求保证止水结构的完整性和可靠性。

早期的周边缝止水结构,一般采用顶部、中部、底部三道止水,顶部止水通常为柔性止水,中部和底部止水为铜片止水,采用这种止水结构型式是希望当三道止水中的某一道止水破坏时,另两道止水能承担防水渗漏的作用。在这种止水结构型式中,最基本的型式为底部铜止水。其防渗的有效性:一是取决于铜片翼缘嵌入混凝土处的混凝土浇筑质量和嵌入深度,二是取决于铜片止水型式(尺寸)、适应变形的能力。

受早期止水材料性能和对止水结构认识局限性的影响,部分混凝土面板堆石坝的止水结构在运行过程中出现了严重止水破坏问题。湖南株树桥混凝土面板堆石坝的面板分缝表面止水采用了 EP-88 柔性填料,其上再覆盖 PVC 盖片,缝内 EP-88 填料自身缺乏黏性,伸长率为 36%(外部)和 65%(内部),小于国内同类产品的伸长率,与混凝土完全没有黏接性;而表面 PVC 盖片,每片长仅为 1.5~2m,各片之间大多没有搭接,因此全部表面止水已失效;底部止水则由于选用铜材缺乏足够的延展性能及在施工中止水铜片翼缘嵌入混凝土处的混凝土浇筑质量不好和嵌入深度不够而出现破坏,造成止水脱落或撕裂而失效。在对因缺陷造成混凝土面板堆石坝渗漏的工程中,止水结构型式和材料、施工工艺研究往往是止水系统修复的重点,本节将从止水结构型式、止水材料、修复工艺等方面阐述止水系统修复技术。

4.2.3.1　止水结构型式

混凝土面板分块浇筑的板间接缝、面板与连接基础的趾板周边缝共同构成大坝防渗体系。传统的止水结构依靠底部铜止水,起主要防渗作用,承受剪切变形的能力较小,顶部止水仅为一道辅助防渗系统,起淤堵与自愈作用,接缝止水是防渗体系的关键和薄弱点。

止水结构的设计必须能满足接缝位移的要求,也是止水结构研究和止水修复研究的重点。国内外部分高面板堆石坝周边缝设计与实测位移值见表 4.2-2。在 200m 级高面板堆石坝中,国内高面板堆石坝的周边缝实测最大张开位移为 27.3mm(紫坪铺震后值),最大沉陷位移为 45.3mm(水布垭),最大剪切位移为 43.7mm(水布垭)。

表 4.2-2　　　　　国内外部分高面板堆石坝周边缝设计与实测位移值

坝名	坝高/m	坝顶长/m	张开位移/mm		沉陷位移/mm		剪切位移/mm	
			设计值/计算值	实测值	设计值/计算值	实测值	设计值/计算值	实测值
水布垭	233.0	675.0	50.0	13.0	100.0	45.3	50.0	43.7
巴贡(Bakun)	202.0	740.0	100.0/24.4	—	50.0/34.1	—	50.0/27.8	—
卡恩尤卡(Kárahnjúkar)	193.0	700.0	—	20.0	—	16.0	—	11.0
埃尔卡洪(El Cajon)	188.0	550.0	—	8.8	—	24.4	—	3.4
阿瓜米尔帕(Aguamilpa)	185.5	660.0	—	25.0	—	18.0	—	5.0
三板溪	185.5	423.3	60.0		100.0		60.0	
洪家渡	179.5	427.8	52.0	13.9	52.0	26.6	32.0	34.8
天生桥一级	178.0	1104.0	22.0	21.0	42.0	28.0	25.0	21.0
福斯—杜阿雷亚(Foz do Areia)	160.0	828.0	—	24.0	—	55.0	—	25.0
吉林台一级	157.0	445.0	55.0	11.9	22.0	35.1	30.0	3.5

续表

坝名	坝高/m	坝顶长/m	张开位移/mm		沉陷位移/mm		剪切位移/mm	
			设计值/计算值	实测值	设计值/计算值	实测值	设计值/计算值	实测值
紫坪铺	156.0	634.8	30.0	15.2 震前，27.3 震后	30.0	11.5 震前，28.9 震后	30.0	27.4 震前，34.4 震后
默霍尔(Mohale)	145.0	540.0	—	55.0	—	28.0	—	46.0
芹山	122.0	259.8	30.0/29.0	7.8	6.0/3.0	15.0	45.0/45.0	11.2

　　20 世纪 70 年代以前的面板堆石坝，周边缝止水比较简单，仅设一道橡胶或铜片止水，如哥伦比亚的阿尔托安奇卡亚和戈里拉斯等坝。1971 年建成的塞沙那坝，周边缝设两道止水，底部为铜片止水，中部设橡胶止水。1980 年建成的巴西阿里亚坝，周边缝采用三道止水，顶部为塑性填料，中部 PVC 止水带，底部采用铜片止水。这种结构型式奠定了周边缝止水最基本的模式。

　　我国小干沟混凝土面板堆石坝原设计在周边缝内布置上、中、下三道止水。1989 年10 月开始浇筑趾板混凝土时，发现由于趾板端部设置的钢筋较多，不仅增加了架设橡胶止水的难度，而且在混凝土振捣时，大量气泡不易排除，停滞在止水带底部，使得止水带下混凝土局部质量不良。泌水与气泡的存在，必然使止水带与混凝土黏接不好，失去止水效果。因此，在施工过程中取消了中部止水。1993 年建成的辛戈坝，也取消了中部止水。中部橡胶止水的另一弱点是容易体缩而产生绕渗，天生桥为此将中部止水改为铜片止水。株树桥在检查时，发现中部止水带下的混凝土质量较差，主要表现在混凝土顺面板向成层脱落，可能是因为中部止水影响了下部的混凝土浇筑质量。

　　受新国库、希罗罗和阿尔托安奇卡亚等混凝土面板堆石坝渗漏后使用粉质土淤堵裂缝的启发，阿瓜米尔帕坝使用表面设有保护的粉煤灰取代塑性嵌缝材料，首次采用自愈性止水结构。这种结构的可靠性取决于接缝下面的小区料和垫层料对表层自愈材料的反滤作用。

　　由于顶部止水位于面板的表面，施工、安装、质量检查都有可靠的保证，因此人们越来越多地把注意力集中在顶部止水上。为了改善顶部柔性填料向缝内的流动止水，有的高面板堆石坝(如滩坑等)在缝口和接缝中部设置了橡胶棒。国内外一些高混凝土面板堆石坝(如水布垭、芹山、黑泉、洪家渡、巴贡、三板溪、紫坪铺、吉林台等)将中部止水移至顶部。

　　福建省芹山混凝土面板堆石坝采用了表层有橡胶波纹兜带的顶部止水系统，其工作原理是：①通过缝口的橡胶棒对其上部的各部分止水起支撑作用，确保顶部止水在水压作用下不会沉入缝中；②波形止水带能适应周边缝的大变形，单独起止水作用，同时

对上部的柔性填料实施密闭;③上部的柔性止水填料和表面的加筋橡胶带,既起顶部止水单独防渗的作用,又可以在顶部止水发生渗漏或破坏时,仍能像传统型式柔性填料那样流入缝腔发挥防渗的作用(图 4.2-4)。

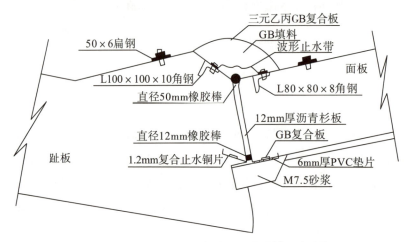

图 4.2-4 芹山混凝土面板堆石坝周边缝止水结构

青海省黑泉水库混凝土面板堆石坝采用了双金属波纹不锈钢止水结构。其主要特点是:①顶部和底部各设一道金属止水片;②采用不锈钢片作为止水材料,代替传统的铜片止水;③顶部止水与两侧预埋角钢焊接。这种新型止水结构可充分发挥不锈钢片优良的材料性能,能够适应高坝止水的大变形,并克服中间 PVC 止水给混凝土施工带来的不利影响,实现止水系统的后施工,以确保质量。

湖北水布垭混凝土面板堆石坝是目前世界上已建最高的面板堆石坝,其接缝位移达 5cm 量级,作用水头超过 200m,国内外已有的止水型式不能够承受这么高的水头。设计者突破传统观点,提出以顶部止水为主,表、中、底层止水结构自成一体,以防渗为主,兼有自愈功能的多重止水和限漏的适应大变形需要的止水系统,周边缝止水结构见图 4.2-5、图 4.2-6。研发的表层波纹橡胶止水带作为一道单独的防渗系统起防渗作用,可以根据预估的变形量设计其结构适应较大变形,实现了适应变形能力的可控化,且因其在表层便于安装和质量控制。

面板周边缝在高程 350.0m 以下采用三道止水,顶部止水采用 SR 盖片+SR 柔性填料+塑料止水带+底部支撑的橡胶棒复合模式,加强了表面止水结构的可靠程度,使得表面止水成为周边缝止水结构的重要组成部分,中部止水和底部止水则仍然采用铜片,但材料选用了软铜片。高程 350.0m 以上,取消中部止水,只设顶、底两道止水。中部止水为"Ω"形紫铜片,布置在周边缝中央偏表部,底部止水采用"F"形紫铜片。由于面板垂直缝的张、压特性随面板的受力状态而发生变化,且现有计算分析手段也不可能准确预计,从保证止水系统的安全考虑,水布垭面板垂直缝均按张性缝进行止水结构设计,均为底部"W1"形铜片止水,顶部柔性填料止水。

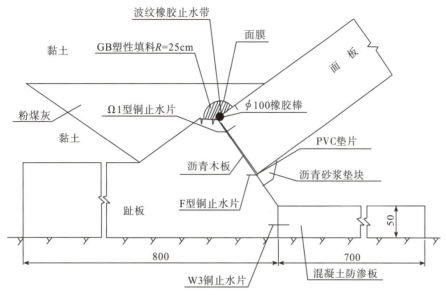

图 4.2-5　水布垭混凝土面板堆石坝周边缝止水结构(单位:mm)

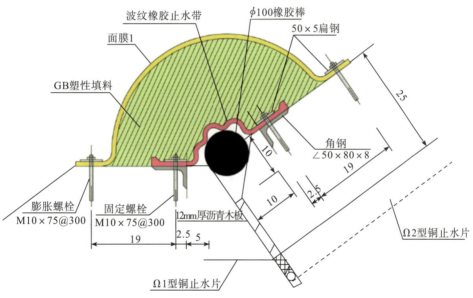

图 4.2-6　水布垭面板堆石坝周边缝顶部止水(单位:mm)

4.2.3.2　止水材料

止水材料是保障止水结构能达到设计效果的基础。混凝土面板堆石坝常用的止水材料有:金属止水片(铜片和不锈钢片)、塑性填料、防渗盖片,此外,粉煤灰和 IGAS 玛蹄脂等材料也经常用于混凝土面板堆石坝防渗。本节对目前工程中应用较多的铜片、塑性填料、防渗盖片、PVC 及橡胶止水带性能进行介绍。

（1）金属止水片

金属止水片主要指铜片止水和不锈钢止水带。底部止水和中部止水最常用的止水材料为铜片止水。不同标准下铜片的力学性能要求见表4.2-3。长江科学院对不同厚度的T2软铜片材料进行了材料性能试验，试验结果见表4.2-4。铜片可根据大坝挡水高度、周边缝（垂直缝）的容许变形条件等，进行适当的选择。修复株树桥混凝土面板堆石坝大坝时，选择变形能力较强的软铜片，铜片厚度1mm。底部铜片止水是混凝土面板堆石坝分缝止水的基本型式。其防渗的有效性：一是取决于铜片翼缘嵌入混凝土处的混凝土浇筑质量和嵌入深度，二是取决于铜片止水型式（尺寸）适应变形的能力。在对止水结构中铜片形状的研究中发现，加大铜片中的自由段长度可以提高其抗剪切位移的能力，也为铜片形状的设计提供了很好的启示。

表 4.2-3　　　　　　　　　　　不同标准下铜片的力学性能要求

牌号	执行标准		力学性能	
			抗拉强度 σ_b/MPa	伸长率 δ_{10}/%
C103	BS2870	软（M）	≥210	≥35
		半硬（Y2）	≥240	≥10
		硬（H）	≥310	
T2	GB 2059	软（M）	≥206	≥30
		半硬（Y2）	245～345	≥8
		硬（Y）	≥295	≥3

表 4.2-4　　　　　　　　　　不同厚度 T2 软铜片的力学性能试验结果

铜片厚度/mm	抗拉强度 σ_b/MPa	伸长率 δ_{10}/%
0.8	249	44.5
1.0	251	43.0
1.2	226	47.0

我国使用不锈钢止水带的工程较少，在黑泉混凝土面板堆石坝和引子渡混凝土面板堆石坝的周边缝止水中使用了不锈钢止水带。黑泉混凝土面板堆石坝不锈钢止水带物理力学性能指标见表4.2-5。根据《水工建筑物止水带技术规范》（DL/T 5215—2005）的要求，不锈钢止水带的拉伸强度应不小于205MPa，伸长率应不小于35%。

表 4.2-5　　　　　　黑泉混凝土面板堆石坝不锈钢止水带物理力学性能指标

不锈钢牌号	抗拉强度 δ_b/MPa	屈服强度 δ_a/MPa	延伸率 ψ/%	弹性模量 E/MPa	泊松比 μ
OCr18Ni9	700	365	59	2×10^5	0.27

（2）塑性填料

当下部的止水带破坏时，塑性填料能流入接缝并实施封闭。因此，塑性填料的关键是流动止水性能。目前的填料能够满足在接缝张开 100mm 的情况下，流动 1.1m、承受 3MPa 的水压力不渗漏。塑性填料种类较多，常用的是 GB 和 SR 两种。GB 柔性填料的性能指标见表 4.2-6，SR 塑性止水材料的主要性能指标见表 4.2-7。

表 4.2-6　　　　　　　　　　　　　　GB 柔性填料性能指标

测试项目及测试条件		单位	指标
耐水耐化学性（在溶液中浸泡 5 个月后的质量变化率）	水	％	−3～＋3
	饱和氢氧化钙溶液	％	−3～＋3
	10％NaCl 溶液	％	−3～＋3
抗拉强度	20±2℃	MPa	≥0.05
	−30±2℃	MPa	≥0.7
断裂伸长率	20±2℃	％	≥400
	−30±2℃	％	≥200
密度	20±2℃	g/cm³	1.4±0.1
高温流淌性（耐热性）	60℃、75°倾角、48h		不流淌
施工度（针入度）	25℃、5s	0.1mm	≥70
流动止水性能	流入接缝的柔性填料体积与缝顶初始嵌填体积之比	％	＞50
	接缝宽 5cm，填料流动 1.1m 后的耐水压力	MPa	≥2.5
冻融循环耐久性（快速冻融循环 300 次）	冻融后，柔性填料与混凝土的黏接强度与冻融前黏接强度之比	％	≥90
	冻融后，柔性填料与混凝土面的黏接性能，材料拉断后黏接面完好比例	％	≥90
抗渗性（抗击穿性）	填料厚 5cm，其下为厚 2.5～5mm 的垫层料，64h 不渗水压力	MPa	＞2.7
黏接性能（20±2℃）	柔性填料与硬化后混凝土（砂浆）面的黏接性能（界面涂刷 SK 底胶），材料拉断后黏接面完好比例	％	≥95
	柔性填料与新拌混凝土（砂浆）面的黏接性能（界面不涂刷 SK 底胶，混凝土硬化后检测），材料拉断后黏接面完好比例	％	≥95
	浸水 6 个月后，柔性填料与混凝土的黏接强度与初始黏接强度之比	％	＞90
耐寒性	−40℃		材料不变脆、表面无裂纹

表 4.2-7   SR 塑性止水材料主要性能指标

项目	检测方法	SR-1	SR-2	SR-3	SR-4	IGAS
黏结伸长率	−20～20℃断裂伸长率/%	>500	>800	>1000		100～200
耐寒性	伸长率>200%时温度/℃	−20	−40	−50	−50	
耐热性	45°倾角,80℃5h 淌值/mm	<4	<4	<4	<4	<4
冻融循环	−20℃2h～20℃2h/次	>300	>300	>300		脱开
耐介质浸泡	在 3%浓度的 HCl、NaOH、NaCl 中浸泡一周黏结面状况	完好	完好	完好		脱开
抗渗性	5mm 厚,48h 不渗透水压/MPa	>2.0	>2.0	>2.0	>2.0	>1.5
	1.5MPa 水压 8h 不击穿裂缝宽度/mm	0.2	0.2	0.2	10	
施工度	25℃锥入度值/mm	8～15	9～15	9～15		5～9
比重	称量法	1.4～1.5	1.4～1.5	1.4～1.5		1.5～1.6
适用性		南方气候	南方气候	北方高坝	超高坝	

（3）防渗盖片

防渗盖片常作为顶部止水结构的最外层结构,与塑性填料共同使用作为周边缝或两岸张性垂直缝顶部止水结构或单独使用作为压性垂直缝顶部止水结构。防渗盖片表面复合有塑性材料,与混凝土基面黏合密封,均匀传递水压力,具有较好的防渗密封效果,且防渗盖片耐候性较好,可保护盖片下的塑性填料,避免老化和流失。

防渗盖片分为均质片和复合片,主要成分为三元乙丙橡胶,其主要性能指标见表 4.2-8。复合片是由塑性止水材料和增强型聚酯布复合而成。塑性止水材料与混凝土基面黏结,当接缝变形时,塑性止水材料发生变形,避免防渗盖片受到应力破坏。由于复合聚酯布的增强作用,防渗盖片抗拉强度和抗撕裂性能大幅提高。防渗盖片具有施工简便,适用于水上和水下施工,抗拉强度和耐老化性能好等特点,已成为面板堆石坝止水结构顶部止水最常用的材料。

表 4.2-8   三元乙丙橡胶防渗盖片性能指标

序号	项目	指标	
		均质片	复合片
1	断裂拉伸强度（常温）	≥7.5MPa	≥80N/cm
2	扯断伸长率（常温）	≥450%	≥300%
3	撕裂强度	≥25kN/m	≥40N
4	低温弯折	≤−40℃	≤−35℃

续表

序号	项目		指标	
			均质片	复合片
5	热空气老化 (80℃×168h)	断裂拉伸强度保持率	≥80％	≥80％
		扯断伸长率保持率	≥70％	≥70％
		100％伸长率外观	无裂纹	—
6	耐碱性 [10％Ca(OH)₂ 常温×168h]	断裂拉伸强度保持率	≥80％	≥80％
		扯断伸长率保持率	≥80％	≥80％
7	臭氧老化 (40℃×168h)	伸长率40％,500pphm	无裂纹	—
		伸长率20％,200pphm	—	无裂纹
8	抗渗性		≥1.0MPa	≥1.0MPa

注:1. 出厂检验项目为项目1、2、3,型式检验项目为所有项目。有特殊要求时还可增加其他检测项目。

2. 抗渗性指标的检测方法参照《水工混凝土试验规程》(SL 352—2020)中第4.21条和第4.22条进行。对于高坝,抗渗性指标根据坝高确定,要求不小于所承受的设计水头。

3. 均质片型和复合片型在力学性能《断裂拉伸强度和撕裂强度》指标上的表述方式不相同,使用中要注意。

(4)PVC及橡胶止水带

中部止水常用PVC止水带或橡胶止水带。止水带两侧边埋入混凝土内,并经过充分振捣使止水带与混凝土接触紧密,起到防渗作用。当接缝变形时,止水带可变形以适应接缝变形。PVC止水带和橡胶止水带的物理力学性能分别见表4.2-9、表4.2-10。

表 4.2-9　　　　　　　　　　　PVC止水带物理力学性能

序号	项目		单位	指标	试验方法
1	硬度(邵尔 A)		度	≥65	GB 2411
2	拉伸强度		MPa	≥14	GB/T 1040
3	拉断伸长率		％	≥300	Ⅱ型试件
4	低温弯折		℃	≤−20	GB 18173.1 试片 厚度采用 2mm
5	热空气老化 (70℃×168h)	拉伸强度	MPa	≥12	GB/T 1040 Ⅱ型试件
		扯断伸长率	％	≥280	
6	耐碱性 10％Ca(OH)₂ 常温(23±2)℃×168h	拉伸强度保持率	％	≥80	GB/T 1690
		扯断伸长率保持率	％	≥80	

注:出厂检验项目为项目1、2、3,型式检验项目为所有项目。有特殊要求时还可增加其他检测项目。

表 4.2-10　　　　　　　　　　　　橡胶止水带物理力学性能

序号	项目			单位	指标		
					B	S	J
1	硬度（邵尔A）			度	60±5	60±5	60±5
2	拉伸强度			MPa	≥15	≥12	≥10
3	扯断伸长率			%	≥380	≥380	≥300
4	压缩永久变形	70℃×24h		%	≤35	≤35	≤35
		23℃×168h		%	≤20	≤20	≤20
5	撕裂强度			kN/m	≥30	≥25	≥25
6	脆性温度			℃	≤−45	≤−40	≤−40
7	热空气老化	70℃×168h	硬度变化	度	≤+8	≤+8	—
			拉伸强度	MPa	≥12	≥10	
			扯断伸长率	%	≥300	≥300	
		100℃×168h	硬度变化	度	—	—	≤+8
			拉伸强度	MPa			≥9
			扯断伸长率	%			≥250
8	伸长率20%,48h,臭氧老化50pphm			—	2级	2级	2级
9	橡胶与金属黏合			—	断面在弹性体内		

注:1. 出厂检验项目为项目1、2、3,型式检验项目为所有项目。有特殊要求时还可增加其他检测项目。

2. B为适用于变形缝的止水带,S为适用于施工缝的止水带,J为适用于有特殊耐老化要求接缝的止水带。

3. 橡胶与金属黏合项仅适用于具有钢边的止水带。

4. 试验方法按照GB 18173.2规定的方法执行。

4.2.3.3　修复工艺

如何修复并增强止水适应变形的能力,是止水修复方案研究的重点。根据国内外混凝土面板堆石坝技术发展经验,近期修建的混凝土面板堆石坝,除超高坝外,大多倾向于取消中部止水,因此在修复方案中可不考虑对中部止水的修复。对于底部铜片止水,由于无法完全揭露出来,目前尚缺乏有效手段进行无损检测,因而只能结合面板的修复进行,或者对周边缝、垂直缝的混凝土表面进行检查,对出现塌陷变形的部位接缝,宜凿开面板,视其破坏情况决定是否更换。为便于与原止水结构进行焊接,其材料与结构型式与原设计相同。由于中部和底部止水的种种局限,无法全面检查修复,为保证大坝防渗系统的封闭性,止水修复的原则是:对发现已破坏的底部止水进行修复;对已破裂面板的底部止水进行检查,已破坏的进行修复;对顶部止水全面修复。

（1）底部止水修复工艺

底部铜片止水是混凝土面板堆石坝分缝的基本止水型式，但检查十分困难，在处理过程中，只能结合对已破坏的面板处理进行混凝土凿除检查、修补。周边缝底部止水修复方法采取沿面板侧凿除宽 60～80cm 的条带，检查和修复铜片止水，然后重新浇筑面板混凝土。

（2）顶部止水修复工艺

对于顶部止水已完全失效的情况，应进行全面修复。顶部止水结构型式可选择单一的柔性材料止水、金属止水和自愈性止水或这三种型式的组合。前两者适用于垫层和过渡层已经破坏的情况，后两者适用于垫层和过渡层尚未破坏的情况。

4.2.4　典型工程案例

4.2.4.1　湖南株树桥混凝土面板堆石坝面板局部修复

（1）工程概况

株树桥水库位于湖南省浏阳市。大坝与西北口、关门山同为我国第一批建设的钢筋混凝土面板堆石坝，坝顶高程 171m，最大坝高 78m，总库容 2.78 亿 m^3。水库于 1990 年蓄水后，大坝即出现渗漏，且逐年增加；1999 年 7 月测得漏水量已达 2500L/s 以上，渗漏非常严重。

1999 年，长江设计集团承担了该工程的渗漏治理工作。经初步的应急处置后，大坝渗漏量大大减小，库水位在 151.89m 的渗漏量小于 14L/s，随后根据大坝的结构受力特点和破坏情况做了进一步加固处理。大坝渗漏处理后，至 2016 年，在正常蓄水位时，渗漏量保持在 10L/s 以内。

（2）面板局部修复

株树桥混凝土面板堆石坝放空后检查发现，大坝混凝土面板局部破损严重（图 4.2-7）。具体加固措施如下。

①对于面板混凝土破坏严重的部位，先将混凝土凿至上层钢筋网，对于凿出的钢筋网锈蚀严重或混凝土断裂夹泥的部位，全部凿除，直至垫层料。

②对于面板破坏严重、分缝变形明显的部位，沿分缝位置左、右两侧各凿除 60～80cm 宽的条带，检查止水系统并更换已破坏的止水铜片。

③对于面板基本完好、分缝位置无明显变形的部位，依据破坏的关联性，在适当位置开孔，检查止水是否破损。

④对于破损部位的混凝土面板，修复时适当加大混凝土面板厚度，并在新浇筑的混凝土中设置钢筋（图 4.2-8），提高混凝土强度和抗渗等级，使混凝土面板具有一定刚度，

延长混凝土面板使用寿命。

图 4.2-7　面板局部破坏情况

图 4.2-8　混凝土面板修复

4.2.4.2　广西磨盘混凝土面板堆石坝面板重建修复

（1）工程概况

磨盘水库位于广西壮族自治区全州县境内湘江支流上，水库总库容 4196 万 m³。磨盘堆石坝由黏土斜墙堆石坝段、混凝土面板堆石坝段和浆砌石挡墙堆石坝段 3 个坝段组成，是一座由多种防渗材料组合而成的堆石坝。混凝土面板堆石坝段位于河床，坝顶高程 364.8m，最大坝高 61.0m。大坝上游面坡比为 1：0.649，下游坡从上至下坡比为 1：2.0～1：1.4。大坝上游面设置钢筋混凝土防渗面板，防渗面板后为干砌石体，干砌石体下游为堆石体。水库建于 20 世纪 70 年代，大坝采用人工填筑。1977—1996 年堆石坝局部最大累计水平位移 1617mm，最大累计竖向位移 1261mm。1997 年对大坝采用灌砂处理，加固后大坝险情有所缓解。但加固不久，坝顶裂缝及混凝土面板裂缝又逐渐发展，坝体渗漏增加，且坝脚多处出现翻砂渗漏及坝坡局部塌陷。历史上曾对混凝土面板进行过几次加固，但效果均不明显。2005 年后坝体险情突出，且还在进一步发展。磨盘大坝的突出险情及防汛的严峻形势，受到水利部、长江水利委员会、广西壮族自治区水利厅的高度重视。

水库放空后对面板堆石坝段混凝土面板进行了详细检查，混凝土面板的缺陷总体情况如下：面板混凝土强度较低，平均抗压强度为 22.7MPa，14 块面板中约有 26% 的面板混凝土强度低于 20MPa。面板混凝土碳化深度 4～6mm，碳化程度不是很严重。面板上分布多条横向裂缝，有 1 条处于中部贯穿整个坝面的水平裂缝，裂缝深 65～75cm，属贯穿裂缝，有白色渗出物，放空管竖井相交部位开裂、错位严重。

（2）面板重建修复

磨盘混凝土面板堆石坝面板缺陷严重，综合考虑面板拆除难度、施工时间，最终采取在原混凝土防渗面板上重新浇筑钢筋混凝土面板的处置方案。新浇筑面板厚 0.8m，混凝土强度等级 C25,抗渗等级 W8,设置双层钢筋,采用直径 20mm 的 Ⅱ 级钢筋,间距 20cm。原面板底部趾墙表面凿毛,新浇高 1.0m 趾墙,趾墙前端浆砌石拆除采用混凝土浇筑至高程 323.80m,并设置插筋和趾墙混凝土体锚固。

混凝土面板与两侧坝段边墙衔接部位设置周边缝。面板浇注前,黏土斜墙堆石坝的前段斜边墙进行加高,后段边墙和浆砌石挡墙堆石坝段边墙的老混凝土或浆砌石沿面板方向局部凿除,凿除深度不小于 50cm,使用 C30 混凝土回填,级配为一级配,并掺适量膨胀剂。混凝土回填时应预埋止水。

新浇面板垂直缝和老面板垂直缝设置一致,面板自顶部至底部设置纵缝(垂直缝)9 条,中间段面板纵缝间距 10.0m,两端面板纵缝间距 6.30m。老面板横缝部位的新浇混凝土面板底部设置过缝钢筋(直径 20mm,间距 20cm,单根长 3.0m)。混凝土面板纵缝及周边缝,缝宽均为 3.0cm,采用双层铜片止水,铜片厚 1.0mm。新老面板间设置直径 25mm 的锚杆,孔距 2.0m、排距 2.0m,相间布置,单根长 2.0m,与原防渗混凝土板锚固。底部趾墙部位设置直径 25mm 的锚筋,间距 2.0m,单根长 2.0m。新浇面板与黏土斜墙堆石坝段和浆砌石重力墙坝段衔接部位布置直径 25mm 的插筋,单根长 1.5m,间距 1.0m。锚筋及插筋钻孔采用植筋胶锚固,使用的植筋胶在正式施工前进行了生产性试验。

磨盘混凝土面板堆石坝面板重建修复中新老混凝土结合面的处理是施工难点,为处理好新老混凝土结合的问题采取了以下方案。

①对原混凝土面板表面进行修整,清除原面板平台凸出部位的混凝土,减少应力集中。

②将老混凝土表面凿毛,露出坚硬石子和水泥石,控制表面粗糙度在 3～4mm,结合面粗糙度用灌砂法测定。若粗糙度不够,采用刻槽机在老混凝土表面刻槽,增加粗糙度。结合面上涂刷无机界面胶,厚度 1.0mm,涂刷后浇筑新混凝土。使用的无机界面胶为水泥系无机材料,在正式施工前进行了现场生产性试验,试验结果表明,新老混凝土结合效果良好,满足新老面板变形协调要求。

③面板混凝土浇筑完成后,加强对新浇混凝土的养护。混凝土终凝后,立即进行洒水养护,确保混凝土面板表面保持湿润。为避免面板混凝土中午太阳直照,可选择麻袋或毡布湿水覆盖。低温天气或发生寒潮时,做好混凝土表面保温,可选择麻袋、毡布、聚乙烯泡沫板等材料覆盖。

④原混凝土面板裂缝修补。将原混凝土面板凿毛后,对贯穿性裂缝进行处理,再浇注新的混凝土面板。贯穿裂缝修补采用缝面深层化学灌浆方法,即骑缝贴嘴灌浆与跨缝斜孔灌浆处理。布孔分骑缝贴嘴布孔和跨缝布斜钻孔两种。骑缝贴嘴布孔沿缝面布置,每间距 30cm 布置一个贴嘴孔。跨缝布斜钻孔与裂缝夹角 45°～60°,孔距 0.6～1.0m。采用风钻孔,孔径不小于 16mm。灌浆嘴采用环氧胶液粘贴,要求粘贴牢固,且灌浆畅通。跨缝斜孔灌浆管埋入钻孔深不小于 10cm,采用环氧胶液黏结,孔口环氧胶泥封口。

（3）处置效果

磨盘水库面板堆石坝段面板重建于 2010 年 12 月底完工,确保了 2011 年汛期水库安全度汛,水库也按期发挥了效益,目前混凝土面板堆石坝段运行正常。

4.2.4.3　青海纳子峡混凝土面板堆石坝面板止水破损修复

（1）工程概况

纳子峡水电站位于青海省门源县,地处高海拔严寒地区,是大通河流域水利水电规划的 13 个梯级中的第 4 座水电站。工程主要建筑物包括混凝土面板砂砾石坝、右岸开敞溢洪道、左岸导流洞改建而成的泄洪放空洞、左岸引水发电系统及地面厂房等。水库总库容为 7.33 亿 m^3,水库大坝为趾板修建在覆盖层上的混凝土面板砂砾石坝,最大坝高 117.60m,坝顶长度 416.01m。

工程区位于内陆寒冷气候区,多年平均气温 0.5℃,历年极端最高气温 27.7℃,极端最低气温－34.1℃,最大冻土深度大于 200cm。纳子峡坝址河床覆盖层厚度为 17.38～21.09m,清除表层 2～3m 松散—中密覆盖层后,将河床趾板置于较为密实的覆盖层上。工程于 2009 年 9 月 15 日正式开工,2011 年 3 月 31 日河床截流,2014 年 2 月 25 日下闸蓄水,2014 年 7 月 3 台机组全部投产发电。

（2）存在问题

2016 年 4 月中旬,坝前冰盖消融后对水库水面(水位 3192.00m)以上面板进行检查,发现接缝表面止水塑性填料不饱满,变形较为严重,水位变化区防渗保护盖片存在沿两侧固定端撕开破损现象,接缝表层盖板脱落。冬季面板接缝表面止水水位变化区破损原因主要是面板结冰形成冰盖,随着库水位下降,大坝面板接缝表面止水受冰层挤压、下滑拖曳等综合作用影响,出现变形和破损。

（3）问题处理

2017 年采用涂覆型止水结构对水位变化区的面板接缝表层止水破损进行了修复处理(图 4.2-9),施工步骤如下。

①剔除水位变化区接缝表层的压条、盖板及下部的塑性填料。

②接缝两侧混凝土表面各打磨 30cm 宽。

③"V"形槽内重新安装橡胶棒,并嵌填 GB 填料。

④接缝两侧混凝土表面各涂刷 25cm 宽的界面剂。

⑤界面剂表干后涂刷 4mm 厚的 SK 手刮聚脲复合胎基布。

水位变化区止水破损修复后的情况见图 4.2-10。运行 3 年后现场检查发现,水位变化区面板接缝表层涂覆型止水结构能适应面板变形的要求,有效避免了冰胀力、冰推力和冰拔力对面板接缝表层止水的破坏作用,面板接缝止水结构无挤压变形及破损现象,说明面板接缝涂覆型止水结构抗冰冻破坏效果显著。

图 4.2-9　采用涂覆型止水结构修复　　　图 4.2-10　水位变化区止水破损修复后的情况

4.2.4.4　贵州天生桥一级混凝土面板堆石坝面板挤压破坏修复

（1）工程概况

天生桥一级水电站位于红水河主干流南盘江中下游，水库总库容 102.57 亿 m^3。工程于 1997 年底下闸初期蓄水，2000 年底工程竣工，2001 年 4 月通过竣工验收。

天生桥一级水电站大坝为钢筋混凝土面板堆石坝，坝顶高程 791.0m，坝高 178m，坝长 1104m，坝体填筑量为 1800 万 m^3。堆石坝的钢筋混凝土面板共 69 块（每块宽 16m），面板总面积为 17.3 万 m^2，分 3 期浇筑（第一期从坝底至高程 680.0m，第二期为高程 680.0~746.0m，第三期为高程 746.0~787.3m），面板厚度为从底部的 0.9m 渐变至顶部的 0.3m，在面板底部设有铜片止水。面板混凝土的设计抗压强度为 25MPa。

（2）存在问题

2003 年 7 月 18 日上午，巡视检查时发现大坝 L3 和 L4 面板垂直分缝处（桩号 0+686）的混凝土有挤压破损现象，L3 面板仅有局部轻微破损，但 L4 面板的破损范围已从防浪墙底部（787.3m）向下延伸至水面（757.18m），破损部位的平均宽度 1m，最大宽度 1.58m，破损后裂缝宽窄不一，最宽达数厘米，面板局部的水平向钢筋出现弯曲、外露。

（3）问题处理

针对发现的面板挤压破坏问题，分别对水上、水下的破损处采取了相应的处理措施。

1）水上部分面板挤压破坏处理

天生桥一级面板堆石坝水上部分面板挤压破坏采用"局部修补混凝土＋重建止水"的方式进行处置。主要处置流程如下：

①用凿子、风钻等工具凿除已破损的面板混凝土，并对凿除后的混凝土破损面进行周边修整，切除凹坑周边深度不足 3cm 的混凝土和已松动的混凝土层，用钢丝刷或电动刷将凹坑及与 L3 接触的混凝土表面清理干净；对于面板内受挤压后高出面板混凝土表

面的钢筋采用敲平或切除后重新绑扎的处理方式,而未突出面板混凝土表面的钢筋则保持原状直接进行浇筑。

②用聚合物水泥浆(水泥：903乳胶：水＝1：0.3：0.3,重量比)对要处理的凹坑混凝土基面进行打底,提高聚合物水泥砂浆混凝土与面板混凝土的黏结能力,再浇筑C25混凝土。浇筑时用木条沿着原有接缝的方向设置宽约5cm、深约10cm的分割缝；混凝土摊铺捣实后立即用抹子将其抹平,浇筑完成后进行洒水养护。

③待新浇混凝土有一定强度后,取出设置分割缝的木条,在混凝土及槽内涂刷SR底胶；在面板分缝处嵌填SR塑性止水材料并制作成鼓包；对新混凝土表面清理后用SR防渗盖片铺贴,延伸至老混凝土面板宽度10～20cm范围内的表面,并用3mm×4cm的铝板将SR防渗盖片的两侧压实,再用环氧材料进行封边。

L3和L4面板接缝修复见图4.2-11。

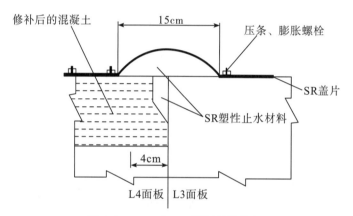

图4.2-11 L3和L4面板接缝修复

2)水下部分面板挤压破坏处理

①由潜水员对混凝土破损的基本情况进行检查,内容包括混凝土破损面积、数量和分布等情况,做好详细的测量和描述记录,并进行水下录像。

②用液压镐对水下破损的混凝土进行凿除,用液压切割机等设备对凿除后的混凝土进行周边修整,切除凹坑周边深度不足3cm的混凝土及已松动的混凝土层,并对面板内受挤压变形的表面钢筋进行处理。

③根据水下破损混凝土的不同形状制作并安放模板,浇筑PBM聚合物混凝土。浇筑时要根据现场的气温情况,适当调整聚合物混凝土的配比,由潜水员倒入木模中,并用铁棒略微振捣；待PBM聚合物混凝土具有一定强度后进行拆模,在面板分缝处嵌填SR塑性止水材料并制作成鼓包；对混凝土表面清理后用SR防渗盖片铺贴,延伸至老混凝土面板宽度10～20cm范围内的表面,并用3mm×4cm的铝板将SR防渗盖片的两侧压实,并用环氧材料进行封边。

4.2.4.5 河南南谷洞沥青混凝土面板堆石坝面板裂缝处理

(1)工程概况

南谷洞水库位于河南林州市,是著名的红旗渠灌渠的补源工程。原为黏土斜墙堆石坝,几经除险加固,现为沥青混凝土面板堆石坝。最大坝高78.50m,高程490.0m以下坝坡坡比为1:3~1:1.75,高程490.0m以上坝坡坡比为1:3~1:2.25,沥青混凝土面板在高程532.40m以上厚度为17cm,其中防渗层厚2×5cm,整平胶结层厚7cm;高程532.4.0m以下为复式断面,其结构见图4.2-12。坝址区多年平均气温13℃,极端最高气温40.6℃,极端最低气温-23.6℃。

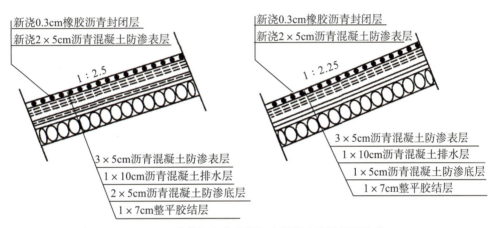

图4.2-12 南谷洞水库大坝沥青混凝土防渗面板结构

(2)存在问题

大坝存在的主要问题是沥青混凝土高温流淌及流淌产生的裂缝。产生流淌和裂缝的主要原因是沥青质量较差、配料不准和施工技术落后等。

(3)裂缝处理

针对大坝沥青混凝土面板存在的缺陷问题,采取了以下加固技术方案。

①将沥青混凝土面板开裂、流淌部位挖除,按原设计构造回填。

②将开裂、流淌部位翻修后,对其他部位沥青混凝土老化层凿除2~3cm,重新铺筑2×5cm厚的沥青混凝土防渗层和封闭层。

③将两岸接头脱开或拉裂严重部位拆除重浇,并将重新铺筑的沥青混凝土防渗层铺至岸边,再加预制混凝土盖板进行保护。

4.2.4.6 陕西石砭峪沥青混凝土面板堆石坝面板裂缝处理

(1)工程概况

石砭峪水库大坝为定向爆破堆石坝,坝高85m,防渗采用沥青混凝土面板。该水库

总库容 2810 万 m^3,坝顶高程 735m,坝顶长 265m,沥青混凝土面板坡度:高程 663.0~697.0m 为 1:6~1:2.25,高程 697.0~702.0m 为 1:4,高程 702.0~720.0m 为 1:2.25,高程 720.0~735.0m 为 1:1.8。

(2)存在问题

1980 年初完成沥青混凝土面板浇筑,5 月 1 日水库蓄水至 718.0m,右岸高程 670.0~679.0m 的面板出现裂缝,漏水量为 $0.43m^3/s$,坝下游漏出浑水。使用嵌缝材料进行修补以后,暂时漏水量不大。1992 年 9 月 30 日水库蓄水至 720.0m,右岸高程 682.0~674.0m 的沥青混凝土面板出现 26 条裂缝,最大缝宽 6cm,漏水量为 $1.18m^3/s$,修补伸缩缝和面板后,漏水量暂时得到控制。1993 年 7 月 27 日水库蓄水至 715.6m,右岸高程 690.0~698.0m 的沥青混凝土面板出现塌坑,塌坑长 4.5m,宽 4.0m,漏水量为 $1.72m^3/s$,坝体及坝基砂砾石冲坑长 8.5m,宽 5m,补填并灌浆后修补沥青混凝土面板,虽然暂时将漏水控制在一定范围,但水库只能限制在 710.0m 水位运行。

石砭峪水库大坝漏水的主要原因是:堆石孔隙率大,局部填筑杂填土,变形较大,蓄水后沥青混凝土面板出现裂缝漏水,下部堆石料及坝基冲积层砂卵石发生渗透破坏,冲蚀形成渗漏通道。

(3)渗漏处置

针对石砭峪沥青混凝土面板存在的问题,综合考虑技术施工难度、经济性,经论证后采用复合土工膜加固沥青混凝土面板方案。该方案是在沥青混凝土面板上铺设复合土工膜,并对沥青混凝土面板底部的堆石体进行固结灌浆,有以下具体处置流程。

1)沥青混凝土面板基础加固

从坝趾部位到高程 731.0m,垂直坝坡 3~5m 范围内堆石进行水泥固结灌浆。对于曾经发生渗透破坏的部位灌浆孔加深,将架空堆石灌满。固结灌浆孔孔距 2m,钻孔直径不小于 127mm,灌浆材料采用石子和水泥砂浆。

2)清洗沥青混凝土面板平整

沥青混凝土面板是复合土工膜的垫层,先将凹凸不平的面板整平修复,特别是对坝面的反弧部位和塌陷裂缝部位进行重点修复,使面板均匀受压,减少不均匀沉降。对已老化和产生缝隙的沥青混凝土进行铲除,清洗干净后填补整平。复合土工膜的背面土工织物是平面排水层,在其底部设涵管将可能的渗水排向坝后堆石体。

3)复合土工膜铺设

在修补整平后的沥青混凝土面板上铺设复合土工膜。复合土工膜的拼接可用胶接或焊接。根据《水电工程土工膜防渗技术规范》(NB/T 35027—2014)要求,膜的接缝强度要求达到母材的 85% 以上。两面的织物一般采用缝接,但缝接时,织物比膜长。当复合土工膜受拉时,膜先受力,织物不能同时作用,拼接处的受拉强度比材料本身强度小,满足不了规范要求。经试验研究采用胶液交叉搭接,先用 TBJ-929-1 土工织物胶将底部的织物胶接,然后用 TMJ-929 膜胶将中间的膜与膜胶接,最后用 TBJ-929-1 土工织物胶将上层的织物与织物胶接,形成整体,搭接宽度为 10cm。在受拉时,织物与膜能同时受力,接缝处强度能达到复合土工膜材料强度的 85% 以上,满足规范要求。

4)复合土工膜与面板周边连接

沥青混凝土面板周边的连接,是保证防渗工程效果的重要步骤。为确保斜墙周边封闭质量,采用槽钢锚杆锚固的方法,将复合土工膜锚固在斜墙周边。

5)混凝土保护层铺设

为防止复合土工膜被阳光照射及风浪冲刷,在复合土工膜上现浇厚 15cm 的混凝土。

4.2.4.7　浙江桥墩沥青混凝土面板坝面板裂缝处理

(1)工程概况

桥墩水库位于鳌江流域南港的最大支流横阳支江上游,坝址位于苍南县桥墩镇仙堂村的大玉沙,水库总库容 8133 万 m³,是一座以防洪、灌溉、供水为主,结合发电等综合利用功能的中型水库。大坝为沥青混凝土面板坝,坝顶高程 64.19m,最大坝高 46.0m,坝顶宽 6.0m,坝顶长 605.50m。上游坝坡分三级,坡度分别为 1∶1.9、1∶2.3 和 1∶2.75;下游坝坡分二级,坡度均为 1∶1.85,在高程 31.19m 处设 2m 宽马道。工程始建于 1958 年 8 月,于 1989 年 6 月试蓄水投入运行。2006 年 6 月,桥墩水库经安全鉴定为"三类坝",需进行除险加固。

(2)存在问题

大坝上游沥青混凝土面板逐渐老化,多处出现裂缝。根据记录,自投入运行以来,大坝历次放空检查均发现裂缝。其中:1990 年 2 月第一次放空检查发现裂缝 5 条,裂缝长 0.85～10.20m,宽 6～11mm,局部最大缝深 15cm;1990 年 10 月第二次放空检查发现裂缝 52 条,裂缝总长 202.60m,宽 4～25mm,局部最大缝深 20cm,穿透沥青砂浆楔形体;1992 年 1 月第三次放空水库检查发现裂缝 127 条,总长度 433.0m,宽度一般小于 1mm,深度小于 5cm,大部分为施工条带接缝。

根据现场检查情况判断,水库常运行水位以上的沥青混凝土面板已产生老化龟裂,局部流淌严重,面板裂缝仍在发展,施工缝已基本裂开。经检测,沥青混凝土面板渗透系数、沥青含量等指标均低于规范要求和原设计要求。

(3)渗漏处置

针对桥墩沥青混凝土面板存在的老化开裂和流淌问题,经多方案比选,最终选择采用复合土工膜防渗加固方案。该方案采用 PE 土工膜加固处理,土工膜为一布一膜,规

格为 350g/1.0mm,幅宽不小于 4.0m。铺设土工膜前,对面板裂缝采用 SR 塑性填料进行回填处理。

桥墩水库除险加固工程于 2007 年 11 月开工建设,2009 年 9 月基本完工。大坝加固前最大渗漏量为 20.5L/s,加固后 2010 年库水位 53.76m 时大坝渗漏量为 3.39L/s,大坝防渗加固达到了预期目标。

4.3 混凝土面板脱空与垫层料流失处置

4.3.1 面板脱空处置

4.3.1.1 面板脱空原因与危害

面板脱空指面板下的垫层料由沉陷或流失等引起的面板与垫层料脱离,垫层无法对面板形成支撑的破坏现象,是混凝土面板堆石坝常见问题。导致面板脱空的根本原因是面板和垫层料及堆石体的变形特性不同,在自重和外荷载作用下,面板无法适应坝体变形,在面板和垫层之间形成脱开。大致有以下几个方面原因。

①当面板浇筑后,支撑面板的堆石(包括垫层料)的变形较大,而由于面板的相对刚性,其变形并不与堆石体的变形同步,两者之间出现的变形差导致出现面板脱空现象。在堆石体碾压质量不高的部位,脱空会更严重。

②对分期浇筑的面板,一期面板浇筑完成后,在后续坝体填筑及蓄水的影响下,大坝仍有较大的沉降。过大的沉降发生时,上一期面板的中上部会出现面板脱空现象。

③在大坝蓄水影响下,坝体及面板虽都向下游变形,但堆石体及垫层料变形量值较大,而面板的变形量值较小。对于峡谷型面板堆石坝,由于面板与垫层的变形不能协调,容易出现面板脱空。

④库水位下降和基坑退水时,面板变形有所恢复,而坝体的变形则恢复得很小,从而出现面板脱空。

总体来看,钢筋混凝土面板与堆石是两种弹性模量相差很大的材料,施工过程中受后续坝体填筑及蓄水的影响,当垫层料与面板不能协调变形时,即会出现面板脱空现象。面板作为大坝重要的防渗结构,面板脱空会使面板的工作状况恶化、产生过大的拉应力和压应力,是产生面板裂缝的主要原因之一。如果脱空值较大,面板常常形成贯穿性裂缝或塌陷,导致大坝渗漏的发生,严重影响大坝的安全。

根据研究成果,面板分期浇筑高程、垫层料和堆石体材料变形特性、预沉降时间等因素对脱空均有明显影响。当堆石体填筑高度超过面板浇筑顶高程 5~10m 时,对减小面板顶部的脱空有利;填筑体预沉降时间在 3~6 个月内时,随着预沉降时间的增加,脱空值逐渐减小,但预沉降超过 6 个月后,脱空值减小的幅度较小;垫层料宜选用低压缩性和高抗剪强度的材料,并加强垫层的碾压强度,使面板底部形成均匀平整的支撑;堆石体的变形特征是影响脱空的重要因素,因为堆石体体积较大,所以变形值也比垫层和过渡料大得多,其变形对面板的不协调性影响更大。

面板脱空在施工期和运行期都有可能发生,施工期发生的脱空会加剧运行期的脱空。天生桥一级面板堆石坝,最大坝高 178m,坝顶长 1104m,坝体填筑量 1770 万 m³,面板面积 17.3 万 m²。坝轴线上游为主堆石区,材料主要来自溢洪道的石灰岩开挖。坝轴线下游为下游堆石区,部分材料利用了砂岩及泥岩的开挖料。大坝最大剖面见图 4.3-1。

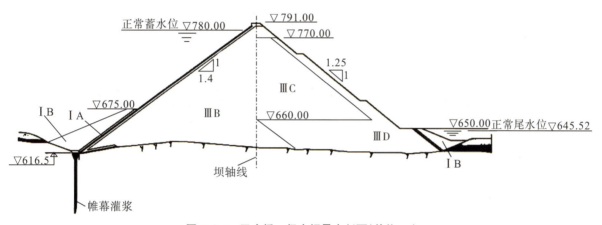

图 4.3-1　天生桥一级大坝最大剖面(单位:m)

(ⅠA—上游铺盖;ⅠB—盖重;ⅢB—主堆石区,石灰岩;ⅢC—下游堆石区,泥岩、砂岩;ⅢD—下游堆石区,石灰岩)

工程于 1991 年开工,1994 年底截流,1996 年 11 月开始全年导流与坝体大规模填筑,1998 年 8 月开始初期蓄水,年底第一台机组发电。1999 年 5 月初完成面板的施工,2000 年 7 月完成全部填筑,至高程 791m,2000 年 5 月底开始终期蓄水,2000 年 9 月蓄水至正常蓄水位 780m。

为了施工度汛及提前发电,坝体分成七期填筑,面板分成三期施工(图 4.3-2)。

一期填筑的过水断面于 1996 年 6 月即汛前完成。1996 年 11 月至 1997 年 6 月填筑至高程 725m,按抵御 300 年一遇全年设计洪水,并于 1997 年 3 月填筑至高程 682m 以便进行一期面板施工,一期面板施工在 1997 年 5 月 2 日完成。1997 年 8 月 19 日至1998 年 7 月完成五、六期堆石体填筑,达到抵御 500 年一遇洪水标准,并于 1998 年 4 月5 日将堆石体填到高程 748m,为二期面板施工及 1998 年底发电创造条件。二期面板在1998 年 5 月 24 日完成施工。七期堆石体于 1998 年 1 月开始填筑,于 3 月 29 日到达堆石体顶部高程 787.3m。1997—1998 年枯水期形成填筑高峰,1997 年 9—12 月完成 400

万 m³ 的填筑量。

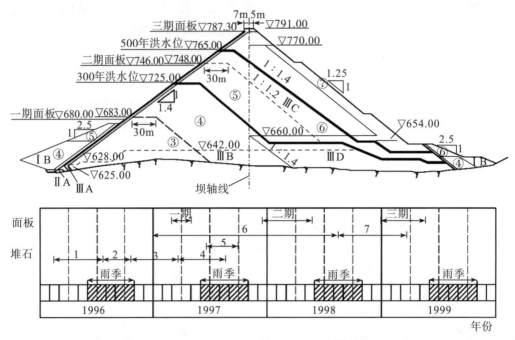

图 4.3-2　天生桥一级坝坝体施工分期(高程以 m 计)

水库蓄水分初期蓄水和终期蓄水两个阶段。初期蓄水以达到初期发电水位 740m(死水位 739m),利用二期面板挡水于 1998 年底发电;终期蓄水以尽快达到正常蓄水位,利用三期面板挡水。按此要求,1997 年 12 月 15 日导流洞闸门关闭,1997 年 12 月 28 日放空洞开始过水,到 12 月 30 日库水位上升到 669m,并保持在高程 668m 达 6 个月。1998 年 5 月完成二期面板施工,8 月 25 日放空洞下闸,水库初期蓄水,11 月 10 日达到当年最高水位 740.36m,12 月 28 日发电。1999 年 5 月完成三期面板后,8 月 24 日达到当年最高水位 767.4m。2000 年 10 月 9 日达到当年最高水位 779.96m(正常蓄水位 780m)。

面板共 69 块,块宽 16m。各期面板均在 5 月汛前完成施工,以便尽可能由面板挡水度汛。一期面板(高程 680m 以下)于 1997 年 5 月 2 日完成施工,二期面板(高程 680～746m)于 1998 年 5 月 24 日完成施工,三期面板(高程 746～787.3m)于 1999 年 5 月 18 日完成施工。次年 2 月在后一期面板浇筑前,均进行面板顶部脱空检查与脱空处理。发现面板顶部存在脱空及弯曲性结构裂缝、垫层料开裂;运行期发生面板沿一条最长的垂直缝压碎。

面板分三期浇筑,在施工过程中发现各期面板的多数顶部出现脱空,脱空面板数分别占各期面板数的 85%、85% 和 52%,顶部脱空具体如下:一期面板共 27 块,脱空 23 块,最大脱空长度 6.8m,最大开口 15cm;二期面板共 53 块,脱空 45 块,最大脱空长度

4.7m,最大开口 10cm;三期面板共 69 块,脱空 36 块(L25～R12,R1 未脱空),最大脱空长度 10m,最大开口 15cm。三期面板裂缝距面板顶部约 20m。天生桥一级坝脱空程度是目前的最大纪录。

脱空都发生在河床部位面板,脱空前顶部面板就呈悬臂梁工作状态,面板顶部失去有效支撑,因此分期面板顶部发生的裂缝,都是由堆石相对于面板的"脱空趋势"产生的。天生桥一级大坝施工期对脱空部位检查后,采用水泥粉煤灰稳定浆液灌浆进行了处理。面板顶部挠度、堆石沉降和脱空情况见表 4.3-1。

表 4.3-1　　　　　天生桥一级大坝 R1 面板顶部挠度、堆石沉降和脱空情况

日期 (年-月-日)	历时 /月	堆石顶部 沉降/cm	堆石法向 位移/cm	位移 完成/%	面板挠度 /cm	面板脱空 /cm	三期面板裂 缝总数/条	备注
1999-05-01	0.0	0	0	0	0	0	0	面板完工
1999-06-21	1.7	37	45	32	45	0	297	施工期面板第一次检查,库水位 721m
1999-10-01	5.0	76	93	66	90	3	未检查	1999 年 10 月 1 日至2000 年 9 月 15 日
2000-01-24	8.8	90	111	79	96	15	613	施工期面板第二次检查,725m 高程点开始停止上坡位移,脱空砂浆回填
2000-09-15	16.5	101	(124)	88	109	—	—	水库蓄满,堆石法向位移由面板挠度加15cm 得到
2000-11-01	18.0	102	(126)	89	111	—	—	运行期
2001-01-06	20.2		(126)	89	111			运行期
2001-06-25	25.8		(129)	91	114			运行期
2001-12-25	31.8		(134)	95	119			运行期
2002-12-25	43.8		(138)	98	123			运行期
2003-06-25	49.8		(139)	99	124			运行期
2003-07-17	50.5		(139)	99	124			运行期
2003-12-25	55.8		(141)	100	126			运行期
2004-05-22	60.7		(141)	100	126			运行期

2002 年 6 月,采用物探手段再次对高程 760m 以上、桩号 0+446～1+038 范围内的面板脱空进行探测,共探测面积 27805m²。探测结果表明,在 34 块面板中有 64 个脱空区,总脱空面积 8314m²,单块脱空最大面积 400m²;脱空高度 1～5cm,其中 4～5cm 者有

8个脱空区。

由于钢筋混凝土面板是防渗薄板结构,面板完全依赖于垫层料的支撑,面板与垫层料之间脱空,直接影响了面板的受力状态,使面板的工作状况恶化。大的脱空使面板局部产生过大的拉应力或压应力,导致面板裂缝,严重者会产生大的变形,造成面板混凝土被挤压破碎、断裂,从而导致大坝严重渗漏,危及大坝安全。

4.3.1.2 面板脱空处理方法

施工过程中的面板脱空应在蓄水前处理好。蓄水前处理相对容易,可从面板顶部缝口向内灌注水泥粉煤灰浆,也可在面板钻少量小孔径钻孔进行灌浆处理。天生桥一级大坝采用从面板顶部缝口向内灌注水泥粉煤灰浆的方式。面板堆石坝发生渗漏后,几个工程检查表明,面板脱空是普遍现象,只不过是严重程度不同而已。株树桥混凝土面板堆石坝、白云电站在放空水库后,结合面板处理对面板脱空进行了检查,发现面板存在大范围的脱空现象,脱空严重部位面板表面凹陷,混凝土被挤压造成破碎、断裂,继而形成集中渗漏通道。解决面板脱空问题是株树桥与白云混凝土面板堆石坝面板加固工程的重点,两座面板堆石坝均采用钻孔灌浆方法进行处理。

根据多个工程实践,对于脱空部位,采用灌浆的办法进行处理是比较适宜的。对于已建成的水库存在两类灌浆方式:①在放空水库情况下,在面板表面钻铅直孔灌浆;②在不放空水库情况下直接在水库水面钻垂直孔或在坝顶沿面板底面钻斜孔进行灌浆。

(1)放空水库灌浆处理

水库放空后,在面板上布置灌浆孔,搭设施工平台,用钻机钻铅直钻孔,穿过混凝土面板,深入面板下的脱空部位,然后进行灌浆。该方法施工简单,容易控制,灌注质量也有保证,造价低。但面板上钻有较多的孔,如封孔质量不好,则影响面板的防渗性能。且在水库已放空的情况下,采用该方法处理效果较好,但专门放空水库进行面板脱空充填灌浆,会严重影响水库发电、供水等效益。

(2)不放空水库灌浆处理

1)坝顶钻斜孔灌浆

坝顶钻斜孔灌浆指利用坝顶作施工平台,用钻机钻孔,钻孔沿面板底部平行于面板倾斜向下进行,待钻至设计高程后,自下而上分段对脱空部位进行灌浆,达到充填空隙的目的。该方法优点在于不放空水库,避免放空水库带来的发电和用水效益损失,但施工精度要求高,质量控制难度大,成本也比较高。

2)库水面铅直钻孔灌浆

库水面铅直钻孔灌浆指在水面搭设施工平台,用钻机钻孔,穿过混凝土面板,深入面板下的脱空部位进行灌浆。如钻孔水封控制不好,高压水通过钻孔流入坝体,则会威胁坝体安全,因此该方法只适合在水库水位较低的情况下进行,但仍然存在质量控制难度大、成本高的缺点,不宜采用。

相比较而言,在不放空水库的条件下,采用比较严格的施工控制措施,用钻斜孔灌浆解决面板与垫层之间脱空的问题是比较经济的方法。

4.3.1.3 充填处理材料与施工

面板脱空灌浆材料要求:浆液流动性好、稳定性高、强度适中、结石强度 $1\sim2MPa$,弹性模量不超过 2000MPa,能适应后期变形。特别要求浆材流淌性好,是为了能通过灌浆,脱空部位形成均匀的支撑体而不是点状支撑,以免蓄水加载后破坏面板。

(1)灌浆次序

同一面板同一排的灌浆孔分两序单孔灌注,每单元面板充填灌浆由下部向上部推进。

(2)灌浆压力

为防止对面板产生抬动破坏,一般采用自流式灌浆。灌浆压力应根据灌浆试验确定。

(3)灌浆施工

灌浆配比及工艺根据生产性试验确定。

4.3.2 垫层料流失处置

4.3.2.1 垫层料流失原因与危害

垫层位于面板下部,是混凝土面板堆石坝最重要的部位之一,既是防渗面板的基础,又是坝体防渗的第二道防线,其最基本、最重要的功能是作为面板基础,其变形情况直接影响面板的工作性态。因此,要求垫层料具备均匀、连续和较高的压缩模量,给面板提供有效支撑。

根据《混凝土面板堆石坝设计规范》(SL 228—2013)要求和目前的认识,面板堆石坝垫层料应符合下列要求。

1)变形和强度特性

具有低压缩性,确保在自重和水压力作用下变形较小,防止面板开裂和止水系统的破坏而失去防渗性能。

2)渗透和渗透稳定性

垫层料自身应有足够的抗渗性和抗渗强度,其抗渗比降应能满足所承受工作水头作用下渗透稳定性的要求;垫层料应具有半透水性(较小的渗透系数),当面板和止水系

统失效时,垫层料可以限制进入坝体的渗透流量。

3)保砂性

垫层料应对粉细砂、粉质土或粉煤灰起到反滤作用;在面板开裂或止水失效时,它能阻挡被渗流携带的细颗粒淤塞在开裂的缝隙中而使其自愈,减少渗漏。

垫层料流失是大坝长期渗漏导致的一种病害形式,特别是面板破损及其周围部位,渗漏水流长期作用,将垫层料区内的细颗粒带走,导致垫层料区脱空严重,形成疏松垫层料,这将引起垫层进一步变形,当面板无法适应垫层变形时则会导致面板发生裂缝、渗漏等病害。因此,必须对疏松垫层料进行处理,提高其对面板的支撑能力,减少因面板脱空和垫层料疏松变形对面板的不利影响。

4.3.2.2 垫层料流失处置方法

垫层料流失处置一般优先采用灌浆法加密垫层料。灌浆法适应性强,灌浆材料可选择性大,施工也比较简便,且可以与面板脱空处理一并进行。和面板脱空灌浆一样,疏松垫层料加密灌浆处理可采用两种灌浆方法:①在面板表面钻铅直孔灌浆。这种方法需在面板上布置灌浆孔,搭设施工平台,用钻机钻铅直孔,穿过混凝土面板,深入垫层料或过渡层内进行灌浆。此方法施工简单,容易控制,灌注质量也有保证,造价低。但面板上钻有较多的孔,如封孔质量不好,则会影响面板的防渗性能;容易打断面板钢筋。②在坝顶沿垫层料或过渡层钻斜孔灌浆。此方法是利用坝顶作施工平台,用钻机钻孔,钻孔沿面板底部平行于面板倾斜向下进行,待钻至设计高程后,自下而上分段对脱空部位进行灌浆,达到充填空隙的目的。该方法可不放空水库,但施工精度要求高,质量控制难度大。

(1)面板铅直钻孔灌浆

1)灌浆孔的布置

垫层料处理灌浆孔采用梅花形布置,孔排距通过灌浆试验确定。灌浆孔的深度以不钻穿垫层料为原则,并适当留有余地,以免浆体大量进入过渡料及主堆石区,影响坝体排水。

2)灌浆材料

垫层料的灌浆处理主要目的是通过灌浆,充填部分孔隙,提高密实度,但又不能使垫层料强度过高,变形模量过大;而且浆液的颗粒要能灌入垫层料的孔隙内。面板铅直钻孔灌浆方法施工简单,关键是要解决疏松垫层料的可灌性问题。

目前,垫层料加密灌浆处理中灌浆材料多采用水泥、粉煤灰、膨润土混合浆液。在施工过程中,如吸浆量很大,可考虑掺一定比例的砂;如吸浆量很小,普通浆液难以注入,则可考虑磨细浆液。掺粉煤灰可节省水泥,降低浆液的结石强度;掺膨润土可降低浆液的结石强度和弹性模量,提高浆液的稳定性。

加密灌浆浆液结石要求具有弱胶结、较低的模量、适宜的透水性等特点。垫层料加密灌浆技术难度大、施工工艺特殊,为了寻找最优的施工方案,保证灌浆效果,在施工前应对灌浆方案、技术参数、施工工艺和灌浆材料进行必要的试验研究。

3)灌浆技术参数

①灌浆压力。为防止面板抬动,并使浆液结石具有弱胶结、较低的模量、适宜的透水性,垫层料灌浆不宜采用较大的灌浆压力,一般采用自流式灌浆,不加压。

②灌浆结束标准。垫层料加密处理灌浆一般灌至吸浆量≤1L/min,并持续30min即可结束。

(2)坝顶钻斜孔灌浆

坝顶钻斜孔灌浆主要难题是钻孔在松散的垫层料如何钻至设计孔深;如何控制孔斜,使钻孔不钻穿面板或钻入过渡料内;灌浆采用的施工工艺保证灌浆质量的措施及确定钻孔灌浆的各项技术参数。由于是在松散的垫层料内钻斜孔,孔深大,钻孔与灌浆难度大、工艺复杂、造价较高。在2002年汛前,采取此种方法对株树桥混凝土面板堆石坝中间几块破坏严重面板下部垫层料进行了加密灌浆。

1)灌浆孔的布置

灌浆斜孔布置1排孔,孔距3.0m,灌浆分两序施工。钻孔终孔孔径不小于75mm,钻孔倾角35.54°,和面板平行。垫层料内钻孔距面板底面的垂直距离0.50m,距垫层料底部距离1.82m。钻孔深度钻至距基岩或趾板2.0m为止。

2)灌浆材料

坝顶钻斜孔灌浆采用的灌浆材料和面板钻铅直孔灌浆相同,最终要通过灌浆试验结果确定。

3)灌浆技术参数

为防止面板抬动,并使浆液结石具有弱胶结、低模量、适宜的透水性,垫层料灌浆不宜采用较大的灌浆压力,灌浆采用自流灌浆,不加压,并采用限量灌浆。灌浆前,在库水位以上面板安设抬动变形观测装置,并在灌浆时进行监测,面板允许抬动变形值为$500\mu m$,可根据实际情况进行调整。坝顶钻斜孔灌浆采用自下而上灌浆法,灌浆段长2.0~3.0m。

(3)灌浆方案比选

面板钻铅直孔灌浆方法在面板上钻孔,孔深浅,进入垫层料的深度只有2.0m,施工简单;只要垫层料具备可灌性,不存在施工问题;而且钻孔钻穿面板后可先进行面板脱空充填灌浆,再钻入垫层料进行垫层料加密灌浆,可以确切了解垫层料加密灌浆效果。钻灌施工本身的造价比较低,但此方法须放空水库或降低库水位后才能进行,这样就影

响发电,而且影响库区生态及下游供水;在放空水库后还需加固围堰进行抽水,且此方法需在面板上钻孔,而面板布置有钢筋,增加了钻孔的难度,如钻孔封孔质量不好,则会影响面板的防渗性能。

坝顶钻斜孔方法在坝顶上进行钻孔,钻孔方向与面板平行。此方法是在坝顶上进行钻孔灌浆,不需要放空水库,不影响发电,不需要抽水及加固围堰,也不需要在面板上钻很多孔。但面板脱空充填灌浆和垫层料加密灌浆一次性进行,判断灌浆效果有一定的难度。由于是在松散的垫层料内钻斜孔,孔深大,孔斜控制要求严,钻孔灌浆的难度大,工艺复杂,对施工人员和设备的要求高,施工中可能会出现一些意想不到的困难。

在两种灌浆方案均可行的情况下,需综合比较工程造价、发电损失和实际水位、施工工期、技术保障、施工难度等,择优选用。

4.3.3　典型工程案例

4.3.3.1　湖南株树桥混凝土面板堆石坝面板脱空与垫层料流失处置

（1）面板脱空处理

株树桥水库于 1990 年蓄水后,大坝出现渗漏,且逐年增加,1999 年 7 月漏水量达 2500L/s 以上,渗漏非常严重,威胁工程安全。1999 年发现上游面板多处折断,下部塌陷形成孔洞,防渗体系发生严重破坏,必须尽快放空水库进行加固处理。2000 年初,水库放空后对已出露面板、止水与垫层料等进行检查,大坝防渗体系破坏非常严重(图 4.3-3、图 4.3-4),具体如下。

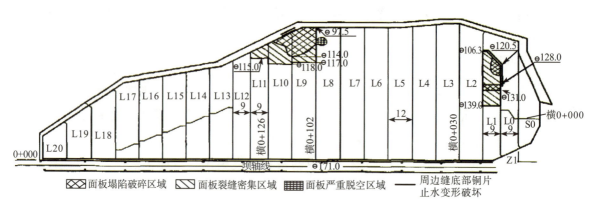

图 4.3-3　大坝严重破坏部位平面(单位:m)

图 4.3-4　L8 面板脱空 130cm

①靠近两岸边坡底部面板不同程度破坏,特别是 L1、L9～L11 等面板下部严重塌陷、破裂,形成集中渗漏通道。

②表面止水已基本失效,部分接缝底部止水撕裂,或因混凝土破碎而脱落,形成漏水通道。

③混凝土面板严重脱空,L8 面板下部最大脱空高度达 130cm。当时面板脱空尚无好的无损检查手段,只能通过钻孔检查。

④面板裂缝密集,部分裂缝发展成断裂。

⑤垫层料细颗粒流失严重。

2000 年 1—4 月完成第一阶段的大坝度汛抢险处理,主要完成对面板破坏严重部位的堵漏处理,混凝土面板修复、面板裂缝处理、面板脱空处理、表面止水更换与局部底部止水修复。2002 年汛前完成对大坝进一步加固处理,对垫层进行充填与加密灌浆、修复大坝辅助防渗体系。脱空处理采用回填改性垫层料及凿孔充填灌浆的方法;对脱空较大的 L8 面板掺加 5%～8% 水泥的改性垫层料回填;对其他面板脱空采用掺加适量粉煤灰的水泥砂浆进行充填灌注。大坝渗漏处理后,至 2016 年,在正常蓄水位时,渗漏量保持在 10L/s 以内。

(2)垫层料加密处理

根据检测结果,株树桥面板堆石坝出现严重破坏的一个重要原因,就是垫层料和过渡料不符合要求,具体如下:①垫层料小于 5mm 颗粒含量较少,且施工质量存在缺陷;②过渡料小于 5mm 颗粒含量偏低,且大部分使用了主堆石料,对垫层料未起到有效的支撑、反滤保护作用;③大坝止水失效后,垫层料长期在一定水头作用下而出现渗透破坏和流失,造成面板严重脱空、塌陷,加剧了面板的破坏。

株树桥面板堆石坝在 2000 年大坝度汛抢险处理施工时,在 L1、L2、L7.2、L10 部分面板进行了脱空充填灌浆。钻孔布置在面板上,孔位布置按顺坡向孔距 5.0m,水平向孔距 3.0m 梅花形布孔,孔径不小于 ϕ50mm,孔向铅直。灌浆次序:同一高程的灌浆孔先灌两侧孔,再灌中间孔,单孔灌注。面板充填灌浆由面板下部向上部推进。灌浆压力为 0.01MPa,以孔口压力表压力读数为准。共钻孔 47 个,灌浆充填面积 2636m²,灌入浆液 107230L,平均充填厚度 4cm。

2002 年初,开始进行大坝渗漏处理二期工程的施工,针对面板脱空和垫层疏松的问题,经研究比较,确定采用在不放空水库条件下坝顶钻斜孔灌浆方案对面板脱空和垫层疏松进行处理。坝顶斜孔灌浆采用自流限量灌浆,限定浆量一般为 3000~5000L,灌注完限定的浆量后即可结束灌浆。

由于坝顶斜孔灌浆须对面板脱空和垫层疏松一并进行灌浆处理,因此坝顶斜孔灌浆需综合两种灌浆要求并考虑施工条件选择配合比。

从实施情况看,钻孔和灌浆难度均很大,钻孔过程中,经常断钻杆,有时一个钻孔要反复钻多次。从测斜情况看,钻孔基本往上游偏,为避免钻穿面板,采用了挤压性钻头,这种钻头把松散体挤开钻进,不钻入坚硬物体,可保证不会钻穿面板。垫层料超长斜孔加密灌浆见图 4.3-5。

图 4.3-5　垫层料超长斜孔加密灌浆

从灌浆情况看,钻孔吸浆量均比较大,多采用限量灌浆。从 3 个试验孔看,平均充填空隙厚度 56cm,注入量比较大。从面板脱空检查情况看,除面板已产生断裂等严重破坏的部位脱空较大外,一般部位脱空高度为 3~30cm。

根据试验结果,坝顶钻斜孔灌浆在 L1、L2、L10、L7.4、L12 面板布置了钻孔 18 个(包括灌浆试验孔),钻进最深为 88.8m。从灌浆资料分析,Ⅱ序孔吸浆量和注入量一般小于Ⅰ序孔,18 个钻孔灌浆总进尺 7438.3m,灌浆面积 3415m²,平均单耗 1226kg/m。Ⅰ序孔注入干料重量平均单耗 1373kg/m,Ⅱ序孔注入干料重量平均单耗 1027kg/m。浆液平均充填脱空和空隙厚度 37.2cm。面板铅直孔灌浆按灌浆面积浆液平均充填脱空和空隙厚度 13cm,坝顶钻斜孔灌浆按灌浆面积浆液平均充填脱空和空隙厚度 37.2cm。从灌浆情况看,坝顶钻斜孔灌浆效果好于面板钻铅直孔灌浆。

在水库蓄水的条件下,进行面板堆石坝面板脱空和垫层料加密处理,钻孔难度大,施工工艺复杂,该技术为国内外首创,第一次用于处理面板堆石坝面板脱空和垫层料加密。检测后近 15 年的大坝运行性态表明,坝顶钻斜孔灌注效果良好,达到了充填面板脱空部位和垫层料加密的要求。

4.3.3.2　湖南白云混凝土面板堆石坝面板脱空与垫层料流失处置

(1)面板脱空处理

白云水电站大坝蓄水运行后的前 10 年,渗漏量基本正常。2008 年 5 月后,渗漏量开始加大并持续增加,2012 年 9 月达到最大值 1240L/s。从渗漏量的整体变化规律来看,大坝渗漏趋势在不断加剧。

经反复比较,采取了放空水库的加固方案。2015 年 1 月水库放空后,大坝破坏情况主要为:①L5、L6 面板在高程 490m 上下出现一处面积约 50m² 塌陷区;②L4、L5、L6、L7 面板在高程 473m 以下出现较大范围塌陷破坏,塌陷面积约 250m²,影响面积约 600m²,最大塌陷深度 2.5m,面板破坏十分严重,破坏程度国内外罕见;③高程 500m 以上裂缝密布;④周边缝底部铜止水拉裂。面板脱空与塌陷情况见图 4.3-6、图 4.3-7。

图 4.3-6　面板 L5~L6(高程 492m)　　　图 4.3-7　面板 L4~L7(高程 472m)

1)面板脱空检测

水库放空后,分两期分别对高程 501m 以上和高程 460~501m 区域混凝土面板脱空缺陷进行了检测。通过采用 LTD-2100 型地质雷达,0.2~0.5m 条带间距坐标测线网格(采用 GC900MHz、GC400MHz、GC270MHz 三种天线进行浅部、中部及深部范围探测),对面板进行详细普查。

检测结果表明,高程 501m 以上面板大部分存在脱空,最大脱空高度大于 7cm,一般在 3~5cm 范围,面板下非连续性明显脱空区域(带)面积占面板全面积的 61.4%;一般脱空区域(带)面积占面板全面积的 19.7％(图 4.3-8 至图 4.3-11)。高程 460～501m 区域面板脱空情况稍好,最大脱空 6cm,一般在 3～5cm 范围,面板下非连续性明显脱空区域(带)面积占面板全面积的 25.9％;一般脱空区域(带)面积占面板全面积的 9.7％。经 6 个面板钻孔验证,地质雷达测值基本准确,相对略大。

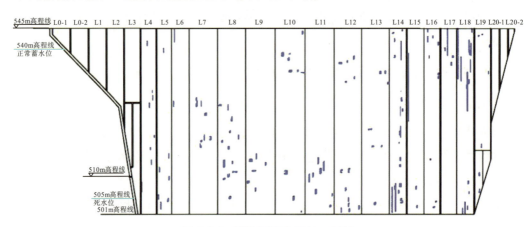

图 4.3-8 脱空深度大于 7cm 区域

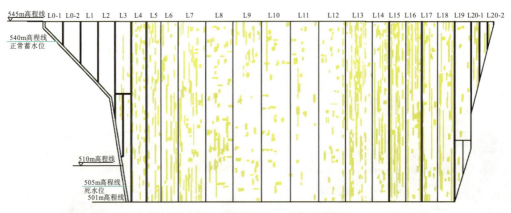

图 4.3-9 脱空深度 5～7cm 区域

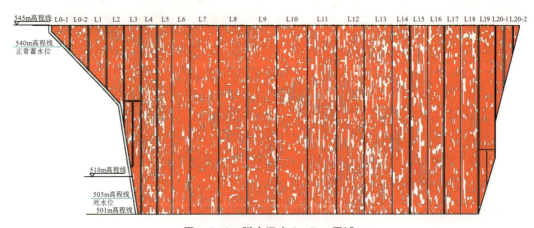

图 4.3-10 脱空深度 3～5cm 区域

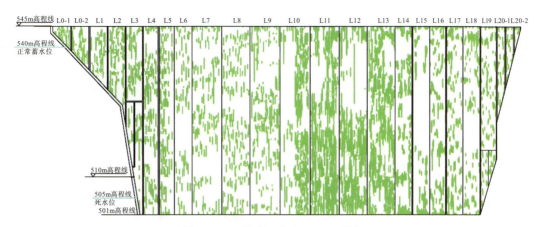

图 4.3-11　脱空深度小于 3cm 区域

2)面板脱空处理

考虑水库放空后面板有所回弹,决定对脱空深度大于 3cm 的区域进行处理。但从检测结果可见,小于 3cm 的区域与大于 3cm 的区域是相互交错在一起的,而浆液具有流动性,因此面板脱空处理的范围确定为高程 501m 以上全部面板和高程 469~501m 范围 L7~L13 面板区域。面板脱空采用面板表面垂直孔灌浆进行处理,即在面板上布置灌浆孔,搭设施工平台,用钻机垂直面板钻孔,穿过面板后进行灌浆。

①灌浆材料。根据类似工程经验,灌浆材料选用粉煤灰水泥砂浆。材料要求:浆液流动性好、稳定性高、强度适中。

②灌浆孔布置。面板表面设垂直孔,梅花形布置,水平孔距中部面板距离为 8m,距左右岸面板距离为 5.5~7.5m,顺坡向孔距高程差为 6m。钻孔采用手风钻,孔径不小于 50mm,孔深穿过混凝土面板即可。对于同一块面板同一高程布置两个孔时,为防止面板开裂,孔位高程宜错开布置。

③灌浆工艺参数。在现场进行了生产性试验,根据试验结果,对部分灌浆参数进行了调整:L7~L13 面板水平孔距为 8m,其他面板为 7m,顺坡向孔距高程差为 3.5m。

灌浆结束后采用预缩砂浆封孔。预缩砂浆水灰比 0.32,灰砂比 1:2,并掺入 3/100000 的引气剂。

根据施工记载,L10~L19 高程 501m 以上全部面板和 L7~L9 高程 501m 至高程 516m 部分面板的灌浆孔脱空灌浆,合计钻孔 160 个,充填面积 7367m^2,灌入浆液 304483L,平均充填厚度 4.13cm,与面板脱空检测成果较吻合。其中,L7、L8、L9 面板由于只灌注了下部 6 个孔,灌注浆液可能流入下部脱空区,故计算得出的平均充填脱空厚度稍大,这也与检测结果相一致(图 4.3-12)。

图 4.3-12　面板脱空灌浆施工

（2）垫层料加密处理

1）垫层料原设计与施工

大坝设计要求垫层料干密度 2.2t/m³，孔隙率小于 20%，小于 0.1mm 的细粒含量控制在 5%～11%。垫层料采用机械破碎和人工掺配比法制备，其中碎石系爆破开采灰岩料，为经粗中两级破碎后不经筛分的混合级配料；人工砂采用棒磨机磨制。根据室内试验结果，碎石料与人工机制砂按体积比 1∶0.8～1∶0.7 掺和，现场分两层摊铺。

根据施工期 43 组现场垫层料筛分试验原始资料，可得施工期垫层料颗粒级配包络图见图 4.3-13。从实测成果看，小于 5mm 颗粒含量最大 52%，最小 22%，平均 33%。尽管平均值满足 30%～40% 的设计要求，但垫层料填筑质量非常不均匀，也不满足《混凝土面板堆石坝设计规范》（SL 228—2013）35%～55% 的要求。根据垫层料填筑实测资料，高程 475m 以下共进行了 19 组垫层料取样检测，结果表明小于 5mm 的含量为 23.7%～52.3%，其中有 12 个测点小于 5mm 的含量低于 35%，不满足《混凝土面板堆石坝设计规范》（SL 228—2013）的要求，垫层料难以起到反滤作用。

2）疏松垫层料检测结果

白云水电站渗漏量逐年加大，且已渗漏多年，渗漏区受水流冲刷，垫层料中细颗粒被水流逐步带走，粗颗粒被架空，必然形成疏松垫层。尤其在面板已破碎或塌陷的集中渗漏区域，周围更易出现垫层料疏松现象。鉴于疏松垫层料隐患大，必须对疏松垫层料进行检测与处理，以提高其对面板的支撑能力，减少因面板脱空和垫层料疏松变形对面板产生的不利影响。检测现场见图 4.3-14、图 4.3-15。

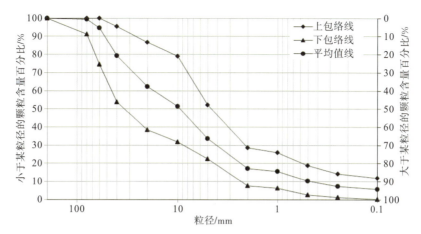

图4.3-13 施工期垫层料颗粒级配包络图

图4.3-14 核子密度仪现场检测   图4.3-15 灌砂标定

现场取样、实验室检测的疏松垫层料级配曲线见图4.3-16,可见小于5mm含量颗粒约30%,不满足《混凝土面板堆石坝设计规范》(SL 228—2013)35%~55%的要求;特别是小于1mm含量颗粒,从两图对比可以看出,从17%降低到5%左右,细颗粒被渗漏水流带走严重。

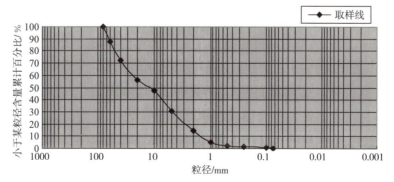

图4.3-16 疏松垫层料级配曲线

3）垫层料加密灌浆设计

白云面板堆石坝面板严重破损区垫层料细颗粒流失严重，垫层料疏松，采用加密灌浆的方式进行处理。疏松垫层料加密处理范围为破损面板拆除修复区域。采用放空水库的方式进行处理，加密灌浆采用施工简便的面板垂直钻孔灌浆方法（部分钻孔可结合脱空处理钻孔）。

①灌浆材料。灌浆材料主要为水泥和粉煤灰，水泥采用 42.5 级普通硅酸盐水泥，粉煤灰采用Ⅱ级粉煤灰。

②灌浆孔布置。灌浆采用铅直钻孔灌浆，灌浆孔按 2m×2m 梅花形布设，管孔径不小于 50mm。高程 470m 面板明显塌陷破损区域及其周边 1m 范围灌浆孔孔深为 6m，其余部分孔深为 3m，面板周边缝附近灌浆钻孔至基岩即可。

4）垫层料加密灌浆前后检测

使用核子密度/湿度检测仪，对垫层料加密灌浆前后的表层进行检测，以及对未破坏区域进行抽样检测，结果统计见表 4.3-2。

表 4.3-2　　　　　　　　疏松垫层料加密灌浆前、后的密实度检测结果统计

项目	灌浆前		灌浆后	
	含水率/%	干密度/(g/cm³)	含水率/%	干密度/(g/cm³)
组数	36	36	36	36
平均值	7.20	2.128	7.22	2.175
最大值	12.75	2.277	13.06	2.348
最小值	3.59	1.949	3.58	2.017
标准差	2.15	0.08	2.16	0.08

①由原疏松垫层料检测结果（浅表层）可知，该水库大坝在灌浆前的干密度 1.949～2.277g/cm³，其平均值为 2.128g/cm³；在灌浆后的干密度 2.017～2.348g/cm³，其平均值为 2.175g/cm³；干密度平均提高了 2.21%，其离差均较小。

②大坝面板未破坏区域的部位垫层料抽样检测结果（浅表层）表明，其干密度在 2.027～2.226g/cm³，其平均值为 2.135g/cm³。

根据《混凝土面板堆石坝设计规范》（SL 228—2013），垫层料应具有连续级配，最大粒径为 80～100mm，小于 5mm 的颗粒含量宜为 35%～55%，小于 0.075mm 的颗粒含量宜为 4%～8%；压实后应具有内部渗透稳定性、低压缩性、高抗剪强度，并具有良好的施工特性。

从检测结果看，36 个检测点中，有 18 点灌后垫层料的干密度小于设计要求 2.20g/cm³，合格率 50%；最小值为 2.02g/cm³，为设计要求的 91.8%。疏松垫层料干密度平均值在加密灌浆前为 2.128g/cm³，灌浆后为 2.175g/cm³，平均提高 2.21%，也较面板未破坏区

域部位垫层料（未灌浆）2.135g/cm³ 有了改善。同时，灌浆处理的垫层料孔隙率约 18%，满足规范要求，从这一点上看，垫层料处理基本满足工程运行要求。

4.3.3.3　贵州天生桥一级混凝土面板堆石坝脱空处置

（1）工程概况

天生桥一级水电站大坝为钢筋混凝土面板堆石坝，坝顶高程 791.0m，坝高 178m，坝长 1104m。堆石坝的钢筋混凝土面板共 69 块（每块宽 16m），以河床中心位置（桩号 0+638）为界，右岸 34 块，左岸 35 块，面板总面积为 17.3 万 m²，分三期浇筑（一期从坝底至 680m 高程，二期为 680~746m 高程，三期为 746~787.3m 高程），面板厚度为从底部的 0.9m 渐变至顶部的 0.3m，在面板底部设有铜片止水。面板混凝土的设计抗压强度为 25MPa。

（2）存在问题

2000 年初在大坝防浪墙未浇筑前，检查三期面板顶部 787.3m 高程，R12~L25 之间 37 块面板存在不同程度的脱空，最大脱空 46.7mm。2002 年 4—5 月对大坝 R12~L25 面板的高程 760.0~787.3m 范围内进行无损探测，总探测面积 27805m²。探测结果表明：面板 R12~L25 在高程 760.0~775.0m 范围内存在较大面积的脱空，但脱空高度较小；在高程 775.0~787.3m 范围内存在较少面积的脱空。

（3）问题处置

2000 年 2 月在三期面板的顶部开口直接进行灌浆处理，共灌入粉煤灰和水泥 177.4t，这是第一次灌浆处理。由于坝体在初运行期变形相对较大且不均匀，经检查灌浆后面板的中部仍有不同程度的脱空。

第二次灌浆处理在 2002 年 5—7 月进行，灌浆分为两个阶段。第一阶段在 2002 年 5 月底前完成预埋的 12 根灌浆管的灌浆，对 38 根不通的灌浆管的相应面板，在大坝桩号 0+494~1+038、高程 760~787.3m 以下 1~3m 范围内钻孔，采用自流式充填脱空间隙灌浆方式。灌浆材料为 52.5 号普通硅酸盐水泥掺粉煤灰，掺和比为 1:4.3，水胶比为 0.6~1.0，灌浆压力为 0.1~0.3MPa，灌浆以不抬动面板为准。第二阶段先用无损探测仪对大坝面板 0+446~1+038、高程 760~787.3m 范围进行脱空检查，对脱空面积大于 5m² 的部位进行灌浆处理，采用孔口不堵塞的自流无压式灌浆方式，后用 28d 强度为 55MPa 预缩砂浆封孔。第二次灌浆共计钻孔 270 个，灰量 934t。经现场钻孔检测，这次面板灌浆取得了较好的效果。

4.3.3.4　湖北龙背湾混凝土面板堆石坝脱空处置

（1）工程概况

龙背湾水电站位于湖北省竹山县堵河支流官渡河上，水库总库容 8.3 亿 m³。龙背

湾水电站主要由大坝、溢洪道、引水发电系统、放空洞等建筑物组成。大坝为钢筋混凝土面板堆石坝,河床趾板建基面高程366.00m,最大坝底宽451.06m,最大坝高158.30m,坝顶轴线长465.00m,宽10.00m。

面板分3期施工。一期面板从趾板高程366.80m浇筑至高程462.00m,二期面板从高程462.00m浇筑至高程492.00m,三期面板从高程492.00m浇筑至高程520.40m。一期面板分为28块,编号为左L13~右L15。一期面板从2013年10月30日开始施工,2014年1月12日完工。

(2)存在问题

一期面板高程436.00m处,在左L6、右L2、右L8共3块面板中间处埋设有面板脱空监测传感器。2014年2月底至3月初开始检测,发现3处监测设备数据异常,分析认为可能发生了面板脱空现象。通过地质雷达等无损探测方式,探测出一期面板脱空分布。检测范围内的面板脱空主要分布在左L7~右L9面板上,共计16块,脱空高程区间为434.00~446.50m,面板脱空长度(面板斜坡向实际长度)为6.70~16.40m,脱空宽度为232.00m(面板宽度方向)。其中,面板左L1~右L5脱空长度范围内脱空较连续,脱空高度为2.50~4.00cm,其他面板脱空高度不大于2.50cm。

(3)问题处理

龙背湾一期面板脱空采用灌浆法进行填充处理,灌浆浆液为水泥粉煤灰稳定浆液。处理工艺为:灌浆孔布设→灌浆孔施工→面板脱空量复核→灌浆→检查孔布设及钻孔→灌浆质量检查→不合格孔处理→封孔。

1)灌浆孔布设

原则上灌浆孔以每块面板为单位进行布设,从脱空区的下边缘线沿面板斜坡向上2m处布设第一排灌浆孔,然后沿面板斜坡向上每隔4m布置一排灌浆孔,最后一排灌浆孔应高出面板脱空区域上边缘线1~2m;宽16.00m面板(宽8.00m面板没有检测到脱空区)每排设4个灌浆孔,孔间距4m,两端的灌浆孔距面板分块缝2m。

2)灌浆孔施工

采用取芯空心钻开面板灌浆孔,钻头直径40mm,钻透面板混凝土即可。钻孔前,应核实面板厚度、双层钢筋位置及面板以下是否埋设有观测仪器、电缆等。钢筋位置使用混凝土钢筋检测仪进行检测,并在面板上做出标记。如灌浆孔位置与埋设的观测仪器、电缆、面板钢筋位置有冲突,可适当调整灌浆孔位置,避开仪器设备、电缆和面板钢筋,如有破坏,应修补恢复。

3)面板脱空量复核

灌浆孔施工完成后,用长100cm直钢尺和自制"["形铁丝,通过灌浆孔对面板脱空量进行测量复核。"匚"形铁丝直径 4mm,总长 100cm,其中两端短直角边各长 3cm,两短边之间长直角边长 94cm,短直角边和长直角边均为直线,不能有弯曲。测量时,将任一端伸入灌浆孔内,探到底后用直钢尺测量外露铁丝的长度,上提铁丝使短直角边与面板底面接触,测量外露铁丝的长度,将两个长度之差加上钢丝直径(4mm)即为本次测量的脱空数值。如此每孔测量 3 次,每次将铁丝沿同一方向(顺时针或逆时针)旋转 120°,取 3 次测量的平均值为该灌浆孔处面板的脱空量数值。

4)灌浆

①搭设灌浆平台。为保证浆液能正常进行自流,在脱空面板上每隔一定距离搭建一个灌浆平台,平台长 6m,宽 3m。灌浆平台高程应高于拟灌浆的灌浆孔高程,保证浆液能顺利流入灌浆孔。

②面板抬动监测。为防止灌浆过程中面板产生抬动变形,灌浆施工前须在灌浆部位安装抬动位移计,对面板抬动进行实时监测。另外,配置全站仪进行辅助监测。

③灌浆试验。对于脱空量小于 2.5cm 的面板,浆液设计配合比为水泥∶粉煤灰∶水(重量比)=1∶9∶10;对于大于 2.5cm 的面板,水泥∶粉煤灰∶水(重量比)=1∶9∶5。正式灌浆前,先进行灌浆试验,对设计配合比进行验证和优化。根据面板脱空量大小,以设计配合比为基础,通过调整水的用量,配制出不同浓度和流动性的浆液进行对比试验,选用最佳配合比。

④灌浆施工。根据坝体沉降观测数据分析,当面板脱空区坝体沉降已收敛、面板脱空趋势不再发展时即可进行灌浆施工。浆液由现场制浆站根据灌浆试验确定的最佳配合比集中拌制。灌浆从面板脱空区下部的灌浆孔开始往上逐排灌注,下排灌浆孔注浆时,上排灌浆孔必须已完成施工,上、下两排灌浆孔注浆时间宜间隔 24h。灌浆时,在灌浆孔口设置集料漏斗,以消除浆液高差产生的压力,确保浆液由孔口自流注入,不起压。灌浆过程中,施工人员要时刻关注灌浆情况和灌浆区间内排气孔的情况,孔口返浆后即可停灌。同时,及时对灌浆孔处面板脱空区的理论灌浆量与实际灌浆量进行对比分析,指导灌浆施工。

5)检查孔布设及钻孔

为评判大坝面板脱空灌浆处理质量,借鉴国内其他水利工程面板脱空处理的检验方法,确定检查孔布设原则如下:①每块面板脱空区至少布设 1 个检查孔;②根据面板脱空情况及灌浆量,对灌浆过程中出现异常情况的孔,在其周围加密布置检查孔,面板脱空相对较大而吸浆量相对较小的灌浆孔周围布设 1 个检查孔;面板脱空相对较大且灌浆量也较大的灌浆孔周围布设 1 个检查孔。

检查孔施工在面板灌浆完成 7d 后进行,采用取芯空心钻开检查孔,钻头直径为 40mm,钻透面板混凝土时止。

6)灌浆质量检查

面板脱空区检查孔施工完成后,采用与"面板脱空量复核"相同的工具和方法,从检查孔对灌浆后的面板脱空区填充情况进行检测。如果面板脱空量小于0.5cm,即判定为灌浆合格(考虑浆液凝固后收缩);反之判定为灌浆不合格。

7)不合格孔处理

对灌浆不合格的孔,对原灌浆孔进行扫孔,然后用稀浆(水泥∶粉煤灰∶水=1∶9∶10)进行无压补灌,待注入率为0时,即判定为灌浆合格。

8)封孔

经检测,确认面板脱空区灌浆全部合格后,对原灌浆孔及检查孔采用高压风、水进行清理,然后用与面板混凝土等强度的NE-Ⅱ型环氧砂浆进行封堵处理。

4.4 堆石体控制灌浆处置

混凝土面板堆石坝坝体堆石控制灌浆主要包含两类:一是坝体灌浆形成防渗帷幕,重构防渗体;二是灌浆控制坝体变形,解决堆石体持续过大变形导致的面板破损问题。

混凝土面板堆石坝的防渗面板若没有修补的可能或修补代价太大时,可考虑在坝体中灌浆形成防渗帷幕作为坝体的防渗系统。比如贵州红枫水库为木质面板防渗的堆石坝,运行20年后木质面板腐蚀严重,采用控制灌浆技术在上游侧干砌石内重构防渗体,取得了良好的效果。

堆石体长期持续发生较大变形,可导致防渗面板反复开裂。控制坝体变形是解决面板反复开裂的根本,为此可采用控制灌浆的加固方法控制坝体变形,从根本上解决由面板反复开裂引起的渗漏。比如广西磨盘水库混凝土面板堆石坝采用以控制堆石坝变形为目的可控充填灌浆技术,可有效地降低堆石体的孔隙率,使大坝变形得到有效控制,确保重建的防渗面板不再因坝体变形产生破坏。

4.4.1 防渗灌浆

早期坝体采用干砌石砌筑的面板堆石坝,以及高度不大、坝坡较缓的面板堆石坝,不能放空水库进行加固处理时,可考虑在堆石体内灌注由水泥、膨润土、水玻璃和外加剂等组成的稳定浆液和膏状浆液,在坝体上游侧形成灌浆防渗体,特别是膏状稳定浆液灌浆可在水库渗漏较大的动水条件下灌注,稳定浆液用来进一步加强幕体的防渗性能。

4.4.1.1 稳定浆液特性

稳定浆液指浆液在2h内析水率不超过5%的水泥混合浆液。有学者认为,稳定浆液为黏—塑性流体,属宾汉姆(Bingham)流体。根据宾汉姆流体理论,流体所受的剪切应力小于某一固定值(塑性屈服强度)之前,剪切速率为零,流体不流动,但有类似固体的弹性变形。当剪切应力大于后,浆液产生流动,其流变特性可用图 4.4-1 和下述流变方程表示。

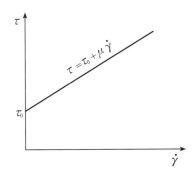

图 4.4-1　宾汉姆(Bingham)流体的流变曲线

$$\tau = \tau_0 + \mu \dot{\gamma}$$

式中:τ_0——塑性屈服强度(Pa);

μ——塑性粘度(Pa·s);

$\dot{\gamma}$——剪切速率(s^{-1})。

当 $\tau \leqslant \tau_0$ 时,$\dot{\gamma}=0$;当 $\tau > \tau_0$ 时,$\tau = \tau_0 + \mu \dot{\gamma}$。塑性屈服强度 τ_0 为反映浆液黏聚力大小的极限剪应力,在有一定浓度的黏性细颗粒形成絮状结构后产生。灌浆区内应使浆液中产生的剪应力大于塑性屈服强度。剪应力在扩散的过程中逐渐减小至小于 τ_0 后,浆液区边缘不再扩散。塑性粘度 μ 制约浆液的流动速度,影响过程的历时长短。

当浆液中掺有砂粒等硬物质形成内摩擦角后,浆液的流变方程为:

$$\tau = \tau_0 + \mu \dot{\gamma} + P_s \tan\varphi_s$$

式中:P_s——局部压力(Pa);

φ_s——浆液的内摩擦角(°)。

即使浆液内摩擦角 $\varphi_s = 1°$,浆液扩散距离也在 1.0m 以内,有利于充填孔洞,但可灌性差。

(1)水泥浆的流变参数

纯水泥浆的塑性屈服强度 τ_0、塑性粘度 μ 及漏斗粘度均随水灰比增大而减小。当水灰比大于 1.5 后,τ_0 及 μ 值减小便不明显,大于 3.0 后几乎无变化。因此,采用水灰比 1.5~2.0 的稀浆起不到改善浆液流动性、增加可灌浆性的目的。加入少量膨润土便能明显提高水泥浆的塑性屈服强度和漏斗粘度,减少析水率。随着减水剂用量的加大,水泥浆的塑性屈服强度逐渐降低,可灌性改善。

（2）水泥砂浆的流变参数

水泥砂浆的流变参数随水灰比增大而减小，与灰砂比关系受砂粒形状及级配影响大（表4.4-1）。水泥砂浆遇水易被稀释，不适于在动水中灌注。

表4.4-1　　　　　　　　　　　　　水泥砂浆流变参数

灰砂比	1:1	1:2	1:2.5	1:3	1:4
水灰比	0.49~0.60	0.55~0.79	0.64~0.81	0.78~0.91	1.03
密度/(g/cm³)	2.24~2.18	2.16~2.10	2.20~2.15	2.12~2.00	2.05
塑性屈服强度/Pa	42.80~40.0	41.50~40.00	50.50~39.50	46.00~40.60	39.00
塑性粘度/(Pa·s)	0.68~0.60	0.52~0.49	0.54~0.48	0.52~0.46	0.59

（3）稳定浆液的流变参数

稳定浆液按材料成分的不同，可分为水泥稳定浆液、混合稳定浆液、膏状稳定浆液、速凝膏状稳定浆液。

1）水泥稳定浆液

水泥稳定浆液为水灰比不大于0.6:1的纯水泥浆、水灰比不大于1.0的磨细水泥浆或水灰比0.7~1.0的水泥浆中掺入少量膨润土、硅粉等稳定剂的水泥系浆液。为使浆液有一定的扩散范围，宜控制塑性屈服强度不大于10Pa，主要用于基岩固结及帷幕灌浆、粗粒土灌浆。

2）混合稳定浆液

混合稳定浆液为掺有粉煤灰、黏土或其他掺合料的水泥系稳定浆液。塑性屈服强度10~20Pa，主要用于有架空现象的粗粒土灌浆。

3）膏状稳定浆液

膏状稳定浆液为由水、水泥、粉煤灰或磨细矿渣、膨润土或黏土等材料组成的塑性屈服强度大于20Pa的低水固比膏状混合稳定浆液，在自重作用下不流动，具有自堆性，适用于封堵较大渗漏通道和位于动水区的架空渗漏通道。

4）速凝膏状稳定浆液

速凝膏状稳定浆液为掺加速凝剂制成的膏状稳定浆液，不仅具有自堆性，且凝结时间短，具有较强高的抗水流稀释和冲刷能力，适用于封堵动水条件下集中渗漏处。

4.4.1.2　膏状浆液特性

膏状浆液是在水泥浆液中通过添加高黏性土（膨润土、赤泥等）、粉煤灰、增塑剂、速凝剂等材料配制的稳定性浆液，具有很大的屈服强度和塑性粘度。膏状浆液在灌浆过程中不仅具有很好的可控性，而且具有较好的抗水冲性能，适合于大孔隙和地下水流动介质的灌浆。其主要性能和特点如下。

（1）抗流水稀释性能

膏状稳定浆液中含有大量的黏土、膨润土等掺合料。黏土的黏结作用和抗渗透作用使膏浆自成一体，流水不能进入膏浆的内部，使膏浆的水泥颗粒、黏土颗粒不会产生离析。流水只能从膏浆的边缘进行淘刷，使之逐步从外围产生离析，而不会像普通水泥浆液、砂浆或混凝土那样遇水就产生离析，因此膏状稳定浆液具有一定的抗水稀释的能力。

（2）抗流水冲刷性能

普通膏状稳定浆液的抗水稀释能力使膏浆体作为一个整体来抗击水流的冲刷，而膏状稳定浆液可以缩短膏浆胶凝时间，使其快速凝固，更加减小了边缘的冲刷。要使膏状稳定浆液产生流动，流水必须克服膏浆的剪切屈服强度，而膏状稳定浆液的剪切屈服强度值可以达到 100Pa 以上，且随着时间的增加，剪切屈服强度是逐步增大的，故膏状稳定浆液具有相当强的抗冲能力，能在散粒料中抵抗 $1\sim2\text{m/s}$ 的流速冲刷，可以用于有中等开度（如 $10\sim20\text{cm}$）渗漏通道且具有一定流速的堆积体渗漏地层。

（3）流动特性和扩散特性

膏状稳定浆液是典型的宾汉流体，与普通高含水量水泥悬胶体浆液灌浆相比，浆液扩散形式完全不同。当使用高含水量水泥悬胶体浆材时，裂隙的填充由水泥颗粒在流动的途径中逐渐沉淀形成，这是因为浆液的流动速度随着钻孔距离的增加而逐渐减小。随着时间的增加，在离开钻孔一定距离处形成了由水泥细颗粒构成的堵塞，因为这个堵塞，水泥凝固不需要的多余水分就逐渐被排除。而使用膏状稳定浆液时，则形成明显的扩散前缘，在水泥快速初凝后，膏浆就形成较为坚硬而密实的水泥结石，在其后面的裂隙和空洞就会被膏浆完全填满。

（4）触变性

膏状稳定浆液具有触变性质，当膏状稳定浆液承受的推力大于其自身的屈服强度，浆体将产生流动，并将出现典型的流体性质，一旦小于其自身的屈服强度，膏浆的粘度得到恢复，表现出特定的固体性质。浆体固有的触变性在灌浆过程中提高了浆体的稳定性，当浆体的运动速率减慢或停止运动时，浆体结构的恢复使得水泥颗粒不至于分层沉淀，有利于灌浆过程的控制。对特殊地层中的灌浆（在大裂隙或孔洞），触变性可防止浆体流动过远，减少浆材的浪费。在地下水流速较大的地段灌浆，触变性可提高抗冲刷能力。

（5）速凝性

通过速凝剂调节水泥膏浆的凝结时间，在普通水泥膏浆的基础上改进为膏状稳定

浆液,加快了浆体初凝速度,使浆体从流态迅速转变成固体,减少了流水对浆体的冲刷和稀释,能有效地控制浆体扩散半径;解决了普通水泥膏浆在水下凝结时间长,不利于动水下堵漏施工的难题。

4.4.2 变形控制灌浆

堆石体变形较大的主要原因是孔隙率偏大,可采用控制灌浆的方式,通过灌入合适的材料,减小干砌石和堆石体孔隙率,以控制坝体变形。由于堆石体均一性差,采用控制灌浆处理变形问题时,主要难题是灌浆材料和钻孔灌浆工艺。

灌浆材料应具有一定的可控性能和可灌性,具有一定的胶结性能和强度,能够在堆石体均匀扩散,可根据堆石体的情况选择细石混凝土、细石、砂、水泥粉煤灰混合浆、水泥砂浆、水泥黏土混合浆、浓水泥浆等。

在钻孔与灌浆工艺方面,由于高孔隙率堆石坝坝体材料均一性差、堆石材料复杂,施工工艺难于掌握,尤其对于深斜孔的灌浆施工工艺问题更为突出,需主要解决以下几个问题。

(1)钻孔

堆石坝造孔易卡钻、烧钻、孔壁失稳、塌孔、钻孔冲洗液漏失严重,成孔十分困难,一直是灌浆施工的难点。通过研究及现场实践,探索适用于堆石体材料,尤其深斜孔的完整造孔工艺,使造孔过程中钻具损失较小,有较高的造孔效率(造孔效率不小于 1.0m/h)。

(2)灌浆压力

灌浆压力是堆石体灌浆重要的参数,是影响浆液扩散能力及胶结质量的主要因素之一,需要结合排序、孔序和孔深来确定合适的灌浆压力。

(3)灌浆段长

合理选择灌浆段长能够提高灌浆质量和生产功效,按照排序和孔序分别选择灌浆段长度,并确定适合高孔隙率堆石坝灌浆的限压、限流、间歇、待凝及结束等标准。

(4)灌浆设备

由于普通的充填灌浆方法材料充填不均匀,效率低下,难以满足大规模的施工要求,需要合适的灌浆设备。

4.4.2.1 灌浆材料

堆石体控制灌浆要求灌浆材料具有一定的可控性、良好流动性,能在坝体内均匀充填,且有一定的胶结强度,能够有效地减小坝体孔隙率,提高堆石坝坝体特性,弥补原坝体的填筑质量缺陷,控制坝体变形。浆液的运动特性由屈服强度、粘度及重度等参数决定。

灌浆材料主要有水泥、黏土、膨润土、粉煤灰、水玻璃、减水剂等。通过选择合理的灌浆材料及配比,浆液在堆石体达到一定范围即停止扩散,可避免浆液过多流失,形成的结石强度高、分布均匀、抗溶蚀能力强。

由于病险堆石坝坝体孔隙率大,坝体主堆石区为坝体的高应力应变区,面板堆石坝主堆石区灌浆胶结体抗压强度一般不小于 7.5MPa,灌浆材料尽量均匀充填,灌浆后孔隙率应满足规范要求;以防渗为主的控制灌浆胶结体抗压强度不小于 5.0MPa,以满足长期渗流稳定要求。

(1)原材料性能

1)水泥

水泥宜采用拌制浆液稳定性较好,早期强度较高,通过 0.08mm 方孔筛余量不超过 5%,强度等级不低于 32.5 级的普通硅酸盐水泥或硅酸盐大坝水泥。在有流动地下水孔洞堵漏施工过程中,可掺用硬化开始后便能迅速增加强度的铝酸盐水泥作为速凝剂。

2)黏土

黏土的化学成分为含水铝酸盐和一些金属氧化物,细粒含量高,亲水性好。黏土浆中的黏粒与浆液中的水间产生界面能的吸附作用,使水泥浆液自成整体,阻止外界水进入浆液内部。在水泥浆中添加黏土,可提高浆液的稳定性,增加浆液的抗水流冲蚀能力。掺用的黏土塑性指数应不小于 17,小于 0.005mm 的黏粒含量宜为 40%~50%,含砂量不大于 5%,SiO_2/Al_2O_3 为 3~4,有机物含量不大于 3%。黏土主要用于降低浆液析水率,提高稳定性。

3)膨润土

膨润土以具有强烈的同晶置换作用的蒙脱石为主要成分,充分与水接触后的颗粒体积可达膨化前的 10~15 倍,膨化后与水泥浆搅拌,能与水泥浆中的二价钙离子发生交换,产生絮凝物质,分散水泥颗粒,阻止其沉淀,使浆液析水率明显下降。

4)粉煤灰

粉煤灰为呈微酸性,具有潜在活性的粉状体,遇到水泥熟料、石膏及生石灰等活化剂和水时,能生成含水硅酸钙和含水铝酸钙。掺量小于 30% 时,可提高结石强度。掺入粉煤灰的水泥结石体能减少氢氧化钙游离和溶蚀,提高抗溶蚀性与结石的耐久性。粉煤灰不仅可代替部分水泥,还可改善浆液的和易性、均匀性、泌水性和可灌性,还可延长浆液凝结时间,也有利于防堵管。当掺量超过 40% 时,结石强度会显著下降。选用粉煤灰细度宜小于水泥细度,同时不大于 5μm,以改善浆液稳定性;烧失量应小于 8%,SO_3 含量小于 3%。

5)赤泥

赤泥为提炼氧化铝后的废渣经烘干、磨细和风选而成,主要化学成分为氧化铝、氧化钙和氧化硅等活性成分,具有胶凝性能。赤泥颗粒很细,比表面积达 13000cm^2/g,颗粒粒径小于 0.1μm,可以提高灌注浆液的稳定性和可灌性,增强结石的密实度和抗渗性

能,更主要的是它具有微膨胀性,能够弥补黏土掺量大所产生的收缩,从而提高结石的抗渗性和耐久性。红枫大坝灌浆时采用了贵州铝厂的赤泥。

6)水玻璃

水玻璃为硅酸钠的水溶液,呈碱性,分子式为 $Na_2O \cdot nSiO_2$,模数为 $2.4 \sim 2.8$,浓度为 $30 \sim 45Be$,掺量为水泥重量的 $1\% \sim 5\%$,便能加快水泥的水化作用,从而缩短水泥系浆液凝固时间,还能与黏土中的碱性金属作用,生产碱金属水合硅酸盐和二氧化硅凝胶,改善水泥浆结石的防渗性能。

7)减水剂

减水剂能吸附在水泥颗粒表面,在一定时间内阻碍或破坏水泥颗粒间的凝聚作用,从而降低浆液的塑性粘度,缩短灌浆时间,使塑性屈服强度也有所降低,有利于改善浆液的可灌性,增加浆液在孔隙中的扩散距离。减水剂掺量过低,不能发挥降黏作用;掺量过高,水泥颗粒过分分散,大颗粒沉于下部,形成分层现象,增大吸水率。最优掺量在 1% 以内,一般不超过 2%。

(2)浆液的特性

1)浆液流动基本原理

堆石体控制灌浆采用的浆液一般为水泥掺加适当的混合料,属黏—塑性流体,为宾汉姆流体。当流体所受的剪切应力小于某一固定值 τ_0(塑性屈服强度),剪切速率为零,流体不流动,但有类似固体的弹性变形;当剪切应力大于 τ_0 后,浆液产生流动。

2)浆液流变参数

①水泥浆的流变参数。

纯水泥浆的塑性屈服强度 τ_0、塑性粘度 μ 及漏斗粘度均随水灰比增大而减小。当水灰比大于 $1.5 : 1$ 后,τ_0 及 μ 值减小不明显,这样的稀浆达不到改善浆液流动性、增加可灌浆性的目的。加入少量膨润土能明显提高水泥浆的塑性屈服强度和漏斗粘度,减少析水率。随着减水剂产量的加大,水泥浆的塑性屈服强度逐渐降低,则可改善可灌性。

②水泥砂浆的流变参数。

水泥砂浆的流变参数随水灰比增大而减小,与灰砂比关系受砂粒形状及级配影响大(表 4.4-1)。水泥砂浆遇水易被稀释,不适用于在动水中灌注。

③稳定浆液的流变参数。

稳定浆液按材料成分的不同,可分为水泥稳定浆液、混合稳定浆液、膏状稳定浆液、速凝膏状稳定浆液。

a. 水泥稳定浆液。

水泥稳定浆液为水灰比不大于 $0.6 : 1$ 的纯水泥浆、水灰比不大于 $1.0 : 1$ 的磨细水泥浆或水灰比$(0.7 \sim 1.0):1$的水泥浆中掺入少量膨润土、硅粉等稳定剂的水泥系浆液。为使浆液有一定的扩散范围,宜控制塑性屈服强度不大于10MPa,主要用于基岩固结及帷幕灌浆、粗粒土灌浆。

　　b. 混合稳定浆液。

　　混合稳定浆液为掺有粉煤灰、黏土或其他掺合料的水泥系浆液。塑性屈服可达$10 \sim 20$MPa,主要用于有架空现象的粗粒土灌浆。

　　c. 膏状稳定浆液。

　　膏状稳定浆液由水、水泥、粉煤灰或磨细矿渣、膨润土或黏土等材料组成的塑性屈服强度大于20MPa的低水固比膏状混合浆液。仅在自重作用下不流动,具有自堆性,适用于封堵较大渗漏通道。

　　d. 速凝稳定膏状浆液。

　　速凝稳定膏状浆液是掺加速凝剂制成的膏状浆液,不仅具有自堆性,且凝结时间短,具有较强高的抗水流稀释和冲刷能力,适用于动水条件下封堵集中渗漏处。

　　3)浆液扩散半径

　　根据宾汉姆流体在散粒体中的渗透扩散理论,浆液扩散半径R为:

$$R = \sqrt{\dfrac{\left[\dfrac{E(P_0 - P_1)}{A \cdot M} - \dfrac{\tau_0}{M} B \cdot R\right] \cdot 2t}{n \cdot \ln\left(\dfrac{R}{r_0}\right)}}$$

　　其中:

$$E = \frac{n^{0.1} \cdot d_0^4}{1.2 D_0^2}, B = \frac{d_0^3}{3.2 n^{0.3} \cdot D_0^2}$$

式中:A、M——实验常数;

　　　P_0——孔底最大灌浆压力(Pa);

　　　P_1——地下水压力(Pa);

　　　t——灌浆时间(s);

　　　n——孔隙率;

　　　r_0——灌浆半径(m);

　　　D_0——土颗粒直径(m);

　　　d_0——土的孔隙直径(m)。

　　工程中常根据灌浆试验中得出的灌入量W,由下式计算扩算半径:

$$R = \sqrt{\frac{W}{\pi \cdot a \cdot n}}, 其中:W = Q \cdot t$$

式中:Q——灌入流量(m^3/s);

t——实际灌浆时间(h);

a——灌浆段高度(m)。

浆液具有较高的塑性屈服强度。当流动剪切应力小于塑性屈服强度时,浆液不再流动,可以通过调整灌浆压力来控制扩散半径。

(3)灌浆材料配比

浆液配比需要通过室内试验和现场试验确定,根据试验结果选择使用,并在实践中调整优化,以达到良好的灌浆效果,满足不同的灌浆要求。

最优配比选择与堆石体孔隙状况有关,常根据现场压水试验结果选择,根据吸浆量大小调整变浆速度,可使大孔隙灌注稠浆,细小缝隙多灌注稀浆,从而达到较好的灌注效果。

灌浆材料中若掺加粉煤灰、黏土和外加剂,浆液将具有较好的黏塑性、稳定性,且触变性强,流动性适度可调,可泵性好,不易堵塞管路、裂隙,往往可获得满意的灌注效果。

为防止浆液大量流失,堆石体控制灌浆应先在背水侧排孔中灌注膏状稳定浆液,再在迎水侧排孔中灌注混合稳定浆液。有较大地下水流速的集中渗漏坝体内,先灌注添加有增黏剂(膨润土等)、速凝剂(硫铝酸盐水泥等)的水泥稳定浆液与水玻璃等形成的速凝稳定膏状浆液,然后中间补孔灌注水泥稳定浆液。

4.4.2.2 钻孔技术

由于堆石坝孔隙率大,坝体材料均一性差,坝体材料复杂,钻孔过程一般不返水,往往形成干孔钻进,钻进过程中出现强振、烧钻和孔壁不稳定等问题,常出现掉块卡钻等孔内故障,严重影响造孔效率。

(1)钻机选择

回转型钻机对堆石体扰动影响小,能满足取芯要求,尽量采用回转型钻机。XY-2PC型钻机具有重量轻、体积小、搬迁灵活、适用于金刚石和硬质合金钻头钻进、钻杆加卸方便、能确保成孔质量等特点。

(2)钻头选取与改进

在大孔隙堆石体中钻孔,钻孔冲洗液漏失严重,孔壁失稳,易卡钻、烧钻、塌孔,成孔困难,通过对多种不同材质、不同结构的现场钻材试验,最后选定金刚石钻头。

金刚石钻头主要选取金刚石复合片钻头和金刚石破芯钻头,这两种钻头在钻进过程中不用取芯。金刚石复合片钻头在钻进含沙量大的堆石体时易出现出水口堵塞,而金刚石破芯钻头则无此缺点。磨盘堆石坝坝体灌浆施工中,在堆石体含沙量小时采用金刚石复合片钻头钻进,钻进工效为2.0m/h;在堆石体含沙量大时采用金刚石破芯钻头钻进,钻进工效为1.7m/h。且对金刚石破芯钻头进行了结构上的改进,传统上的破芯钻头破芯牙轮在钻头内,而本工程破芯牙轮在扩孔器内,这样在钻头报废后破芯扩孔器还能继续使用,提高了效率,节约了成本。

小口径金刚石钻具尽量选用长度为 5m 的长钻具,以保证钻具长度大于或等于灌浆段长度。

(3)金刚石牙轮破芯钻头

在钻具工作过程中,金刚石孕镶钻头采取磨削钻进,合金轮采用牙轮钻头破碎岩体,无压浸渍扩孔器用于扶正及保护金刚石钻头及钻杆。金刚石钻头在钻进时为安装在无压浸渍扩孔器内的合金轮导向。合金轮采用压碎岩体的方式将多余岩芯破碎成岩粒。一部分较细岩粒在水压作用下从排岩孔排出,较粗岩粒在随后的碎岩过程和磨削中变细排出。在造孔完成段可直接灌浆。

由于合金轮破岩、岩粒较金刚石钻头钻进中排出的岩粒粗,更有利于金刚石钻头自锐,因此单位时间内的钻进效率更高,同时在造孔过程中不需要提钻取芯,大大增加了纯钻时间,减轻了劳动强度。金刚石牙轮破芯钻头见图 4.4-2。

(4)钻孔冲洗

为保证造孔质量,提高造孔效率,采用清水和黏土浆相结合的方式对钻孔进行冲洗。钻进时同时从钻孔内和孔口注水,钻孔内注水量控制在 $50\sim75$L/min,用来冷却钻具,清除孔底岩粉,防止烧钻,保证钻具工作正常。孔口注水应大于 75L/min,使大部分钻孔处于充水状态,可避免钻具发生强振,减少事故。

堆石体内钻孔时,大部分孔段在钻孔时不返水,孔内冲洗液状态无法监控,不能调整冲洗浆液的大小,容易造成烧钻事故。磨盘堆石坝加固工程实践中在孔口进水管路上安装水表,通过监控水表是否正常运行来监控钻孔冲洗液,这样既保证了不会因进水口堵塞造成烧钻事故,又可根据单位时间内进水量来调整冲洗液的大小使钻进处于最佳状态,此项措施基本杜绝了钻孔施工中的烧钻事故。

图 4.4-2　金刚石牙轮破芯钻头

4.4.2.3　控制灌浆工艺

（1）灌浆压力

灌浆压力是堆石体灌浆重要的参数，是影响浆液扩散能力及结石质量的主要因素之一。堆石体灌浆时形成的上抬力很小，采用的灌浆压力可大于其周围有效压应力，以挤压密实土层，达到要求灌注量。

灌浆压力一般根据排序、孔序和孔深来确定。下部灌注压力大于上部灌注压力，后序孔灌注压力大于前序孔灌注压力，内排孔灌注压力大于边孔灌注压力。随着逐孔加密灌浆，大孔隙将先充填，中、小缝隙随着逐序提高灌浆压力，可增加可灌性。

纯压式灌注方式以孔口进浆管路上的压力表控制灌浆压力，自上而下分段灌注水泥稳定浆液时，灌注压力控制为Ⅰ序孔0.2～0.5MPa，Ⅱ、Ⅲ序孔0.5～1.0MPa。孔内循环法灌浆，控制回浆管口压力为0.5～1.0MPa，表层3m孔口段经灌浆处理后，可承受3.0MPa以内的灌注压力。采用套管法灌注膏状稳定浆液时，各序孔灌浆压力控制为0.2～0.8MPa，提升套管时，边提边灌，灌浆孔内应始终处于有压状态。

（2）灌浆段长

合理选择灌浆段长能够提高灌浆质量和生产功效。一般根据排序和孔序分别选择灌浆段长度。随着灌浆时逐序加密，可逐渐增加灌浆段长度。这样既能使供浆强度能满足灌浆需要，减少浆液下沉现象，又能使中、小裂隙避免堵塞，得到良好的灌注。

采用孔口封闭法自上而下灌注时，Ⅰ序孔孔口段长一般为2.0m，以下各段长3.0m；Ⅱ、Ⅲ序孔孔口段长3.0m，以下各段长5.0m。

采用自下而上灌注水泥浆液或混合浆液时，分段长度宜为2.0～3.0m；采用自下而上灌注水泥—水玻璃浆液时，分段长度宜为1.0～2.0m；采用套管法灌注膏状稳定浆液时，段长可根据套管长确定，一般为1.5m左右。

（3）灌浆方法

为保证灌浆质量，并减少浆体浪费，灌浆顺序一般为先灌注下游排孔，再上游排孔，最后灌注中间排孔。钻孔次序和灌浆次序一致。距离不小于4.0m的同次序孔可同时进行钻灌，相邻同次序孔灌注完成36h后，再进行下一次序孔的灌注。一般有以下4种灌浆方法。

1）自下而上灌注法

本方法一次钻孔到底，利用钻杆或在固壁套管内下钢管作为射浆管，用于灌注水泥稳定浆液、混合稳定浆液。盖头封闭管口，射浆管下到距孔底不大于1.0m后，起拔套管。自下而上分段，纯压灌注，每灌完一段，拔出相应长度的射浆管。

2) 孔口封闭法

本方法采用小孔径钻孔,镶铸孔口管,孔口封闭待凝 48h 后,自上而下分段,不待凝,纯压式或孔内循环式灌注。

3) 套管法

本方法直接利用钻孔跟进的套管作为灌浆管,在套管顶部安装盖头连接灌浆管和压力表。由于套管与孔壁接触紧密,浆液难以冒出,可采用较大灌浆压力;套管管径大,不易堵塞,适用于灌注膏状稳定浆液。

4) 双液法

本方法用于灌注以水玻璃为速凝剂的速凝膏状浆液。同时用两套灌浆设备向同一个孔内灌入水泥稳定浆液(水灰比为 1∶0.5 的纯水泥浆)和一定浓度的水玻璃,在孔内混合后被压入渗漏通道。采用带逆止阀的双液灌浆装置卡塞于管段上部,内管进基浆,外管进速凝剂,孔内混合同步灌注。

(4) 结束标准

灌浆结束标准主要控制灌浆压力和累计灌注量,以控制浆液的扩散半径。

(5) 特殊情况处理

孔间串浆,采用多孔同时灌注时,钻孔中发现不返水或严重塌孔,应停止钻孔进行灌浆,耗浆量大于 1000L/m 后,采用变浆或间歇灌浆。

灌注膏状稳定浆液时吸浆量过大段,可在螺杆泵进料斗内的膏状稳定浆液上直接掺加浓度 30～38Be 的水玻璃,加入量为浆液体积的 2%～5%,以加速初凝,还可采用适当降低灌浆压力、限制流量、间歇、待凝等措施减少浆液流失。

对于严重架空区,可采用混凝土泵泵送高流态一级配混凝土或水泥砂浆(扩散半径 50～70cm)至钻孔套管内,利用混凝土泵排量大的优点,快速封堵。

4.4.3　典型工程案例

4.4.3.1　贵州红枫木质面板堆石坝防渗灌浆

(1) 工程概况

红枫水电站位于贵州省清镇市,为猫跳河上 6 个梯级电站的龙头电站,总库容 6 亿 m³,装机容量 2 万 kW,水库具有供水、防洪、发电、水产养殖、旅游及调节下游梯级电站的保证出力等综合功能。水库始建于 1958 年,1960 年建成运行。水库枢纽由大坝、溢洪道、引水发电洞及厂房等建筑物组成。大坝为木质面板堆石坝,木质面板厚 0.17m,坝顶长 203.0m,最大坝高 52.50m,坝体上游侧为干砌石,坡比为 1∶0.7,下游侧为堆石体,下游坡从上至下坡比分别为 1∶1.2、1∶1.3 和 1∶1.4。基础设混凝土基座,

基下采用帷幕灌浆防渗,堆石坝膏状稳定浆液加固剖面见图 4.4-3。

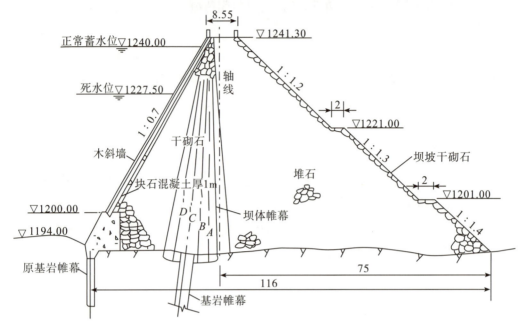

图 4.4-3 红枫水电站堆石坝膏状稳定浆液加固剖面(单位:m)

根据检测,堆石坝上游侧干砌石孔隙率达 30%,下游侧堆石体孔隙率达 38%,干砌石体和堆石体填筑质量差。大坝刚建成不久,坝体就有较大变形,致使面板局部错位,坝体产生漏水。大坝设计使用年限为 15~20 年,到 1984 年,大坝运行 20 多年后,木质面板腐烂严重,水下部分修复十分困难,必须进行防渗处理。

由于该水库向多家工厂和企业供水,大坝处理不允许放空水库,只能在保持水库正常运行的条件下进行。通过对各种大坝防渗处理方案进行分析比较,1987 年最终选定采用膏状稳定浆液,灌浆形成防渗帷幕的处理方案。

(2)灌浆试验

在堆石坝体建造防渗帷幕国内外尚无先例,具有较大难度。具体如下:一是灌浆帷幕位于干砌石体内,钻孔漏水量大,钻进时孔口不回水,孔壁也不稳定;干孔钻进,易发生事故,钻斜孔更加困难。二是砌石体孔隙率高,孔隙大小悬殊。灌注大孔隙,耗浆量大,灌浆易失控;一旦浆液向下游扩散过远,将影响坝体排水而危及工程安全;灌注细小孔隙,可灌性差,难以灌注。三是在水库运行期间,高水头作用下进行灌浆,难度大。更为困难的是,必须保证木斜墙绝对安全,砌石体孔隙率高,连通性好,而木斜墙防渗体系单薄,一旦遭受灌注浆液的抬动破坏,就会造成重大事故。因此必须严格控制灌浆压力和限制注入率,制定详细的灌浆施工细则,确保安全。四是在前述三大难点前提下,如何能保证帷幕的连续性和完整性,满足防渗要求。

　　为了探索在堆石坝体进行钻孔灌浆的可行性,先在室内做了大量浆材试验,共配制了几十种浆液,测试各项性能,然后在大坝现场进行灌浆试验,取得初步成果后,又在桩号 0+177~0+209 段和 0+165.5~0+173.5 段进行生产性试验灌浆施工。经过两年多的努力,灌浆试验成功,证实坝体帷幕灌浆方案技术上切实可行。试验结果表明:在大孔隙堆石坝体中采用小口径金刚石清水钻进效果好,用螺杆泵灌注膏状浆液使大孔隙堆石坝体具有了可控性,但单排孔成幕困难,检查孔压水合格率低。为此又在大坝 0+177~0+209 段于 1989 年 4 月进行了三排孔的成幕试验,由于多种原因,此次试验失败了。接着又在 0+165.5~0+173.5 段于 9 月 15 日至 11 月 10 日进行第二次成幕试验,采取的措施有:严格控制灌浆材料粒径,缩短孔距和灌浆段段长,采用合适的灌浆设备,适度提高灌浆压力,并严密监测木斜墙的抬动。本次试验获得成功,检查孔压水结果满足设计要求。

　　(3)灌浆技术措施

　　防渗帷幕灌浆地段为 0+010.75~0+253.00 段,全长 242.25m。

　　1)幕体防渗标准

　　防渗标准见表 4.4-2。

表 4.4-2　　　　　　　　　　　　　　　防渗标准

孔深/m	0~2	2~3	3~10	大于 10
透水率 q/Lu	10	≤10	≤3	≤3

　　2)帷幕排数和灌浆孔深度

　　除大坝两端为单排孔外,其余部位为三排孔或四排孔。三排孔各排钻孔倾角:下游 A 排 90°,上游 D 排 83°,中间 C 排 86°。边排孔孔距 1~2m,中间排孔距 1~1.5m。四排孔各排钻孔倾角:A 排 90°、D 排 81°,中间的 B、C 排分别为 87° 和 84°。边排孔距 1~1.5m,中间排孔距 1.5m。施工中个别地段少数排孔距加密到 0.5m。C 排孔深入基岩 20m 左右,作为基岩灌浆帷幕,其余各排孔均入基岩 1m。

　　3)灌注浆液

　　采用水泥、粉煤灰、黏土、赤泥和减水剂等多种材料配制成的膏状浆液或稳定浆液,抗剪屈服强度值大,一般在 20Pa 以上,最大值达 84Pa;塑性粘度 η 值高,一般在 0.2Pa·s 以上,最大值达 0.52Pa·s。浆液的可控性强,可灌性好,适合红枫堆石坝体帷幕灌浆,而且省时、省料、成幕质量好。浆液推荐配方的配比和性能见表 4.4-3。

　　4)钻孔

　　采用小口径金刚石钻具清水钻进,供水要充足,成功地解决了干砌石坝体钻孔的难题。

表 4.4-3

红枫水电站堆石坝坝体帷幕灌浆膏状浆液推荐配方的配比和性能表

部位	浆名称和配比							密度 /(g/cm³)	析水率 /%	渗变参数		结石抗压强度/MPa
	水泥	粉煤灰	黏土	赤泥	减水剂	水	水胶比			抗剪屈服强度 τ_c/Pa	塑性粘度 η /(Pa·s)	
上游排	100	100	20	5~7	0~0.25	113/123	0.50/0.55	1.67	2.2	71.4	0.22	17.5
下游排	100	100 50	50	5~10	0~0.25	150/160	0.5/0.6	1.69	1.8	84.0	0.52	15.7
中间排	100	50	60	10	0.50	168	0.7/0.6	1.62	2.0	21.4	0.25	3.1 (7d)
	100		60	10	0.50	105/135	0.6/0.8					
基岩	100		20	15	0.50		0.6/1.2					

5）灌浆方法

采用孔口封闭、孔内循环灌注法。

6）灌浆次序

先边排孔,再中间排孔,最后为 C 排孔。每排孔分为三序。

7）灌浆段长

下、上游排Ⅰ、Ⅱ序孔段长 1m,Ⅲ序孔段长 1～1.5m；中间排Ⅰ、Ⅱ序孔段长 1～1.5m,Ⅲ序孔段长 1～2m。基岩中灌浆段长度:第一段为 2m,第二段为 3m,第三段及其以下为 5m。

8）灌浆压力

下、上游排孔起始段 0.20～0.25MPa,15m 以下最大压力分别达到 0.7MPa、0.8MPa；中间排孔起始段 0.25～0.3MPa,15m 以下达到 1.0～1.2MPa。

（4）灌浆施工情况

1988 年开始灌浆试验,1992 年帷幕灌浆完工,帷幕灌浆施工总计完成坝体帷幕钻孔 605 个,灌浆 21406m,注入干料 29974.5t（其中,水泥 15358.5t,粉煤灰 6668.9t,黏土 5925.8t,赤泥 1982.5t,减水剂 38.8t）,平均单位干料注入量 1400kg/m。基岩帷幕钻孔 151 个（其中 140 个孔是坝体帷幕孔延长的）,灌浆 3445m,注入干料 452.3t（其中,水泥 310.4t,黏土 94.8t,赤泥 45.6t,减水剂 1.5t）,平均单位干料注入量 131kg/m。

防渗帷幕共钻检查孔 23 个,进行压水试验 455 段,其中坝体部位 393 段,合格的 383 段,占 97.5%,不合格部位均做了补灌处理；基岩部位 62 段,全部合格。

（5）灌浆处理效果

红枫水电站堆石坝膏状稳定浆防渗帷幕灌浆施工后,重新设置了安全监测设施。坝体浸润线和坝基扬压力监测结果表明,堆石体内形成的灌浆帷幕承受了大部分水头压力,取得了良好的防渗效果；堆石体灌浆处理形成防渗帷幕后,大坝渗漏量大大减少,渗漏量小于 6.5L/s,同时在防渗帷幕设计剖面以外浆液外渗形成过渡区,渗透系数大于防渗体而小于堆石体,对坝体防渗排水有利。

4.4.3.2　广西磨盘混凝土面板堆石坝坝体控制灌浆

（1）工程概况

磨盘水库堆石坝由黏土斜墙堆石坝段、混凝土面板堆石坝段和浆砌石挡墙堆石坝段 3 个坝段组成,是一座由多种防渗材料组合而成的堆石坝,坝型独特。其混凝土面板堆石坝段位于河床,坝顶高程 364.80m,最大坝高 61m。大坝上游面坡比为 1:0.649,下游坡从上至下坡比为 1:1.4～1:2.0。大坝上游面设置钢筋混凝土防渗面板,防渗面板后为干砌石体,干砌石体下游为堆石体。

（2）堆石体控制灌浆设计

磨盘堆石坝坝体上游侧主堆石区为坝体的高应力应变区。该区域孔隙率大，是造成大坝变形破坏的主要原因。拟对大坝主堆石区进行灌浆，改变坝体特性，控制坝体变形。要求充填区域灌浆料分布均匀，胶结体抗压强度设计值≥7.5MPa（28d）。由于大坝主堆石区后半部分坝基为砂卵石，坝基承载力有限，要求灌浆后坝体孔隙率$20\% \leqslant n \leqslant 25\%$，能够满足地基承载力。稳定浆液灌浆区要求形成连续有效的封闭区域，胶结体抗压强度设计值≥5.0MPa（28d），浆液塑性黏性范围为0.15～0.25Pa·s。

灌浆区域为混凝土面板下游的主堆石区，在坝顶布置8排灌浆孔。其中，下游两排灌注稳定浆液，孔距2.0m，排距1.0m，起封闭作用，本区域也是坝体充填灌浆区和下游堆石体的过渡区。其余6排为堆石体充填灌浆孔，孔距2.0m，排距1.0m。灌浆孔基本为斜孔，最大倾斜角为27°，斜孔深度均超过60.0m，最深斜孔近70.0m。堆石体灌浆深度总计约为3万m。

（3）堆石体控制灌浆现场试验

1）稳定浆液灌浆

稳定浆液的设计要求为，浆液结石体强度不小于5.0MPa（28d），塑性黏性范围为0.15～0.25Pa·s。稳定浆液由水泥、粉煤灰、膨润土等按照不同的比例掺拌，通过现场配比试验，选取G-1、G-2、G-3这3种配比。

灌浆试验中主要使用G-2、G-3组（图4.4-4、图4.4-5）配比，下游A2排均使用G-3组配比，上游A1排钻孔无返水孔段使用G-3组配比，有返水孔段使用G-2组配比，G-1组配比结石强度较低，未采用。

图4.4-4　G-2组

图4.4.5　G-3组

2）可控充填灌浆

由于大坝堆石体孔隙大，在充填灌浆区灌注水泥砂浆。灌浆用砂浆与普通砂浆不同，要求有好的流动性，一定时间内能保持稳定性，不离析沉淀，且结石强度应满足相关要求。

为保证砂浆具有良好的可灌性,采用水灰比 0.5∶1 的纯水泥浆液在孔口通过自制的砂浆搅拌器的搅拌叶,射流对砂体充分搅拌,再灌入孔内。

(4)主要施工工艺

按照先灌注下游排,后灌注上游排的顺序施工。同一排内,先施工Ⅰ序孔后施工Ⅱ序孔。单孔施工程序为:钻机就位固定→钻灌第一段→镶嵌孔口管(孔口段长度 2m,镶管后待凝 24h)→钻灌第二段……依次循环,直至整孔灌浆结束。

根据磨盘堆石坝钻孔施工实际条件,经现场试验选用 XY-2PC 型钻机作为钻孔主要设备。选用金刚石复合片钻头和金刚石破芯钻头,钻进过程中不取芯。金刚石破芯钻头为本工程选定的主要钻头类型,本工程破芯牙轮在扩孔器。

小口径金刚石钻具长度选用长度为 5m 的长钻具。采用清水和黏土浆相结合的方式对钻孔进行冲洗,钻孔内注水量控制在 50～75L/min,孔口注水量应大于 75L/min。在孔口进水管路上安装水表,通过监控水表是否正常运行来监控钻孔冲洗液,根据单位时间内进水量来调整冲洗液的大小使钻进处于最佳状态。

(5)稳定浆液灌浆

灌浆时孔口段采用 ϕ89mm 灌浆塞灌注,以下各段均采用孔口卡塞纯压式灌浆法。稳定浆液灌浆孔分段段长见表 4.4-4。灌浆压力以安装在进浆管路上的压力表读数作为灌浆压力值,Ⅰ序孔灌浆压力为 0.05～0.10MPa,Ⅱ序孔灌浆压力为 0.10～0.30MPa。

表 4.4-4　　　　　　　　　　　　　稳定浆液灌浆孔分段段长

灌浆孔段序	第一段	第二段	第三段	第四段及以下
Ⅰ序孔分段段长/m	2.00	3.00	3.00	3.00
Ⅱ序孔分段段长/m	3.00	5.00	5.00	5.00

达到设计灌浆压力后,注入率不大于 3L/min,继续灌注 10min,结束该段灌浆。

(6)可控充填灌浆

采用自行研制的孔口搅砂器进行充填。灌浆时孔口段采用 ϕ89mm 灌浆塞灌注,以下各段均采用孔口封闭孔内循环式灌浆法。灌浆时用 ϕ50mm 的钻杆作射浆管,射浆管距灌浆段底不大于 50cm。充填灌浆段长及灌浆压力见表 4.4-5。

表 4.4-5　　　　　　　　　　　　　充填灌浆段长及灌浆压力

项目	第一段	第二段	第三段	第四段及以下
段长/m	2.00	3.00	5.00	5.00
灌浆压力/MPa	0.05	0.05	0.05	0.10

在规定的灌浆压力下,当注入率不大于 3L/min 时,继续灌注 5min;当注入率不大于 1L/min 时,继续灌注 10min,灌浆结束。

(7)质量检查

A、B 区灌浆质量检查采用单孔注浆试验或双孔连通试验。单孔注浆试验时,向检查孔内注入水灰比为 1:2 的水泥浆,压力与灌浆压力相同,初始 10min 内注入浆量不大于 10L/m 为合格。进行双孔连通试验时,在指定部位布置两个间距为 2.0~3.0m 的检查孔,向其小一孔注入水灰比为 2:1 的水泥浆,压力与灌浆压力相同,若另一孔出浆流量小于 1L/(min·m)为合格。

(8)灌浆试验结果

1)稳定浆液灌浆

试验区坝顶部位有 2.3~2.8m 的黏土碎石层,有少量返水;在钻孔进入堆石体后返水消失,钻进速度时快时慢,部分孔段存在直径 5~10cm 的空洞,且钻孔过程中塌孔严重、成孔困难。

整个钻孔过程中除孔口段外共计 5 段有微弱返水,占总孔段的 9.6%,说明大坝堆石体存在很大的孔隙。平均注入干料量为 1923.0kg/m,其中下游排为 2451.0kg/m,上游排为 1374.0kg/m,下游排 Ⅰ、Ⅱ 序孔分别为 2981.2kg/m、1390.5kg/m,上游排 Ⅰ、Ⅱ 序孔分别为 1668.1kg/m、792.1kg/m。绝大部分孔段注入干料量为 1000~3000kg/m,占总段数的 67%。下游排注入干料量大于 1000kg/m 孔段为 23 段,上游排注入量大于 1000kg/m 的孔段为 19 段,注入量大的孔段上、下游排相差不大,说明灌浆孔排距偏大。

在灌浆施工中遇到的特殊情况主要为:注入量大,难以达到结束标准。采取如下处理措施:限压、限流灌注;间歇灌浆或待凝,即灌浆流量 40L/min 以上时,持续灌注 40~60min,流量、压力均无变化时采取灌注 20~40min,间歇 10~20min 然后恢复灌浆。注入干料量达到 2000kg/m 时,如注入流量变化不大,采取待凝措施,待凝 8~12h 再进行复灌;掺加速凝剂,即灌浆时第一次间歇结束,继续灌注时掺加水玻璃,掺量为水泥重量的 1%~2%,直至灌浆孔返浆。

在检查孔钻孔过程中各孔段均有返水,从侧面反映了灌浆取得了较好效果。各检查孔灌浆段单位注入量为 37.17~104.81kg/m,平均单位注入量为 79.75kg/m,均较小,说明试区范围内堆石体灌浆孔灌浆后残留的孔隙或裂隙状缝隙较少,大坝堆石体孔隙率降低较多。

2)可控充填浆液灌浆

平均单位注入干料量为 3919.6kg/m,其中下游排为 4407.5kg/m,上游排为 2755.2kg/m,下游排 Ⅰ、Ⅱ 序孔分别为 5345.3kg/m、2532.0kg/m,上游排 Ⅰ、Ⅱ 序孔分

别为 3786.3kg/m、693.0kg/m。大注入量的孔段所占比例很大,说明灌浆孔排距偏大。上游排末序孔单位注入量仍然有 693.0kg/m,说明堆石体仍存在较多孔隙。

在灌浆施工中遇到的特殊情况主要为:注入量大,难以达到结束标准。采取了如下处理措施:限压、限流灌注;间歇灌浆或待凝,即灌浆流量在 40L/min 以上,持续灌注 40~60min,流量、压力均无变化时采取灌注 20~40min,间歇 10~20min,然后恢复灌浆,如此反复进行。在单位注入水泥量达到 2000~3000kg/m 时,如注入流量变化不大,采取待凝措施,待凝 8~12h 进行复灌;灌注水泥砂浆,即灌浆时第一次间歇结束继续灌注时开始灌注砂浆(砂:水泥=0.7~1.2),直至灌浆孔返浆灌注纯水泥浆。

在检查孔钻孔过程中大部分孔段不返水,2 个检查孔共计 8 个孔段,只有 JB-1 号孔 4 段及 JB-2 号孔 1、2 段 3 个孔段返水,为总孔段的 37.5%。

检查孔水泥结石与岩石胶结良好,充填密实,强度较高。结合灌浆孔末序孔单位注入量分析,说明地层中仍然存在较多孔隙或裂缝,但相较于灌浆前,大坝堆石体孔隙率大幅降低。

各检查孔灌浆段单位注入量为 155.0~591.13kg/m,平均单位注入量为 271.34kg/m,说明堆石体灌浆后孔隙仍较大。通过检查孔灌浆过程分析,2 个检查孔 8 个灌浆段除 JB-1 号孔第 3 段为 0.5:1 浓浆灌注结束,其余各孔段均为 1:1 稀浆灌注结束,而 B 区灌浆孔所有孔段均为 0.5:1 浓浆灌注结束,说明灌浆孔在灌浆过程中使用浓浆封堵了大的孔隙和缝隙,较好地降低了大坝孔隙率。A 区单位注入量为 1923.0kg/m,B 区为 3919.6kg/m,是 A 区单位注入量的 2.04 倍。主要原因是 A 区灌注稳定浆液,稳定浆液相较于水泥浆液有更大的塑性粘度和屈服强度,浆液扩散被控制在一定范围内,减少了干料的单位注入量。A、B 区单位注入量的差异也说明了试验中采用的稳定浆液配比是适用的,稳定浆液适配试验是成功的。

(9)灌浆方案调整

根据现场灌浆试验中发现的问题,为保证堆石坝的灌浆效果,灌浆方案进行适当调整(图 4.4-6)。

①下游的两排(F1、F1 排)稳定浆液灌浆孔由斜孔调整为垂直孔,孔距由 2.0m 调整为 1.0m,排距 1.0m 不变,以确保其封闭效果。

②为保证坝体充填灌浆的均匀性,水泥浆液充填灌浆孔由 6 排增至 8 排(E1~E8 排),同时减小钻孔的倾斜角,孔距由 2.0m 调整为 1.50m,排距 1.0m 保持不变。

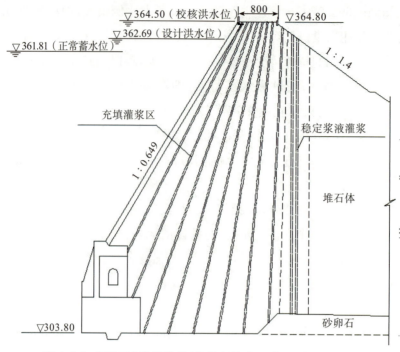

图 4.4-6 调整后坝体灌浆横剖面(高程以 m 计,尺寸以 mm 计)

(10)稳定浆液灌浆施工

1)总体施工程序

按照先灌注下游排,后灌注上游排的顺序施工。在同一排内,先施工Ⅰ序孔,再施工Ⅱ序孔,最后施工Ⅲ序孔。

2)灌浆孔单孔施工程序

钻机就位固定→钻灌第一段→镶嵌孔口管(孔口段长度 2.0m,镶管后待凝 24h)→钻灌第二段……依次循环,直至整孔灌浆结束。

3)钻孔

使用回旋式钻机和金刚石钻头钻进,钻孔冲洗液使用清水和黏土浆。灌浆孔开孔孔径 ϕ91mm,终孔孔径不小于 ϕ56mm。

钻孔孔斜测量选用 KXP-1 型测斜仪,灌浆孔每隔 10m 设置一个检测点。

堆石体中垂直或顶角小于 5°的灌浆孔,孔底偏差值不得大于表 4.4-6 中的规定值。当发现钻孔偏斜值超过设计规定时,应及时纠正或采取补救措施。

表 4.4-6 堆石体灌浆孔孔底偏差规定值

检测孔深/m	20	30
最大允许偏差值/m	0.70	1.00

4）特殊情况处理

在分散性地层钻进困难或钻孔失水严重影响钻孔施工时,可采用黏土浆作为钻孔冲洗液。钻孔遇到塌孔或掉块等难以钻进时,可缩短钻进段长度。将缩短后的钻段,作为一个灌浆段进行灌浆处理,待凝后再继续钻进。

5）钻孔冲洗

灌浆段在钻孔结束后,视钻孔实际情况进行钻孔冲洗,保证孔底沉积厚度不得超过 20cm。

6）浆液制备

稳定浆液的配合比经现场灌浆试验和室内试配确定。

7）灌浆

孔口段采用 $\phi 89mm$ 灌浆塞灌注,以下各段均采用孔口卡塞纯压式灌浆法,灌浆时采用 FEC-GJ3000 灌浆自动记录仪自动监测、记录灌浆压力和流量,以保证施工质量。

堆石体稳定浆液灌浆孔分段段长见表 4.4-7。

表 4.4-7 堆石体稳定浆液灌浆孔分段段长

灌浆孔段序	第一段	第二段	第三段	第四段及以下
Ⅰ序孔分段段长/m	2.00	3.00	3.00	3.00
Ⅱ序孔分段段长/m	3.00	5.00	5.00	5.00
Ⅲ序孔分段段长/m	3.00	5.00	5.00	5.00

Ⅰ序孔灌浆压力控制在 0~0.05MPa,Ⅱ序孔灌浆压力控制在 0.05~0.10MPa,Ⅲ序孔灌浆压力控制在 0.10~0.20MPa。以安装在进浆管路上的压力表读数作为灌浆压力值。

达到设计灌浆压力后,注入率不大于 1~3L/min,继续灌注 5min,结束该段灌浆。

采用分段压力灌浆封孔法。

8）特殊情况处理

稳定浆液灌浆施工中,部分孔段钻孔、灌浆作业中出现特殊情况采用限压、限流灌注,间歇灌浆或待凝等措施。

(11)可控充填灌浆施工

1）总体施工顺序

堆石坝段有 8 排孔(E1~E8 排)充填灌浆孔,先灌注下游排,再灌注上游排,最后灌注中游排的顺序施工。同一排内,先施工Ⅰ序孔,再施工Ⅱ序孔,最后施工Ⅲ序孔。

2）单孔施工顺序

钻机就位固定→钻灌第一段→镶嵌孔口管(孔口段长度 2.0m,镶管后待凝 24h)→

钻灌第二段……依次循环,直至整孔灌浆结束。

3)钻孔

和灌浆试验使用的相同。孔口段灌浆结束后,镶嵌孔口管。

4)钻孔冲洗

灌浆段在钻孔结束后,视钻孔实际情况进行钻孔冲洗,保证孔底沉积厚度不得超过20cm。

5)灌浆

Ⅰ序孔采用孔口无压注浆法(水泥砂浆);Ⅱ序孔应首先灌注水泥砂浆,待孔口返浆时采用孔口封闭孔内循环灌浆法灌注纯水泥浆液;Ⅲ序孔首先采用孔口封闭孔内循环灌浆法灌注纯水泥浆液。在遇到较大空洞或吸浆量较大时,采用先灌注水泥砂浆再灌注纯水泥浆液的方法。

堆石体水泥浆液灌浆孔分段段长及灌浆压力见表4.4-8。

表4.4-8 堆石体水泥浆液灌浆孔分段段长及灌浆压力

孔序	项目	第一段	第二段	第三段	第四段及以下
	段长/m	2.00	3.00	5.00	5.00
Ⅰ序孔	压力/MPa	0	0	0	0
Ⅱ、Ⅲ序孔	压力/MPa	0.05	0.05	0.05	0.1

灌浆压力值以安装在孔口附近回浆管路上的压力表读数为准。

6)灌浆结束标准

在规定的压力下,当注入率不大于1.0L/min时,继续灌注5min,灌浆可以结束。采用分段压力灌浆封孔法。

7)特殊情况处理

本工程水泥浆液灌浆E5、E8排Ⅰ序孔灌浆作业中有部分孔段灌浆出现特殊情况,采用如下措施:①限压、限流灌注;②间歇灌浆或待凝;③灌注水泥砂浆。

(12)稳定浆液灌浆成果

工程范围内共有121个稳定浆液灌浆孔,其中下游排灌浆孔60个,上游排灌浆孔61个。

由灌浆统计结果可知,各次序灌浆孔干料单位注入率随灌浆次序的增加呈现明显的减小趋势,上游排较下游排减小30%,其中下游排Ⅱ序孔较Ⅰ序孔减小40%,Ⅲ序孔较Ⅱ序孔减小54%。单位干料注入量300~1000kg/m孔段占51%,1000~3000kg/m孔段占40%,3000~5000kg/m孔段占4%。通过分析,下游排Ⅰ、Ⅱ序孔灌浆有效填充了大部分较大坝体孔隙,下游排Ⅲ序孔、上游排Ⅰ、Ⅱ序孔对少部分较大孔隙及中等孔隙进行了填充,上游排Ⅲ序孔对较小孔隙进行了进一步填充,且末序孔单位注入量大多在 400kg/m 左右。灌区内各次序孔干料单位注入量递减规律明显,区间分布情况合理,符合一般灌浆规律,灌浆效果良好。

经研究,采用核子—水分密度仪对大坝孔隙率进行检测。两个检查孔钻孔的不同孔深部位均存在稳定浆液结石,且结石均充填密实、与堆石体胶结好、强度较高,说明稳定浆液灌浆效果明显,灌浆质量良好。

(13)可控充填灌浆成果

工程范围内共有 358 个水泥浆液充填灌浆孔,其中 E5、E8 排灌浆孔 91 个,E1、E6 排灌浆孔 88 个,E2、E7 排灌浆孔 88 个,E3、E4 排灌浆孔 91 个。

灌区内各次序孔干料单位注入量递减规律明显,区间分布情况合理,符合一般灌浆规律,灌浆效果良好。采用核子—水分密度仪对大坝孔隙率进行检测,同时检查孔进行取芯。在不同检查孔钻孔的不同孔深部位均有水泥结石的存在,且水泥结石均充填密实、与岩面胶结好、强度高,说明灌浆效果明显,灌浆质量良好。水泥浆液灌浆施工过程中,坝体未发生抬动变形。所有钻孔孔斜均满足设计要求,最大孔斜率出现在 E2-Ⅱ-27# 孔,孔底偏距 0.58m,孔斜率 1.06%。

通过现场灌浆试验,探索出适合本工程的堆石体变形控制的施工材料配比和施工工艺等,通过合理的资源配置,磨盘堆石坝灌浆加固在 3 个月内完成 3.0 万 m 的灌注量,施工机组单月钻灌工程量达到 1000m 以上。经检测,灌浆料充填均匀,堆石坝灌浆后孔隙率为 22.8%,且胶结强度满足设计要求。

(14)灌浆加固成效

大坝上游堆石体控制灌浆于 2010 年 2 月完成施工,根据变形监测资料分析,2010 年大坝加固后初次蓄水时,大坝垂直位移 3~5mm,水平位移 2~4mm。水库运行至今,大坝垂直位移 1~2mm,水平位移 1~3mm,坝体变形总体很小,坝体变形呈逐年减小趋稳的趋势,水库渗漏小于 10L/s,即使在较高水位运行时,坝体渗漏量也小于 15L/s,远小于原渗漏量 140L/s,渗漏量也趋于稳定。坝体渗漏得到了有效控制。根据检测,坝体可控充填灌浆材料充填均匀,胶结体强度满足设计要求,具有良好的稳定性和耐久性,灌浆后坝体孔隙率 22.8%,满足规范要求和设计要求。

参考文献

[1] 杨启贵,谭界雄,卢建华,等.堆石坝加固[M],北京:中国水利水电出版社,2018.

[2] 徐泽平.混凝土面板堆石坝关键技术与研究进展[C]//水电水利规划设计总院等.土石坝技术 2019 年论文集.北京:中国电力出版社,2021.

［3］徐泽平.坝代高混凝土面板堆石坝筑坝关键技术［C］//水电水利规划设计总院等.中国混凝土面板堆石坝30年论文集.北京:中国水利水电出版社,2016:29-38.

［4］湛正刚,张合作,程瑞林,等.高面板坝全寿命周期变形控制方法及应用［J］.岩土工程学报,2022,44(6):1141-1147.

［5］朱永国,严军.猴子岩面板堆石坝的设计理念与技术创新［J］.水力发电,2018,44(11):56-59.

［6］马洪琪.300m级面板堆石坝适应性及对策研究［J］.中国工程科学,2011,13(12):4-8+19+2.

［7］郦能惠,王君利,米占宽,等.高混凝土面板堆石坝变形安全内涵及其工程应用［J］.岩土工程学报,2012,34(2):193-201.

［8］杨泽艳,周建平,王富强,等.300m级高面板堆石坝安全性及关键技术研究综述［J］.水力发电,2016,42(9):41-45+63.

［9］徐泽平.混凝土面板堆石坝关键技术与研究进展［J］.水利学报,2019,50(1):62-74.

［10］徐琨,杨启贵.水布垭面板堆石坝坝体后期变形时空分布规律研究［J］.长江科学院院报,2021,38(7):51-57.

［11］周墨臻,张丙印,张宗亮,等.超高面板堆石坝面板挤压破坏机理及数值模拟方法研究［J］.岩土工程学报,2015,37(8):1426-1432.

［12］何无产.严寒地区混凝土面板堆石坝若干技术问题的探讨［C］//水电水利规划设计总院.土石坝技术2020年论文集.北京:中国电力出版社,2022.

［13］李庆斌,马睿,胡昱,等.大坝智能建造研究进展与发展趋势［J］.清华大学学报(自然科学版),2022,62(8):1252-1269.

［14］李君纯.青海沟后水库溃坝原因分析［J］.岩土工程学报,1994(6):1-14.

［15］谢定松,刘杰,魏迎奇.高面板堆石坝渗流控制关键技术问题探讨［J］.长江科学院院报,2009,26(10):118-121+125.

［16］谭界雄,高大水,王秘学,等.白云水电站混凝土面板堆石坝渗漏处理技术［J］.人民长江,2016,47(2):62-66.

［17］谭界雄,高大水,等,水库大坝加固技术［M］.北京:中国水利水电出版社,2011.

［18］谭界雄,王秘学,周晓明.株树桥水库面板堆石坝加固实践与体会［J］.人民长江,2011,42(12):85-88.

［19］崔志刚,孙志恒,刘锦程,等.涂覆型止水结构在纳子峡水电站面板接缝止水破损修复中的应用［J］.大坝与安全,2021(1):67-70.

　　[20] 刘泽钧.天生桥一级水电站堆石坝面板破损原因初步分析及处理[J].贵州水力发电,2005(2):73-76.

　　[21] 岳跃真,张继昌,郝巨涛,等.南谷洞水库大坝沥青混凝土防渗斜墙修补加固[J].水利水电技术,2006(1):79-81+84.

　　[22] 郭胜,彭国强,彭京,等.石砭峪堆石坝复合土工膜加固方案与防渗效果[C]//中国水利水电地基与基础工程专业委员会,中国岩石力学与工程学会锚固与注浆分会.地基基础工程与锚固注浆技术:2009年地基基础工程与锚固注浆技术研讨会论文集.北京:中国水利水电出版社,2009.

　　[23] 孙超,尤育广,柳卓.柔性材料在桥墩水库大坝坝面防渗加固中的应用[J].浙江水利科技,2010(6):65-67.

　　[24] 余宗翔.天生桥一级水电站大坝面板主要缺陷处理[J].大坝与安全,2005(3):48-50+53.

　　[25] 陈圣平,徐明星,秦金太.天生桥一级水电站面板堆石坝面板脱空处理[J].人民长江,2001(12):21-22+48.

　　[26] 赵永涛.龙背湾水电站大坝混凝土面板裂缝及脱空处理[J].人民长江,2019,50(S1):178-181.

　　[27] 胡迪煜.红枫水电站堆石坝防渗帷幕灌浆[J].水利水电技术,1994(2):8-14.

　　[28] 谭界雄,卢建华,田波,等.堆石坝加固技术研究与应用[J].人民长江,2010,41(15):38-42.

　　[29] 卢建华,田波,谷元亮.复合堆石坝加固技术研究与创新[J].人民长江,2011,42(12):60-62+65.

　　[30] 曹克明,等,混凝土面板堆石坝[M].北京:中国水利水电出版社,2008.

　　[31] 沈长松.李艳丽.郑福寿.面板堆石坝面板脱空现象成因分析及预防措施[J].河海大学学报(自然科学版),2006,34(6):635-639.

　　[32] Lu Jianhua, Yan Yong, Tan Jiexiong. Study and Application of Grouting Technology for Controlling Deformation of Rock-fill Dam [C] // Inernational Commission on Large Dams 81st Annual Meeting Symposium. Seattle, Washington USA, 2013.

第5章　沥青混凝土心墙坝渗漏处置

5.1　概述

5.1.1　沥青混凝土心墙坝发展概况

沥青混凝土是以沥青材料将天然或人工矿物骨料、填充料及各种掺加料等通过物理作用胶结在一起所形成的一种人工合成材料。沥青混凝土早期主要用于交通道路工程,英国于1833年开始用沥青碎石铺装路面;法国巴黎于1854年首次采用碾压法进行路面铺装。由于沥青混凝土有足够的力学强度、一定的弹塑性变形性能,且与汽车轮胎附着力好,减振性能好,目前世界上大部分高等级公路均采用沥青混凝土路面。

由于沥青混凝土具有良好的防渗性能,渗透系数小于10^{-8}cm/s,20世纪20年代开始应用于水利工程防渗结构,包括修建沥青混凝土心墙坝。沥青混凝土心墙坝具有良好的防渗性能、较好的变形适应能力且结构简单、工程量小、施工速度快,在水利水电工程中逐渐被广泛采用,尤其是寒冷地区。沥青混凝土从高温流变状态通过自重或者碾压振动,在降温的过程中逐步实现密实。只要控制好施工工序,保证密实过程中不因温度损失过大而影响密实效果,确保不渗入雨水或者其他杂物,沥青混凝土心墙都能保证施工质量和防渗效果。沥青混凝土施工受降雨、气温影响较小,已经被大量工程实践所证明。

世界上第一座碾压式沥青混凝土心墙坝于1961年在德国建设,随后加拿大、芬兰、挪威和巴西等国家也开始修建沥青混凝土心墙坝。我国引进该技术修建的第一座碾压沥青混凝土心墙坝为甘肃党河坝(1974年,坝高58.5m),之后随着设计、施工经验的积累和施工设备的发展,先后修建了茅坪溪(2003年,坝高104m)、冶勒(2005年,坝高125.5m)两座100m级以上沥青混凝土心墙堆石坝。进入21世纪后,先后建成了新疆呼图壁石门水电站(2013年,坝高106m)、阿拉沟水库(2015年,坝高105.26m)、五一水库(2016年,坝高102.5m)和金沙江硕曲河去学水电站(2017年,坝高164.2m,其中心墙高132m)4座100m级以上碾压式沥青混凝土心墙坝,其中去学水电站大坝为国内外同类型已建最高坝。

沥青混凝土心墙按防渗结构特点可分为沥青混凝土垂直心墙、沥青混凝土斜心墙、沥青混凝土垂直心墙上接沥青混凝土斜心墙等型式。根据沥青混凝土心墙的计算结果和安全监测资料的分析结果,垂直型式的沥青混凝土心墙工作情况良好。近20年来,世界上绝大多数沥青混凝土心墙坝的防渗心墙采用垂直型式,我国的沥青混凝土心墙均为垂直型式。

按照施工方式不同,沥青混凝土心墙可分为碾压式沥青混凝土心墙和浇筑式沥青混凝土心墙等型式。碾压式沥青混凝土心墙,其配合比参数范围可为:沥青占沥青混合料总重的 6%～7.5%,填料占矿料总重的 10%～14%,骨料的最大粒径不宜大于16mm,级配指数 0.35～0.44。沥青宜采用 70 号或 90 号水工沥青或者道路沥青。碾压式沥青混凝土心墙主要技术指标见表 5.1-1。

表 5.1-1　　　　　　　　　　碾压式沥青混凝土心墙主要技术指标

序号	项目	指标	说明
1	孔隙率/%	≤3	芯样
		≤2	马歇尔试件
2	渗透系数/(cm/s)	≤1×10^{-8}	
3	水稳定系数	≥0.90	
4	弯曲强度/kPa	≥400	
5	弯曲应变/%	≥1	
6	内摩擦角/°	≥25	
7	黏结力/kPa	≥300	
8	抗拉、抗压、变形模量等力学性能	根据当地温度、工程特点和运用条件等通过计算提出要求	

浇筑式沥青混凝土心墙,其配合比参数范围可为:沥青占沥青混合料总重的 10%～15%,填料占矿料总重的 12%～18%,骨料的最大粒径不宜大于 16mm,级配指数0.30～0.36。沥青可采用 50 号水工沥青、道路沥青或者掺配沥青。浇筑式沥青混凝土心墙主要技术指标见表 5.1-2。

表 5.1-2　　　　　　　　　　浇筑式沥青混凝土心墙主要技术指标

序号	项目	指标	说明
1	孔隙率/%	≤3	
2	渗透系数/(cm/s)	≤1×10^{-8}	
3	水稳定系数	≥0.90	

序号	项目	指标	说明
4	分离度	≤1.05	试验方法见《土石坝沥青混凝土面板和心墙设计规范》(SL 501—2010)说明
5	施工粘度/(Pa·s)	$1×10^2～1×10^4$	试验方法见《土石坝沥青混凝土面板和心墙设计规范》(SL 501—2010)说明
6	流变结构粘度、异变指数	根据温度、工程特点和运用条件通过流变计算进行选择	

浇筑式沥青混凝土一般用于小规模施工,其施工设备较简易,基本没有大型专用施工设备。碾压式沥青混凝土一般用于大规模施工,采用专用成套设备进行施工,设备主要包括:矿料加工设备,沥青混合料拌和设备,沥青混合料运输、摊铺、碾压设备。由于碾压式沥青混凝土心墙的沥青用量较少、强度较大、心墙与坝壳变形较协调、便于施工,国内外多采用碾压式沥青混凝土心墙。

沥青混凝土心墙坝具有以下优点:①防渗性能好,渗透系数小于 10^{-8} cm/s;②不与外界直接接触,运行环境稳定,耐久性较好;③适应坝体、地基变形能力较强,尤其适用于"U"形与不对称型河谷、深厚覆盖层地区及抗震设防地区;④抗冻性好,沥青混凝土心墙不需要进行特别的防冻处理与保护,适合在寒冷地区施工与运行;⑤施工受气候条件影响较小,可缩短施工工期;⑥不需要设置沉降、变形缝。

由于沥青混凝土心墙坝具有众多优点,该坝型经过几十年的建设和发展,已在水利工程中占有一席之地。随着三峡茅坪溪、冶勒和尼尔基等大型工程沥青混凝土心墙坝的成功修建和运行,工程技术人员对沥青混凝土心墙坝的认识不断加深,为我国沥青混凝土心墙坝的建设和发展积累了宝贵经验。在西部大开发战略的支持下,一批 100m 级以上高沥青混凝土心墙坝正在西部地区建设或即将开工建设。但从国内多座沥青混凝土心墙坝建设及运行情况来看,由于沥青混凝土心墙施工质量难以控制,加之坝体不均匀沉降变形,大坝建成后沥青混凝土心墙容易出现开裂或破损现象,沥青混凝土心墙与混凝土基座和岸坡连接不完善,导致大坝出现异常渗漏现象。本章结合沥青混凝土心墙坝的工程特点,对该坝型的渗漏处置技术进行归纳总结,同时介绍相关技术在工程中的实践应用情况。

5.1.2 沥青混凝土心墙坝渗漏病害特点

工程实际运行过程中,有部分沥青混凝土心墙堆石坝出现病害,最常见的病害是大坝渗漏。沥青混凝土心墙坝出现渗漏的时间多是水库刚蓄水或蓄水后不久,也有些是运行一段时间后产生渗漏。沥青混凝土心墙坝出现渗漏的原因多是沥青混凝土心墙存在质量缺陷,也有些是沥青混凝土心墙与基础底座连接部位存在缺陷。由于沥青混凝土心墙厚度较薄,渗径较短,一旦出现心墙问题引起的渗漏,大多是渗漏量较大的集中渗漏。重庆马家沟水库沥青混凝土心墙坝最大坝高38m,2002年水库建成蓄水大坝即出现明显渗漏,并随库水升高渗漏量明显增大,最大渗漏量达70L/s;内蒙古霍林河水库沥青混凝土心墙坝最大坝高26.1m,水库建成蓄水后坝脚出现渗漏,局部发生冒水翻砂,最大渗漏量达136.8L/s。

沥青混凝土心墙坝出现渗漏一般是由设计不合理、施工方法不当、质量控制不严等引起的,应综合分析原设计、施工资料,找出导致渗漏问题的主要原因;并采取合理的检测手段,确定大坝渗漏部位和范围。根据工程实践经验总结,导致沥青混凝土心墙坝渗漏的主要因素有:沥青混凝土心墙质量缺陷、坝壳料质量缺陷和坝基处理质量缺陷。

(1)沥青混凝土心墙质量缺陷

沥青混凝土心墙的施工是一项复杂的系统工程,施工环节多、工艺复杂和技术标准高,一个环节出现问题,如拌和料配置不合理,拌和、运输、摊铺及碾压等设备故障,摊铺碾压控制不到位,施工过程中人为及非人为影响因素,这些都会造成沥青混凝土心墙的质量缺陷。

根据工程实践经验,沥青混凝土心墙的主要质量缺陷分为四类:第一类为质量裂缝;第二类为孔隙率、渗透系数等性能指标达不到设计要求;第三类为心墙有效宽度达不到设计要求;第四类为沥青混凝土表面"返油"。

1)质量裂缝

质量裂缝是施工过程中施工工艺和施工控制偏差造成的质量缺陷。质量裂缝的产生原因主要有以下几个方面:①沥青混凝土配合比不合理,导致沥青含量远远小于预定值。砂或矿粉用量有较大偏差时,颗粒之间的内摩擦力较小,使沥青混合料无法形成紧密的内部结构,无法在正常的碾压情况下达到理想的压实度,形成大量裂纹。②矿料加热温度不够,沥青与矿料的黏聚力变小,沥青混凝土在摊铺碾压后,表面产生很宽、很深的贯穿性裂纹。③沥青混合料摊铺后碾压不及时,碾压时沥青混合料温度偏低,形成表面裂纹。④气温骤降使沥青混凝土表面形成温度裂缝,温度裂缝宽度一般为0.1～2mm,深度一般小于10mm。沥青混凝土的自愈能力较强,温度裂缝在一定条件下,如温度升高条件下可愈合,一般不对此类裂缝进行处理,在下一层施工时,对心墙表面进行加热,裂缝就能完全愈合。

质量裂缝的存在会大大降低沥青混凝土的防渗性能,需要进行处理;大坝施工阶段,通常采用贴沥青玛蹄脂或者彻底挖除的方式进行处理。

2)孔隙率、渗透系数等性能指标达不到设计要求

孔隙率、渗透系数等性能指标达不到设计要求,主要是因为沥青混凝土的配合比发生了较大的偏差,如沥青含量小于设计值,矿粉或砂的用量有较大偏差,无法通过碾压达到理想的压实度,无法形成密实结构。

3)心墙有效厚度达不到设计要求

当过渡料摊铺厚度过大,碾压沥青混合料时采用骑缝碾压,过渡料对振动碾的架撑作用会降低振动碾对沥青混合料的压实性能;心墙与两侧过渡料振动碾时未呈"品"字形行进,或者碾压过渡料时振动碾离心墙边缘过近,采用贴缝碾压,易将心墙两侧过渡料挤入心墙断面,致使心墙厚度不足;摊铺机行走速度过快,沥青混合料发生"漏铺"或"薄铺"现象,也可导致心墙厚度不足。

4)沥青混凝土表面"返油"

施工过程中,追求表面效果而加大碾压力度,形成明显的"返油"现象,将直接影响沥青混凝土心墙的性能。这类"返油"主要是沥青混凝土心墙施工层面返沥青胶浆,厚度可达 0.5~1cm,被称为"过碾返油"。当沥青混凝土碾压遍数过多、碾压温度偏高或者沥青用量远高于设计值时,往往发生过碾返油现象。

表面返油将对沥青混凝土的力学和变形性能造成很大的影响,因此返油层是沥青混凝土心墙施工存在的一个薄弱环节。从抽取的芯样看,层间形成明显的沥青胶浆层,没有因上一层的铺筑而消失。同时,返油层的中下部芯样的孔隙率较大,影响沥青混凝土的抗渗性能。如果施工中出现"过碾返油"现象,首先要检查沥青混凝土的孔隙率是否满足设计要求。如果沥青混凝土心墙过碾返油层中下部沥青混凝土满足设计要求,则可将过碾返油浇筑层表面清除,否则需要将过碾返油层全部挖除。

大坝施工期间,发现问题部位的沥青混凝土心墙,应补充钻孔取芯,对沥青混凝土的性能指标(主要指孔隙率、渗透系数等)进行检测。若沥青混凝土芯样的检测结果仍然不能满足设计要求,通常采用补贴沥青玛蹄脂和挖除法两种办法进行处理。

①贴沥青玛蹄脂法:对发现问题的部位,可以在缺陷部位的心墙上游面贴 5~10cm 厚沥青玛蹄脂,以增强沥青混凝土的防渗效果,贴面范围以将缺陷部位全部包裹为准,配合比应根据试验确定,通常情况下,沥青:填充料(矿粉):人工砂=1:2:2 或 1:2:4。具体做法是:继续进行下一层的沥青混凝土施工,施工结束后将心墙上游面过渡料挖开,在侧面对表面进行处理,要求表面平整,且无过渡料镶嵌。在对心墙迎水侧表面处理完成并通过验收后,就可以在缺陷部位支立模板。模板要求平整、稳定,确保沥青玛蹄脂的最小厚度满足处理要求。立模完成后,采用同沥青混凝土与混凝土结合部沥青玛蹄脂加热、拌和相同的工艺,按照试验确定的沥青玛蹄脂的配合比,在迎水侧的沥青混凝土心墙表面,浇筑一层厚 5~10cm 的沥青玛蹄脂。在通常情

况下,当缺陷部位的区间长度较大且经分析采用沥青玛蹄脂贴面处理完全可以解决,不会给工程留下质量隐患时,才能采用沥青玛蹄脂贴面的处理方法。

②挖除法:首先需要人工配合反铲挖开缺陷心墙两侧过渡料,保证足够深度和宽度。然后将木材放在沥青混凝土心墙表面,浇上柴油,点火灼烧,对沥青混凝土加热升温,待沥青混凝土软化后,人工配合反铲挖除心墙上不合格的沥青混凝土。将废弃的沥青混合料和燃烧后的木材残渣装运到大坝范围之外。用钢丝刷剔除心墙表面的松散颗粒,人工清扫配合高压风将心墙层面处理干净。再用振动碾碾压,边角部分用电动夯夯实,保证心墙表面不平整度不超过 10mm,必要时在层面上均匀喷涂一层沥青玛蹄脂。心墙层面处理完成后,按正常工艺补填沥青混合料及过渡料,并进行碾压,特别注意控制心墙层面结合质量。挖除处理是一种最彻底的处理方式,采用此种处理方式将不会给工程留下隐患。但挖除处理也有局限性,当需要处理的范围过大时,处理难度大,费时费力,同时在处理过程中,不可避免会对下层沥青混凝土造成影响,尽管这种影响可能较小。在通常情况下,当缺陷的处理范围较小时,采用这种办法进行处理。

5)接触部位渗漏

沥青混凝土心墙与刚性建筑物接触部位结构设计不当或施工质量差,会导致接触部位发生集中渗漏。沥青混凝土心墙与穿坝建筑物接触部位,心墙与坝基(坝肩)岩体接触部位,心墙与坝基混凝土防渗墙接触部位,需要作为重要的节点进行设计和施工,主要的工程措施有:设置混凝土基座、设置止水结构、增大接触部位的沥青混凝土心墙尺寸、接触面涂刷沥青玛蹄脂等。这些工程措施缺失或者施工质量差,会导致接触部位渗漏。

沥青混凝土心墙坝的渗漏主要是由心墙破坏引起的,而沥青混凝土心墙厚度较薄,且位于坝体中部,难以直接钻孔进行相关检查,无法准确判断心墙存在问题的部位和高程,渗漏处理难度很大。

(2)坝壳料质量缺陷

沥青混凝土心墙堆石坝施工是一个复杂过程。沥青混凝土心墙对施工艺要求高,且心墙施工与坝体的填筑施工过程需相协调,稍有不慎,极易出现质量问题。常见的坝壳料质量缺陷主要有以下几点。

①坝体填筑料强度低或碾压不充分,坝体变形较大,导致沥青混凝土心墙产生裂缝,甚至破坏。这是沥青混凝土心墙堆石坝蓄水初期出现渗漏并不断加重的原因。

②沥青混凝土心墙坝下游过渡料级配不连续,含泥量偏高,不满足水力过渡要求,细颗粒物质容易被水流带走,导致下游过渡层松散、变形,对沥青混凝土心墙的支撑作用减弱,导致沥青混凝土心墙变形偏大、开裂,降低沥青混凝土心墙防渗性能。

③沥青混凝土心墙下游坝壳料排水性能较差,导致下游坝内渗流浸润线偏高,下游

坝坡湿软,坝坡稳定性能降低。

(3)坝基处理质量缺陷

沥青混凝土心墙坝建设前,应查明坝基覆盖层分布情况。如果覆盖层厚度较小,宜采取清除处理;如果覆盖层厚度较大,难以清除,则应采取振冲、强夯等加密措施,防止大坝沉降变形过大或发生不均匀沉降变形,导致沥青混凝土心墙变形、开裂,大坝出现渗漏问题。沥青混凝土心墙坝坝基处理不当,容易出现以下质量缺陷。

①坝基岩体裂隙发育、透水性较大,防渗处理不彻底,或局部存在岩溶未采取有效的防渗措施,导致坝基渗漏。

②坝基存在可溶成分,在地下水侵蚀作用下使坝基透水性增大,并产生渗漏。

③大坝坐落在透水性较强的覆盖层上,而坝基防渗墙和帷幕灌浆处理范围、深度不足,或者坝基防渗体不完整、存在薄弱部位,导致坝基渗漏。

④大坝两岸坝肩山体岩石裂隙、节理发育,或存在断层、岩溶,或为透水性较大的覆盖层,而施工时未进行防渗处理或处理不彻底,导致两岸坝肩渗漏。

5.1.3 沥青混凝土心墙坝防渗加固特点

与其他类型土石坝相比,沥青混凝土心墙坝有独特的坝体结构、防渗体系及渗漏病害表现。结合工程实践经验,沥青混凝土心墙坝防渗加固存在以下特点及难点。

①沥青混凝土心墙位于坝体内部,目前的检测方法难以查明心墙缺陷部位和主要渗漏通道,同时不具备检修条件。

②沥青混凝土心墙一般厚度不足1.0m,若对沥青混凝土心墙采取钻孔灌浆防渗加固,钻孔孔斜控制精度要求高,钻孔实施难度极大,稍有不慎就可能打穿心墙,造成心墙墙体破坏。同时,灌浆浆液与沥青混凝土心墙的黏结性能差,难以充填沥青混凝土心墙的裂缝或剥蚀部位。

③对沥青混凝土心墙进行修补处理,可研究灌注热沥青,灌注前应对钻孔进行清理、烘干、热融化,但对于深部心墙灌注热沥青修补技术无法实施。

因此,沥青混凝土心墙坝出现严重渗漏问题,往往难以对沥青混凝土心墙自身进行修补处理。工程上应首先考虑完善新建沥青混凝土心墙坝的结构布置,尽量避免投入运行后出现严重的渗漏安全问题;在此基础上针对渗漏严重的已建沥青混凝土心墙坝,采取在沥青混凝土心墙上游侧增设混凝土防渗墙、过渡料静压灌浆或高喷灌浆重构防渗体等处理方式。

5.2 防渗设计

对于新建沥青混凝土心墙坝,需要从以下几个方面完善大坝防渗措施:沥青混凝土原材料及基本性能、沥青混凝土配合比设计和沥青混凝土心墙设计等。

5.2.1　沥青混凝土原材料及基本性能

5.2.1.1　原材料选择

（1）沥青

沥青混凝土心墙坝所用沥青的品种和标号应根据工程类别、结构性能要求、当地气温、运用条件和施工要求等进行选择。对于碾压式沥青混凝土可选用道路石油沥青，对于浇筑式沥青混凝土宜选用针入度较小、温度敏感性较小的沥青。

（2）粗骨料

碱性骨料与沥青具有良好的化学吸附作用，与沥青的黏结力较好，能保证沥青混凝土的水稳定等级，沥青混凝土粗骨料宜采用碱性岩石破碎的碎石。酸性骨料与沥青的黏附性能较差，在水的长期浸泡作用下，包裹在骨料表面的沥青会逐渐被水置换而使骨料裸露出来，从而会使沥青混凝土的自身结构遭受破坏，影响沥青混凝土的强度及抵抗外力变形的能力。因此，对于沥青混凝土心墙坝的心墙粗骨料宜采用粒径大于 2.5mm 的碱性骨料，其对表观密度、针片状颗粒含量、水稳定等级、有机质及泥土含量等指标有严格的要求。采用未经破碎的卵石料时，其用量不宜超过粗骨料用量的 50%，并经试验研究论证。

当采用酸性骨料时，为了提高沥青与酸性骨料的黏附性，目前国内外通常采用在沥青或沥青混合料中添加抗剥落剂的方式改良。当前国内使用的聚合物抗剥落剂主要有胺类与非胺类抗剥离剂，其中以胺类居多。但是胺类物质受热易分解，稳定性相对较差，其抗剥落剂的耐热性与长期性能备受质疑。非胺基类抗剥落剂的主要成分是一种表面活性剂，其特点是热稳定性和耐久性较好，抗剥落剂分解温度高达 180℃以上，化学键不易发生破坏，水稳定性能好，适合于各种石料（碱性或酸性）。如西藏拉洛水利枢纽建设过程中，经比选沥青混凝土粗骨料选择从卡玉砂砾石料场开采，该料场的砂砾石含酸性骨料，通过在沥青混凝土中添加 0.4%非胺类抗剥落剂，将砂砾石中的酸性骨料与沥青的黏附性由 2 级提高到 5 级，水稳定系数大于 0.9，质量损失、残留针入度比、延度等性能均满足了相关规范要求。

（3）细骨料

细骨料系指粒径为 0.074～2.5mm 的骨料，一般宜选用天然砂或碱性岩石加工而成的人工砂；在特殊情况下，也允许由天然的酸性岩石加工而成，但必须掺加适量的沥青改性材料。细骨料应质地坚硬、新鲜，不因加热而引起性质变化。

（4）填料

填料可采用石灰岩粉、白云岩粉，也可采用滑石粉、普通硅酸盐水泥和粉煤灰。为改善沥青混凝土的物理力学性能，还可在沥青中掺入合适的掺料，如抗剥离剂或高分子材料等。

5.2.1.2　沥青混凝土基本性能

沥青混凝土心墙坝所采用的沥青混凝土基本性能主要包括：防渗性能、力学特性、热稳定性能、低温抗裂性能、水稳定性能、耐老化性能等方面。

（1）防渗性能

对于沥青混凝土心墙坝而言，沥青混凝土的基本性能要求是防渗。沥青混凝土的防渗性能主要取决于密实程度，即孔隙率。沥青混凝土的渗透系数与孔隙率有关，当孔隙率小于 3% 时，沥青混凝土几乎不透水。鉴于上述情况和方便施工质量控制，国外对水工沥青混凝土的防渗性能一般仅采用单一的孔隙率指标来控制，国内基于以往的工程习惯通常采用孔隙率和渗透系数双重控制指标。

对于碾压式沥青混凝土心墙，沥青混凝土的孔隙率应不大于 3%，渗透系数应不大于 1×10^{-8} cm/s，沥青含量可为 6%～7.5%。对于浇筑式沥青混凝土心墙，沥青混凝土的孔隙率应不大于 2%，渗透系数应不大于 1×10^{-8} cm/s，分离度应不大于 1.05，沥青含量可为 9%～13%。

（2）力学特性

沥青混凝土是一种典型的黏弹性材料，其力学特性对温度十分敏感，随着温度的升高，材料物理特征表现为变软，强度和刚度变小。

（3）热稳定性能

暴露在空气中的沥青混凝土面板，遭受阳光暴晒，表面温度可达 60～80℃。在高温条件下，沥青混凝土流变性增大，抗剪强度降低，沥青混凝土面板在自重作用下沿斜坡产生流变变形，可能导致面板表面出现流淌，严重的会造成面板的局部撕裂。

（4）低温抗裂性能

暴露在空气中的沥青混凝土面板，冬季会遭遇低气温和寒流作用，严寒地区会达到 −30℃ 或更低。低温条件下，沥青混凝土呈现脆弹性材料特性。温降会使面层沥青混凝土产生收缩，受下部沥青混凝土或基础的约束，就会使面板产生拉应力。当拉应力超过沥青混凝土抗拉强度时面板将开裂。

（5）水稳定性能

水稳定性能是指沥青与矿料形成黏附层后，遇水时水对沥青的置换作用而引起沥青剥落的抵抗程度,是沥青混凝土的耐久性能之一,主要取决于矿料的性质、沥青与矿料之间相互作用的性质、沥青膜厚度,以及沥青混凝土的孔隙率等。沥青混凝土水稳定性的评定方法,通常分为两个阶段进行。第一阶段是评价沥青与矿料的黏附性,评定指标为黏附等级;第二阶段是评价沥青混凝土的水稳定性,评定指标为水稳定系数。我国很重视沥青与骨料的黏附性评定,在国外一般不作要求,只要求沥青混凝土满足水稳定性指标即可。对于碾压式沥青混凝土心墙和浇筑式沥青混凝土心墙,沥青混凝土的水稳定系数应不小于0.9。

(6)耐老化性能

沥青混凝土的老化源自沥青的老化,沥青的老化特性决定了沥青混凝土的老化特性。沥青在整个使用过程中的老化,施工期约占75%、运行期约占25%,其中施工期拌和时的老化约占73%。沥青混凝土运行期的老化与自身的空隙率有很大关系。沥青混凝土孔隙率在3%以下时,气候环境(空气中的氧、阳光紫外线、温度等)对表面的老化作用通常仅限于几毫米范围。

5.2.2 沥青混凝土配合比设计

沥青混凝土配合比设计的目的是确定粗骨料、细骨料、矿粉和沥青相互配合的比例。沥青混凝土配合比应根据具体工程的沥青混凝土技术要求进行设计,如抗渗性能、变形性能、热稳定性能、低温抗裂性能等,在合理选择原材料基础上,先利用混合料马歇尔击实试验试件,检测沥青混凝土基本性能,如孔隙率、渗透系数、斜坡流淌值等,初选配合比;在初选配合比基础上,再进一步进行特殊性能的试验,如小梁弯曲、直接拉伸、低温冻断等,通过比较优化,选定配合比。

我国西藏高海拔地区地震频发,对建筑物抗震要求高。强地震烈度设防要求沥青混凝土心墙能够适应较大变形,同时低温、强辐射和夏季多雨的气候对心墙施工质量产生较大影响。综合各种不利因素的影响,在进行碾压式沥青混凝土心墙配合比设计时,要适当提高沥青混合料的沥青用量,增加碾压式沥青混凝土心墙的柔性,提高碾压式沥青混凝土心墙的变形能力。例如:西藏拉洛水利枢纽沥青混凝土心墙坝的心墙沥青用量为7.1%,相比国内其他地区同类心墙,沥青用量高出0.3%~0.5%,拉洛水利枢纽大坝沥青混凝土心墙采用的配合比见表5.2-1。

表 5.2-1 拉洛水利枢纽大坝沥青混凝土心墙采用的配合比

级配指数	沥青用量/%	填料/%	通过率/%										
			19	16	13.2	9.5	4.75	2.36	1.18	0.6	0.3	0.15	0.075
0.4	7.1	12	100.0	93.4	86.6	76.1	57.9	44.1	33.7	26.0	20.0	15.4	12.0

5.2.3 沥青混凝土心墙设计

（1）心墙结构设计

碾压式沥青混凝土心墙应满足防渗、适应变形、耐久性等性能要求，其厚度可根据坝高、工程级别、抗震要求和施工条件等选定。心墙底部最大厚度（不含扩大段）宜为坝高的 $1/110\sim1/70$。心墙厚度宜采用渐变式或阶梯式。心墙顶部的最小厚度不宜小于 40cm。

浇筑式沥青混凝土心墙主要用于处于寒冷和严寒地区，并需要在冬季施工的中低高度土石坝。浇筑式沥青混凝土应具有良好的抗流变性，且应满足防渗、适应变形、耐久性等性能要求，其厚度可根据坝高、工程级别、沥青混凝土流变特性、抗震要求和施工条件等选定。心墙厚度宜为坝高的 $1/100$，顶部最小厚度不宜小于 20cm。

（2）心墙与基础、岸坡及其他建筑物连接设计

心墙与基础、岸坡的连接应设置混凝土基座。基座的设置应满足渗流控制和方便心墙施工要求。心墙与基础、岸坡等刚性建筑物连接部位之间应做好止水设计。心墙基座沿防渗轴线方向应平顺布置，避免采用台阶状、反坡或突然变坡，岸坡上缓下陡时，变坡角应小于 20°。心墙基座或其他刚性建筑物表面的坡比宜缓于 1∶0.35。与基础和岸坡的基座及刚性混凝土连接处的沥青混凝土心墙，应采用厚度逐渐扩大的形式连接。

（3）心墙两侧过渡层设计

沥青混凝土心墙两侧应设置过渡层，过渡层应满足心墙与坝壳料之间变形过渡要求，且具有良好的排水性和渗透稳定性。沥青混凝土心墙的变形模量较小，对于堆石坝来说，坝壳料的变形模量大，通过设置过渡层使变形模量介于心墙和坝壳之间，使心墙、过渡层、坝壳料的变形平缓过渡。

过渡层的水平宽度宜为 $1.5\sim3.0m$，强地震区和岸坡有明显变化的部位宜适当加厚。过渡层料应质地坚硬，具有较强的抗水性和抗风化能力，可采用经筛选加工的砂砾石、人工砂石料或其他掺配料。过渡料颗粒级配宜连续，最大粒径不宜超过 80mm，小于 5mm 粒径的含量宜为 $25\%\sim40\%$，小于 0.075mm 粒径的含量不宜超过 5%，但高海拔地区河床砂砾石料往往细粒含量偏高，不满足过渡料设计要求。如拉洛水利枢纽沥青混凝土心墙坝过渡料选取过程中，针对料场细粒含量偏高问题，采用剔除最大粒径 80mm 以上颗粒的余料，压实后过渡料相对密度不小于 0.75，满足设计要求。

（4）心墙与过渡料的变形协调

沥青心墙的刚度小于坝壳料和过渡料的刚度，心墙具弱透水性，这些因素容易导致心墙产生拱效应，甚至发展为水力劈裂。随着坝高的增加，拱效应作用更加强烈，产生水力劈裂风险的可能性更大。有关研究表明，作为大坝防渗体，沥青混凝土心墙的结构完

整和安全稳定至关重要,而其关键是确保心墙和过渡料之间的变形协调,防止附加压应力过大导致心墙防渗性能的降低。

(5)建基面灌浆廊道的设置

100m 级沥青混凝土心墙坝往往需要考虑在沥青混凝土心墙底部设置基础混凝土廊道,一是方便灌浆施工,二是方便检修。在深厚覆盖层上修建沥青混凝土心墙坝,混凝土廊道一般支撑在防渗墙上,由于防渗墙的深度是沿着河谷到岸坡逐渐变化,因此廊道的坝轴向应力较大。而对于基岩上修建沥青混凝土心墙坝,混凝土廊道建在坝基基岩上,廊道变形小,但柔性的沥青混凝土心墙变形较大,如何减少两者之间的非协调变形,确保沥青混凝土心墙、混凝土廊道的拉压应力在合理的范围内,是亟待解决的关键科学问题。

西藏拉洛水利枢纽工程沥青混凝土心墙坝设计了 3 种不同的沥青混凝土心墙与混凝土廊道连接型式(图 5.2-1)。数值仿真分析结果表明,连接型式 3 的混凝土廊道刚度适中,心墙与两边过渡料竖向变形协调;蓄水后心墙、廊道与廊道后堆石料协同水平变形抵御水压力作用,心墙与廊道之间没有相对水平位移发生;廊道拉应力分布区域只占相应厚度的 1/3~1/2;该连接型式能使沥青混凝土心墙、廊道与廊道下游堆石料的水平与竖向协同变形相对最优。

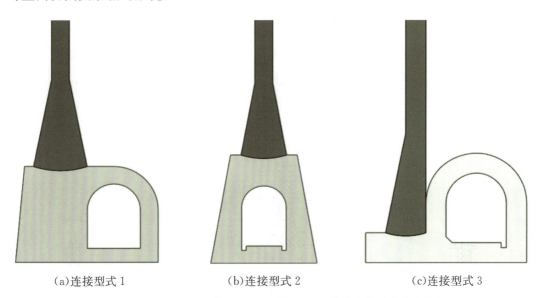

(a)连接型式 1　　　　　(b)连接型式 2　　　　　(c)连接型式 3

图 5.2-1　拉洛大坝沥青混凝土心墙与混凝土廊道连接型式比选方案

5.2.4　典型工程案例

5.2.4.1　湖北茅坪溪沥青混凝土心墙坝

(1)工程概况

茅坪溪是长江上的小支流,其出口位于三峡大坝上游约 1km 的长江右岸。茅坪溪土石坝采用沥青混凝土心墙坝,坝顶高程 185.0m,最大坝高 104m,坝顶宽度 20m。大坝主要由风化砂、风化砂混合料、石渣、石渣混合料、块石、过渡料、反滤料、垫层料等填筑而成。大坝防渗结构为:河床坝段基础设基座廊道,下部为帷幕灌浆,上部为沥青混凝土心墙;两岸坝段基础设混凝土防渗墙穿过全、强风化岩层,其下部接帷幕灌浆,上部接沥青混凝土心墙。茅坪溪土石坝典型横剖面见图 5.2-2。

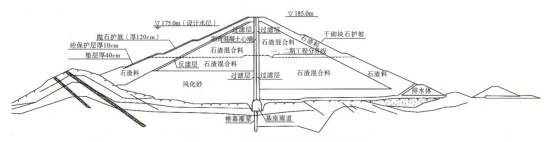

图 5.2-2 茅坪溪土石坝典型横剖面

(2)防渗结构布置

茅坪溪坝址两岸为深厚透水性强的全、强风化花岗岩体,为避免两岸山体的大开挖,两岸基础采用垂直混凝土防渗墙结构。为便于和岸坡垂直防渗墙可靠连接,坝体防渗采用垂直沥青混凝土心墙。沥青混凝土心墙顶高程 184.0m,最低墙底高程 91.0m。心墙顶宽 0.5m,两侧坡度 1:0.004,高程 94.0m 处心墙宽度渐变为 1.2m。心墙与周边建筑物连接的 3m 范围为心墙扩大段,断面扩大系数为 2.5,以延长结合面的渗径。心墙基座结构面见图 5.2-3。

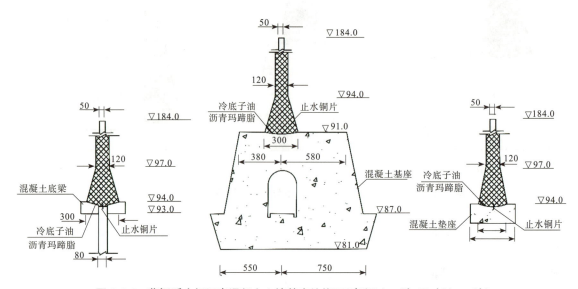

图 5.2-3 茅坪溪大坝沥青混凝土心墙基座结构面(高程以 m 计,尺寸以 cm 计)

沥青混凝土心墙渗透系数小于 $1×10^{-7}$ cm/s,防渗性能好。沥青混凝土变形模量低,一般为 60.0~80.0MPa,能较好地适应坝体变形。

(3)沥青混凝土配合比

茅坪溪大坝一期工程选用克拉玛依油田生产的沥青,二期工程采用中海 36-1 水工沥青。矿料均采用碱性的石灰岩加工,为改善施工和易性,细骨料中掺入一定量的河砂。茅坪溪大坝沥青混凝土配合比见表 5.2-2。

表 5.2-2 茅坪溪大坝沥青混凝土配合比

工程分期	配合比参数				矿料重量百分比/%		
	级配指数 r	最大骨料 D_{max}/mm	填充料 F/%	沥青含量 B/%	粗骨料 $d=20\sim2.5$mm/%	细骨料 $d=2.5\sim0.074$mm/%	填充料 $D\leqslant0.074$mm/%
一	0.25~0.4	20	12	6.3~6.5	56	32	12
二	0.35~0.4	20	12	6.3~6.5	53	35	12

(4)施工期温度控制

沥青混凝土施工应严格进行温度控制;若拌制时原材料加热的温度过高,易使沥青老化,降低沥青混凝土的耐久性;加热的温度过低,易使沥青混凝土施工时难以压实,导致沥青混凝土心墙的防渗性能降低。茅坪溪大坝施工过程中,沥青混凝土的摊铺温度为 150~170℃,初凝温度为 140~160℃,终碾温度为 120~140℃。

茅坪溪大坝于 2003 年 6 月竣工并开始挡水运行,2010 年 10 月上游蓄水至设计水位 175.0m,监测结果表明,沥青混凝土心墙应力应变、渗流渗压观测值均较设计计算值小,坝体变形已收敛,茅坪溪大坝运行正常。

5.2.4.2 四川去学水电站沥青混凝土心墙坝

(1)工程概况

去学水电站位于定曲河(金沙江一级支流)最大支流硕曲河干流上,工程区位于四川省甘孜藏族自治州得荣县境内。水库正常蓄水位 2330m,总库容 1.33 亿 m³,电站装机容量 246MW。去学水电站坝址处河谷狭窄、高陡,断面呈"V"字形,天然河谷宽高比为 1.26。沥青混凝土心墙堆石坝坝顶高程 2334.2m,坝顶宽度 15.0m,坝顶轴线长度 220m,最大坝高 173.2m,心墙高度 132m。筑坝材料分区从上游到下游为:上游干砌石护坡、堆石Ⅰ区(碾压增模Ⅰ区)、上游过渡层Ⅱ区、上游过渡层Ⅰ区、沥青混凝土心墙(厚 0.6~1.5m)、下游过渡层Ⅰ区、下游过渡层Ⅱ区、堆石Ⅱ区(碾压增模Ⅱ区)、堆石Ⅰ区、下游干砌石护坡(图 5.2-4)。

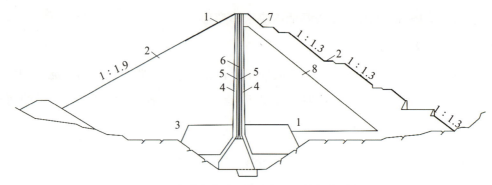

图 5.2-4　去学水电站沥青混凝土心墙坝典型断面

1—干砌石护坡;2—堆石Ⅰ区;3—碾压增模Ⅰ区;4—过渡层Ⅰ区;5—过渡层Ⅱ区;6—沥青混凝土心墙;7—碾压增模Ⅱ区;8—堆石Ⅱ区

(2)防渗结构布置

沥青混凝土心墙采用碾压式,心墙顶部高程 2333.0m,顶部厚 0.6m。心墙上、下游坡比为 1∶0.0035。心墙底部设 3.0m 高的放大脚与上部心墙平顺连接,最大坝高剖面放大脚厚度从 1.5m 渐变为 3.0m。

(3)河床基础深槽处理

由于坝址河床底部为下切强烈的深槽,坝轴线方向宽 18m,深度 32m,右岸上部开挖基础整体平顺,然而河床底部深槽与右岸岸坡开挖基础之间存在 41m 宽的基岩平台,致使基础开挖体型存在较大突变,对平台及深槽附近心墙的受力极为不利,影响防渗安全。为了解决基础开挖体型对心墙受力的不利影响,研究制定"高沥青混凝土心墙＋高混凝土基座"的防渗结构,沥青混凝土心墙高度 132.0m,混凝土基座高度 32.0m,改善了沥青心墙的工作状态。计算分析表明,心墙应力水平低于 0.7,受力状态良好。

(4)陡峻边坡心墙接头处理

沥青混凝土心墙与混凝土基座接头的结构型式直接关系到大坝防渗系统的安全,通过在接头部位设置沥青玛蹄脂,并采用弧面基座设置止水铜片,且沥青混凝土心墙下部局部放大,接头部位均未发生渗漏。

去学水电站主体工程于 2013 年开工建设,2017 年 7 月正式投产发电。

5.2.4.3　四川冶勒水电站沥青混凝土心墙坝

(1)工程概况

冶勒水电站位于四川省大渡河支流南桠河上游,水库总库容 2.98 亿 m³,装机容量 240MW。拦河大坝采用沥青混凝土心墙堆石坝,坝顶高程 2654.50m,最大坝高 125.5m,坝顶长 411m,坝体建在深厚覆盖层上,上游坡比 1∶2.0,下游坡比 1∶2.2～

1∶1.8。沥青混凝土心墙堆石坝主要由坝内防渗体、坝基防渗体及坝壳堆石组成,在沥青混凝土心墙与坝壳堆石之间设碎石过渡层(图 5.2-5)。

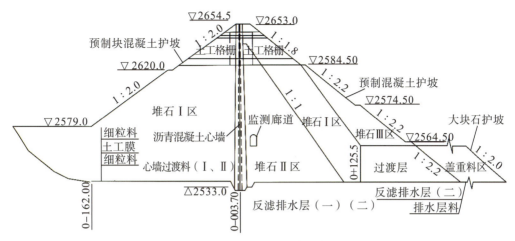

图 5.2-5　冶勒水电站沥青混凝土心墙坝典型断面(单位:m)

(2)防渗结构布置

冶勒沥青混凝土心墙堆石坝防渗体由坝基防渗墙、坝体沥青混凝土心墙及两者结合部构成(图 5.2-6)。

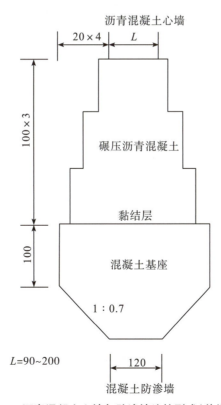

图 5.2-6　沥青混凝土心墙与防渗墙连接型式(单位:cm)

1)基础防渗

大坝基础采用混凝土防渗墙和帷幕灌浆相结合的防渗处理方案,其中河床段(桩号0+150~0+308)混凝土防渗墙厚1.2m,两侧岸坡混凝土防渗墙厚1.0m。施工廊道(桩号0+308~0+610)防渗墙以下布置3排帷幕灌浆,孔距2.0m。右岸坝肩部位防渗墙及其下部帷幕灌浆深度达200m。坝基为深度超过400m的冰水堆积覆盖层,由于大坝基础存在严重不对称,坝基应力及变形条件复杂,其基础防渗处理难度很大。

2)坝体沥青混凝土心墙

坝体沥青混凝土折线形心墙上部为斜心墙,坡度1:0.3,折坡点高程2620m,下部垂直,心墙顶部最小厚度0.6m,向下逐渐加厚。沥青混凝土心墙底部设钢筋混凝土基座,基座宽约3.0m、高3.0m。

沥青混凝土心墙与钢筋混凝土基座、钢筋混凝土基座与底部混凝土防渗墙等之间均为刚性连接,心墙与基座之间的水平缝设沥青玛蹄脂,基座与防渗墙采用整体浇筑方式。

沥青混凝土心墙采用碾压式,骨料采用三岔河料场的石英闪长岩,粗骨料最大粒径20mm,沥青混凝土配合比见表5.2-3。沥青混凝土心墙两侧的过渡料最大粒径与沥青混凝土骨料的最大粒径之比小于8:1,过渡料为天然砂砾料或石料场人工骨料,过渡Ⅰ区骨料最大粒径小于6cm,过渡Ⅱ区骨料最大粒径小于15cm。

表 5.2-3 冶勒水电站大坝心墙沥青混凝土配合比

级配指数	粗骨料通过率/%			细骨料通过率/%							填料量/%	沥青用量/%
	20mm	15mm	10mm	5mm	2.5mm	1.2mm	0.6mm	0.3mm	0.15mm	0.075mm		
0.38	100.00	89.30	76.08	57.70	43.57	32.72	23.95	17.64	12.79		9.00~13.00	6.50~8.50

(3)施工质量控制

心墙沥青混凝土按层厚30cm铺筑施工,用改装的保温车进行水平运输,保温罐车作垂直运输;用1台功率为14.5kW、质量1.5t的BW90AD-3振动碾子碾压沥青混合料,用两台功率为44kW、质量2.5t的BW120AD-3碾子碾压两侧的过渡料。将出机口温度在165~175℃的沥青混合料,运到施工现场后卸入垂直运输的保温斗内,垂直运输设备给沥青混凝土摊铺机供沥青混合料,装载设备给摊铺机供过渡Ⅰ区料。摊铺机作业行走速度保持在2m/min左右,在摊铺沥青混合料同时摊铺Ⅰ区过渡料。

沥青混合料入仓温度为160~170℃,初碾温度为150~160℃,温度下降到135~145℃时终碾,之后再无振碾压1遍,并进行表面收光。碾压顺序为:无振碾压过渡料1

遍→无振碾压沥青混合料 2 遍→振动碾压过渡料 4 遍→振动碾压沥青混合料 8 遍→振动碾压过渡料 4 遍(振动碾压行走速度为 25～30m/min)→用 1.5t 振动碾碾压沥青心墙→无振碾压 1 遍收光;过渡料用 2.5t 振动碾碾压,无振碾压 1 遍,以压平过渡料与心墙接触部位。

冶勒水电站主体工程于 2000 年开工建设,2005 年 1 月开始蓄水,2005 年底投产发电。

5.2.4.4 巴基斯坦卡洛特水电站沥青混凝土心墙坝

(1)工程概况

巴基斯坦卡洛特水电站是吉拉姆河流域规划 5 个梯级电站的第 4 级,水库正常蓄水位 461.0m,正常蓄水位以下库容 1.52 亿 m^3。卡洛特水电站大坝为沥青混凝土心墙堆石坝,最大坝高 95.5m,为目前世界上高震区已建和在建最高的全软岩填筑堆石坝。沥青混凝土心墙堆石坝主要由沥青混凝土心墙(底部设混凝土基座)、过渡层、堆石Ⅰ区、堆石Ⅱ区、堆石Ⅲ区和上下游护坡等组成,坝顶高程 469.5m,坝顶轴线长 460.0m,坝顶宽度 12.0m(图 5.2-7)。

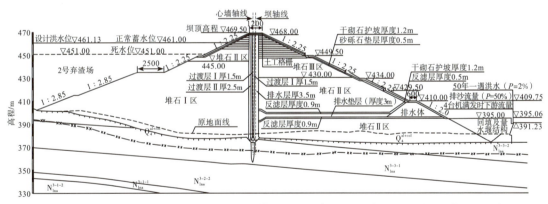

图 5.2-7 卡洛特水电站沥青混凝土心墙坝典型断面及填料分区(高程以 m 计,尺寸以 mm 计)

(2)防渗结构布置

沥青混凝土心墙采用梯形结构,顶部为高度 70cm 的等厚段,厚度为 60cm,向下逐渐加厚,心墙变厚段上、下游坡度均为 1:0.004;心墙底部为 3m 高的大放脚,大放脚上、下游坡度均为 1:0.3。大放脚与高 2.0m 的混凝土基座相接,相接部位采用圆弧设计。为解决坝基变形问题,对坝基范围内的覆盖层进行全部清除,心墙混凝土基座下部基岩进行全面积固结灌浆,固结灌浆布置双排,孔排距为 2.5m×2.5m,两排固结灌浆孔入岩深度分别为 10m 和 6m。坝基防渗帷幕沿混凝土基座轴线布置,两岸向山体内延伸,线路全长约 700m。大坝高程 445m 以下布置双排帷幕灌浆孔,孔距 2.5m,灌后基岩透水

率 $q\leqslant3Lu$;高程 445m 以上布置单排帷幕灌浆孔,孔距 2.0m,灌后基岩透水率 $q\leqslant5Lu$(图 5.2-8)。

卡洛特水电站主体工程于 2016 年开工建设,2022 年 6 月正式投产发电。

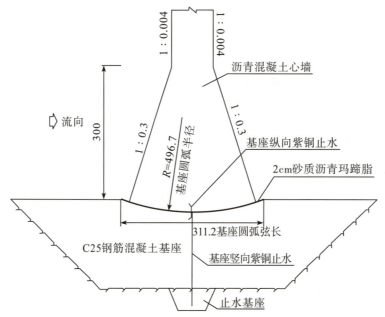

图 5.2-8 卡洛特水电站沥青混凝土心墙结构(单位:mm)

5.3 防渗墙加固技术

当沥青混凝土心墙缺陷严重无法局部灌浆处理时,在坝体合适位置设置混凝土防渗墙是最有效的防渗处理措施。混凝土防渗墙是采用钻凿、抓斗等工艺,在坝体或地基中建造槽型孔,以泥浆固壁,然后采用直升导管,向槽孔内浇筑混凝土,形成连续的混凝土墙,以达到形成一道连续防渗体的目的。混凝土防渗墙可以用于各种不同材料的坝体和地基防渗加固,墙的两端能与岸坡防渗设施或基岩相连接,墙体穿过坝体及基础覆盖层嵌入基岩一定深度,彻底截断坝体及坝基的渗漏通道。

用于沥青混凝土心墙坝防渗加固的混凝土防渗墙墙体厚度一般为 0.6~0.8m。通过调整混凝土配合比,可建造较低弹性模量的混凝土墙体,以适应坝体沉降变形影响。这种防渗技术具有以下特点:①在各种地质条件如砂土、砂壤土、黏土、卵砾石层等,都可以建造混凝土防渗墙,墙体深度可超过 100m;②防渗墙渗透系数可达到 $1\times10^{-7}\,cm/s$以下,允许渗透比降 80~100,防渗可靠性高;③可在较复杂条件下进行施工。

多个渗漏处理工程实践表明,由于沥青混凝土心墙厚度薄、难以准确确定沥青混凝土心墙缺陷位置、无法直接修补破坏的沥青混凝土心墙等原因,重新修建混凝土防渗墙是沥青混凝土心墙坝最为有效的防渗加固处理方案。重庆马家沟、四川大竹河、内蒙古霍林河等沥青混凝土心墙堆石坝均采用重建坝体混凝土防渗墙,或局部增设混凝土防渗墙进行防渗加固,均取得了理想的处理效果。

5.3.1   防渗墙结构布置

混凝土防渗墙施工平台及防渗墙轴线的布置应满足防渗设计需要及施工布置需要,同时应尽量节约投资、缩短工期,主要考虑以下因素:①为便于混凝土防渗墙成槽、防止漏浆及塌孔,同时避免破坏原沥青混凝土心墙,新建混凝土防渗墙宜布置在沥青混凝土心墙上游侧的过渡料中;②新建混凝土防渗墙尽量靠近原沥青混凝土心墙,以利用其辅助防渗作用,同时避免在施工过程中因机械荷载、泥浆推力等发生上游坝坡失稳破坏;③施工平台的布置需要满足钻孔、成槽、渣料运输等多个作业面同时施工的要求;④施工平台宽度及防渗墙轴线的选择需要考虑建造槽孔外形尺寸及重量较大的机械设备作业对坝坡稳定性的不利影响。

混凝土防渗墙一般要求嵌入基岩深度 $0.5 \sim 1.0$ m,断层及基岩破碎带部位,混凝土防渗墙适当加深。为了解决坝基岩体渗漏问题,沿防渗轴线在混凝土防渗墙墙体预埋钢管,对坝基岩体进行帷幕灌浆处理。为满足混凝土防渗墙施工平台宽度要求,往往需要拆除坝顶防浪墙和路面结构,开挖降低坝顶形成一定宽度的施工平台。施工完成后,采用黏性土回填恢复坝顶结构及设施。坝基存在孤石时,槽孔施工需要对孤石进行小药量爆破处理,成槽难度较大,孤石爆破可能会对坝体、沥青混凝土心墙、其他建筑物等带来不利影响;槽孔施工振动对原沥青混凝土心墙可能存在不利影响。混凝土防渗墙完工后,若防渗效果不理想,再加固实施难度很大。

5.3.2   防渗墙设计指标

(1)防渗墙厚度

混凝土防渗墙厚度主要根据墙体抗渗性能及施工条件确定,其厚度 T 按下式计算:

$$T = \frac{H}{J}$$

式中:T——防渗墙厚度(m);

H——防渗墙上、下游水头差(m);

J——墙体允许渗透水力比降,根据选定的防渗墙墙体材料选用 $60 \sim 100$。

(2)墙体力学参数

混凝土防渗墙墙体技术参数主要包括:抗压强度、弹性模量、抗渗等级、渗透系数、允许渗透水力比降等。对于坝高较高沥青混凝土心墙坝,受坝体沉降变形和库水压力作

用,混凝土防渗墙墙体受力复杂,局部可能产生拉应力,应重视防渗墙墙体材料选择和墙体受力分析工作。

5.3.3 墙体材料

防渗墙墙体材料根据其抗压强度和弹性模量,分为刚性材料和柔性材料。刚性材料一般抗压强度大于 5MPa,弹性模量大于 1000MPa;柔性材料一般抗压强度小于 5MPa,弹性模量小于 1000MPa。混凝土防渗墙主要采用黏土混凝土和塑性混凝土两类。

黏土混凝土防渗墙主要适用于中等水头的大坝或基础。在拌和混凝土中掺入一定量的黏土,不仅可以节约水泥,还可以降低混凝土的弹性模量,使混凝土具有更好适应变形的性能,同时也改善了混凝土拌和物的和易性。黏土混凝土防渗墙在国内得到广泛应用,其抗压强度 $7 \sim 12$MPa,弹性模量 $12000 \sim 20000$MPa,渗透系数小于 1×10^{-7}cm/s,允许渗透比降 $80 \sim 150$。

塑性混凝土防渗墙具有低强度、低弹性模量和极限应变较大的特点。塑性混凝土防渗墙柔性大,更能适应土体变形,有利于改善防渗墙墙体的应力状态,且可就地取材,降低水泥用量;塑性混凝土抗压强度较低,耐久性能不如黏土混凝土,一旦产生裂缝,短时间内可能会产生渗透变形。塑性混凝土防渗墙抗压强度 $1 \sim 5$MPa,弹性模量 $300 \sim 2000$MPa,渗透系数小于 1×10^{-6}cm/s,允许渗透水力比降大于 40。

混凝土防渗墙墙体材料选择主要考虑以下因素:①防渗墙的抗渗性、耐久性、允许渗透比降应满足大坝渗漏处置的需要;②在过渡层中建槽成墙,需要考虑墙体材料的流动性、黏聚性;③防渗墙抗压强度应满足墙体最大应力要求。目前,大坝防渗加固工程中,黏土混凝土防渗墙应用较多。

5.3.4 施工设备及工艺

混凝土防渗墙施工方法,就是采用钻孔、挖槽机械,在松散透水地基或坝体中,以泥浆固壁挖掘槽形孔或连锁桩柱孔,在槽孔内浇筑水下混凝土地下连续墙。在沥青混凝土心墙坝的过渡层中修建混凝土防渗墙,其施工设备及工艺与土石坝防渗加固基本相同。为防止在混凝土防渗墙施工过程中,槽孔护壁泥浆流失引起槽壁坍塌问题,可根据工程实际情况,在混凝土防渗墙轴线两侧进行预灌浆处理,以起到对过渡层固结效果。

5.3.5 典型工程案例

5.3.5.1 重庆马家沟水库大坝防渗处理

(1)工程概况

马家沟水库位于重庆市九龙坡石板镇的大溪河支流干河沟中游,总库容 891 万 m^3。

水库枢纽工程由大坝、溢洪道、引水渠、进水泵站及灌溉取水塔等建筑物组成。工程于 2000 年 10 月开工,2002 年 12 月完成导流洞封堵试蓄水。

大坝为沥青混凝土心墙堆石坝,坝顶高程 252.00m,最大坝高 38.0m,坝顶宽 9.0m,坝顶长 267m。沥青混凝土心墙位于坝轴线上游 2.0m,心墙厚 50cm,心墙底部设混凝土基座,下接坝基帷幕灌浆。沥青混凝土心墙上、下游侧各设厚度 2m 的过渡层,过渡料为人工灰岩料,最大粒径 80mm,小于 5mm 的颗粒含量约 35%。上游坝壳料为弱风化或新鲜砂质泥岩,下游坝壳料为强、弱风化砂质泥岩。坝址地层主要为侏罗系新田沟组泥岩、砂质泥岩加砂岩,强风化带厚 0.4～12m,相对不透水层($q<5$Lu)埋深一般为 15～30m,右岸局部较深。

2002 年 12 月 8 日水库开始蓄水,库水位位于 217.0m 以下,尚未到达沥青混凝土心墙底部高程时,已在坝体下游有水渗出。当库水位由 223.00m 升至 229.00m 时,渗漏量由 4L/s 增至 22L/s,表明坝基有明显渗漏。2003 年 11 月至 2004 年 2 月对坝基河床部位 60m 范围内进行了第二次基础帷幕灌浆,灌浆后渗漏量有所减小。当库水位升至 235.70～237.34m 时,大坝渗漏量急剧增加至 70L/s 以上,下游坝坡高程 227.00m 以下出现多处异常渗漏点及集中渗漏出逸点,背水侧测压管实测浸润线高程远高于设计值,且可听见管内流水声。当库水位降至 235.00m 以下时,渗漏量又明显减少,且下游坝坡渗水现象消失。通过渗漏勘察、检测,对坝基渗漏及沥青混凝土心墙渗漏原因分析如下。

1)坝基渗漏原因分析

①坝基为泥岩、砂质泥岩,易风化、软化,容易形成渗漏通道。

②坝基岩层倾角陡,受层面影响,帷幕灌浆时的浆液扩散范围较小,灌浆孔孔距应要求较密,施工时采用 2m 的孔距可能偏大。

③坝基帷幕灌浆时,上部 5m 范围内未按固结灌浆要求采用合理的灌浆压力和灌浆方法,出现抬动齿墙及大量漏浆现象,影响帷幕灌浆效果。

④部分齿墙可能建在透水性强、结构破碎的强风化基岩上。

2)沥青混凝土心墙渗漏原因

①沥青混凝土采用人工摊铺,难以控制在适宜温度下进行碾压摊铺;上层沥青混凝土铺筑时,难以控制下层已铺筑的沥青混凝土稳定保持在 60～80℃范围,影响上、下层面结合质量。

②沥青混凝土摊铺厚度 30cm 偏厚,容易造成碾压不密实。

③由于施工模板变形,部分沥青混凝土心墙厚度不足 40cm。

④高程 235.0m 附近出现渗漏量急剧增加、背水侧浸润线急剧抬高的现象,可能是由局部沥青混凝土的沥青用量不足所致。

⑤不均匀沉降或温度控制导致混凝土齿墙开裂,影响沥青混凝土心墙的稳定性。

⑥导流放空涵洞和灌溉取水涵洞上部的齿墙边坡采用1:0.75过陡,不利于沥青混凝土心墙与齿墙紧密接触;沥青混凝土与两岸坝肩混凝土基座伸出的止水铜片连接时,采用碾压施工,难以压实,容易形成渗漏通道。

(2)渗漏处理方案

先后以补强灌浆和高压旋喷灌浆的方式,在2003—2005年对大坝进行两次防渗处理,处理后渗漏量仍偏大。为确保工程安全、增加工程效益,确定进一步加强防渗处理。根据马家沟水库已有资料并考虑现场因素,在技术可行、措施可靠的前提下,制定了以下3种坝体防渗整治方案进行对比分析。

1)坝体、齿槽和基岩混凝土防渗墙方案(方案1)

该方案对坝体、混凝土齿槽和浅层基岩均采用混凝土防渗墙进行防渗处理。混凝土防渗墙紧贴沥青心墙上游侧布置,防渗墙厚0.6m,墙顶与防浪墙连接,墙底考虑水头大小分别深至基岩4m、3m和2m。

2)坝体和齿槽混凝土防渗墙+基岩灌浆方案(方案2)

该方案对坝体、混凝土齿槽采用混凝土防渗墙,浅层基岩采用水泥灌浆进行防渗处理。混凝土防渗墙紧贴沥青心墙上游侧布置,防渗墙厚0.6m,墙顶与防浪墙连接,墙底至混凝土齿槽底部;下部基岩水泥灌浆采用1排布置,为尽量与方案1可靠性一致和更具可比性,孔距选择0.8m,并考虑水头大小分别深至基岩6m、5m和4m。

3)下游坝体双排旋喷防渗墙+齿槽和基岩灌浆方案(方案3)

该方案对坝体采用双排旋喷防渗墙,对混凝土齿槽和浅层基岩采用水泥灌浆进行防渗处理。旋喷防渗墙紧贴沥青心墙下游侧布置,采用两排有效厚度为0.6m的旋喷防渗墙,墙顶至防浪墙底,墙底至混凝土齿槽顶部;下部混凝土齿槽和基岩采用一排水泥灌浆,孔距0.8m,与上游排旋喷墙同轴线,考虑水头大小分别深至基岩6m、5m和4m。

3种方案技术上均是可行的,考虑到混凝土防渗墙的防渗效果和可靠性明显优于旋喷墙和水泥灌浆,选定方案1为马家沟水库坝体防渗施工方案。混凝土防渗墙布置在沥青混凝土心墙上游反滤过渡料内,紧贴原沥青混凝土心墙,墙厚0.6m,防渗墙底部嵌入基岩深度2~4m。混凝土防渗墙指标为:抗压强度$R_{28} \geqslant 15$MPa,弹性模量$E < 2 \times 10^4$MPa,抗渗等级W8。大坝混凝土防渗墙施工配合比见表5.3-1。

表5.3-1　　　　　　　　　　　大坝混凝土防渗墙施工配合比　　　　　　　　(单位:kg/m³)

水	水泥	砂	碎石	粉煤灰	萘系高效减水剂 FDN-OR
181	262	738	1108	88	4.9

（3）防渗墙施工

主体工程防渗墙施工划分了 40 个槽段，每段长 7.6m，槽孔最深 44.10m，其主要施工方法为："钻劈法"钻孔成槽，"水下直升导管法"混凝土浇筑，"套打接头法"进行一、二期槽孔连接成墙。成槽设备主要为 CZ-30/50 型冲击钻机。

（4）渗漏处理效果

2008 年 11 月完成混凝土防渗墙施工，处理后马家沟水库大坝渗漏量由 38.01L/s（库水位 241.02m）降至 4.48L/s（库水位 250.60m），防渗处理效果非常好（图 5.3-1、图 5.3-2）。

图 5.3-1　马家沟水库大坝防渗加固前下游坝脚漏水情况

图 5.3-2　马家沟水库大坝重构防渗体后下游坝脚量水堰情况

5.3.5.2　四川大竹河水库大坝防渗处理

（1）工程概况

大竹河水库位于四川省攀枝花市仁和区境内，总库容 1128.9 万 m³，是一座以灌溉为主，兼顾灌区乡镇人畜饮水、攀枝花市城区应急备用水源，以及下游防洪等综合利用功能的中型水库。大坝为沥青混凝土心墙石渣坝，坝顶高程 1217.00m，最大坝高 61.0m，坝顶长 206m，坝顶宽 8.0m。上游坝坡分别在高程 1197.00m 和 1177.00m 设 2m 宽的马道，坝坡坡比由上至下分别为 1∶2.25、1∶2.50 和 1∶2.75。下游坝坡分别在高程 1197.0m 和 1177.0m 设 2.5m 宽的马道，坝坡坡比由上至下分别为 1∶2.0、1∶2.25 和 1∶2.75。坝脚高程 1164.22m 以下为排水棱体。

沥青混凝土心墙位于坝轴线上，高程 1187.00m 以上墙体厚 40cm，高程 1187.00m 以下墙体厚 70cm，底部 1.5m 范围内心墙宽度由 70cm 渐变为 300cm。沥青混凝土心墙底部设厚 1.0m、宽 5.0m 的混凝土基座，其下坝基采用帷幕灌浆防渗。沥青混凝土心墙

上、下游侧各设厚 3.0m 的过渡层,过渡料为强—弱风化石英闪长岩级配颗粒,设计干容重不小于 18.55kN/m³。上游坝壳采用全—强风化石英闪长岩填筑,设计干容重不小于 19kN/m³。下游坝壳采用强—弱风化石英闪长岩填筑,设计干容重不小于 19kN/m³,渗透系数大于 2×10^{-3} cm/s。

大坝工程于 2009 年 12 月开工,2011 年 7 月填筑完成,同年 10 月开始试蓄水,蓄水至 1202.0m 时,大坝下游渗漏量偏大,坝体浸润线较高。2013 年 9 月蓄水至 1212.10m 时,大坝下游坝坡表面高程 1182.00~1185.00m 及右岸坡出现平行坝轴线的散浸带,局部存在流淌状渗漏现象。原设计文件、施工资料、大坝安全监测资料、连通试验、物探检测试验、渗流计算分析等成果,以及左右岸及河床部位施工灌浆及检查孔成果资料综合分析表明,沥青混凝土心墙、大坝坝基和两岸坝肩均存在渗漏。

大坝纵断面浸润线观测结果分析表明,心墙下游侧观测孔浸润线变化幅度较大,说明该孔与库水位连通性较强,心墙存在渗漏通道,渗漏通道连通试验也表明沥青混凝土心墙存在渗漏。大坝横断面浸润线观测结果分析表明,坝体心墙上、下游水位差较小,说明沥青混凝土心墙防渗效果不佳,渗透系数偏大,具有连通性。经物探检测可知,沥青混凝土心墙厚度变化处位置(高程 1182.00~1187.00m)、大坝底板与沥青混凝土接触位置和部分心墙存在破碎异常。大坝渗流反演分析表明,仅在心墙局部裂缝且过渡区和坝壳料存在弱透水分区时,下游坝面才出现散浸。因此,综合分析沥青混凝土心墙存在渗漏。

根据大坝填筑料质量检测结果,下游坝壳填筑料粒径小于 5mm 的含量为 85%~92%;现场实测渗透系数为 8.1×10^{-6}~5.5×10^{-6} cm/s,渗透系数严重偏小,且透水性不均一,实测坝体浸润线偏高。大坝稳定复核计算分析表明,下游坝坡抗滑稳定安全系数不满足规范要求,地震工况坝体填筑料存在发生液化的可能。左、右岸补充检查孔压水试验表明,原帷幕灌浆施工质量不满足设计要求,浸润线观测值明显大于设计值,表明左右岸坝基仍存在渗漏。

(2)渗漏处理方案

1)方案一:混凝土防渗墙防渗加固

为避开原沥青混凝土心墙基座,新设混凝土防渗墙布置于上游坝壳料中,防渗轴线与原沥青混凝土心墙轴线平行,间距 4.5m,防渗墙墙厚 0.8m,墙顶高程 1215.3m,最大墙深 64m,墙底伸入弱风化基岩 0.5~1.0m。

大坝两岸及混凝土防渗墙底部基岩进行帷幕灌浆,灌浆合格标准为透水率 $q \leqslant 5$Lu,采用普通水泥浆液灌浆。

2)方案二:灌浆防渗加固

通过灌浆工程措施在原沥青混凝土心墙上游侧坝体中构筑新的防渗体,防渗体底部基岩进行帷幕灌浆。

①浆液选择。

大坝坝壳料采用 1 号料场和省道 214 改线公路开挖利用料,均为风化石英砂。根据坝壳料填筑质量检测结果:坝壳料小于 0.075mm 颗粒含量为 1.0%~8.9%,平均为 3.9%;0.075~0.250mm 颗粒含量为 13.9%~22.5%,平均为 15.5%。上游坝壳料颗粒较细,D_{15} 为 0.1mm。

根据过渡料填筑质量检测结果:过渡料局部最大粒径 100mm,但含量较少;小于 0.075mm 颗粒含量为 1.2%~4.2%,平均为 2.5%;0.075~0.250mm 颗粒含量为 2.2%~8.6%,平均为 5.1%;0.25~0.50mm 颗粒含量为 1.4%~4%,平均为 2.6%;0.5~1.0mm 颗粒含量为 3.7%~8.7%,平均为 6%。上游过渡料 D_{15} 为 1mm。

覆盖层灌浆可采用水泥浆液,掺入黏土(或膨润土)、粉煤灰等材料灌注。常用灌浆材料的 d_{85} 值、对大竹河上游坝壳料及过渡料的可灌比($M=D_{15}/d_{85}$)计算值见表 5.3-2。

表 5.3-2　　　　　　　　　　　常用灌浆材料的 d_{85} 值

灌浆材料	42.5 号水泥	湿磨细水泥	膨润土	黏土	水泥黏土浆	粉煤灰
d_{85}	0.0600	0.0250	0.0015	0.0200~0.0260	0.0500~0.0600	0.0470
M(坝壳料)	1.7	4.0	66.7	3.8~5.0	1.7~2.0	2.1
M(过渡料)	16.7	40.0	667.0	38.0~50.0	17.0~20.0	21.3

根据《水电水利工程覆盖层灌浆技术规范》(DL/T 5267—2012),$M>15$ 可灌注水泥浆;$M>10$ 可灌注水泥黏土浆。如果灌浆所采用的压力较大,会在松软的土砂层中劈裂形成一些较大裂隙,并挤密地层,从而实现有效的灌浆。这种灌浆的可灌性,可不受上述可灌比的约束。

大竹河水库上游坝壳料颗粒较细,各灌浆材料可灌比较小,可灌性较差;参考已有工程经验,选用湿磨细水泥掺入膨润土及粉煤灰拌制混合浆液灌注。

过渡料颗粒孔隙较大,可灌性较好,但应增大浆液的稳定性和可控性,采用水泥、膨润土、粉煤灰拌制混合稳定浆液灌注。

②灌浆幕体设计指标。

结合本工程特点,坝壳料可灌性较差,存在较大的施工难度,考虑经济合理性,确定灌浆幕体渗透系数设计标准为小于 5×10^{-5}cm/s。根据《水电水利工程覆盖层灌浆技术规范》(DL/T 5267—2012),帷幕的厚度可按下式计算:

$$T=H/J$$

式中：T——帷幕厚度（m）；

　　　　H——最大设计水头（m）；

　　　　J——帷幕允许水力坡降。

帷幕防渗体的允许水力坡降是确定帷幕厚度的主要控制指标，对于水泥黏土浆灌浆可采用 3～6。在实际工程中，我国的密云水库、岳城水库采用 6.0，法国的克鲁斯坝采用 8.3，印度的吉尔纳坝采用 10.0。根据大坝渗流计算结果，大竹河水库灌浆防渗体上、下游最大水头差为 24m，幕体的允许水力坡降取值为 6，经计算，灌浆幕体厚度为 4m。

根据灌浆扩散规律分析，要在坝体中形成厚度 4m 的灌浆幕体，需要在坝体布置 4 排灌浆孔。坝体灌浆方案形成的防渗幕体的设计指标为：注水试验渗透系数 $k \leqslant 5 \times 10^{-5}$ cm/s；允许渗透比降 $[J] \geqslant 6$；灌浆结石体抗压强度 $R_{28} \geqslant 3$MPa。坝基帷幕灌浆设计要求同方案一。

③方案布置。

在坝顶原沥青混凝土心墙上游侧 K0＋011.60～K0＋220.60 段布置 4 排垂直孔进行坝体灌浆，从上游至下游依次定为 F1 排、F2 排、F3 排、F4 排，排距分别为 1.0m、1.0m 和 0.8m，F4 排灌浆轴线距坝轴线 1.55m。F1 排、F2 排、F3 排各排孔距均为 1.5m，F4 排孔距为 1.2m，梅花形布孔。F1 排与 F2 排灌浆伸入强风化岩层底线以下 1m，F3 排与 F4 排灌浆伸入原沥青混凝土心墙基座底面。坝体灌浆结石体与原沥青混凝土心墙组成联合防渗体。坝体灌浆施工时分排、按序施工，先灌 F1 排，再依次 F2 排、F3 排、F4 排，各排均分三序施工。坝体灌浆 F1、F2 排位于上游坝壳料中，F3、F4 排位于上游过渡层中。灌浆浆液应根据各灌注结构层的物质组成、紧密程度及颗粒级配等进行浆液配比调整。

为形成完整的防渗体系，在 F4 排位置对大坝基岩进行帷幕灌浆，帷幕灌浆质量控制标准为透水率 $q \leqslant 5$Lu。

（3）大坝防渗加固方案比选

为满足防渗墙施工要求，混凝土防渗墙加固需要拆除坝顶防浪墙和路面结构，形成一定宽度的施工平台。汛前需完成防渗墙及墙下灌浆帷幕的施工，并恢复坝顶结构，存在一定的安全度汛风险。上游坝壳料颗粒较细，坝基无孤石、大块石，防渗墙造孔成槽难度较小。防渗墙施工技术成熟，类似工程成功实例较多。防渗墙渗透系数可达到 $i \times 10^{-7}$ cm/s（$i=1 \sim 10$），防渗效果可靠，耐久性好。灌浆防渗加固方案施工对大坝原有结构破坏较少，但施工质量控制难度大，施工技术要求高。根据类似工程经验，灌浆防渗体的渗透系数一般为 $i \times 10^{-5}$ cm/s，结石强度较低，总体防渗性能不如混凝土防渗墙。大竹河水库上游坝壳料颗粒较细，可灌性较差，灌浆方案难度较大。防渗墙方案投资明显少于灌浆方案。

综合以上分析比较,混凝土防渗墙方案防渗可靠性高,耐久性好,施工技术成熟,投资相对较少,因此大竹河水库大坝渗漏处理推荐采用混凝土防渗墙方案。

(4)渗漏处理效果

大竹河水库大坝混凝土防渗墙于 2014 年 4 月开工,同年 6 月中旬完工;防渗加固处理后,大坝渗漏量降至 1.4L/s,渗漏处理效果显著。

5.3.5.3　黑龙江象山水库大坝防渗处理

(1)工程概况

黑龙江黑河象山水库是一座以发电为主,兼顾防洪、养殖和旅游的大(2)型水利枢纽工程,总库容 3.34 亿 m^3。水库于 1992 年动工兴建,2000 年完工。大坝为沥青混凝土心墙堆石坝,最大坝高 50.7m,坝顶长 285m。

象山水库建成蓄水运行后,大坝变形值逐年增大,至 2004 年 9 月大坝水平变形累计最大达 92.5cm。2002 年 2 月库水位 271.00m 时,下游高程 259.40m 马道发生集中渗漏现象。2004 年 9 月,库水位为 278.47m 时下游马道处渗漏量明显增大,为 80L/s。

象山水库原坝体填筑质量差,坝料检测结果表明,堆石干容重为 1.80t/m^3,过渡层和尾矿料干容重为 1.85t/m^3,孔隙率大于 30%,密实度较差。蓄水后,河床段原沥青心墙实测水平位移 60~93cm,远大于设计的 39cm,中上部因过量的体积变形而失稳,推断心墙在坝体中高部位已发生断裂破坏。在大坝帷幕灌浆施工过程中,发现墙底淤积层是严重的漏水通道。经分析,坝体容重偏低、坝坡较陡等,造成坝体水平变形过大,致使沥青混凝土心墙开裂,漏水严重。

(2)渗漏处理方案

水库坝基为花岗闪长岩,节理裂隙发育。河床覆盖层为多层结构,厚 6~7m,有砂砾石、中粗砂、亚黏土、淤泥等。为了彻底消除大坝渗漏安全隐患,在原沥青混凝土心墙上游侧的 3m 宽过渡层中,设置一道塑性混凝土防渗墙,作为新的防渗体。新建混凝土防渗墙中心线距沥青混凝土心墙中心线 2.5m,防渗墙全长 281.5m,墙厚 0.8m,墙底嵌入弱风化基岩不小于 0.8m,塑性混凝土抗压强度 3~5MPa,渗透系数 $k < 1 \times 10^{-7}$ cm/s,坍落度 20~24cm,扩散度 34~40m。

象山水库蓄水时间短,库水位从未达到设计正常蓄水位,大坝变形尚未稳定,计算沥青混凝土心墙最大水平位移 23cm,心墙上游砂砾石过渡层空隙率大。为避免防渗加固施工期间,新浇混凝土防渗墙与原沥青混凝土心墙之间的砂砾石过渡层发生严重的塌孔现象,在混凝土防渗墙施工前,先对两道防渗墙之间的砂砾石过渡层采取预灌浆处理,以提高其密实性,同时起到辅助防渗作用。

1)预灌浓浆

预灌浆孔位沿防渗墙中心线下游侧布置,单排布孔,孔距 1.5m,孔径 146mm,灌浆深度从高程 277.50m 起至基础混凝土盖板顶面止。浓浆用普通硅酸盐水泥,膨润土浆液,其配合比为水 600kg、水泥 200kg、膨润土 400kg,预灌浓浆分两序进行,自下而上分段纯压式灌浆。

坝体上部进行预灌浓浆时,采用无压灌浆,该部位砂砾石过渡层吸浆量较大,达到 666L/m,相当于水泥用量 $300 \sim 400$kg/m。这说明两墙之间砂砾石过渡层密实性较差,且不均匀。另外沥青混凝土心墙向下游变形带来的空间,也降低了它的密实度,施工时导墙整体沉陷 $16 \sim 27$cm,估计孔隙率达 $35\% \sim 40\%$。

2)混凝土防渗墙

①导向槽。

为了保证上部砂砾石稳定和成槽位置不因钻机震动而塌方,沿防渗轴线顶部槽口两侧修建钢筋混凝土导向槽,导向槽净宽 90cm、深 1.5m。

②钻劈法成槽。

防渗墙所有槽段均采用冲击钻机钻主孔,然后劈打副孔,清除小墙的方法施工。为了获得理想的施工速度,在施工前期对 4 种钻头进行了比较:

a. 十字钻头。

优点是适用任何情况的地层,施工中对孔壁有挤压密实作用,特别是能对坚硬岩石进行钻进;缺点是工效低,成槽时间长。

b. 空心六角钻头。

优点是钻具较长,一般为 $4.0 \sim 5.0$m,对地层的切削能力较强,导向性能好;缺点是对地层的适应性较差,仅适用于黏土层的施工。

c. 套筒阶梯钻头。

优点是能配合冲击反循环钻机施工,适用于各种地层,而且工效高;缺点是在漏失地层中施工因其造孔原理是钻刃破碎岩石,弧板进行切削扩孔,对空壁的挤压作用差,容易引起漏浆造成孔壁坍塌。

d. 套筒双反弧钻头。

优点是能与冲击反循环钻机配合使用,适用于岩石外的各种地层的副孔壁打孔,不留小墙,工效较高;缺点是在遇到孤石、漂石时易出现卡钻,同时清除主孔回填时需要更换钻头。根据此次施工特点,施工中较多使用了十字钻头。

③泥浆固壁。

采用 2 台 WG-800 型泥浆搅拌机,搅制出的泥浆静置 24h 后,要求密度为 $1.04 \sim 1.06$g/cm³,黏度为 $34 \sim 37$s。

④混凝土防渗墙浇筑。

采用直升导管法，开浇前在导管内放置略小于导管内径的皮球隔离泥浆，然后注入足够的混凝土，把导管底部包住，然后继续灌入混凝土，直至浇筑结束。

（3）渗漏处理效果

2009 年象山水库除险加固工程全部完工，采用混凝土防渗墙加固后，大坝初期下游坝坡未见散浸等异常渗流现象，但该水库除险加固后大坝经历 10 余年运行，坝体变形未稳定，导致下游坝脚又出现了一定程度的渗漏。

5.4　防渗体重构灌浆技术

5.4.1　静压灌浆重构技术

5.4.1.1　灌浆布置方式

沥青混凝土心墙坝一般在心墙上、下游侧设置厚 1.5～3.0m 的碎石或砂砾石过渡层，过渡层料源要求质密、坚硬、抗风化、耐侵蚀，颗粒级配连续，小于 5mm 粒径含量为 25%～40%，小于 0.075mm 粒径含量不超过 5%。沥青混凝土心墙坝出现心墙渗漏问题后，可考虑在沥青心墙上游侧的过渡层进行静压控制灌浆形成防渗幕体，并与原沥青混凝土心墙结合在一起，共同形成新的防渗体系，从而控制和减小大坝渗漏量，保证大坝安全运行。

沥青混凝土心墙坝采取灌浆加固方案对施工场地要求较低，一般不需要拆除坝顶结构，对大坝原有结构破坏较少，工程度汛风险小；灌浆完成后，还可以根据需要进行补灌。高水头条件下，浆液容易流失，需要在坝体过渡层、坝基覆盖层、基岩风化层等部位形成可靠的防渗体。在多种地层介质采取不同的灌浆材料和灌浆方法，灌浆技术、工艺复杂，并且难度较大，施工技术要求高，需要有相应经验的专业施工队伍施工。施工过程中要求参建各方根据现场实际情况对施工工艺及灌浆材料进行调整。

5.4.1.2　灌浆设计指标

沥青混凝土心墙坝过渡层砂石颗粒较细、松散、易塌孔，灌浆方案需要重点研究灌浆材料、钻孔和漏浆控制方法，以及灌浆形成新防渗体系的防渗机理、防渗体厚度、渗透特性等问题。在制定灌浆方案前，还需要对大坝进行渗漏检测，尽可能查清沥青混凝土心墙的缺陷、渗漏通道的分布等，有针对性地采取防渗处理措施。

（1）浆液可灌性分析

灌浆前，应了解过渡层物质组成及颗粒级配、碾压密实度、渗透性等。灌浆材料能否被送进地层孔隙并扩散到足够远的距离，既取决于地层孔隙的大小和形状，又取决于浆

材本身的性质。用来显示过渡层能否接受某种灌浆材料的有效灌浆的一个综合指标称为可灌比,通常用下式表示:

$$M = D_{15}/d_{85}$$

式中:M——可灌比值;

  D_{15}——粒径指标,过渡层小于该粒径的土体重占过渡层总重的 15%(mm);

  d_{85}——浆液材料粒径,小于该粒径的材料重占材料总重的 85%(mm);

  常用灌浆材料的 d_{85} 值见表 5.3-2。

查明沥青混凝土心墙上游过渡层条件后,采用可灌比值判别选择过渡层灌浆材料。当 $M > 15$ 时,可灌注水泥浆;$M > 10$ 时,可灌注水泥黏土浆。工程实践经验表明,对于小于 0.1mm 的颗粒含量小于 5% 的砂砾石层都可接受水泥黏土浆的有效灌注。

(2)灌浆幕体渗透系数

根据《碾压式土石坝设计规范》(SL 274—2020),均质土坝坝体填土要求渗透系数小于 $1×10^{-4}$ cm/s,黏土心墙土石坝心墙要求渗透系数小于 $1×10^{-5}$ cm/s。在砂砾石层中进行灌浆形成幕体的防渗效果与受灌层的物质组成、可灌性关系较大,如新疆下坂地水库在砂砾石覆盖层中进行灌浆试验,幕体渗透系数检测值为 $1.8×10^{-4}$~$1.7×10^{-6}$ cm/s。密云水库在砂卵石层中灌浆,幕体渗透系数为 $5×10^{-4}$~$5×10^{-5}$ cm/s。参照类似工程经验,采用水泥黏土浆在沥青混凝土心墙坝的过渡层中灌浆,幕体渗透系数要求达到小于 $1×10^{-5}$ cm/s 是存在较大难度的。

目前尚无对沥青混凝土心墙坝渗漏处理的规范,根据《碾压式土石坝设计规范》(SL 274—2020)要求,并结合类似工程经验分析,在满足大坝渗流安全和控制大坝渗漏量的条件下,过渡层灌浆形成的防渗幕体渗透系数指标可按小于 $3×10^{-5}$ cm/s 控制。

(3)灌浆幕体厚度

在坝体原沥青混凝土心墙上游过渡层中灌浆,与原沥青混凝土心墙联合形成防渗体,联合防渗体应满足渗流控制标准要求。

防渗体断面应满足渗透比降的要求,防渗体厚度按下式计算:

$$T = \frac{H}{J}$$

式中:T——防渗体厚度(m);

  H——防渗墙上、下游水头差(m);

  J——灌浆幕体的允许渗透比降。

在砂砾石地层采用水泥黏土浆进行灌浆,密云水库、岳城水库工程中允许渗透比降采用 6.0,法国的克鲁斯坝采用 8.3,印度的吉尔纳坝采用 10.0。沥青混凝土心墙上游过渡层一般为碎石或砂砾石,在过渡层内灌浆形成灌浆幕体的允许渗透比降可取 6~

10。虽然沥青混凝土心墙内存在渗漏通道，但其与灌浆幕体联合防渗，其允许渗透比降可取 10～15。

根据防渗体计算厚度，结合过渡层可灌性、灌浆工艺等因素综合分析，确定灌浆的排数、孔距及排距。

5.4.1.3　灌浆材料

（1）水泥浆液

对碎石或砂砾石料过渡层灌浆，通常采用水泥浆液掺入黏土（或膨润土）、粉煤灰等材料进行灌注。水泥颗粒较细，42.5、52.5 级普通硅酸盐水泥粒径 d_{95} 多小于 $80\mu m$，可以灌入宽度为 0.25～0.4mm 的较小裂隙中，在压力作用下能扩散至一定范围。湿磨细水泥最大粒径在 $35\mu m$ 以下，平均粒径为 6～$10\mu m$，宽度小于 0.2mm 甚至小于 0.1mm 的微细裂隙均较易灌入。超细水泥最大粒径一般在 $12\mu m$ 以下，平均粒径 3～$6\mu m$，能灌入宽度更细微的裂隙。黏土（或膨润土）具有细度高、分散性强、制成的浆液稳定性高、可就地取材等特点，水泥中掺入黏土制浆可使浆液结石具备一定强度，同时增加浆液的稳定性和可灌性，且避免堵管事故，灌浆中采用的黏土黏粒（粒径小于 0.005mm）含量一般不少于 40%。膨润土颗粒更细，小于 0.002mm 的黏粒含量一般在 40% 以上。水泥中掺入粉煤灰制浆可节约水泥、降低造价、增加浆液的可灌性。

（2）稳定浆液

随着我国灌浆技术的发展，采用稳定浆液灌浆在大孔隙结构（岩溶空洞、强透水层、堆石体、漂卵石层）中形成防渗体已在多项水利工程中应用。稳定浆液包括膏状浆液和混合稳定浆液，能有效减少大孔隙地层结构中浆液在自重作用下流失，同时浆液具备稳定性好、触变性强、流动性适度可调、可泵性好、不易堵塞管路等特点，可根据需要采用不同的灌浆压力控制进浆量；通过调整浆液塑性、屈服强度和灌浆压力，可控制浆液的扩散范围，形成完整的防渗幕体。

膏状浆液指在水泥浆中掺入一定比例的黏土或膨润土等，形成具有较大黏性和较好稳定性的膏状浆液；可采用螺旋泵灌浆，能在孔隙率较大和有一定地下水流速的堆石体或砂卵石中形成防渗帷幕。

稳定浆液灌浆可避免因浆液中多余水分的析出逸走留下较多未能填满的空隙，使受灌结构中的空隙充填密实、饱满，结石强度较高，抗溶蚀能力较强，防渗性能好，其浆液扩散可控性可避免浆液扩散太远，浪费浆材。

通过有关工程现场试验，对沥青混凝土心墙坝过渡层灌浆的膏状浆液和混合稳定浆液性能指标、配合比进行了研究，提出适合沥青混凝土心墙坝过渡层灌浆的浆液力学性能参考指标（表 5.4-1）。膏状浆液和混合稳定浆液配合比见表 5.4-2。

表 5.4-1　　　　　　　　　　膏状浆液和混合稳定浆液性能参考指标

浆液名称	浆液性能				结石性能	
	密度 /(g/cm³)	析水率/%	抗剪屈服强度/Pa	塑性粘度 /(Pa·s)	渗透系数 /(cm/s)	抗压强度 /MPa
膏状浆液	≥1.58	<5	20~35	0.1~0.3	≤1.0×10⁻⁶	≥7.5
混合稳定浆液	≥1.40	<5	<20	<0.10		≥12.5

表 5.4-2　　　　　　　　　　膏状浆液和混合稳定浆液配合比

浆液名称	配合比/kg			
	水泥	粉煤灰	膨润土	水
膏状浆液	100	60	40~58	125
混合稳定浆液	100	30	18~33	105~149

5.4.1.4　灌浆设备及工艺

（1）钻灌方式

静压灌浆前应对受灌坝体进行钻孔。从造孔方式来看,主要有回转钻进、冲击钻进和冲击回转钻进等。由于沥青混凝土心墙上游过渡层颗粒质地坚硬、颗粒细、级配连续、松散,钻孔时孔壁易坍塌,因此为提高钻孔工效及成孔质量,通常采用护壁钻进方式。护壁钻进有泥浆循环护壁钻进和套管护壁钻进。在造孔过程中,泥浆循环护壁钻进能在孔壁上形成泥皮,防止塌孔,钻进效率高,但孔壁上形成的泥皮会对灌浆效果产生不利影响。套管护壁钻进采用清水或风洗孔,不用泥浆。针对深厚地层和含有较大砾石情况,近年来工程上采用发展迅速的潜孔冲击回转钻、跟管钻进方法,施工方便,工效高。

《水电水利工程覆盖层灌浆技术规范》(DL/T 5267—2012)规定覆盖层可采用孔口封闭法灌浆和套阀管法灌浆。孔口封闭法灌浆是我国独创的一种灌浆方法,在砂砾石层中自上而下逐段进行钻孔和灌浆,钻灌工序交替进行。由于每段灌浆都在孔口封闭,各个灌浆段可以得到多次复灌,灌浆质量好,虽然操作简单,但工效相对较低,难以针对不同深度地层物质组成变化灌注不同类型浆液。套阀管法灌浆即预埋花管法灌浆,是法国工程师对坝基覆盖层进行帷幕灌浆时首创。先钻出灌浆孔,在孔内下入特制的带有孔眼的灌浆管(花管),灌浆管与孔壁之间填入特制的填料,然后在灌浆管里安装双灌浆塞分段进行灌浆,其主要施工程序见图5.4-1。套阀管法灌浆孔可一次连续钻完,灌浆在花管中进行,可分段隔离使用不同压力灌浆,无塌孔之虑,可适应深厚、不同物质组成的覆盖层灌浆。

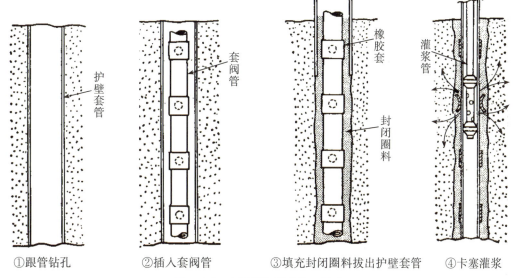

①跟管钻孔　　②插入套阀管　　③填充封闭圈料拔出护壁套管　　④卡塞灌浆

图 5.4-1　套阀管法灌浆施工程序

(2)钻孔设备及机具

沥青混凝土心墙坝的过渡层颗粒细、松散,若采用传统的地质钻进行钻孔,塌孔、卡钻现象严重,且工效低。采取跟管一次钻进成孔技术工效较高,钻孔机具选择全液压灌孔钻机,跟管管径根据灌浆孔设计要求及满足套阀管施工工艺确定。

潜孔锤跟管钻进系统主要由潜孔冲击器、偏心跟管钻具或同心跟管钻具、管靴、套管等组成。潜孔锤偏心跟管钻具工作时,由钻机提供回转扭矩及推进力,冲孔钻进时,偏心钻具的偏心块及同心钻具的三爪在空气压缩动力作用下,连同冲击器扩孔钻进,带动管靴,实现同步跟管;需要提升钻具时,可将钻具逆时针旋转,扩孔器在钻头中心轴作用下向中心收拢,即可通过套管将钻具提出孔外。常用液压钻机主要技术参数见表5.4-3。

表 5.4-3　　　　　　　　　　液压钻机主要技术参数表

序号	设备名称	型号	生产厂家	主要技术参数
1	履带液压钻机	JD110B	北京建研	适用最大转速 44r/min,最大输出扭矩 23000N·m,推进力 53kN,起拔力 71kN,夹持钻具直径 65~320mm,满足生产要求
2	履带液压钻机	YGL-150A	无锡金帆	适用最大转速 21~70r/min,最大输出扭矩 7500N·m,推进力 45kN,起拔力 65kN,夹持钻孔直径 130~250mm,满足生产要求
3	履带液压钻机	SM400	德国进口	适用最大转速 48.3r/min,最大输出扭矩 43800N·m,推进力 35.8kN,起拔力 79.4kN,夹持钻孔直径 60~315mm

作为全孔孔斜控制的基础,开孔阶段的孔斜控制尤为重要。为了做好初始阶段的孔斜控制,开孔可选择偏心钻进,该钻头工作利用甩出的偏心块,反复修整孔壁,调整孔状,有效保证钻孔垂直度(图 5.4-2)。钻进过程中,为提高钻孔工效,深度大于 10m 以上孔段钻进,将偏心锤改为同心钻具钻进。钻孔过程中,可采用 STL-1GW 型测斜仪(无线有储式数字陀螺测斜仪)进行孔斜测量,测斜频次至少满足以下要求:0～30m 孔深范围每 10m 测一次,30～45m 孔深范围每 5m 测一次,45m 孔深以下每 10m 测一次,终孔后系统检测一次。STL-1GW 型测斜仪的精度:方位角测量精度≤±4°,顶角测量精度≤±0.1°。测斜探管尺寸 $\phi45mm\times1300mm$。为了保证钻孔垂直度,开孔阶段缓慢钻进;跟管钻进阶段,使用测斜仪进行孔斜测量控制,若发现钻孔偏斜超过规定,及时纠偏处理。

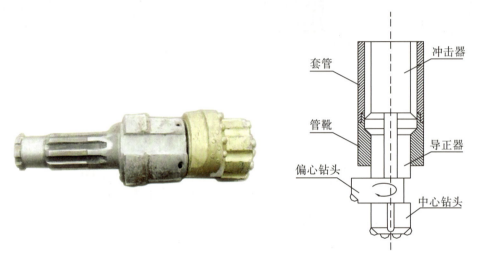

图 5.4-2　偏心钻具及结构图

（3）跟管

跟管作为过渡层钻进的护壁管,避免钻进过程中出现塌孔孔故。跟管要求具有很高的耐磨性和强度,避免钻进、起拔过程中跟管发生弯曲、断裂,施工中可采用管径为 $\Phi127mm\sim\Phi146mm$,材质为 STM-R780、BG850ZT 的钢管。管材性能分析见表 5.4-4。跟管作为钻孔施工中的重要组成部件,选择适宜的材质,可降低钻孔孔故率的发生,避免跟管断裂,尤其在各节跟管丝扣连接部位,发生断裂的频率更高。

表 5.4-4　　　　　　　　　　STM-R780、BG850ZT 管材性能分析

牌号	实际平均屈服强度/MPa	实际平均抗拉强度/MPa	实际冲击功均值（全尺寸）/J	硬度（HRC）
STM-R780	590	870	30～40	21～27
BG850ZT	940	1020	80～100	30～33

（4）套阀管

作为过渡层控制灌浆专用器具，套阀管是整个控制灌浆工艺实施过程中的重要组成部分。套阀管在跟管内分节下设，下设深度与钻孔深度一致，处于孔底的套阀管，应制作成锥形堵头，便于穿越管靴，避免起拔跟管时，套阀管抵触至管靴部位，连同跟管一同拔出。

传统的套阀管采用塑料制作而成，适用于低压、浅层地基灌浆处理，在灌浆压力大于1.5MPa 时塑料管容易发生破裂。为适应深厚过渡层及较高压力灌浆，保证灌浆质量及灌浆的顺利实施，研制出可抗高压（大于 3MPa）、深度可达 50m 的新型钢质材料套阀管。新型套阀管采用壁厚 2.2mm 的管径 89mm 的钢管制作，沿焊接管轴向每隔 30cm 设置一环出浆孔，每环孔 4 个，孔径 15mm，每环出浆孔外用弹性良好的长 8cm、厚 2mm 的橡皮箍圈套紧，橡皮箍圈套两端采用专用防水胶布缠绕 4～5 圈固定，同时保证不影响开环效果。

与传统塑料套阀管相比，新型套阀管在外观上止浆环部位存在明显区别。塑料套阀管被橡皮箍包裹的出浆环位置与套阀管管表齐平，而新型钢质套阀管被橡皮箍包裹的出浆环位置凸露于套阀管管表；塑料套阀管一次使用，发生孔故处理时容易导致管材破坏，不能作为套阀管以下岩层灌浆施工的导向管、护壁管，而新型套阀管可多次重复利用，发生孔故处理时不易引起管材破坏，对缺陷部位可多次重复处理，也可作为套阀管以下孔段灌浆施工的导向管，保证了钻孔孔斜。

（5）灌注套壳料

1）套壳料

为减少套阀花管与跟管的摩擦，以及跟管拔出后充填套阀花管与孔壁之间的缝隙，要求在套阀管与孔壁之间的环状间隙中灌注套壳料。套壳料一般以黏土（或膨润土）为主，掺入适量水、水泥和外加剂调节性能，其配合比决定套壳填料的性能。套壳料灌注的好坏是灌浆成功与否的关键，它要求既能在一定的压力下，压开填料进行横向灌浆，又能在高压灌浆时，阻止浆液沿孔壁或管壁流出地表。套壳料要求脆性较高，收缩性要小，力学强度适宜，即要防止串浆又要兼顾开环。根据《水电水利工程覆盖层灌浆技术规范》（DL/T 5267—2012），套壳料浆液密度为 1.35～1.60g/cm³，马氏漏斗粘度为 40～45s，7d 抗压强度为 0.1～0.2MPa。

适宜配合比的套壳料对后续灌浆质量及控制灌浆工艺的实施极其重要，要求所注套壳料应能迅速溢出孔口，实际灌入量按理论注入量的 1～3 倍控制。受灌浆强度限制，过多注入地层，降低了后续浆液的灌入量，对防渗体的耐久性带来一定影响。因此，选择好的注入方式，降低套壳料的灌入量，提高套壳料灌注质量，既有利于后续控制灌浆质量，又有利于减少灌浆过程中孔故率的发生。根据套壳料的性质及施工要求，经工程现

场实践、运用和调整,套壳料的参考配合比见表5.4-5。

表 5.4-5 　　　　　　　　　　　　适用过渡层套壳料参考配合比

序号	水/kg	水泥/kg	黏土/kg	密度/(kg/m³)	扩散度/mm	3d 结石抗压强度/MPa
1#	358	100	300	1.45	90～125	0.1～0.2
2#	350	80	230	1.38	130～180	

2)跟管起拔与套壳料补料

跟管起拔与套壳料补料应同时进行,边拔边补,跟管起拔后,跟管与套阀管环间的套壳料立即发生扩散、坍塌。若补料不及时,则容易造成漏段,致使套阀管与地层直接接触,未被套壳料固结为密实体,灌浆时在高压力作用下,浆液沿松散薄弱部位流串包裹橡皮箍圈形成结石体,随着时间增加强度增加;频繁补料,影响跟管起拔时间,浆体随时间推移稠度增加,起拔难度增大,时间过长极有可能发生铸管、抱管现象。因此,合理确定跟管起拔与补料时间,既能保证补料质量,又能保证跟管顺利起拔。实践经验表明:渗透性好、漏失量较大地层每拔 1～2 根跟管及时补料一次;渗透性差、密实地层可拔 3～4 根跟管补料一次,按此规定进行补料。

跟管起拔采用液压拔管机完成,液压拔管机作为跟管一次钻进工艺的重要配套设备,可用于起拔钻孔护壁套管和钻杆,以便钻杆套管的回收再利用。同时在钻孔施工过程中,可用于处理各类紧急钻探事故中需起拔的套管和钻杆,使之更为高效并化险为夷,为满足工程钻孔要求,选择 TLB-80 液压拔管机(图 5.4-3),性能参数见表 5.4-6。

图 5.4-3　TLB-80 液压拔管机

表5.4-6 TLB-80 液压拔管机性能参数

名称	参数
拔管直径/mm	50～194
拔管深度/m	20～80
最大拔出转速/(mm/min)	1440
油缸行程/mm	500
额定起拔力/kN	800
液压系统额定压力/MPa	28
最大部件/kg	160(不含液压油)
电动功率/kW	5.5
液压站外形尺寸(长×宽×高)/mm	750×650×450

5.4.2 高喷灌浆重构技术

高喷灌浆可与静压灌浆组合用来在沥青混凝土心墙上游过渡层中形成防渗体,主要考虑利用高喷灌浆先在过渡层上游形成封闭体,再在中间进行静压灌浆,高压旋喷灌浆可采用二管法施工。尽管工程上优化、调整施工工艺及有关参数(旋转速度、提升速度、浆液配比等),但成桩直径一般为0.8～1.0m。国内有些沥青混凝土心墙坝利用高喷灌浆和静压灌浆联合防渗,取得了较好的防渗加固效果,如上节提到的吉林东林水库。高喷灌浆在第3章已有一些介绍,本节仅作一些补充。

高喷灌浆具有以下特点:①适应地层广,从黏性土、中细砂到卵石层在内的第四系地层,均可构筑高压喷射灌浆板墙或柱墙;②可控性好,对块、卵石层的较大孔隙及集中渗漏的空间,以各种射流机理与绕流、位移、袱裹等作用将地层颗粒或级配料予以充填封堵,达到良好的防渗效果;③连接可靠,高喷防渗墙自身及它与周边构筑物在上下、左右、前后能实现三维空间的连接,新高喷防渗墙与老墙体或地下各种原有构筑物之间连接时,新喷射流将原构筑物表面冲刷干净并与其凝结,牢固地融为一体;④机动灵活,钻孔内的任何高度上,采用不同方向、不同喷射形式,可按设计形成不同的凝结体,亦可通过坝体、涵洞等建筑物对数十米下砂砾石层、隐患进行处理,物理力学指标可根据需要通过浆液予以调整;⑤高喷灌浆形式多样,高喷灌浆方法有单管、两管、三管和多管法,喷射形式又分为旋转喷射(旋喷)、定向喷射(定喷)和摆动喷射(摆喷)三种。

因具有以上特点,高喷防渗墙在处理中砂、砂砾石等具有较大孔隙的地层时被广泛应用且取得良好效果。高喷防渗墙渗透系数可达$i×10^{-6}$cm/s($i=1～9$),允许渗透比降$[J]>50$,防渗性能较可靠。

高喷灌浆加固技术适用于软弱土层,粒径较大的砾卵石含量过多的地层,一般应通

过现场试验确定施工方法;对含有较多漂石或块石的地层,应慎重使用。结合高喷灌浆技术特点、沥青混凝土心墙堆石坝结构特点分析,沥青混凝土心墙堆石坝防渗加固,高喷灌浆加固技术应慎用。主要原因如下:

①沥青混凝土心墙堆石坝中,过渡层一般由碎石或者砂砾石组成,颗粒较粗,高喷灌浆形成的桩径较小。坝体堆石料、块石含量高,一般不适合采用高喷灌浆。

②过渡层经过碾压处理,地层较密实,高喷灌浆切割、搅动较难,形成的桩径较小,要形成连续封闭的墙体,要求钻孔间距必须减小,导致工程量及工程投资增加。

③高喷灌浆形成的桩墙,与坝基帷幕灌浆、原沥青混凝土防渗墙之间,不容易紧密结合而形成完整的防渗体系。

5.4.3 典型工程案例

5.4.3.1 广东某水库大坝防渗处理

(1)工程概况

广东某水库大坝为沥青混凝土心墙堆石坝,坝顶长395m,最大坝高43.4m,坝顶高程51.0m,坝顶宽8m。大坝上、下游坝坡分别在高程31.0m、26.0m设宽3.0m的马道,上游坝坡坡比自上而下分别为1∶2.0和1∶2.7;下游坝坡坡比均为1∶2.0。上、下游坝坡采用干砌块石护坡。大坝建基面在两岸坝肩为花岗岩强风化带岩体,河床为经振冲碎石桩处理后的最厚达13m左右的第四系覆盖层。

大坝轴线处为沥青混凝土心墙,心墙顶宽0.5m、底宽0.8m,心墙底部与坝基厚1.0m的混凝土防渗墙采用钢筋混凝土基座连接,防渗墙墙下接防渗帷幕。沥青混凝土心墙上、下游侧各设两层(过渡料Ⅰ和过渡料Ⅱ)含有少量细砂的花岗岩碎石过渡料,厚3m,坝体填料为堆石料。过渡料Ⅰ设计最大粒径80mm,小于5mm颗粒含量大于20%,级配连续,孔隙率小于20%。过渡料Ⅱ设计最大粒径150mm,小于5mm的颗粒含量大于20%,级配连续,孔隙率小于22%。过渡层Ⅱ上游侧为碾压堆石料,设计最大粒径700mm,压实后孔隙率小于25%。

水库于2004年12月开工建设,2007年3月建成并下闸蓄水。2007年5月首次发现下游坝脚有部分水量流出,2008年6月当库水位蓄至正常蓄水位时,下游坝脚排水沟渗漏量达253L/s,至2010年11月5日渗漏量增大至峰值710.66L/s,当日库水位仅为32.93m。

(2)渗漏检测及分析

针对水库大坝渗漏情况,进行了现场踏勘,并收集分析地质、设计和施工等资料,认为两侧坝肩岩体为强风化岩层,整体为相对不透水层,且防渗帷幕施工质量好,库水头低,渗漏可能性小;而坝基由第四系覆盖层,及全、强和弱风化岩层等组成,渗透性不均匀,在不均匀沉降、局部施工质量缺陷及相对高水头的情况下,沥青混凝土心墙、混凝土防渗墙、心墙和防渗墙结合部、防渗帷幕和局部断层破碎带都有可能产生渗漏。

在初步分析的基础上,沿心墙轴线两侧对称布置了30多个钻孔,基于钻孔进行了水位测量、孔内录像、水流速测试、示踪试验、压水试验等,基本确定了孔内渗流性态。经综合分析判断:心墙与混凝土基座附近渗漏明显,且局部渗漏较严重;混凝土防渗墙有渗漏现象,但仅个别段渗漏严重。由于库水位以上渗漏情况无法判断,不排除库水位以上沥青混凝土心墙存在渗漏通道的可能。

(3)渗漏处理方案

由于无法对坝体原沥青混凝土心墙自身缺陷进行有效修补,大坝渗漏处理前对比了重设混凝土防渗墙和过渡料控制灌浆重构防渗体两种加固方案,最终确定对原沥青混凝土心墙上游侧的过渡料控制灌浆,底部基岩帷幕灌浆,以重构大坝垂直防渗体。过渡料控制灌浆共布置3排,从上游至下游依次定为F1排、F2排、F3排,排距分别为0.9m和1.0m,孔距1.0m,梅花形布孔,F2排灌浆孔兼坝基帷幕灌浆孔。根据现场灌浆试验和渗流计算分析结果,确定坝体过渡料控制灌浆所形成防渗幕体的设计指标为:注水试验渗透系数 $k \leqslant 1 \times 10^{-4}$ cm/s,允许渗透比降 $[J] \geqslant 15$,结石体抗压强度 $R_{28} \geqslant 5$ MPa。

施工时分段、分排、三序施工,在坝顶对上游过渡层内由上游堆石料坝壳一侧至沥青混凝土心墙依次钻、灌 F1、F2、F3 排,各排灌浆孔均按Ⅰ、Ⅱ和Ⅲ序孔布置。其中:上游排 F1 灌浆孔的Ⅰ、Ⅱ和Ⅲ三序孔根据各孔段透水率情况确定灌注混合稳定浆液或膏状浆液;中间排 F2 灌浆孔和下游排 F3 灌浆孔的Ⅰ、Ⅱ序孔灌注混合稳定浆液或水泥浆液,Ⅲ序孔灌注水泥浆液。

(4)钻、灌施工

选用套阀管法灌浆工艺,套阀管法可一次成孔,钻孔和灌浆分开,工效高;灌浆在花管中实施,不塌孔,灌浆段易隔离;可自下而上或自上而下分段纯压式灌浆,也可对某段重复灌浆;可根据地层特点和工程需要,进行渗透性灌浆,也可劈裂和压密灌浆;不同段可选择不同浆液,灌注质量好,易形成可靠帷幕。为提高处理工效和保证质量,对传统套阀管法工序进行了调整,主要工序为:跟管钻进一次成孔—孔内放置阀管—灌注套壳料待凝—起拔跟管—卡塞—开环—灌浆。

鉴于套壳料的重要性,根据现场实际试验情况,采用合适的套壳料配合比见表5.4-7。

表 5.4-7　　　　　　　　　　套壳料参考配合比

水/kg	水泥/kg	黏土/kg	密度/(kg/m³)	扩散度/mm	3d结石抗压强度/MPa
350	80	230	1.38	130~180	0.1~0.2

套壳料灌注后,提升护壁套管进行灌浆施工。灌浆浆液主要为膏状浆液、混合稳定浆液和纯水泥浆液。膏状浆液及混合稳定浆液由水泥、膨润土、粉煤灰、水及外加剂配制而成。过渡料层、第四系覆盖层采用自下而上分段灌浆,段长 1m;全风化、强风化、弱风化层自上而下分段灌浆,段长 5m。第 1 段灌浆压力为 0.2～0.3MPa,压力随孔深增大,深度大于 15.3m 后 F1 排压力为 2.0MPa,其余两排为 1.2MPa。坝基第四系覆盖层、全风化、强风化和弱风化层浆液水灰比分五级,分别为 3：1、2：1、1：1、0.8：1、0.5：1,开灌水灰比为 3：1,压力约 1MPa。不同级膏状和稳定混合浆液凝结时间控制在 10～20min。

膏状浆液、稳定混合浆液和水泥浆液结束标准分别为单位吸浆量小于 2L/min 且继续灌注 5min、小于 1L/min 且继续灌注 10min、小于 1L/min 且继续灌注 30min。浆液根据各灌注结构层的物质组成、颗粒级配及吸浆情况等调整。

水库大坝过渡料控制灌浆防渗加固于 2013 年 11 月开始施工,防渗灌浆施工后,大坝渗漏量由超过 700 多 L/s 降至 6.4L/s,处理效果理想。

5.4.3.2　吉林东林水库大坝防渗处理

(1)工程概况

东林水库位于吉林省图们市石砚镇上游东林沟,总库容 576 万 m³。大坝为沥青混凝土心墙堆石坝,最大坝高 37m,坝顶长 277m,坝顶宽 5m。东林水库建成蓄水后,大坝出现渗漏问题,渗漏量呈逐年增长趋势,至 2001 年水库年渗漏量约 118 万 m³,约占总库容的 1/5。

物探资料表明,大坝整体共有 9 处漏水点,其中漏失最严重地带为涵洞顶端桩号 0+069～0+081 段,是坝体中心位置。长期观测发现,涵洞两侧溢水点有颗粒(最大颗粒 5mm)随明流带出,并伴有一些可见的沥青颗粒,说明沥青混凝土心墙损坏严重。监测资料表明,该部位坝体向下游变形位移 25cm。

(2)大坝渗漏变形原因分析

根据大坝坝体结构、施工过程资料和运行表现,分析大坝渗漏变形原因主要包括以下几点。

①沥青混凝土心墙厚度仅为 20～25cm,沥青混凝土防护壳(厚度为 15～25cm)施工质量差,在库水压力作用下,沥青混凝土心墙出现变形开裂,形成渗漏通道。

②沥青混凝土心墙两侧堆石坝体由于碾压不够密实,出现异常沉降变形,挤压沥青混凝土心墙,加剧墙体破坏。

③沥青混凝土心墙施工质量差,或沥青混有杂质,造成心墙破坏,出现渗漏安全隐患。

（3）渗漏处理方案

为彻底消除隐患，在距离心墙上游侧 1.25m 处先布置一排静压灌浆孔，目的是提高心墙的强度，降低高喷施工造成的坝体内负压，初步消除坝体渗漏隐患；再在距离心墙上游侧 1.75～2.25m 处呈扇形布置一排高压定向摆喷灌浆孔，形成一道地下封闭防渗墙，大坝静压灌浆和高压摆喷灌浆孔位布置见图 5.4-4。

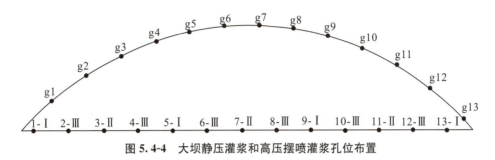

图 5.4-4　大坝静压灌浆和高压摆喷灌浆孔位布置

静压灌浆按三序孔进行，采用循环边钻孔边灌浆法。施工采用泥浆护壁，灌浆压力第一段 0.04MPa，第二段 0.10MPa，第三段 0.15MPa，第四段 0.20MPa，第五段及以下各段 0.30MPa。

高压定向摆喷灌浆采用三管法施工，单排布孔，孔距 1.30m，造孔孔径 130mm，钻进采用肋骨钻头，泥浆护壁，泥浆配制比重 1.15～1.3，粘度 20～30s，胶体率 80%～95%，含沙量小于 10%，失水量 25～30mL/30min，pH 值为 8～10。高压定向摆喷灌浆参数见表 5.4-8。

表 5.4-8　　　　　　　　　　　　高压定向摆喷灌浆参数

水		气		浆			
压力 /MPa	流量 /(L/min)	压力 /(kg/cm²)	气量 /(m³/h)	压力 /MPa	进浆比重 /(g/cm³)	回浆比重 /(g/cm³)	浆量 /(L/min)
35～40	75	6.5～7.2	60～80	0.2～0.3	1.65～1.70	1.31～1.45	70～80
提升速度/(cm/min)				5.0～10.0			
摆动角度/°				30			
摆动次数/(次/min)				7～9			
喷射形式				120°角喷射(方向向水库上游)			
水嘴直径/mm				1.80			
气嘴直径/mm				9.0			
水、气嘴间隙/mm				2.0			

高喷施工过程中由于水气合流的冲击作用，坝体多处出现冒浆。为了解决该问题，向水泥浆中掺入 3%～5% 的塑性膨润土(或黏土)增加粘度，降低流动性，既节省了材料

消耗,又克服了漏浆的问题。经检查,加入膨润土的水泥凝结体强度达到了质量要求。

采用以高压摆喷为主、静压灌浆为辅的综合渗漏处理方案,既控制住了坝体的进一步变形,同时达到了较好的防渗加固效果。

参考文献

[1] 杨启贵,谭界雄,卢建华,等.堆石坝加固[M].北京:中国水利水电出版社,2017.

[2] 李江,李湘权.新疆特殊条件下面板堆石坝和沥青混凝土心墙坝设计施工技术进展[J].水利水电技术,2016,47(3):2-8,20.

[3] 朱晟,林道通,胡永胜,等.超深覆盖层沥青混凝土心墙坝坝基防渗方案研究[J].水力发电,2011,37(10):31-34.

[4] 柳莹,吴俊杰,马军,等.某水库复杂坝基沥青混凝土心墙坝渗透安全评价[J].人民黄河,2021,43(7):137-140.

[5] 郑光俊,陈志康,徐静,等.拉洛水利枢纽沥青混凝土心墙坝设计研究[J].中国水利,2016(20):39-41,57.

[6] 徐晗,熊泽斌,潘家军,等.拉洛水利枢纽沥青混凝土心墙与廊道连接型式研究[J].人民长江,2023(3):161-165.

[7] 朱学贤,杨波,牛运华,等.西藏拉洛水利枢纽沥青混凝土心墙坝料源规划及酸性骨料改性方法[J].水利水电快报,2022,43(11):34-39.

[8] 刘士佳,孔彩粉,杨健,等.去学水电站170m级高沥青混凝土心墙堆石坝设计[J].水电与抽水蓄能,2019,5(5):31-35.

[9] 李同春,刘晓青,夏颂佑,等.冶勒堆石坝沥青混凝土心墙型式及尺寸研究[J].河海大学学报(自然科学版),2000,28(2):109-112.

[10] 余学明.冶勒水电站坝基防渗处理设计[J].水力发电,2004,30(11):46-49.

[11] 鄢双红,万云辉,孔凡辉,等.卡洛特水电站沥青混凝土心墙堆石坝设计研究[J].人民长江,2021,52(12):140-145.

[12] 位敏,周和清,胡林,等.沥青混凝土心墙坝渗漏检测及防渗体系修复综述[J].水利水电技术,2017,48(1):72-76.

[13] 马新平.马家沟水库沥青混凝土心墙坝防渗处理设计[J].大坝与安全,2010(5).

[14] 位敏,周和清,章赢.大竹河水库沥青混凝土心墙坝渗漏处理[J].人民长江,2016,47(4).

[15] 李强,景锋,袁东.沥青混凝土心墙堆石坝渗漏探测与套阀管法控制性灌浆渗漏处理措施研究[J].中国建筑防水,2018(18):28-31.

［16］王振田,王成.象山水库大坝加固设计综述［J］.黑龙江水利科技,2012,40(2)：90-91.

［17］张殿民,成亮.象山水库"两墙"之间过渡层处理方案研究［J］.东北水利水电,2013,31(9).

［18］刘喜才.东林水库大坝应急除险加固方法探索［J］.大坝与安全,2010(4)：28-29,31.

［19］郝巨涛,刘增宏,陈慧.水工沥青混凝土防渗技术——中国大坝技术发展水平综述［C］∥第九届全国水工混凝土建筑物修补与加固技术交流会论文汇编.2007：32-39.

［20］周良景,熊焰,徐唐锦.三峡茅坪溪沥青混凝土心墙土石坝设计研究［C］∥三峡工程正常蓄水位 175 米试验性蓄水运行十年学术研讨咨询会论文集.2018：272-281.

［21］徐唐锦,余胜祥,鄢双红.三峡茅坪溪沥青混凝土心墙土石坝设计及验证分析［C］∥第一届堆石坝国际研讨会论文集.2009：219-225.

［22］张文涛,周阳,申国涛.防渗墙技术在马家沟水库坝体防渗施工中的应用［C］∥第十六届全国水利水电钻探暨岩土工程施工学术交流会论文集.2015：433-437.

第6章　土石坝渗漏水下处置

6.1　概述

水库大坝出现渗漏、裂缝等问题,在工程运行期间,水库往往难以甚至无法放空,而且大坝渗漏具有很强的隐蔽性,在水下进行渗漏检测及处理难度非常大,目前行业内也尚无相应规程规范指导,一般根据工程特点制定相应渗漏处置措施,如堆石坝抛填粉细砂、粉煤灰淤堵,水下修复结构止水和防渗面板等,也取得了较多成功案例,但也不乏反复处理甚而失败的教训。

6.2　水下抛投铺盖处置

土坝渗漏处置应根据渗漏原因、坝体型式和渗漏范围等进行合理选用,根据处理方法的不同,大体可分为以下两类。

（1）水平防渗

对于水平防渗,一方面需对存在问题的水平铺盖进行修复,另一方面需加固坝体的防渗体。在不能放空水库的条件下,可选用抛填黏土或铺设防渗土工膜等方法修复大坝上游河床的原防渗铺盖。

（2）垂直防渗

对于垂直防渗,坝体可采用混凝土防渗墙、其他防渗墙（包括冲抓套井回填、倒挂井开挖防渗墙、振动成模防渗墙、板桩灌注防渗墙、深层搅拌连续防渗墙等）、防渗灌浆（包括高压喷射灌浆、劈裂灌浆防渗）、土工合成材料防渗等措施,坝基可采取混凝土防渗墙（可用于坝基较厚透水层）、其他防渗墙、防渗灌浆（风化基岩帷幕灌浆）等措施,垂直防渗措施一般均采取干地施工,其设计与施工工艺就不再赘述。下面着重讲水下抛投铺盖。

6.2.1　水下抛土铺盖

水下抛土铺盖的施工方法简单,技术要求不高;水面施工场面大、抛填速度快,不需要碾压,能达到快速止漏、闭气目的,最大抛投水深已达54m(美国达勒斯土坝);水下抛土体级配组成较均匀、柔性大,能与填土体、岸坡和已浇混凝土结构结合为一体,适应地基变形能力强;不需要维修,随着泥砂的不断淤积,防渗作用与日俱增。水下抛土铺盖是围堰类临时挡水建筑物及部分永久建筑物中值得推广的一种透水地基防渗措施。特别适用于透水层较厚、无强透水夹层的均质或双层地基上的中、低水头土坝及围堰工程,以及作为修复铺盖的补救措施。但对所抛土料有一定要求:需要在静水或低流速情况下形成,当流速超过0.5m/s时,便会出现过多的流失;形成铺盖不能反向受力,因此在有反复涌泉和承压水上冒地段不能采用水下抛土铺盖。同时,一旦有破坏,必须及时修复,以免扩大破坏面。

6.2.1.1　适用范围

要使水下抛土铺盖达到预期防渗效果,必须使水下抛土体在施工期具有崩解、密实条件,在运行期不被水流及渗透水破坏。

(1)抛投区流速与水深

抛入水中的黏性土会被抛投区内的水流扩散,携带流失一部分。流速越大、水越深,流失量也越大。抛投区流速小于0.5m/s,流失量一般在15%以内;当流速达0.9～1.2m/s,便会出现严重分离和细粒大量流失现象。因此,宜尽可能在水下抛土施工期形成静水区,控制最大流速在0.5m/s以内。

在坝体挡水运用期间,除正运行的泄水建筑物进口、取水口附近外,一般为静水,铺盖上的过流速度应小于铺盖固结后的允许冲刷流速(若铺盖上部采用保护措施后,按不大于保护措施允许流速控制)。水下抛土固结后的冲刷破坏流速见表6.2-1。

表6.2-1　　　　　　　　　　水下抛土固结后的冲刷破坏流速

土质	砂壤土	重粉质壤土	粉质黏土	黏土
冲刷破坏流速/(m/s)	0.22	0.65	1.15	2.0
冲刷破坏形成	颗粒连续冲刷	颗粒或小团粒连续冲刷	颗粒或小团粒连续冲刷,并夹有团块冲刷	团块冲刷

抛土水深的极限值与土料性质有关。黏粒含量多、含水量大的黏土块,在水中不易崩解,深降快,受水深的限制作用小,可用于深水抛填。而黏粒含量低、含水量小的土料易崩解、分散成较细土粒,悬浮于水中,水深愈大,下沉历时愈长,不仅流失量大,且落淤形成的抗渗能力差的饱和粉粒沉积层也愈厚,这类土不宜用于深水抛投。官厅水库采用黏粒含量较多的次生黄土(小于0.005mm粒径的土粒大于18%)在水深13～26m处形成干密度达 $1.4～1.46g/cm^3$、渗透系数 $8.9×10^{-6}～4.2×10^{-5}cm/s$ 的水下抛土铺盖。

（2）铺盖区地形

要求抛投区的地形比较平整，或稍向坝体方向倾斜。高低不平的地基会造成水下抛土铺盖厚薄不均，不仅增大抛投量，还会在铺盖较薄处形成集中渗流，成为薄弱环节。若地形倾斜度大于水下抛投土自然稳定边坡，则难以形成铺盖。乌江渡下游围堰为解决这个问题，在距堰脚 30m 处抛一块石戗堤，以稳定水下抛土体。

（3）砂砾地基渗透特性

水下抛土铺盖区所处的砂砾覆盖层在渗透水流作用下产生的渗透破坏是水下抛土铺盖破坏的主要原因。因此，铺盖区的地基覆盖层自身必须满足渗透稳定要求；各层的层间系数应满足防止产生内部管涌和外部管涌要求。

乌江渡下游围堰黏土铺盖在防冲铅丝笼块石上，地基又有不均的堆块石，基坑抽水过程中，发现铺盖区水面有漩涡。潜水员检查时发现有集中渗漏，后采用草帘反滤、上压草袋土堵住集中渗漏区，加大抛土强度，才逐渐形成完整铺盖。万安低水围堰地基由砾质粗砂及含泥卵石组成，但两者的层间系数小于 10，每层组成较均匀，地形平整，水下抛土铺盖一次成功，始终保持较好的防渗效果。

6.2.1.2　水下抛土铺盖设计

稳定安全的铺盖应满足以下设计要求：

①铺盖下卧层的渗透比降不超过冲积层土砂的允许渗透比降，黏土铺盖的长度应满足渗流稳定的要求，根据地基允许的平均水力坡降确定，一般大于 5~10 倍的水头，铺盖土料渗透系数应比地基砂砾石层小 100 倍以上。

②通过铺盖的渗透比降不超过铺盖土的允许渗透比降，黏土铺盖的厚度应保证不致因受渗透压力而破坏，一般铺盖前端厚度不小于 0.5~1m；与坝体相接处为 1/10~1/6 水头，一般不小于 3m。

③下游渗流出逸处的剩余水头，不致产生流土及渗流出口渗透稳定要求。

④渗流量小于允许的水量损失，临时建筑物一般没有此要求。

（1）设计方法

干填黏土铺盖在垂直方向的容重、抗渗强度比较均一，但水下抛土铺盖的容重、抗渗强度均由表层向下逐渐增大；铺盖层内的实际渗流梯度在上部变化很缓慢，而在底部梯度急剧增大，是铺盖防渗的最有效部分。因此，宜以干密度或抗渗强度达到并超过某一确定值的底部厚度作为有效厚度，按均匀铺盖计算。

水下抛土铺盖边坡稳定最不利情况为水下抛填施工期。此时铺盖的稳定边坡除与抛填土料性质、铺盖厚度和长度、水流条件有关外，还与施工条件有很大关系。因此，不宜仅靠室内快剪试验结果来确定稳定边坡，还必须参考水下抛投试验结果、施工条件进行综合分析。

铺盖厚度按铺盖内的渗流梯度不大于水下抛土允许渗流梯度（取破坏梯度的 1/3～1/2）设计。铺盖长度按允许渗透量及地基渗透稳定，防止产生接触冲刷要求，通过渗透试验或计算确定。

若运用期流速小于铺盖固结后的允许抗冲流速，可不设保护层。否则，水下部分按抗冲要求（流束、风浪及船行涌浪）选择适当保护材料。

（2）土料选择

一般亚黏土（粉质黏土）、黏土及天然含水量高于塑限的肥黏土都是良好的水下抛填料。其中，黏粒含量高、含水量又高于塑限的肥黏土，在水中不易崩解，沉降较快，受水深制约作用小，可用于深水抛填。

（3）水下抛土铺盖的特殊结构

1）底部结构

当在大孔道或漏水严重的砂砾地基上抛土时，应先水下抛投反滤料或袋装土作为垫层。在垂直渗流下抛土铺盖的渗透稳定性比水平渗流要高，因此选择垫层时应以满足水平渗透稳定为准。宜选用粒径不大于 20mm 级配料，不均匀系数应小于 40。若不满足与砂砾地基层间系数要求，应考虑设置第二垫层。

2）顶部结构

枯水期有可能露出水面部分，为防止其失水干裂，应上铺一定厚度的保护层。为提高铺盖密实性，加速固结，可在铺盖上加抛一层砂料压重。

3）与坝体填料连接

水下抛土需要一定的固结时间，为避免防渗体沉陷断裂，有利于斜墙、铺盖稳定，可在干填土与水下抛土间设置平台，最好错开布置，依靠水平防渗措施连成整体。

4）增大水下抛土铺盖边坡稳定性措施

在深水抛填时，土料自由漂浮历时长，土粒达到饱和状态，边坡较稳定。为节约工程量，可在设计铺盖长度以外，设置水下块石挡土戗堤，或抛一定长度以后，改抛砂卵石压坡，然后再加厚铺盖。

6.2.1.3　水下抛土铺盖施工

（1）施工方法

按进占方式，水下抛土方法有以下几种。

1）抛土方向与坝轴线垂直，自上而下，迎水抛投

利用常规陆上施工机械，紧靠已填筑坝体全面向坡前水域中抛土。这种方法工作前沿广，能达到较大的抛投强度和形成较陡的边坡，有利于提前发挥防渗作用。但施工

期防渗体稳定性差,易破坏已铺反滤设施。

2)一次填足中部水下铺盖,再向两岸进占,抛土方向与坝轴平行

这种方法可以减弱抛土对铺盖坡面及反滤层的冲击作用,有利于边坡稳定。虽工作前沿较窄,也能达到较高的施工强度,但必须全部抛填完毕后,才能起防渗作用。

3)端进法

自岸边一端平行坝轴线向另一端进占。优缺点同2)。

4)自下而上分层抛填

抛土程序是由上游坡脚推进至坝身,整个铺盖分区分层抛填。采用泥驳、水力输送设备,或架设浮桥、排架一次抛足水下铺盖全部宽度。先填坡脚,水平分层,自下而上逐层向水面推进。这种方式可以防止铺土料向上游流失过远,有利于下层土体压密,减少流失量和控制抛投部位,但须用船上抛投或搭设浮桥、排架。

不论采用哪种进占方式,都应力求均匀抛土,避免集中一处,造成厚薄不均,引起坍坡。对铺有反滤层的铺盖,不允许采用水上堆积后推入水中方式施工。不允许在铺盖当中留缺口,成为集中渗漏的突破口。为避免坍方,出水部分不应突出水面 0.5~0.7m 以上,抛投坡度尽量接近水下稳定边坡。动水中抛投,当流速小于 0.5m/s 时可直接抛投;否则宜先用竹笼、块石等隔绝水流影响,使抛投区流速控制在 0.5m/s 以内。

(2)水下抛填速度

抛填速度直接影响铺盖防渗效果和工程量。抛填速度快,土块还未浸透软化、崩解,就被后续抛土盖住;黏土形成的边坡较陡,土团间会产生架空;壤土虽仍可能继续崩解,但排水困难,影响固结速率,增大了孔隙水压力,抛填一定厚度后,有可能滑坡。

对要求一定长度的水下抛土防渗铺盖,合理的抛填速度应满足从土体抛入水中到被上层土覆盖时间等于黏土基本被水浸透软化或崩解所需时间;也可采用分散、连续、一次少量抛投方式,以形成边坡较缓、底部有满足渗径长度要求的防渗体。在水下抛投的黏土上再抛投砂砾料,起压重和淤填作用,有利于增加防渗效果和边坡稳定。

6.2.2　典型工程案例

6.2.2.1　阿尔托安奇卡亚坝抛投级配料

阿尔托安奇卡亚坝为混凝土面板堆石坝,最大坝高 140m,上、下游坝坡坡比均为 1∶1.4,采用角闪岩堆石料碾压而成。坝体压缩性较低,在自重荷载作用下的变形模量 138MPa,堆石干密度 2.29g/cm³,孔隙率 22.5%。1974 年 10 月 19 日开始蓄水,5d 内蓄水到溢洪道堰顶高程 634m(坝顶高程 648m)。当库水位达到 588m 时,漏水量为 14L/s。库水位达到 636m 时,漏水量达 1800L/s。漏水量稳定,漏水清澈,集中于坝的中部,相当于原河床处,在观察期间没有看到细料被漏水带出。降低库水位后,对面板及周边缝详细检查,发现漏水主要源于两岸周边缝的局部地段,缝面的最大张开达 10cm。检查时还发现,位于周边缝中的橡胶止水带及下面的混凝土接触面上存在空洞。周边缝的过大张开是由整个面板内垂直缝受到压缩变形造成的。大坝渗漏原因如下。

①垫层料未及时进行固坡保护,施工期遭受暴雨时,在岸坡与垫层料交界面上形成汇流,冲走大量垫层料,回填时对质量未加严格控制,导致蓄水后周边缝两侧产生较大沉降差,造成止水破坏,是水库漏水的主要原因。

②周边缝只设一道中央橡胶止水带。这种止水材料不能承受较大的拉伸变形,而且一旦破坏,无法修复。这种不可靠的止水影响了其下的混凝土捣实,造成面板混凝土中的空洞。

③垂直缝内使用了可压缩的填料。各垂直缝累积压缩,造成了周边缝张开度过大。

④在主坝与溢洪道之间有一小山包分隔,岩石甚为破碎,未做灌浆处理,也是渗漏原因之一。

对于阿尔托安奇卡亚面板堆石坝渗漏处理,初次采用降低库水位后对有缺陷的周边缝用 IGAS 填塞。水库于 1974 年 12 月 3 日第 2 次蓄水,12 月 30 日水位达到了 634m 高程,漏水量减少了 80%,1975 年 2 月 21 日至 3 月 2 日,水位从 634m 升至 646m,此时漏水仍有 466L/s,用声呐探漏仪查出了新的漏水点。当时决定待堆石体变形进一步稳定以后再进行第 2 次堵漏处理。1976 年 1 月声呐查出漏水点在右岸周边缝 590～600m 高程处(距坝顶约 50m),潜水员的进一步检查证实漏水点在 600m 高程。用砾石、砂、黏土及膨润土覆盖漏水点,当库水位为 641m 时,漏水量下降为 180L/s。

6.2.2.2   云南某水电站大坝黏土抛投

云南某水电站水库总库容 5.31 亿 m^3,面板堆石坝最大坝高 130m,坝顶高程 742m,坝顶长 460m。水库于 2014 年 9 月蓄水后即发生渗漏,渗漏量随库水位升高而不断增大,最大渗漏量 $1.6m^3/s$,死水位 705m 左右运行时,渗漏量仍有 $1.1m^3/s$。

2015 年采用声呐渗漏检测技术和查漏钻孔分析、连通性试验、水下机器人喷墨示踪等综合方法对大坝渗漏进行检测,发现大坝面板存在 3 个明显的渗漏异常区,右岸坝基存在岩溶渗漏通道。

为了在不放空情况下对渗漏进行处理,提出在渗漏异常区抛投黏土的堵漏措施方案:对坝前两岸可能存在渗漏通道的范围抛投粉土、粉煤灰或粉煤灰黏土混合料,抛投工作采取分区、分时段原则开展。

各区抛投范围如下:Ⅰ区:右岸趾板至上游围堰;Ⅱ区:导流洞进口至旧寨箐临时存渣场;Ⅲ区:趾板水平段至上游围堰下游坡脚;Ⅳ区:左岸趾板至上游围堰;Ⅴ区:旧寨箐临时存渣场至上游约 550m 范围;Ⅵ区:上游围堰左岸至上游约 500m 范围;Ⅶ区:上游

围堰上游坡脚至上游约 470m 原河道范围；Ⅷ区：面板高程 690m 以下范围。其中Ⅰ区粉土抛投施工先期开展。

抛投料设计要求：土料成分主要为含碎砾石黏土、粉质黏土。因上述料场土料黏粒含量较高，建议与粉煤灰混合使用。抛投料要求粒径不大于 1mm 的含量应不小于 50%，粒径不小于 1mm 的含量不小于 40%。各料源在开采使用前需剥离地表耕植层及人工堆积物，剔除植物根系及碎块石，进行筛选后尽量使用细料。

Ⅰ区抛投自 2015 年 10 月 14 日开始，共计抛投黏土约 29400m³。截至 2016 年 1 月中旬，黏土抛投Ⅰ区抛投完成，Ⅱ区完成导流洞进口部分，Ⅲ区抛投完成，Ⅳ区坝前铺盖顶高程 660m 线上游部分已抛投完成，合计抛投黏土方量 8 万余立方米，其中声呐检测发现的③号异常区抛投黏土约 7500m³。

根据 2015 年和 2016 年两次声呐渗漏检测结果，③号渗漏区渗漏流速平均值由 1×10^{-3} cm/s 降低到 1×10^{-4} cm/s 量级，根据下游量水堰渗漏量变化，③号渗漏区抛投期间渗漏量降低约 50L/s。故抛投黏土对③号渗漏区起到了一定的堵漏作用。

6.3　混凝土面板渗漏水下处置

面板堆石坝运行多年，受坝体沉降变形、反滤料缺失、渗透压力等影响，一些面板坝的混凝土面板出现裂缝及破损现象，有些止水结构出现损坏，导致坝体渗漏，一些工程渗漏量也出现异常增大，严重威胁大坝安全。

当检测出堆石坝的混凝土面板出现严重破损时，为保证修复质量和耐久性，应优先考虑放空水库，对混凝土防渗面板的缺损部位进行修复；若水库不满足放空条件，可选择如下水下处理方法：

①对混凝土面板破损情况，可采取灌注水下速凝柔性混凝土定点封堵或铺设土工膜进行密封防渗，铺设土工膜一般应用于低坝处理。

②针对混凝土面板裂缝，可采用潜水员作业，沿裂缝破损处切槽，采用柔性止水材料填充，最后在面板上浇筑一层混凝土板。

③对混凝土面板伸缩缝漏水问题，可采用水下柔性止水材料修补或 SR 防渗模块密封处理；或者采取抛投粉细砂或粉煤灰，可在水流左右下带入垫层料，利用垫层料的半透水性进行淤堵，从而达到防渗的目的。

由于面板防渗体系破坏牵涉面板破损、止水破坏等，因此上述工程措施并不孤立，需要根据实际情况综合运用。如株树桥面板坝的后期处理过程中，鉴于大坝渗漏量仍接近 100L/s，而水库二次放空损失极大，在采用水下彩色电视准确查找出渗漏点之后，采取定点灌注水下柔性混凝土的方法，再水下抛填粉细砂和瓜米石，大坝渗漏量降至 10L/s 以内，并一直维持至今，效果极为明显。天生桥一级面板坝采用在破损区域浇筑水下环氧混凝土,并在新浇筑混凝土上跨伸缩缝锚贴 SR 防渗盖片的方式进行水下修复。三板溪面板坝,凿除受损混凝土后采用 C35 水下 PBM 聚合物混凝土回填;面板裂缝部位进行化学灌浆;垂直缝止水破坏部位或水平施工缝挤压破坏严重部位,对面板下部垫层料进行充填砂浆处理;垂直缝清洗后,填充 SR 止水材料,表面粘贴 SR 防渗盖片,取得了一定效果。而国外的阿尔托安奇卡亚面板坝(哥伦比亚)、戈里拉斯面板坝(哥伦比亚)、希罗罗面板坝(尼日利亚)、阿瓜密尔帕面板坝(墨西哥)等工程,在水下修复止水结构后,均采取抛填粉煤灰或粉细砂淤堵,渗漏量均明显减小。

6.3.1　水下处置工艺

混凝土面板堆石坝大坝渗漏主要是由面板错台裂缝、孔洞等造成,可有针对性地进行水下修补处理方案的设计。首先对面板破损区进行清理检查,然后沿裂缝灌注淤堵料,采用水下封堵材料进行嵌缝,填平破损面板,并对垫层料灌注水泥粉煤灰及聚氨酯浆材,最后对破损面板区域粘贴防渗盖片,并覆盖水下速凝柔性材料,确保破损面板区域封堵严实。

6.3.1.1　水下清理及检查

由潜水员用高压水对破损部分面板周围一定范围进行清理,主要清除表面树枝、施工期遗弃物及淤泥等杂物。待面板清理干净后,由潜水员携带水下摄像机对面板破损情况及裂缝情况做仔细检查并做好素描。

6.3.1.2　水下灌注淤堵料

沿裂缝通过导管灌注淤堵料,利用淤堵料颗粒细、易被水流带动的特点,使淤堵料被带入面板下的垫层料内起到淤堵作用,降低面板裂缝缝口水流流速。

淤堵料为粉煤灰与粉细砂的混合料,重量比 1:1,粉细砂细度模数为 1.3～1.8。粉煤灰采用Ⅱ级粉煤灰,其物理性能指标见表 6.3-1。

表 6.3-1　　　　　　　　　　Ⅱ级粉煤灰物理性能指标

粉煤灰等级	细度(45μm 气流筛,筛余量)/%	烧失量/%	需水量比	含水量/%	SO_3/%
Ⅱ	≤25	≤8	≤105	≤1.0	≤3

施工时先灌注一定的淤堵料,观察缝口流速变化情况。如有明显降低,继续灌注该种淤堵料至不能继续吸入为止。如果缝口流速未有明显变化,则改用重量比 2:1(粉煤灰+粉细砂:中粗砂)的淤堵料继续灌注,灌注过程中持续进行观察,待流速降低后改用原淤堵料继续灌注,至渗漏点有少量堆积为止。灌注完毕后对面板表面堆积的淤堵料进行清理。淤堵料灌注应沿缝长方向自上而下进行,同时应将水下彩色高清电视探

头固定在能清晰观测灌注料的位置跟踪监测灌注,并及时监测下游量水堰渗漏量的变化情况。

6.3.1.3 水下特种混凝土嵌缝找平

水下灌注淤堵料完成,清理面板表面淤堵料后,沿缝长方向埋设灌浆花管,灌浆花管埋设完成后,用水下特种混凝土进行嵌缝找平。一是对裂缝进行封闭,方便垫层料水下灌浆;二是便于对破损部分面板表面粘贴防渗盖片。

根据水下检查结果,错台裂缝周围破损范围主要位于裂缝两侧,宽度 30~50cm,多为表层混凝土挤压和脱落,裂缝两侧错台高度较小。因此,为快速封闭裂缝、简化施工工序,采用水下快速密封剂进行嵌缝找平。水下快速密封剂由 A 组分(灰色粉末)和 B 组分(无色透明液体)组成,推荐重量比为 1∶0.3~1∶0.35。水下快速密封剂施工方便,施工前首先清除嵌缝范围表面浮泥和缝内杂物;根据水温确定 A、B 组分的拌和比例;将条状材料压入缝内,并对缝周需找平位置用手或刮板将材料磨平即可,灌浆管周围用手按紧。

6.3.1.4 水下水泥(掺粉煤灰)和聚氨酯灌浆

水下灌浆处理包括水泥粉煤灰浆液灌浆和聚氨酯灌浆。处理范围为两条错台裂缝下部的垫层料(挤压边墙)和错台裂缝。水泥粉煤灰浆液灌浆主要起密实面板底部垫层料、充填挤压边墙的作用,聚氨酯灌浆主要起充填裂缝和挤压边墙与面板间空隙、提高面板防渗性能的作用。

为防止水泥粉煤灰灌浆时预留的聚氨酯灌浆管被水泥粉煤灰浆液封堵,灌浆管埋设分两次进行,先埋水泥粉煤灰灌浆管,嵌缝灌浆后,再钻孔预埋聚氨酯灌浆管。

水泥粉煤灰灌浆管采用 DN15 无缝钢管,长约 1m,底部 50cm 范围沿轴线间隔 5~10cm 交叉开灌浆孔,灌浆管伸入面板底面以下 45cm。聚氨酯灌浆管采用 DN10 无缝钢管,长约 65cm,底部 25cm 范围沿轴线间隔 20cm 交叉开灌浆孔,灌浆管伸入面板底面以下 10cm。沿错台裂缝间隔 75cm 左右分别布置水泥粉煤灰灌浆管和聚氨酯灌浆管。

水泥粉煤灰浆液由水泥和粉煤灰混合后加水搅拌而成,水泥∶粉煤灰(重量比)为 1∶2,水灰比为 1∶1~3∶1。水泥采用 42.5 级普通硅酸盐水泥,粉煤灰采用 Ⅱ 级粉煤灰。

6.3.1.5 表面粘贴防渗材料

水下灌浆完成后,将露出面板外的灌浆管切除,并进行找平。然后对处理范围的面板整体粘贴防渗盖片,并向外延伸一定范围以覆盖垂直缝。根据水下测量该部位面板形状,对防渗盖片进行加工裁剪,防渗盖片单片宽 1m,施工时由潜水员进行水下现场冷黏结,两盖片间搭接宽度 5cm,防渗盖片安装完成后在水下安放不锈钢压条并打孔,用膨胀螺栓固定,搭接端头采用 HK963 封边胶泥进行封边。

SR 混凝土防渗保护盖片(以下简称"SR 盖片"),是专门为面板坝混凝土接缝、结构缝及混凝土本身的防渗保护而研制的。SR 盖片是以 SR 塑性止水材料(以下简称"SR 材料")为防渗主体,与增强聚酯无纺布、反光聚酯铝箔薄膜复合而成的片状防水材料。它不仅保持 SR 材料防渗耐老化性能好、缝变形适应性强和常温冷施工操作简便的特性,还具有对混凝土基面防渗、防裂、防冰冻的表面保护功能。SR 盖片在混凝土接缝迎水面上应用,是 SR 防渗体系止水结构的组成部分。塑性止水材料主要用于充填原顶部止水与防渗盖片间的空隙。采用的 SR-2 型塑性止水材料,具有塑性高、抗渗性能好、耐老化等特性。

水下黏结剂(封边剂)为水下改性环氧材料,以环氧树脂为主,通过添加增韧剂、活化剂、固化剂等一系列的助剂而制成。

6.3.1.6　灌筑水下速凝柔性材料

灌筑水下速凝柔性材料主要起辅助防渗和保护防渗盖片的作用,浇筑厚度 30cm。水下速凝柔性材料应具有较强的适应变形能力,流动性大,水下抗分散能力强。

水下速凝柔性材料在水上平台拌和,直接送至水上定位平台集料斗。集料斗与导管连接。导管采用直径 150mm 圆管的制成,单根钢管长 1.5～2.0m,中间通过法兰盘或丝扣连接。灌注之前由潜水员进行水下模板安装,仅设侧模板和底部模板。模板采用木模,具体方法为:根据灌注区域,在岸上制作模板,由潜水员将模板送至灌注区拼装,模板周边采用膨胀螺栓固定。灌筑前对 SR 防渗盖片表面的杂物进行清理,水下灌注采用自上而下的方式进行。施工过程中应采用水下彩色电视跟踪检查与监测,潜水员配合。待该区灌筑至设计厚度后,移至下一灌筑区域。

6.3.2　水下速凝柔性混凝土

在面板表面浇筑水下速凝柔性混凝土,既对破损面板起到修复作用,兼具铺盖功能,所以要求其不仅要起到防渗作用,同时还应具有较强的适应变形能力,又由于采用水下导管施工,要求其流动性(用坍扩度表示)大,水下抗分散能力强。为满足水下铺盖设计和施工要求,对水下速凝柔性混凝土主要性能有如下要求:

(1)流动性

坍扩度为 40～45cm。

(2)抗分散性

水下成型混凝土抗压强度与陆上成型混凝土抗压强度之比满足 14d＞60%,28d＞70%,同时用 pH 计测定不同拌和物过水的 pH 值,此外拌和物应通过 40cm 水层自由落

下后的筛选试验。

（3）泌水性

泌水率≤3%。

（4）凝结特性

初凝时间:3～4h,终凝时间≤10h。

（5）粘度

粘度为0.1～0.5MPa·s。

（6）抗压强度

水下成型不分散材料强度为3～5MPa。

（7）弹强比

灌筑材料抗压弹性模量与抗压强度之比为200～250。

（8）抗渗性

14d抗渗等级≥W4;28d抗渗等级≥W6。

6.3.2.1 原材料

（1）水泥及高水速凝材料

1）水泥

水泥可采用42.5级普通硅酸盐水泥。

2）高水速凝材料

高水速凝材料分甲、乙两种粉料。甲料主要是硫铝酸盐熟料,其主要矿物是无水硫铝酸钙和β-硅酸二钙,乙料主要是石灰、石膏。甲、乙料中分别加入少量添加剂后,形成原料,其细度比表面积不小于$300m^2/kg$,大孔筛筛分余量不大于8%。甲、乙料加水混合后形成大量钙矾石。钙矾石是含结晶水高的水化物中最常见的一种,在钙矾石晶胞中,水分子容积高达81.16%。同时也形成其他水化产物——硅酸凝胶,铝酸凝胶等。

高水速凝材料是指加入充足石膏、石灰和适量添加剂,使水化反应生成大量钙矾石,在其凝结硬化后,钙矾石的生成量愈多,其结石体强度愈高,所结合的水就愈多。按照甲料与乙料配比1:1,初凝时间一般为20～30min,其结合体1d强度不小于3MPa,7d强度不小于4MPa。其膨胀性能由钙矾石结晶特征决定,钙矾石含量越高,晶体越细,膨胀愈大。

通过实验室和现场试验,高水速凝材料有以下特征。

①高水速凝材料能跟大量水反应形成高水矿物使其结合体含水率高。配一定结石体的浆液需要的材料仅为水泥浆的50%。

②结石率高。水泥浆结石率随水灰比的变化有很大变化。稀水泥浆结石率很低,高水材料结石率受浓度影响较小,甚至在水灰比 3∶1 时结石率仍可达 100% 以上。

③结石体初期强度高,稳定性好。

④该材料由甲、乙两种固体粉料组成,使用时分别加水搅拌成浆液,然后分别用两套系统泵送或自流到使用地点,并通过混合器将甲、乙两种浆液混合后进行充填。

⑤凝结时间控制可通过调整甲、乙配比、浓度、添加剂来实现。初凝时间可控制在 5~10min。1h 强度可达 0.5~1.0MPa,2h 强度可达 1.5MPa 以上,1d 强度不小于 3.5MPa,5d 强度可达 5.5MPa 以上。

⑥甲、乙两种浆液单独放置 24h 以上不凝固,可长距离、长时间输送。堵管事故少,省水、省电。

(2)粉煤灰

粉煤灰可就近选用,其化学成分和物理性能满足国家 Ⅱ 级粉煤灰标准即可。

(3)细骨料

细骨料可采用天然砂或人工砂,其物理性能指标与混凝土骨料中砂指标接近即可。

(4)粗骨料

粗骨料粒径 5~20mm,其物理性能与混凝土骨料相同。

(5)膨润土

膨润土可采购。

(6)絮凝剂

由于水下混凝土施工的特殊性,要求混凝土具有水中不分散、不离析、自流平及密度、强度接近陆地混凝土强度的特性。而新拌普通混凝土是一种溶液粗分散体系,仅有少量水泥水化成 C—S—C。它们附着在水泥颗粒表面,水泥颗粒被游离水隔开,仅靠微弱的范德华力联系。W/C 为 0.5 的水泥净浆中仅有约 40% 体积为水泥颗粒占有,水泥颗粒被约 60% 的毛细管水隔开。这样一种粗分散体系一旦倒入水中即被环境水稀释、冲散。因此,不可能在大量接触环境水条件下浇筑普通混凝土。

而絮凝剂以丙烯系列或纤维系列水溶性高分子聚合物及表面活性剂为主要成分。这种聚合物能与水泥颗粒发生离子、共价结合,起到压缩双电层、吸附架桥等作用,形成空间柔性网络,从而使本不抗水洗的普通混凝土变成既有很高的流动性又能抵抗环境水冲洗的水下速凝柔性混凝土。该聚合物的特点为:①能在混凝土搅拌过程中全部溶解;②链结构和链长度与水泥的活性粒级及水泥浆中颗粒间距相匹配;③活性基团及其离子性与水泥浆中悬浮颗粒的电荷状态相适应;④不发生过度的交联。目前,常用絮凝剂有 UWB 型和 SCR 型。

改性 UWB 型和 SCR 型絮凝剂均为固体粉末,施工时采用同掺法,与水泥(或其他胶凝材料)、砂、石同时加入强制式搅拌机拌和,掺量占水泥用量的 1%～3%。

6.3.2.2 水下速凝柔性混凝土配合比

水下速凝柔性混凝土的配合比,必须满足强度、水下抗分散性、耐久性、填充性、抗渗性以及施工和易性的要求,同时具有黏稠性强及流动性好的特点。其配合比设计,须全面考虑到这些特性要求。

与普通混凝土类似,水下速凝柔性混凝土的配合比设计,指水泥(或其他胶凝材料、掺合料)、水、细骨料、粗骨料、流化剂及絮凝剂的组成比例。影响水下速凝柔性材料质量的主要因素:①对于强度来说是水灰比;②对于水下抗分散性来说是絮凝剂的掺入量;③对于抗渗性及其他耐久性能来说是水灰比;④对于和易性及填充性来说是单位用水量、流化剂掺量及砂率等。

从普通混凝土来看,即使其和易性差一些,如果能良好振捣,也可缓解其流动性不足的缺陷。但是,对于水下速凝柔性材料,由于不能在水下进行振捣作业,这种流动性不足往往是构筑物产生缺陷的原因,因此在设计配合比时必须特别注意上述问题。

水下灌筑材料配合比的设计原则是在保证灌筑材料抗压强度的基础上,尽可能降低灌筑材料的弹性模量,即减小弹强比(弹性模量与抗压强度之比),使灌筑材料具有较大的变形能力、满足薄层结构的铺盖防渗和抗裂的要求。

在株树桥面板坝渗漏处理设计中,根据防渗铺盖及水下施工对灌筑材料技术性能的要求,进行了各种系列的水下灌筑材料配合比的设计,从强度、弹性模量、水下抗分散性、抗渗与和易性等物理力学指标,同时考虑经济性,综合选定。

6.3.2.3 新拌水下速凝柔性混凝土的特性

(1)抗分散性

1)水洗筛分试验

所谓的水下速凝柔性混凝土,就是掺入絮凝剂而成的材料。絮凝剂具有黏稠作用,即使是在水中落下,也很少出现由水洗作用而引起材料分散现象。

40cm 水中落下的水下速凝柔性混凝土与普通混凝土(加絮凝剂)的水洗筛分试验结果见表 6.3-2。结果表明,水下速凝柔性混凝土极少出现胶材流失现象,即使是水中落下也基本不会出现配合比的变化。

表 6.3-2 水下速凝柔性混凝土水洗筛分试验结果

编号	配合比类型	各材料所占比例/%			
		水	胶材	细骨料	粗骨料
S—2	搅拌配合比	18.5	32.4	19.7	29.4
	水中落下配合比	19.6	30.2	18.6	31.6
N—1	搅拌配合比	27.9	28.8	17.4	25.8
	水中落下配合比	42.0	16.7	15.3	26.0
P—2	搅拌配合比	41.4	43.9	9.8	4.9
	水中落下配合比	44.9	40.4	8.6	6.1
F—4	搅拌配合比	34.3	44.6	10.5	10.5
	水中落下配合比	35.8	42.8	9.7	11.6
H—3	搅拌配合比	21.0	30.0	19.6	29.4
	水中落下配合比	22.8	28.2	17.2	31.8
H—3—1	搅拌配合比	21.0	30.0	19.6	29.4
	水中落下配合比	35.5	15.0	17.3	32.2

注:H—3—1与H—3配合比比较,除没有掺絮凝剂外,其他完全相同。

2)水下速凝柔性混凝土水陆强度比

水下速凝柔性混凝土水中成型强度和陆上成型强度之比($f_水/f_陆$)是水中抗分散材料强度特性的一项基本技术指标。各种水下速凝柔性混凝土水陆强度比试验结果见表 6.3-3。结果表明,其水下强度和陆上强度相差很小,均满足设计要求。

表 6.3-3 各种水下速凝柔性混凝土水陆强度比试验结果

编号	$f_陆$/MPa				$f_水$/MPa				$f_水/f_陆$/%			
	3d	7d	14d	28d	3d	7d	14d	28d	3d	7d	14d	28d
S—1			8.3	10			7.4	9.8			89	98
S—2			5.1	6.9			4.5	5.5			88	80
S—3			1.7	2.4			1.5	2.1			88	88
N—1												
N—2			2.7	3.6			2.4	3.4			88	94
N—3			0.95	1.4			0.8	1.1			84	79
H—1	7.2	8.8	9.3	9.6	5.8	6.8	7.2	7.4	81	77	77	77
H—3	2.8	4.1	5.1		1.7	2.6	3.9		61	63	76	
P—1	0.8	1.2			0.5	1.0			63	83		
P—2	1.1	1.5			0.8	1.3			73	87		
P—3	1.1	1.7			0.8	1.5			73	88		

续表

编号	$f_陆$/MPa				$f_水$/MPa				$f_水/f_陆$/%			
	3d	7d	14d	28d	3d	7d	14d	28d	3d	7d	14d	28d
F—1	4.2	5.2			3.6	4.6			85	88		
F—2	1.1	1.4			0.8	1.2			72	86		
F—3	2.1	3.2			1.8	2.8			87	90		
F—4	2.3	3.5			1.7	3.1			75	89		
F—5	2.4	0.5			0.3	0.4			75	80		

（2）流动性

水下速凝柔性材料具有黏稠、富于塑性、流动性大的特点，因此即使在水下水平流动的情况下，也可自行摊平浇筑的均匀材料。水下速凝柔性材料的流动性指标采用坍扩度表示，各配合比水下速凝柔性材料的坍扩度均控制在 40～45cm。

（3）保水性

掺入絮凝剂，可提高水下速凝柔性材料的保水性，很少出现泌水和浮浆现象。新拌水下速凝柔性材料的泌水率试验结果表明，水下速凝柔性材料基中不会出现泌水现象，尤其是使用高水速凝材料的水下速凝柔性材料（表 6.3-4）。

表 6.3-4　　　　　水下速凝柔性混凝土凝结时间、泌水率及粘度测定结果

编号	凝结时间/(h:min)		泌水率/%	粘度/(MPa·s)
	初凝	终凝		
S—2	4:20	6:50	<3	0.43
N—1	6:20	11:30	<3	0.40
H—1	1:10	2:00	0	0.25
P—3	1:00	1:55	0	0.22
F—3	1:20	2:30	0	0.30
F—4	1:30	2:50	0	0.32
H—3	1:50	3:20	0	0.25
H—3—1	—	—	7.5	

注：使用高水速凝材料的配比，做粘度试验时用水泥代替。

6.3.2.4　水下速凝柔性混凝土硬化后的性质

（1）抗压强度特性

水下速凝柔性材料的抗压强度与普通材料（混凝土）一样符合水灰比定则。在陆上成型的水下速凝柔性材料的抗压强度与普通材料的抗压强度基本相当，但水下成型的

水下速凝柔性材料的抗压强度却大大地高于水下成型的普通材料强度。各种水下速凝柔性材料的强度见表 6.3-3。使用水泥的水下速凝柔性材料的早期强度较低,后期增长较大,而使用高水速凝材料的水下速凝柔性材料的早期强度增长很快,后期变化不大。

(2)施工缝特性

一般说来,在水下浇灌材料时,原则上应避免施工缝。即使是水下速凝柔性材料也应遵守这一原则。但与以往普通材料相比,水下速凝柔性材料泌水和材料分散很少,有助于增加施工缝部位的强度。选用编号为 F—4 配合比的水下速凝柔性材料先浇灌试模中的下部分拌和物,间隔 6h 后再浇灌上部分,其强度试验结果见表 6.3-5。

表 6.3-5　　　　　　　水下速凝柔性混凝土施工缝部位的强度特性

类型	劈拉强度/MPa		抗压强度/MPa		与无施工缝强度比/%	
	无施工缝	有施工缝	无施工缝	有施工缝	劈拉	抗压
陆上成型	0.45	0.27	3.5	2.7	61	77
水下成型	0.38	0.22	3.1	2.5	59	80

注:1. 劈拉和抗压试验均沿施工缝方向;

2. 施工缝部位黏结强度为材料龄期 7d 的试验值。

(3)弹性模量

通常普通混凝土材料是由骨料、水泥浆基体等材料组成的复合多相材料,相对于骨料和水泥浆体不是弹性材料,其复杂的复合材料的性质不一定等于各组分性质的总和。因此水化水泥浆体和骨料二者呈现线弹性,而混凝土并不如此。

影响混凝土弹性模量的主要因素有以下几点。

1)骨料弹性模量的影响

混凝土的弹性模量大小与混凝土的配合比、强度、龄期及骨料的弹性模量有关。

为了降低混凝土的弹性模量,可以选用弹性模量低的骨料,并适当降低混凝土中的骨料(特别是粗骨料)的体积率,增大混凝土中胶凝材料浆的体积率。

此外,骨料其他性质如最大粒径、粒形、表面结构、级配和矿物组成也影响混凝土的弹性模量。

2)水泥浆基体

水泥浆含量较少时,混凝土的弹性模量就大,而水泥浆基体的弹性模量又取决于孔隙率。孔隙率大小与水灰比、含气量、矿物掺合料、水泥品种龄期等有关。

3)界面过渡区

对于界面过渡区,可将其划分为 4 层(表 6.3-6)。

表 6.3-6 水下速凝柔性混凝土界面过渡区分层

水泥浆体	
界面过渡区	接触层：由双层膜、界面化学反应生成物、气孔和水膜组成，为强效应层
	富集层：富集了 $Ca(OH)_2$ 晶体（有较强的取向性）和 Aft 相，C—S—H 凝胶较少，孔隙和孔隙率大
	弱效应层：$Ca(OH)_2$ 晶体取向性较弱，是上两层特征较弱的延续
	刻蚀、渗透扩散层：为介质对骨料的效应，骨料受到水泥浆体溶液的侵蚀，它包括骨料的溶解、水分和 Ca^{2+}、SO_4^{2-} 等离子渗透或扩散到骨料孔隙中
骨料	

作为混凝土的内部结构，界面过渡区具有以下主要特征：水泥水化产生的 $Ca(OH)_2$ 和钙矾石在界面处有取向性，且晶体比水泥浆体中的粗大；具有更大、更多的孔隙，且结构疏松；水泥浆体泌水性大，浆体中的水分向上部迁移，遇骨料后受阻，其下部形成水膜，削弱了界面的黏结，形成过渡区的微裂缝。

4）混凝土强度及容重

混凝土的弹性模量与混凝土强度和容重密切相关。在通常情况下，混凝土的弹性模量随其抗压强度和容重的增加而增大，但弹强比却随之减小。因此，在较低抗压强度的条件下，获得较低的弹强比正是需解决的难点。

为了满足不仅弹性模量要低，且弹强比也要低的设计要求，对前面设计的水下速凝柔性材料进行了相应的弹性模量测试试验，试验结果见表 6.3-7。

表 6.3-7 水下速凝柔性混凝土弹性模量测试结果

编号	$E_c(MPa)/f_c(MPa)$				弹强比				r /(kg/m³)
	3d	7d	14d	28d	3d	7d	14d	28d	
S—1			6248/8.3	6527/10			774	653	2000
S—2			3701/5.1	4097/6.9			726	594	2000
S—3			1860/1.7	2010/2.4			1094	838	1990
N—1			2278/2.7	2480/3.6			843	689	2160
N—2			960/0.95	1016/1.4			1011	726	1920
H—1		5937/8.8	6034/9.3			675	645		1960
H—3		3221/4.1	3450/5.1			786	676		1960
P—1	289/0.8	336/1.2			361	280			
P—2	428/1.1	461/1.5			389	307			
P—3	437/1.1	553/1.7			397	325			
F—1	2016/4.2	2223/5.7			480	390			

续表

编号	$E_c(MPa)/f_c(MPa)$				弹强比				r
	3d	7d	14d	28d	3d	7d	14d	28d	/(kg/m³)
F—2	376/1.1	385/1.4			342	275			
F—3	777/2.1	928/3.2			370	290			
F—4	886/2.3	1040/3.5			385	297			

由表 6.3-7 的试验结果可见,水下速凝柔性材料的抗压弹性模量依然服从前述的规律:抗压强度越高,弹性模量就越大;龄期越长,弹强比就越小。并且结合材料配合比比较:胶凝材料用量相对越多,水下速凝柔性材料的弹性模量就越低;膨润土掺量越多,弹性模量也较低。但是膨润土掺量过多,易使灌筑材料的黏性过高,不利于灌筑材料在水下施工时达到自流平的效果。因此,膨润土掺量的合理选用对保证灌筑材料的施工特性和力学性能都非常重要。F 系列正是在考虑了以上情况后,在 $1m^3$ 灌筑材料中使用了更多的胶凝材料,且容重也相应降低。

(4)抗渗性

水下速凝柔性材料不仅应具有变形能力大的特点,同时还应具有相应的抗渗能力。水下速凝柔性材料抗渗试验结果见表 6.3-8。可见,S—1 和 S—2 均满足设计要求,F 系列也具有较好的抗渗性(水灰比比 S—1 和 S—2 大,但比 P 系列小),其次是 P、H 和 N 系列。

表 6.3-8   水下速凝柔性混凝土抗渗试验结果

编号		S—1	S—2	S—3	N—1	N—2	H—1	H—3
抗渗 标号	14d	>S_4	>S_4	—	S_2		>S_2	>S_2
	28d	>S_6	>S_6	S_2	S_4	S_2	—	—

编号		P—1	P—2	P—3	F—1	F—2	F—3	F—4
抗渗标号 7d		S_2	S_2	S_2	>S_2	—	S_2	>S_2

根据配合比(表 6.3-9)试验结果,可知:①为了获得弹性模量低、弹强比低的水下速凝柔性材料,应增大胶凝材料用量(实际上 $1m^3$ 的胶结材料用量增加并不多,容重反而减小);②为了满足灌筑材料不分散、自流平的特性,应掺絮凝剂;③在施工条件许可的情况下,应使用高水速凝材料以满足水下快凝的要求;④膨润土可以起到降低弹性模量、增加抗渗的作用,但掺多后又会流动性差,影响施工,因此应选择合适掺量。

根据试验选择的配合比,水下速凝柔性混凝土不仅具有良好的施工性,而且满足强度、水陆强度比、弹强比及抗渗的设计要求,又相对较经济,可以用于水下渗漏修补。

表 6.3-9　　　　　　　　水下速凝柔性混凝土推荐配合及相应性能指标

编号	1m³ 混凝土材料中各原材料用量/kg									
	H甲	H乙	C	P	F	W	S	G	UWB	FDN—1
F—3	136	136		81	464	630			12.3	
F—4	117	117		70	399	541	166	166	10.5	
S—2			260	195	195	371	394	588	7.8	3.25

6.3.3　水下粉煤灰淤堵

若大坝出现渗漏且渗漏量不大,可采用在水面对渗漏部位抛填黏土、粉沙土或沙砾,以期待水流将抛填物质带进渗漏部位,填堵渗漏孔隙,减少渗漏量。如哥伦比亚的阿尔托安奇卡亚坝,就通过抛填砾石、砂、黏土及膨润土覆盖漏水点,以减少渗漏量。但如水流流速较小,上述抛填物则难以被带进渗漏部位;或者垫层料被破坏或级配不能满足渗透反滤要求,也难以解决渗漏问题。粉煤灰颗粒较细,易在垫层料中产生淤堵,减小垫层料的渗透系数。

为了解粉煤灰的自愈特性,对粉煤灰进行了试验。试验按垫层料中无缝和有缝两种状态进行,有缝状态又模拟不同缝宽,分别进行了试验。试验垫层料级配见表 6.3-10。抗渗试验结果见表 6.3-11、表 6.3-12。

表 6.3-10　　　　　　　　试验垫层料级配

粒径/mm	40~20	20~10	10~5	5~2.5	2.5~0.6	0.6~0.16	<0.16	合计
重量/%	18	21	20	13	16	9	3	100

表 6.3-11　　　　　　　　粉煤灰抗渗试验结果(Ⅰ)

项目名称	水压/MPa	恒压时间/h	漏水量/(mL/min)
垫层料			3200
粉煤灰	0.8	0.5	1600
	0.8	1.0	1850
	0.8	1.5	1298
	0.8	2.0	1204
粉煤灰试验后垫层料			2200

表 6.3-12　　　　　　　　　　　　　粉煤灰抗渗试验结果(Ⅱ)

项目名称	水压/MPa	恒压时间/h	漏水量/(mL/min)
垫层料			3000
粉煤灰试验	1.0	0.5	340
缝宽 20mm;	1.5	0.5	400
缝长 300mm;	2.0	0.5	550
粉煤灰厚度 300mm	2.5	0.5	630
粉煤灰试验中改变	1.0	0.7	1100
缝宽 30mm;	1.0	0.5	360
缝长 300mm;	1.5	0.5	430
粉煤灰厚度 300mm	2.0	0.5	540

通过试验发现,当采用粉煤灰作自愈材料时,在 0.8MPa 的水压作用下,通过垫层料的漏水量随时间的推移而减少,2h 后由最初的 1600mL/min 减少到 1204mL/min,效果明显;而垫层料的漏水量也减少到 2200mL/min;当垫层料中出现缝宽 20～30mm 时,用粉煤灰作自愈材料,在水压高达 2.0MPa 时,虽然渗漏量未减小,甚至略有增大,但粉煤灰和垫层料组成的防渗结构未出现渗透破坏,可见用粉煤灰作为垫层料的自愈材料是可行和安全的。

通过对国内外同类工程的调研,以及对粉煤灰材料的试验和研究,考虑粉煤灰材料所具有的特性,以及面板坝的特点,只要垫层料具备对粉煤灰的反滤性能,利用粉煤灰颗粒细、易被水流带动的特点,将其作为防渗堵漏的措施是可行的。抛投粉细砂也是同样的道理。也可将粉煤灰与粉细砂按 1∶1 比例混合,通过导管向水下渗漏部位定点抛投。抛投散粒料的粒径级配随渗漏部位的破坏情况而定,通常是先投放粒径较大的散粒料,以起到填补较大空洞部位、减小渗漏量的作用;待这部分填料发挥作用时,即可投放粒径相对较小的材料,直至投放防渗料,使得渗漏部位的渗漏量减少到设计允许值以下。

6.3.4　典型工程案例

6.3.4.1　重庆蓼叶水库渗漏处置

重庆蓼叶水库大坝渗漏经采用水下机器人携带声呐及高清摄像头探测到集中渗漏区,并经喷墨示踪验证,可知右岸面板 MB33,高程 462.5m 附近存在两处明显破损区(集中渗漏区),破损区为两条宽度约 5cm、总长度 5～8m 的错台裂缝,裂缝左侧面板存在塌陷。裂缝处吸入流速较大,为大坝集中渗漏入口。采用水下加固处理方案对渗漏区进行处理。

应急处理施工前,对破损区附近面板表面淤泥进行清理,以便对破损区和破损影响

区内的面板裂缝、止水结构完好性进行详查,确定破损面板影响范围。水下检查及清理范围为右岸面板 MB32～MB34 高程 460～470m 范围。本次水下检查采用管供式空气潜水方式进行近观目视和水下摄像检查。

本工程灌注淤堵料主要为充填垫层料、提高面板支撑条件、降低错台裂缝处的渗漏流速。淤堵料处理范围为大坝渗漏检测中发现的两条错台裂缝下部的垫层。

在水下清理及裂缝、破损普查完成后,开始进行淤堵料灌注。淤堵料灌注主要分为拌和与灌注两步进行:第一步:人工将称量完成的粉煤灰、粉细砂倒至高程 490m 布置的强制搅拌机内进行搅拌。第二步:水下灌注采用溜槽和下料导管进行,管上部装漏斗,导管出料口离渗漏面板表面铅直距离不超过 10cm。经潜水员水下定位确定后,开始进行灌注施工,沿裂缝长方向自上而下灌注淤堵料。灌注完毕后由潜水员在水下采用水枪配合人工清理的方式对面板表面堆积的淤堵料进行清理,并对裂缝缝口和浅部缝内采用刷子等进行清理。水下淤堵完成后,错台裂缝中埋设灌浆管。首先由潜水员采用风钻设备骑缝钻孔,钻孔穿过面板,钻孔完成后通过冲击锤将灌浆管锤至设计深度。水下嵌缝找平处理主要针对大坝渗漏检测中发现的右岸面板 MB33 中下部高程 461.5m 附近的一处错台裂缝。灌筑水下速凝柔性混凝土材料的主要目的为对防渗盖片进行保护,灌筑厚度 30cm,范围为轴 0+333～0+344,高程 461.2～468.0m 范围内面板及部分趾板,总面积约 100m²。

经过水下加固处置后,水库大坝渗漏有了明显改善,坝后量水堰观测的渗漏量由处置之前的 45L/s 降低至 2L/s,处置效果显著。水下处理施工前与施工后的量水堰渗漏量见图 6.3-1。

图 6.3-1 水下处理施工前与施工后的量水堰渗漏量

6.3.4.2 湖南株树桥水库大坝渗漏处置

(1)工程概况

株树桥水库位于湖南省浏阳市,是一座以发电为主,兼有灌溉、防洪、开发旅游等综合效益的大(2)型水库,总库容 2.78 亿 m³。大坝为混凝土面板堆石坝,坝顶高程 171m,最大坝高 78m,坝顶长 245m。坝体采用常规分区,包括垫层料、过渡料、主堆石区和次堆石区等。上游坝体采用新鲜石灰岩,下游坝体采用部分风化板岩代替料。上游钢筋混凝土面板顶部厚度为 0.3m,底部厚度为 0.5m。株树桥水库大坝典型断面见图 6.3-2。

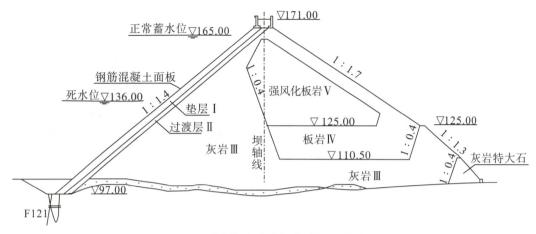

图 6.3-2　株树桥水库大坝典型断面(单位:m)

水库于 1990 年蓄水后,大坝即出现渗漏,且逐年增加。1999 年 7 月测得漏水量已达 2500L/s 以上,渗漏非常严重。

(2)渗漏检测

1995 年 8 月,管理单位先后委托多家单位采用水下查勘、水下录像、物探、钻孔检查以及集中电流场等方法查漏,检测结果均认为:大坝渗漏主要通道位于覆盖层下部的周边缝和跨越趾板基础的断层;其上部的面板等结构未出现明显破坏,不存在渗漏通道。据此做了一定处理,但均未取得成效。

1999 年,长江设计集团承担了该工程的渗漏处理设计,重新采用 SD 型水下电视摄像系统对大坝渗漏进行检测,发现上游面板多处折断,下部塌陷形成孔洞,防渗体系已严重破坏,必须尽快放空水库进行加固处理。水库放空后对已出露的面板、止水与垫层料等进行检查,发现大坝破坏非常严重(图 6.3-3 至图 6.3-5)。

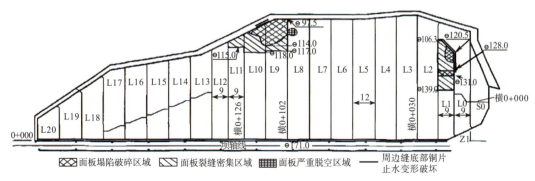

图 6.3-3　大坝已发现严重破坏部位平面示意图(单位:m)

图 6.3-4　L9~L11 面板破裂、塌陷

图 6.3-5　垫层料流失严重

（3）原因分析

根据大坝面板破坏情况及检测情况，初步分析大坝渗漏破坏的原因有以下几个方面：

1）坝体不均匀沉降，导致面板受力不均匀，直至发生破坏

对于坝体结构而言，大坝填筑料与面板及止水防渗体是相互依存的结构，坝体发生较大变形将导致面板及止水结构破坏，应严格控制填筑料质量及压密实。对于两坝肩而言，由于大坝与两岸基岩不协调变形，周边结构容易拉裂，防渗体破坏后产生渗漏。从株树桥水库大坝揭露的情况来看，面板破坏主要发生在与两岸的连接带及周边缝，如 L1、L9、L10 等，而中间的面板基本完好，这说明大坝与两岸基岩之间产生了较大的相对变形，周边缝剪切变形较大，导致止水系统被破坏。

2）止水结构存在缺陷

①止水铜片翼缘嵌入面板的混凝土质量和深度存在问题。②铜片止水的型式选用不太合理，适应变形的能力不强。③面板分缝表面止水采用了 EP-88 柔性材料，其上覆盖 PVC 盖片，而 EP-88 填料缺乏黏性，伸长率大大小于国内同类产品，表面 PVC 盖片的搭接质量又差，导致表面止水失效。

3）垫层料和过渡料不符合要求

①垫层料小于 5mm 颗粒含量较少，渗透系数平均值达 1×10^{-4} cm/s，细粒含量较少且施工质量存在缺陷。②过渡料小于 5mm 颗粒含量偏低，且大部分使用了主堆石料，对垫层料未起到有效的支撑、反滤保护作用。③大坝止水失效后，垫层料长期在一定水头作用下而出现渗透破坏和流失，造成面板严重脱空、塌陷，加剧了面板的破坏。

（4）渗漏处理

株树桥水库大坝渗漏处理分为两个阶段进行：汛前对大坝进行度汛抢险处理；汛后对大坝做进一步加固处理。

1）抢险处理

2000年1—4月通过放空水库，对上游坝面进行修补，处理后大坝渗漏量大大减少，库水位151.89m时观测的渗漏量不到10L/s。有以下几种处理措施。

①混凝土面板修复。重新浇筑的混凝土面板采用双层双向配筋，各向配筋率约0.4%，混凝土强度等级为C25，抗渗等级为W10。

②面板裂缝处理。对于缝宽不小于0.2mm的裂缝及贯穿性裂缝，均沿缝凿槽，嵌填SR-2材料并粘贴SR盖片。对于缝宽小于0.2mm的裂缝及非贯穿性裂缝，只在其表面粘贴SR盖片。

③面板脱空处理。对重新浇筑的面板和面板脱空十分严重的L8进行处理，采用回填改性垫层料及凿孔充填灌浆的方法。

④止水处理。接缝的表面止水均以SR-2予以更换。

2）进一步加固处理

为了彻底解决大坝面板脱空问题，且避免再次放空水库带来的不利影响，2001年12月至2002年5月对大坝做了以下加固处理：

①坝顶钻超长斜孔对垫层料进行加密灌浆，灌浆材料采用水泥、粉煤灰和膨润土混合浆液。钻孔方向与面板平行，距面板底面的垂直距离50cm，单孔最大孔深（斜长）117m。要求垫层料灌浆后的干密度不小于1.9g/cm³。

②根据新的水下彩色电视检测资料，对L12～L14混凝土面板灌筑水下速凝柔性混凝土，并抛投粉煤灰＋砂＋黏土，形成表面铺盖。

大坝渗漏处理后，在正常蓄水位165.0m时，渗漏量降至10L/s以内，至今稳定，取得了显著效果。

6.3.4.3　贵州天生桥一级水电站大坝渗漏处置

（1）工程概况

天生桥一级水电站是红水河梯级电站的第一级，位于南盘江干流上。工程以发电为主，水库总库容102.6亿m³，为不完全多年调节水库。大坝为混凝土面板堆石坝，最大坝高178m，坝顶长1104m，坝顶宽12m。上游坝坡坡比为1∶1.4，下游坝坡坡比平均为1∶1.4。堆石坝体分为：垫层区水平宽度3m，过渡区水平宽度5m，主堆石区和次堆石区（含软岩料区），坝体填筑总方量约为1800万m³。混凝土面板厚度顶部0.3m，底部0.9m。设置垂直缝，间距16m。

天生桥一级水电站大坝L3/L4接缝附近面板自2003年始多次发生局部破损。同时，L8/L9接缝处面板混凝土也发生局部破损。2012年6月至2013年3月，电站开始对L3/L4、L8/L9接缝处面板破损部位进行水下修复。

其中,L3/L4 接缝处面板破损主要发生在 L3 面板侧,混凝土破损面比较陈旧。L3 面板侧:混凝土破损高程为 706.56～716.16m,破损宽度为 90～200cm,经潜水员对不同高程部位混凝土破损边缘进行喷墨检查,发现吸墨现象明显;L4 面板侧:在高程 706.76～707.76m 局部破损最大宽度为 60cm。

L8/L9 接缝处面板混凝土破损发生在 L8 面板侧,破损高程为 726.26～731.26m,破损宽度为 65～300cm,经潜水员对接缝处不同高程破损部位混凝土进行喷墨检查,发现吸墨现象明显。混凝土破损面比较新鲜。

(2)处理方法

采用在破损区域浇筑水下环氧混凝土,并在新浇筑混凝土上跨伸缩缝锚贴 SR 防渗盖片的方式进行水下修复。以 L3 面板修复为例,修复结构见图 6.3-6。

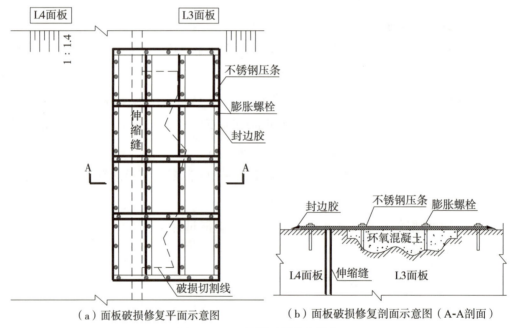

（a）面板破损修复平面示意图　　　　（b）面板破损修复剖面示意图（A-A剖面）

图 6.3-6　L3 面板破损修复结构

具体处理工艺如下。

1)水下检查

由潜水员对混凝土破损的基本情况进行检查,内容包括混凝土破损面积、数量、分布等情况,做好详细的测量和描述记录并录像,以便确定混凝土破损修补范围。

2)水下清理

清除水下破损混凝土,用切割机切除破损条带尖角;对周边混凝土进行修整,混凝土最小凿深达 10cm;用切割设备将面板内受挤压后高出面板混凝土表面的钢筋切断,并将其敲平、绑扎;对于钢筋网结构未突出面板混凝土表面的部分则保持原状直接进行浇筑。

3）模板的制作与安装

根据水下破损混凝土的不同形状制作模板，并在模板上口预留环氧混凝土进料口和固定压条的螺栓孔。

4）混凝土的配置和浇筑

根据现场的气温情况，调整环氧混凝土的流动度，使其在水下能达到自密实、自流平的效果。将混凝土送至指定位置，由潜水员倒入浇筑仓，并用铁棒振捣；待环氧混凝土具有一定强度后，进行拆模，并用液压钻钻膨胀螺栓孔。

5）水下涂刷黏结剂

涂刷水下 HK-963 增厚环氧，厚 1mm 以上，封闭可能出现的裂缝。

6）粘贴 SR 防渗盖片

范围延伸至修补混凝土外老混凝土 50cm，纵向搭接 10cm，接头处用 HK-963 粘贴；用 3mm×30mm 不锈钢压条（4 条/m）锚压及不锈钢膨胀螺栓固定防渗盖片；最后用环氧涂料进行封边，包括两侧封边和 SR 盖片接头。

本次破损面板缺陷处理完毕后，对修补区域进行喷墨验收，不再出现渗漏现象。

6.3.4.4　贵州三板溪水电站渗漏处置

（1）工程概况及存在问题

三板溪水电站位于贵州省锦屏县境内，水库总库容 40.95 亿 m³。主坝为混凝土面板堆石坝，坝顶高程 482.50m，最大坝高 185.50m，坝顶长 423.75m，宽 10.0m，上、下游坝坡坡比均为 1∶1.4。坝体自上游至下游依次分为垫层区、过渡区、上游堆石区、下游堆石区，周边缝下设特殊垫层区，上游高程 370m 以下设黏土铺盖和盖重区。主坝典型横断面见图 6.3-7。

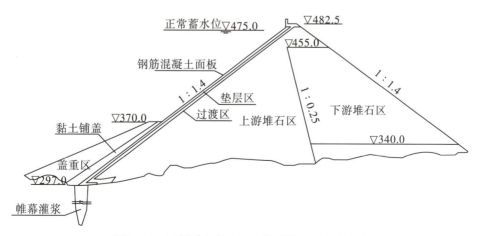

图 6.3-7　三板溪水电站主坝典型横断面（单位：m）

水库于 2006 年 1 月 7 日下闸蓄水,至 2006 年 6 月 7 日,库水位由 329m 升至 429m,此后库水位在 433m 左右运行了一年。2007 年 6 月 1 日下游总渗漏量基本在 30L/s 以下。2007 年 6—8 月,三板溪库区水位 4 次大幅上涨,由 433m 涨至 472m(正常蓄水位 475m),下游渗漏量达到 303L/s。

(2)渗漏检测

2008 年 1 月,潜水员水下检查发现:主坝高程 385m 附近左 MB3～右 MB9 连续 12 块面板的施工缝部位受损,受损长度约 184m,宽度 2～4m,深度一般为 10～25cm,最深达 40cm。破损部位混凝土开裂、与下层混凝土脱开,结构缝止水发生破坏。面板破损部位分布情况见图 6.3-8。

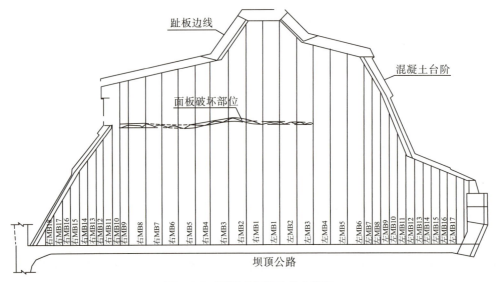

图 6.3-8　面板破损部位分布情况

(3)渗漏处理

2008 年,对水下检测发现的面板破损部位采取以下修复措施。

1)混凝土面板修复

凿除受损部位的混凝土,布设插筋后浇筑 C35 水下 PBM 聚合物混凝土;面板裂缝采用化学灌浆处理。PBM 水下混凝土配合比见表 6.3-13,面板修复见图 6.3-9。

表 6.3-13　　　　　　　　　　　PBM 水下混凝土配合比

项目	石子	砂	水泥	PBM3 树脂	促进剂(紫色)	引发剂(无色)
参考配合比/%	32～36	39～43	9～10	16～19	树脂的 1.0～2.5	树脂的 1.0～2.5
试验配合比	10.00	13.00	3.10	4.95	0.10	0.10
使用配合比	2.000	2.630	0.620	1.000	0.015	0.015

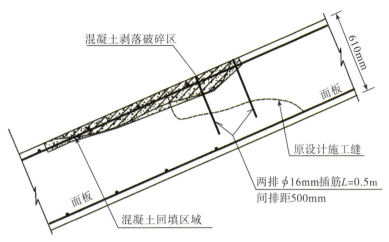

图 6.3-9　面板修复示意图

2）垫层料恢复

垂直缝止水破坏部位或水平施工缝挤压破坏严重部位，对面板下部的垫层料进行充填砂浆处理。

3）垂直缝处理

垂直缝清洗后，填充 SR 塑性止水材料，表面粘贴 SR 防渗盖片，面板垂直缝修复见图 6.3-10。

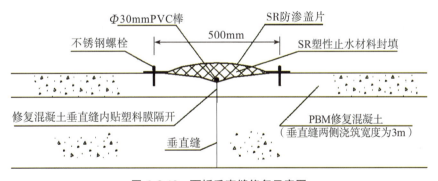

图 6.3-10　面板垂直缝修复示意图

2008 年 3—6 月，现场修复完成 9 块面板及 11 道垂直缝止水。由于汛期来临，破损面板未来得及全部修复。9 块面板修复后，大坝渗流量较修复前同比减少近 100L/s。2009 年汛前，对剩余的 3 块面板进行了修复，并对右 MB8 破碎区底部空腔进行了回填。

（4）实施效果

2010 年 1 月和 2011 年 3 月对主坝面板两次检查，均发现面板修复区出现破损，新老混凝土结合面脱开。面板修复措施主要为：凿除受损混凝土，采用 C35 水下 PBM 聚

合物混凝土回填;裂缝部位进行化学灌浆;垂直缝止水破坏部位或水平施工缝挤压破坏严重部位,对面板下部垫层料进行充填砂浆处理;垂直缝清洗后,填充 SR 止水材料,表面粘贴 SR 防渗盖片。2008 年汛期以后,渗流量最小为 96L/s,可见,面板修复后大坝渗漏量明显减小,但渗漏量仍略偏大,经分析原因有以下几点。

①坝体内部变形仍未稳定。安全监测资料表明,坝体沉降尚未稳定。

②修复材料与原面板混凝土的性能不匹配。由于 PBM 聚合物混凝土与普通混凝土的线膨胀系数差别较大,后期存在较大收缩,不适合大面积薄层修补。

③水下施工难度大,质量难以得到保证。由于施工在水深 45m 条件下进行,潜水员施工效率很低,钻孔取芯发现新老混凝土结合较差,施工质量难以得到保证。

6.3.4.5 国外混凝土面板堆石坝渗漏处置

混凝土面板堆石坝周边缝可抛填粉煤灰或粉细砂淤堵,或灌注水下柔性混凝土进行封堵。如阿尔托安奇卡亚面板坝(哥伦比亚)、戈里拉斯面板坝(哥伦比亚)、希罗罗面板坝(尼日利亚)、阿瓜米尔帕面板坝(墨西哥)等抛填粉煤灰或粉细砂淤堵,渗漏量均明显减小。

(1)阿尔托安奇卡亚混凝土面板堆石坝

哥伦比亚阿尔托安奇卡亚坝于 1974 年建成,最大坝高 140m,坝顶长 260m,上、下游坝坡均为 1∶1.4,采用角闪岩堆石料碾压而成。坝体压缩性较低,变形模量 138MPa,堆石干密度 2.29g/cm³,孔隙率 22.5%。于 1974 年 10 月 19 日开始蓄水,5d 内蓄水到溢洪道堰顶高程 634m(坝顶高程 648m)。当库水位达到 588m 时,渗漏量为 14L/s。库水位达到 636m 时,渗漏量达 1800L/s。从 10 月 24 日到 11 月 8 日水位保持在 634m。渗漏量稳定,集中于坝的中部,相当于原河床处,在观察期间没有看到细料被渗漏水带出。降低库水位后,对面板及周边缝做了详细检查,发现渗漏主要源于两岸周边缝的局部地段,缝面最大张开达 10cm。检查时还发现,位于周边缝中的橡胶止水带及其下面的混凝土接触面上存在空洞。周边缝的过大张开是由整个面板内垂直缝受到压缩变形造成的。

降低库水位后对有缺陷的周边缝用 IGAS 填塞。水库于 1974 年 12 月 3 日第 2 次蓄水,12 月 30 日水位达到了高程 634m,渗漏量减少了 80%,1975 年 2 月 21 日至 3 月 2 日,水位从 634m 升至 646m,此时渗漏量仍有 466L/s,用声呐探漏仪查出了新的渗漏点。当时决定待堆石体变形进一步稳定以后再进行第 2 次堵漏处理。1976 年 1 月声呐查出渗漏点在右岸周边缝高程 590~600m 处(距坝顶约 50m),潜水员的进一步检查证实渗漏点在 600m 高程,用砾石、砂、黏土及膨润土覆盖渗漏点,库水位 641m 时,渗漏量下降为 180L/s。该坝渗漏的主要原因有以下几点。

①垫层料未及时进行固坡保护,施工期遭受暴雨时,在岸坡与垫层料交界面上形成

汇流,冲走大量垫层料,回填时对质量未加严格控制,蓄水后导致周边缝两侧产生较大沉降差,造成止水破坏,是导致水库渗漏的主要原因。

②周边缝只设一道中央橡胶止水带。这种止水材料不能承受较大的拉伸变形,而且一旦破坏,也无法修复。而且它还影响其下的混凝土捣实,造成面板混凝土中的空洞。

③垂直缝内使用了可压缩的填料。各垂直缝累积压缩,造成了周边缝张开度过大。

④在主坝与溢洪道之间有一小山包分隔,岩石甚为破碎,未做灌浆处理,也是渗漏原因之一。

（2）戈里拉斯混凝土面板堆石坝

哥伦比亚戈里拉斯坝最大坝高 127m,坝顶长 110m,河谷的宽高比仅为 0.87。1976年 10 月至 1978 年 7 月建成,但到 1982 年才开始蓄水,在库水位达到 2960m 时,渗漏量达 520L/s(最高蓄水位 2999.5m)。决定在降低库水位后进行检查和修补,找出渗漏源为周边缝与基岩接触面附近的一条张开裂隙,为其冲填物在高水头下被冲刷,以及某些周边缝张开所致。修补后再抬高水位,在 1983 年及 1984 年水库两次蓄水到接近正常蓄水位时,渗漏量达到 660～1080L/s,当时进行了一些修补工作,包括堵塞坝头基岩中冲开的洞穴及张开节理,清除周边缝上的覆盖物,设置玛蹄脂封闭层,用 PVC 膜覆盖,并将它锚定在混凝土面板上;还将松散物质放在缝上面,用水枪冲射,使细粒土进入缝中,以进一步减少渗漏量。经处理后在 1984 年投入正常运行,渗漏量约为 440L/s,大部分为绕坝渗漏,对右坝头岩体通过灌浆平洞做进一步防渗处理。在修补时进行的清理工作中,发现周边缝附近的混凝土有破碎,有的地方 PVC 止水片被剪断。

（3）希罗罗混凝土面板堆石坝

尼日利亚希罗罗坝最大坝高 125m,坝顶长 560m,主堆石区为花岗岩填筑料,面板周边缝底部为 PVC 止水,中间为橡胶止水。1984 年开始蓄水,渗漏量达 1800L/s。经抛砂、粉煤灰等材料淤堵后,渗漏量降至 500L/s,在加大抛填量后,渗漏量慢慢降至 100L/s。

6.4 水下灌浆堵漏处置

混凝土面板堆石坝是以经过碾压的堆石作为支撑体,在支撑体的上游铺设钢筋混凝土面板,并将钢筋混凝土面板与连接在地基上的混凝土趾板作为防渗体的大坝。除堆石坝体外,在堆石体的上游还设置垫层。垫层由一定级配的砂砾石料组成,为一种半透水材料,给钢筋混凝土面板提供坚实、平整的支撑;垫层的下游,则设置了过渡层,其作用是保证垫层材料不会被冲刷到主堆石的大孔隙中去,故其粒径组成需满足垫层与主堆石之间水力过渡的要求;在混凝土面板之间、混凝土面板和混凝土趾板之间、混凝土

面板与防浪墙之间的分缝,则设置了不同的止水结构,以阻止水流通过上述连接部位流向下游。

堆石体经过碾压后,其自身变形会大大减小,可满足对大坝面板的支撑要求。但当设计或施工质量问题导致变形增大到一定限度,就会影响到面板堆石坝的止水结构,导致止水结构的破坏,并产生渗漏。渗漏产生部位垫层料和过渡料级配不良或施工质量不好,则会使得垫层料和过渡料中部分填料被水流带进主堆石并排出坝外,导致垫层料和过渡料孔隙增大,变形增加,进一步影响面板,最终造成面板破坏出现险情。

坝体采用干砌石砌筑的早期修建的面板堆石坝和高度不大、坝坡较缓面板堆石坝,不能放空水库进行加固处理时,可考虑在堆石体内灌注水泥、膨润土、水玻璃和外加剂等组成稳定浆液和膏状浆液,在坝体上游侧形成灌浆防渗体,特别是膏状稳定浆液灌浆可在水库渗漏较大的动水条件下进行灌注,稳定浆液用来进一步加强幕体的防渗性能。

6.4.1 渗漏处理材料与设备

6.4.1.1 材料

(1)水泥

选择强度等级不低于 42.5 的普通硅酸盐水泥或硅酸盐水泥,并应保持新鲜,受潮结块的水泥严禁使用。细度要求通过 $80\mu m$ 方孔筛的筛余量不大于 5%。应尽量使用同一品种、同一强度等级的水泥,同一灌浆孔中,不得使用不同品种、不同厂家、不同强度等级的水泥。

(2)水

灌浆用水应符合《水工混凝土施工规范》(SL 677—2014)拌制水工混凝土用水的要求。

(3)外加剂、调节剂

外加剂、调节剂的种类和掺量由室内浆材试验确定。使用时,应按照《混凝土外加剂》(GB 8076—2008)的有关规定执行。所用外加剂凡能溶于水者,均应以水溶液状态掺入。

6.4.1.2 浆材

垫层防渗充填灌浆浆材采用堵漏浆液和充填浆液。当钻穿面板后,若孔内渗漏流速较大,可首先灌注堵漏浆液进行堵漏,然后灌注充填浆液对细小孔隙进行充填;若孔内渗漏流速较小,可直接采用充填浆液灌注。

(1)浆液配比

根据室内浆材试验和现场灌浆试验,堵漏浆液参考配合比见表 6.4-1。

表 6.4-1   堵漏浆液参考配合比   （单位:kg）

水	水泥	调节剂
80	100	22

2)制浆

①浆液拌制时,所有制浆材料必须称重,水泥、调节剂等固相材料应采用重量称重法称重,称重误差不得大于 5%。

②各类浆液必须搅拌均匀,测定浆液密度等参数,并做好记录。

③浆液应使用高速搅拌机拌制,水和调节剂先拌和成浆液后再加入水泥。水和调节剂拌制时间不少于 2min,加入水泥后拌制时间不少于 30s。

④浆液在使用前应过筛,从开始制备至用完的时间应小于 4h。

6.4.1.3　设备

①灌浆施工应根据灌浆的需要配备钻灌设备,包括钻孔机具、搅拌机、灌浆泵、灌浆自动记录仪、压力表、钻孔测斜仪、孔内阻塞器和其他全部灌浆设备和器材。

②灌浆搅拌机的性能应与灌浆泵的排浆量相适应,并能均匀、连续地制浆,其中高速搅拌机的转速不应低于 1200r/min。

③灌浆泵应有足够的排浆量和稳定的工作性能,其压力摆动范围不超过灌浆压力的 20%,容许工作压力应大于最大灌浆压力的 1.5 倍。

④孔内阻塞器必须具有良好的膨胀性和耐压性能,能承受不小于 2.5MPa 的灌浆压力,封闭性能可靠,易于安装和卸除。

⑤配备使用经有关部门鉴定合格的灌浆自动记录仪。

⑥压力表的测程应与各工序灌浆使用的压力相适应,使用压力宜在表盘所示最大量程的 1/4～3/4 范围。

6.4.2　水下灌浆施工

6.4.2.1　施工程序

水下垫层灌浆的主要施工程序为:①铺盖料内套管钻孔及套管嵌固;②混凝土面板及垫层料钻孔;③注水试验;④垫层灌浆;⑤面板封孔。

6.4.2.2　钻孔

①根据铺盖料和基岩结构特点,研究选择合适的钻孔机具和成孔工艺。钻孔宜采用回转式钻机和金刚石或硬质合金钻头钻进。

②钻孔孔径。铺盖料内套管钻孔孔径为 89mm,套管镶入面板混凝土深度不小于 10cm,若面板破损严重则用浓水泥浆嵌牢套管。混凝土面板及垫层料内钻孔和检查孔

孔径为 56mm。

③钻孔偏差。灌浆孔孔位偏差不得大于 25cm,当钻孔与周边缝、垂直缝等结构矛盾时,可根据实际调整孔位,控制孔位与周边缝、垂直缝止水距离不小于 1.0m,实际施工过程中应做好实际孔位、孔深、孔口高程测量和记录。铺盖料内钻孔和灌浆孔应严格控制钻孔斜率不大于 2%,发现钻孔偏斜值超过设计规定时,应及时纠正或采取补救措施。

④钻孔过程应进行记录,遇到受浆体结构变化,发生掉钻、卡钻、塌孔、掉块、钻速变化等情况时应详细记录。

6.4.2.3　注水试验

在Ⅰ序孔中每间隔两孔选择一个灌浆孔进行注水试验,可采用常水头注水试验。

6.4.2.4　灌浆

(1)灌浆方法

①垫层防渗充填灌浆采用面板内阻塞、自上而下分段灌浆法,纯压式灌浆。

②灌浆时采用射浆灌浆或直接采用带花管孔的钻杆灌浆,采用射浆管时,管底口离孔底的距离不大于 50cm,射浆管外径与钻孔孔径之差不宜大于 20mm;采用钻杆作射浆管时,使用平接头连接钻杆。

(2)灌浆压力及段长

①灌浆时,在水上作业平台上的回浆管上安装压力表和压力传感器。

②灌浆分段长度如下:第 1 段 0.5m,第 2 段 1.5m,第 3 段及以下 2~3m。

③灌浆时,控制灌浆孔段处的压力不大于 0.5MPa。在实际施工中,应考虑水上作业平台至灌浆孔段的高差和水压作用,将设计压力换算至回浆管处的压力,作为实际控制压力。

④在一般情况下,应尽快达到设计压力,提升压力时每级增加 0.1MPa,每级稳压时间 5~10min,但灌浆过程中应控制灌浆流量不大于 25L/min。

(3)变浆标准

①灌浆浆液的浓度应由稀到浓,逐级变浆。由充填浆液中的稳 1 浆液开灌,逐级变换至堵漏浆液。对于渗漏通道内的灌浆孔,渗透系数较大时,可采用稳 2 浆液开灌。

②当灌浆压力保持不变,注入率持续减少,或当注入率不变而压力持续升高时,不得改变浆液浓度。

③某一比级浆液的注入量已达 600L 以上,或灌注时间已达 30min,而灌浆压力和注入率无改变或改变不显著时,应改浓一级。对于渗漏通道中的灌浆孔或渗透系数较大的Ⅱ序孔,在灌注稀浆时注入量可扩大至 1200~1500L 再变浆。

④改变浆液比级后,如灌浆压力突增或吸浆量突然减小,应立即回稀到原比级进行

灌注。

（4）结束标准

①一般情况下,在规定的压力下注入率不大于 2.0L/min 时,继续灌注 30min,灌浆可以结束。稳 2 和稳 3 浆液结束的灌浆孔可适当延长屏浆时间。

②浆液失水回浓(回浓达一个比级)时,应换用相同水灰比的新鲜浆液进行灌注,若效果仍不明显,延续灌注 30min 且总灌浆时间不少于 120min 后,可结束灌浆。

③若位于渗漏通道内的灌浆孔难以达到结束标准时,可在某一比级浆液灌注达 600L 后间歇 2h 再继续灌注。

④对于第一段难以达到结束标准的灌浆孔,可待凝 12h 再进行灌浆。

⑤当长期达不到结束标准时,应报总包单位共同研究处理措施。

（5）特殊情况处理

①钻孔偏斜应满足设计要求。如钻孔偏斜使得相邻灌浆孔之间的距离大于浆液的扩散半径,则应补钻灌浆孔进行灌浆。

②灌浆过程中,出现压力或吸浆量突变等现象时,应立即查明原因,采取相应措施妥善处理,并做好详细记录。

③灌浆因故中止,应尽快恢复灌浆。恢复灌浆后如注入率与中止前相近,可直接使用中止时的浆液配比灌注,如注入率减少很多或不吸浆,可采用最大灌浆压力进行压水或洗孔。

④灌浆过程中出现冒浆、漏浆等现象时,应视具体情况采用低压、浓浆、限流、限量、间歇、待凝等方法处理。若发现大量漏浆应立即停止灌浆。

⑤灌浆过程中如发生串浆时,采用以下方法处理。

a. 如被串孔正在钻进,要立即停钻。

b. 串浆量不大于 1L/min 时,可在被串孔内通入水流。

c. 串浆量较大,在串浆孔具备灌浆条件时,尽可能与被串孔同时进行灌浆,应一泵灌一孔。否则应将串浆孔塞住,待灌浆孔灌浆结束后,串浆孔再钻灌。

⑥施工过程中针对流速大的孔段灌浆,可在浆液中加入适量的速凝剂或水玻璃,使浆液迅速凝固。

⑦灌浆过程中,遇到特殊情况时,应暂停施工,并及时进行研究处理。

6.4.3　典型工程案例

某水电站总库容 4.5 亿 m³,水库正常蓄水位 215m,设计洪水位 215m,校核洪水位 217.75m,死水位 180m。枢纽建筑物主要由大坝、溢洪道、引水发电隧洞和岸边地面厂

房等组成。其中主要建筑物级别为1级,次要建筑物级别为2级。大坝为混凝土面板堆石坝,坝顶高程220m,最大坝高115m,坝顶长882.2m,宽9m,上游坝坡坡比1∶1.4,下游坝坡综合坡比1∶1.5。主坝上游面板高程155m以下及两岸趾板180m以下铺设黏土铺盖。下游坝面分别在高程190m、160m处设置一条宽3m的水平马道,在高程130m处设有顶宽100m的压重体。

6.4.3.1 处理方案

面板集中渗漏区水下处理采用控制灌浆方案,主要措施包括渗漏孔洞淤堵、钻孔渗漏检测、垫层料防渗充填灌浆、铺盖料内防渗层灌浆。

(1)渗漏孔洞淤堵

1)水下灌注淤堵料

通过导管向面板集中渗漏孔洞内灌注淤堵料,利用淤堵料散粒可被水流带动的特点,使淤堵料被带入孔洞内,降低集中渗漏孔洞入口的水流流速。

淤堵料为无黏性的级配料,使用粗料和细料两种,粗料为中粗砂、小石、中石等,细料为粉细砂。下料导管可采用直径200～250mm钢管或满足灌注要求的橡胶软管,导管上部装集料漏斗,导管出料口插入洞内。

水下淤堵料灌注采用"先粗后细、交替灌注"的灌注方法,施工过程中使用水下摄像头全程监控洞口渗漏流速变化和淤堵料吸入情况,并及时调整灌注散粒料级配,待流速降低后改用颗粒较细的淤堵料继续灌注,直至不能继续吸入为止。淤堵料灌注过程中,及时观察下游渗漏量变化,并据此分析面板集中渗漏区范围及破损程度。

2)孔洞膏浆堵漏

面板集中渗漏孔洞水下灌注淤堵料时,在孔洞内预埋灌浆管或淤堵完成后使用钢套管跟管钻进成孔。灌浆孔间距暂定1.0m×1.0m,孔径采用56mm,灌浆管深入基岩面。水下灌注淤堵料完成后,对淤堵后的孔洞使用膏状浆液进行灌浆堵漏。

膏浆灌浆采用套管护壁自下而上纯压式灌浆方法,起拔套管控制灌浆段长。跟管钻进(或预埋灌浆管)至设计孔深后,在套管内下灌浆栓塞,卡塞位置尽可能靠近套管底部,射浆管长度按伸出套管底部0.5m控制,射浆管下部0.5m为花管。在段内采取短间隔起拔套管连续灌浆法,一般1.5m段长分3次起拔套管,每次起拔0.5m,边拔管边灌浆,连续进行灌浆作业。

3)水下特种混凝土回填

膏浆灌浆后孔洞处渗漏流速进一步降低,待具备安全潜水条件后由潜水员下水对孔洞周围10m范围内的漏斗区进行清理。清理完成后,采用水下特种混凝土对集中渗漏孔洞上部漏斗区进行回填,回填厚度不小于 2m。

（2）钻孔渗漏检测

对面板集中渗漏区处理范围（宽度为 10.5m,面积约为 350m²）进行钻孔渗漏检测。由水上作业平台采用钢套管跟管（管径不小于 91mm）进行铺盖料钻孔,孔间距按 1～2m 控制,可根据钻孔渗漏检测结果进行调整,对于存在严重渗漏的部位,钻孔间距为 1m× 1m。铺盖料为黏土、碎石和块石及布条等形成的复合体,在铺盖范围内钻孔采用回转钻机跟管钻进,钻至混凝土面板上部 0.5m 处时,通过声呐、孔内电视检查孔底渗漏情况,以判断面板是否发生破坏。

（3）垫层料防渗充填灌浆

若钻孔渗漏检测发现面板上部存在渗漏,则钻穿面板下部至垫层料,对垫层料进行堵漏和充填灌浆。初步拟定防渗充填灌浆范围宽度为 10.5m,面积约为 350m²,实施过程中根据钻孔渗漏检测情况、淤堵和膏浆灌浆后的渗漏量降低情况等进行调整。

垫层料防渗充填灌浆实施工序为:①集中渗漏孔洞内侧 6.0m 处作为起始灌浆孔（实施过程中根据钻孔渗漏检测进行调整,若面板完好、无渗漏,则缩小灌浆范围）,钻孔深入基岩面,对该处垫层区及垫层小区进行充填灌浆;②由外侧向集中渗漏孔洞进行钻灌,直至将孔洞附近、周边缝内侧 6.0m 范围内的垫层料、垫层小区料全部灌浆;③实施外侧的钻孔及充填灌浆,钻孔深度及灌浆厚度均匀渐变至灌浆处理范围边缘（周边缝内侧 10.5m 处）。垫层料防渗充填灌浆结束后通过模袋或浓浆灌浆封闭面板钻孔。

灌浆体设计指标:渗透系数 $k \leqslant 5 \times 10^{-5}$ cm/s,透水率 $q \leqslant 5$Lu。

（4）铺盖料内防渗层灌浆

若钻孔渗漏检测发现存在渗漏,则先对垫层料进行防渗充填灌浆,面板封孔灌浆后进行铺盖料内防渗层灌浆;若钻孔渗漏检测发现不存在渗漏,则仅在面板上部铺盖料内灌浆形成防渗层。

铺盖料内防渗层灌浆由水面工作平台采用回转钻机跟管钻进造孔,灌浆孔间排距按 1m×1m 控制。防渗层灌浆范围向垫层料灌浆范围外延伸不少于 2m、向趾板区域延伸不少于 2m。防渗层灌浆厚度暂定为 3.0m。

如铺盖块石料较多,黏土流失严重,可使用膏状浆液灌浆形成防渗层;如铺盖黏土料相对较完整,可根据现场灌浆试验情况采用高压旋喷灌浆。若经过现场灌浆试验和生产性试验,高压旋喷灌浆难以达到设计效果,则研究在铺盖料内灌注速凝膏浆或混合浆液进行固化的措施。

铺盖料内防渗层设计指标:渗透系数 $k \leqslant 5 \times 10^{-5}$ cm/s,透水率 $q \leqslant 5$Lu。

6.4.3.2　处理效果

大坝渗漏治理工程施工期间,库水位维持在 176.03～191.11m,大坝渗漏处理前后量水堰见图 6.4-1。淤堵料灌注前,主坝渗漏量 $0.814m^3/s$(水位 190.09m),淤堵料灌注完成后,主坝渗漏量降至 $0.23m^3/s$(水位 186.00m);水下混凝土浇筑完成后,主坝渗漏量降至 $0.089m^3/s$(水位 176.47m);$29^\#$ 趾板基岩灌浆完成后,主坝渗漏量降至 $0.081m^3/s$(水位 178.49m);$32^\# \sim 33^\#$ 面板渗漏区面板垫层灌浆及趾板灌浆完成后,主坝渗漏量降至 $0.062m^3/s$(水位 179.64m);$29^\#$ 面板渗漏区面板垫层灌浆完成后,主坝渗漏量降至 $0.046m^3/s$(水位 178.02m)。

图 6.4-1　大坝渗漏处置前后量水堰

参考文献

［1］杨启贵,谭界雄,卢建华,等.堆石坝加固［M］.北京:中国水利水电出版社,2017.

［2］谭界雄,王秘学,蔡伟,等.水库大坝水下加固技术［M］.武汉:长江出版社,2015.

［3］蒋国澄,傅志安,风家翼.混凝土面板坝工程［M］.武汉:湖北科学技术出版社,1997.

［4］鲁一晖,窦铁生.水工混凝土建筑物的检测、评估和缺陷修补回顾与展望［J］.大坝与安全,2004(5):7.

［5］单宇蠢,曹霞.水下补强加固新技术在水库大坝除险加固中的应用［C］//2005年大坝安全与堤坝隐患探测国际学术研讨会论文集,2005.

［6］冷元宝,何剑,等.混凝土面板堆石坝实用检测技术［M］.郑州:黄河水利出版社,2003.

［7］王玉洁,朱锦杰,李涛.三板溪混凝土面板坝面板破损原因分析［J］.大坝与安全,2009(5):4.

［8］姜魁胜.三板溪水电站大坝面板破损处理及安全运行分析［J］.云南水力发电,

2013(5):5.

[9] 周光华,罗超文,何迈.株树桥水库水下渗漏检测[J].人民长江,2001(12):2.

[10] 谭界雄,王秘学,周晓明.株树桥水库面板堆石坝加固实践与体会[J].人民长江,2011,42(12):4.

[11] 吴凤林.砌石坝混凝土面板裂缝水下处理施工[J].水电与新能源,2010(2).

[12] 胡明英.继光水库大坝稳定分析[J].四川水利,2007,28(6):3.

[13] 王立华,陈理达,李红彦,等.浆砌石坝体溶蚀评价及防治对策探讨[J].水利学报,2004(5):5.

[14] 龙虎,赵伽,赵杏杏,等.丹江口混凝土坝水下裂缝检查与处理[J].湖北水力发电,2008(5).

[15] 叶三元,刘永红.特殊条件下透水通道堵漏抢险施工技术[J].人民长江,2010,41(22).

[16] 姚春雷,姜手虞,周和清,等.高坝洲工程基坑岩溶漏水通道堵漏灌浆技术[J].水力发电,2002(3):3.

第7章 土石坝渗漏应急处置

7.1 概述

土石坝发生重大渗漏险情后,应立即采取措施降低库水位,收集近期水文气象信息,分析研判上游洪水发展趋势,再根据险情部位、类型,分析其成因与危害,综合确定应急处置措施。由于土石坝主要采用土石料填筑,坝体体型较大,当发生重大渗漏险情时,无法短时间内对坝体内部采取截渗处理,一般在上下游坝面采取应急处置措施。国内12座土石坝渗漏应急处置典型案例见表7.1-1。

表 7.1-1　　　　　　　　　　　土石坝渗漏应急处置典型案例表

水库名称	库容、坝高	坝型	渗漏险情	应急处置技术及效果
湖南焦坑水库	库容160万 m^3,坝高27.78m	均质土坝	1972年水库建成蓄水时,坝身渗漏严重。1978年7月库水位69.3m时,渗漏量达273.02m^3/d,其中大坝背水坡有一处漏洞,孔径4cm,渗漏量69.12m^3/d。险情类型为漏洞型	采用塞堵法,塑模防渗,散浸及集中漏水全部消除,通过排水槽体的渗漏水量显著减小
黑龙江龙凤山水库	库容2.33亿 m^3,坝高21m	黏土斜墙坝	1960年5月水库蓄水时,坝脚处出现泉眼,局部涌砂,用碎石压盖,仍冒浑水。库水抬升时涌砂现象加剧;探测到库内有进水口,采用塞堵法。上游坝坡发现直径8m、深6m的洞穴。险情类型为管涌+漏洞型	针对管涌险情采用反滤层压盖+反滤围井法,加长加厚铺盖,与坝体斜墙相接,并夯压密实。针对漏洞型险情,在迎水面采用塞堵法,用麻袋堵塞进水口。经彻底处理后,水库投入正常运用,未再发生渗漏现象

续表

水库名称	库容、坝高	坝型	渗漏险情	应急处置技术及效果
湖北东方山水库	库容124.74万 m³,坝高33.21m	黏土斜墙坝	2018年8月4日,下游坝脚出现浑水渗漏。当日10时,水库降低水位,并在下游采取导渗措施。至5日,库水位降至213.5m,上游渗漏部位水下发现集中渗漏漩涡,渗流量最大达0.886m³/s。险情类型为漏洞型	先抛投袋装碎石,后抛投碎石,再抛投瓜米石,最后抛投黏土填闭渗漏入口。在下游坝脚采用袋装碎石及格宾石笼压渗。应急处置后渗漏量降至0.01m³/s以下
山西东榆林水库	库容6500万 m³,坝高15.5m	均质土坝	1979年4月蓄水位1039.25m,相应库容为3600万 m³,副坝坝基普遍渗水,排水沟多处出现流泥、塌坡和管涌。5月11日,副坝局部坝段开始溃决,桩号0+384～0+635坝段大部分冲毁。险情类型为漏洞型	采用盖堵法,塑料薄膜防渗,置于坝基重粉质壤土隔水层内0.5m处,其上部通过边坡铺设与坝体连接,以结合槽形式埋入坝体、坝基,形成整体封闭。处理后坝体浸润线普遍下降,坝基出逸坡降明显减小
北京崇各庄水库	库容2900万 m³,坝高16m	黏土斜墙坝	1981年3月26日,在大坝桩号0+557.6,混凝土防渗墙下游2m处发现一塌坑,呈圆形,直径2m,坑内充满软泥,用铁棍探测深3m多。险情类型为漏洞型	采用塞堵法,首先封闭防渗墙接缝。然后对开挖出来的墙体接缝夹泥及墙体中的漏洞进行凿毛与清泥处理,最后用混凝土铺平。经处理后,未再发现异常
山东嵩山水库	库容5200万 m³,坝高42.6m	黏土心墙坝	1990年10月20日,主坝下游多处冒浑水,最初出水量约0.5m³/s,后出水量最大约1m³/s。对上游坝坡做反滤压砂等处理,渗漏量急剧减小,于26日断流。在渗漏的同时,上、下游坝坡出现塌坑,采用草袋装土封堵,向坑内填块石及灌砂等。险情类型为漏洞+渗水型	采用塞堵法,在坝前用土袋封堵;在坝后采取坡贴坡反滤导渗措施;针对塌坑,挖除软土体,回填加固

续表

水库名称	库容、坝高	坝型	渗漏险情	应急处置技术及效果
河南彰武水库	库容1.51亿m³，坝高27m	均质土坝	1960年蓄水后，下游民用水井水位普遍上涨3～5m，下游坝脚地面普遍渗水，局部出现冒水翻砂，低洼地积水，库水位降低后，这些现象随即消失。险情类型为管涌型	采用反滤层压盖，下游坡增加砂卵石坝壳。1963年水库水位升高后，仅部分水井出水，水井水位也下降2.80～3.12m
湖南金江水库	库容1570万m³，坝高30m	均质土坝	蚀余红土渗漏，坝身渗漏，白蚁通道。险情类型为漏洞型	针对漏洞型险情采用塞堵法，对坝体渗漏区劈裂灌浆，对上覆蚀余红土层高喷水泥墙土综合处理，增强坝体防渗性能
陕西桃曲坡水库	库容5720万m³，坝高61m	均质土坝	1975年10月7日水库蓄水量达3255万m³后，经过14d，库水全部漏光，库底出现多处塌坑、裂隙和溶洞。险情类型为漏洞型	针对漏洞型险情采用塞堵处理，对大塌坑采用大开挖大封堵，采用水平铺盖，对集中漏水区域进行黏土铺包，最后抛土覆盖处理
山东岸堤水库	库容7.8亿m³，坝高29.8m	黏土心墙坝+均质土坝	1960年初次蓄水，发现坝后及右岸坝头普遍渗水，0+060～0+300坝后翻砂冒水，右坝头下游山坡发生多处泉眼，最大漏水量达20L/s。险情类型为管涌型	采取抛填级配料法进行封堵，各级配料均经过筛选，当遇到较大裂隙漏水通道，抛入级配料进行处理。处理后大坝基础渗漏被有效控制
湖北沙港水库	库容1384万m³，坝高15m	均质土坝	西坝有3处漏水，渗漏量1.16m³/d。东坝库水位68.6m时，坝脚渗水长达600m。散浸面积约80m²	迎水面抽一条3.0m宽的铺盖层防渗，建成后经过两年的自然沉陷，最大沉降0.8m。对大坝内外衬帮，整面加固

7.2 土石坝渗漏应急处置技术

对土石坝渗漏险情应急处置，应以"临水截渗，背水导渗"为抢护原则，采用综合系统的处置手段。降低库水位运行的同时，首先对渗漏进口进行瞬时封堵，有效降低大坝内部通道及下游的渗漏量；然后在大坝内部渗漏区域钻孔注浆，形成结构内部的防渗体系,彻底截断渗漏通道;同时对于下游散浸或残余渗漏,采取下游导渗措施,通过前堵后排协同发挥作用,共同完成土石坝的渗漏险情处置,提高坝体的稳定可靠性。但对于泄洪通道无法满足泄洪要求、上游洪水较大、溃坝危害较大的水库,一定条件下可采取部分或全部堤坝拆除泄洪的处理措施。

7.2.1　降低库水位

土石坝渗漏险情发生后应迅速降低库水位,以减轻险情压力和抢险处置难度。当库水位较高时,坝体承受的渗透压力变大,渗漏将会加剧漏洞、管涌和流土等渗流的危险状况;当库水位较高时,坝体浸润线偏高,大坝更容易出现坝坡散浸、失稳风险;泄水建筑物闸门因水压力过大而无法正常开启与关闭,高水位亦可能导致漫坝。国内外水库大坝应急处置实践表明,当水库大坝出现重大渗漏险情时,降低库水位一般是应急处置首先采取的措施,同时也是效果最为显著的措施之一。降低库水位时,应注意库水位降落过快对上游坝坡和近坝库岸产生不利影响。

(1)降低库水位思路和原则

应利用现有的输、泄水建筑物降低库水位。当输、泄水建筑物下泄流量尚不能满足降低库水位的要求时,应采取其他工程措施降低库水位(如水泵排水、虹吸管排水、增加溢洪道泄流能力及开挖临时泄洪通道等)。

(2)降低库水位工程措施

1)水泵排水

水泵作为常见的排水设备,在应急状态下较容易获取。水泵规格型号可根据排水量进行选择,但水泵排水强度不大,一般适用于库容较小的工程抢险,通常作为辅助排水措施。

2)虹吸管排水

可根据排水量及排水速度选择虹吸管的管径大小及组数,一般适用于坝体高度较低的水库排水。

3)增加溢洪道泄流能力

通过增加溢洪道过流宽度、降低溢洪道底板高程(或堰顶高程)等,增加溢洪道控制段泄流能力。该方法只有在溢洪道结构具备扩宽或降低堰顶高程的情况下采用。

4)开挖临时泄洪通道

由于水库上游洪水具有洪峰流量高、洪水总量大、洪水过程历时短等特点,当泄水建筑物过流能力不足,库水位难以短期内降低的情况下,在库岸合适位置开挖临时泄洪

通道是一种较为理想的应急处置措施。当库岸不存在开挖临时泄洪通道的地形地质条件，或开挖临时泄洪通道实施难度大、时间长时，亦可以考虑采取开挖坝体泄洪，即在大坝坝顶合适部位开槽进行泄洪。坝顶开槽完成后，在槽内四周铺设土工膜、彩条带等防护材料，但开挖坝体泄洪往往是在大坝出现严重险情、险情需要短期内排除、泄洪流量不大、坝面已采取防冲保护等情况下才能论证采用。

7.2.2　渗漏进口快速封堵

漏洞如果出水，险情将迅速发展，特别是浑水漏洞，将很快危及坝体安全。一旦发现漏洞，应迅速组织人力和筹集物料，前堵后排，抢早抢小，一鼓作气，迅速完成。在应急处置时，应首先在临水侧找到漏洞进水口，及时堵塞，截断漏水来源；同时在背水侧漏洞出水口采用反滤和围井，降低洞内水流流速，延缓并抑制颗粒流失，防止险情扩大。

7.2.2.1　土石坝漏洞探查方法

土石坝渗漏漏洞探查方法主要有以下几种。

（1）水面观察

在水深较浅且无风浪时，漏洞进水口附近的水体易出现漩涡，如果看到漩涡，即可确定漩涡下有漏洞进水口，如漩涡不明显，可将麦麸、谷糠、锯末、碎草和纸屑等漂浮物洒于水面，如果发现这些东西在水面打漩或集中一处，即表明此处水下有进水口。如在夜间时，除用照明设备进行查看外，也可用柴草扎成数个漂浮物，将照明装置（如电池灯，油灯等）铺在漂浮物上，将漂浮物放在疑是漏洞附近水面，借光观察漂浮物，如有旋转现象，即表明该处水下有洞口。

（2）布幕、席片探洞

如库水不能及时降低，可用布幕或连成一体的席片，用绳索将其拴好，并适当坠以重物，使其能沉没于水中，并紧贴坝坡移动，如感到拖拉费力，并辨明不是有块石阻挡，且观察到出口水流减弱，即说明该处有渗漏洞口。

（3）潜水探漏

如漏洞进水口距库面很深，水面看不到漩涡，则需要潜水探摸查找漏洞。潜水探漏人员应配备必要的安全设施，确保人身安全。

7.2.2.2　土石坝漏洞抢险技术

漏洞进口抢险技术方法主要有塞堵法、盖堵法、戗堤法等。

（1）塞堵法

塞堵漏洞进口是最有效、最常用的方法，尤其是在地形复杂，洞口周围有灌木杂物时更适用。一般可用软性材料塞堵,如针刺无纺布、棉絮、草包、编织袋包、棉衣等。在有效控制漏洞险情发展后,还需用黏性土封堵闭气,或用大块土工布、篷布盖堵,然后再压土袋,直至完全断流。1998 年汛期,武汉长江左岸某处防洪墙背水侧发现冒水洞,出水量大,在出口处塞堵无效,险情十分危急,后在临水面探测到漏洞进口,立即用棉被等塞堵,并抛填闭气,使险情得到控制。

（2）盖堵法

1）复合土工膜排体或篷布盖堵

当洞口较多且较为集中,附近无树木杂物,逐个堵塞费时且易扩展成大洞时,可以采用大面积复合土工膜排体或篷布盖堵,可沿临水坡肩部位从上往下,顺坡铺盖洞口,或从船上铺放,盖堵离坡顶较远处的漏洞进口,然后抛压土袋,并抛填黏土,形成前戗截渗。

2）软帘盖堵

当洞口附近流速较小、土质松软或洞口周围已有许多裂缝时,就可就地取材用草帘、苇箔等重叠数层作为软帘,也可临时用柳枝、秸料、芦苇等编扎软帘。软帘的大小应根据洞口的具体情况和需要盖堵的范围确定。盖堵前,先将软帘卷起,放置于洞口上部。软帘的上边可根据受力大小用绳索或铅丝系牢于坡顶木桩上,下边附以重物,利于软帘下沉时紧贴坡体,然后用长杆顶推,顺坡体下滚,把洞口盖堵严密,再盖压土袋,抛填黏土,达到封堵闭气。

采用盖堵法封闭漏洞进口,需防止盖堵初始时,由于洞内断流,外部水压力增大,洞口覆盖物的四周进水。因此洞口覆盖后必须立即封严四周,同时迅速用充足的黏土料封堵闭气。否则一旦堵漏失败,洞口扩大,将增加再堵难度。

（3）戗堤法

当坝体临水坡漏洞口多而小,且范围又较大时,在黏土料充足的情况下,可采用抛黏土填筑前戗或临水筑月堤的办法进行抢堵。

1）抛填黏土前戗

在洞口附近区域连续集中抛填黏土,一般形成厚 3～5m、高出水面约 1m 的黏土前戗,封堵整个漏洞区域。在遇到填土易从洞口冲出的情况下,可先在洞口两侧抛填黏土,同时准备一些土袋,集中抛填于洞口,初步堵住洞口后,再抛填黏土,闭气截流,达到堵漏目的。

2）临水筑月堤

如果临水侧水深较浅,流速较小,可在洞口范围内用土袋迅速连续抛填,快速修成

月形围堰,同时在围堰内快速抛填黏土,封堵洞口。漏洞抢堵闭气后,应安排专人驻守观察,以防再次出险。

(4)辅助措施

在临水坡查找漏洞进口的同时,为减缓土粒流失,可在背水侧漏洞出口处构筑围井,反滤导流,降低洞内水流流速;切勿在漏洞出口处用不透水材料塞堵,致使漏洞口土体被冲蚀,导致险情扩大,危及坝体安全。

7.2.3 渗漏通道快速封堵

土石坝内部渗漏通道封堵实施难度大,过去一些工程多降低库水位或放空水库,寻找渗漏入口,在入口处进行封堵,经济损失较大。

由于土石坝内部渗漏通道的查找与堵水具有较大难度,要在短时间内取得显著效果更具难度。一是针对寻找地下渗漏通道目前国内外还没有有效手段;二是深部透水通道分布位置及线路隐秘,渗漏通道查找难度很大;三是在持续动水条件下进行深部渗漏通道堵水,国内外还没有成熟经验。大流量土石坝渗漏通道堵水技术,已成为我国当前急需发展和亟待解决的工程技术问题。近年来,随着弹性波CT的应用,地下通道检测技术得到提高。同时,用钻孔向地下渗漏通道输送模袋并进行模袋灌浆的堵洞技术试验取得了一定的进展。

7.2.3.1 传统土石坝渗漏通道封堵技术

土石坝深部渗漏通道封堵技术以往主要根据渗漏通道的类型、大小和危害程度,采取"上堵下排"的处置方式,一般采取以下几种堵水方案。

(1)入口封堵

对已查找到入水(渗)口的坝内透水通道,如果水头不大且地形便于施工,可优先考虑入口封堵的堵水方案。对孔洞式入口,一般可填筑黏土,为保证封堵体的安全,有时可在进口增加混凝土或浆砌石的封堵段后再形成黏土铺盖;对渗流式入口或裂隙型透水,可采取帷幕灌浆或黏土铺盖的处理方案,以阻断渗流通道。

(2)出口封堵

出口封堵就是在出水口先安装引流管,然后浇筑混凝土或浆砌石形成封堵体,并做好灌浆防渗处理,最后关闭引流管的堵水方法。这种方法一般只适用于水头较小的工程,其缺点是出口封堵后容易导致蓄水区地下水位抬高的地质灾害。

(3)强排后进洞封堵

在漏水量不是特别大时,可采用排水能力远大于涌水量的潜水泵进行强排,当排至某一安全水位时,立即对可见透水点进行强制堵水,即把透水通道内出水较大的地点用注浆或混凝土墙封闭起来。

7.2.3.2 新型土石坝渗漏通道封堵技术

对于入水(渗)口难以查找或线长面广的坝内深部渗漏通道,由于进出口封堵工程施工难度太大,或工程量巨大,或可靠性难以保证,在准确定位主要渗漏通道的情况下,可优先考虑采取在主要渗漏通道中间部位进行封堵的处理方案。对于静水或流速较小的孔洞式通道可灌注混凝土、浓水泥浆予以封堵。但对于通道内流速较大或水头较高的,灌筑混凝土和浓水泥浆容易被水流冲走。长江设计集团结合工程实践经验,创新提出"以扩充式模袋为支撑、气动抛投散粒料充填、封堵灌浆防渗"的大坝深部大流量渗漏通道中间封堵方案。

(1)扩充式模袋堵水技术

扩充式模袋堵水原理是在充分探明坝基深部通道的位置、形态、大小和地下水流量流速的条件下,向透水通道钻孔,通过钻孔向其中投放特制的、大小与透水通道相适应的模袋,再向模袋中灌注速凝浆液,达到堵水的目的。扩充式模袋具有以下特点:①模袋材料强度高:模袋材料采用尼龙、聚酯或聚丙烯等材料用特殊的纺织工艺织成,织物强度高;②空间适应性强:模袋内水泥浆为液态,在压力下可适应不同形状的坝基深部通道;③经济性好:扩充式模袋堵水,其堵水段短,工程量小,有明显经济性;④耐高速水流:在高速水流下,可保证水泥不分散,不被冲走;⑤水泥浆经模袋析水后,不但硬化速度加快,而且固化强度提高。

(2)气动抛投散粒料堵水新技术

气动抛投散粒料堵水技术原理是通过地面大口径钻孔向坝基深部透水通道抛投散粒料,使坝基深部通道过水断面逐渐减小,直到坝基深部通道全断面充填散粒料,达到初期堵水效果,然后以散粒料为骨架进行防渗灌浆,达到彻底堵水。气动抛投散粒料堵水技术是长江设计集团的专利技术,其特点是:施工设备简单,仅需要普通钻孔机械和空压机,技术的应用推广容易;工程量小,仅需要少量钻孔,甚至一个钻孔就能完成抛投堵水;工程费用低,设备费用、散粒料造价都很低;散粒料抛投速度快,不堵钻孔,落到洞底的散粒料被快速吹散,使散粒料能全断面充填坝基深部通道,堵水效果好(图7.2-1)。

图 7.2-1　气动抛投散粒料堵水现场

7.2.4　下游导渗处理

7.2.4.1　管涌应急处置

土石坝发生集中渗漏,在下游坝脚容易出现管涌险情,抢险目的在于抑制涌水带砂,留下渗水出路,可以使得粉细砂等粗颗粒不被水流带出,防止发生土体破坏,降低周围渗水压力,使险情得到控制和稳定。应急处置技术方法主要有反滤围井、反滤层压盖、蓄水反压及透水压渗台等。

（1）反滤围井

在管涌口处用编织袋或麻袋装土抢筑围井,井内同步铺填反滤料,从而制止涌水带砂,防止险情进一步扩大;当管涌口很小时,也可用无底水桶或汽油桶做围井,这种方法适用于发生在地面的单个管涌或管涌数目虽多但比较集中的情况。对水下管涌,当水深较浅时也可以采用。

围井面积可根据地面情况、险情程度、材料储备等综合确定。围井高度以能够控制涌水带砂为原则,不能太高,一般不超过1.5m,以免围井附近产生新的管涌。对管涌群,可以根据管涌口的间距选择单个或多个围井进行处理。围井与地面应紧密接触,以防漏水,使围井水位无法抬高。

围井内必须用透水料铺填,禁用不透水材料。根据所用反滤料的不同,反滤围井可分为以下型式。

1）砂石反滤围井

砂石反滤围井是抢护管涌险情的常见型式之一,选用不同级配的反滤料,可用于不同土层的管涌抢险。在围井抢筑时,首先应清理围井范围内的杂物,用编织袋或麻袋装土填筑围井。根据管涌程度的不同,采用不同的方式铺填反滤料:管涌口不大、涌水量较小时,采用由细到粗的顺序铺填反滤料,即先填细料,再填过渡料,最后填粗料,每级滤料的厚度为20～30cm,反滤料的颗粒组成可根据被保护土的颗粒级配事先选定和储备;管涌口直径和涌水量较大时,可先填较大的块石或碎石,以消杀水势,再按前述方法铺填反滤料,以免较细颗粒的反滤料被水流带走。反滤料填好后,若发现反滤料下沉可进行补足,若发现仍有少量浑水带出但反滤料不下陷,可先观察,暂不处理或略抬高围井水位。管涌基本稳定后,在围井的适当高度插入塑料管、钢管或竹管等排水,使围井水位适当降低,以免围井周围再次发生管涌或井壁坍塌破坏。同时不断观察围井及周围情况的变化,及时调整排水口高度(图7.2-2)。

图7.2-2　堤防管涌抢险(反滤围井)

2)土工织物反滤围井

首先对管涌口附近进行清理平整,清除尖锐杂物。管涌口用粗料(碎石、砾石)充填,以消杀涌水压力。铺土工织物前,先铺一层厚30～50cm的粗砂,然后选择合适的土工织物铺设。需注意的是,土工织物的选择很重要,并非所有土工织物都适用。可以将管涌口涌出的水沙放在土工织物上从上向下渗几次,看土工织物是否淤堵。若管涌带出的土为粉砂,一定要慎选针刺型土工织物;若砂较粗,一般的土工织物均适用。此外,土工织物铺设一定要形成封闭的反滤层,周围应嵌入土中,土工织物之间用线缝合。土工织物上面用块石等强透水材料压盖,加压顺序为先四周后中间,形成中间高、四周低的状态,最后在管涌区四周用土袋修筑围井,围井修筑方法和井内水位控制与砂石反滤围井相同。

3)梢料反滤围井

当砂石料缺乏时,可用梢料代替砂石反滤料做围井。下层选用麦秸、稻草等,铺设厚度20～30cm;上层铺粗梢料,如柳枝、芦苇等,铺设厚度30～40cm。梢料铺填好后,为防

止其上浮,上面用块石等透水材料压盖。围井修筑方法及井内水位控制与砂石反滤围井相同。

4)装配式反滤围井

装配式反滤围井主要由单元围板、固定件、排水系统和止水系统 4 部分组成。围井大小可根据管涌险情的实际情况和抢险要求组装,一般为管涌孔口直径的 8～10 倍,围井内水深由排水系统调节。

单元围板是装配式围井的主要组成部分,由挡水板、加筋角铁和连接件组成。单元围板的宽度为 1m,高度为 1m、1.2m 和 1.5m,对应的重量分别为 16kg、17.5kg 和 19.5kg。固定件的主要作用是连接和固定单元围板,抢险施工时,将钢管插入单元围板上的连接孔,并用重锤将其夯入地下,以固定围井。排水系统由带堵头排水管件构成,主要作用为调节围井内的水位。如围井内水位过高,则打开堵头排除围井内多余的水;如需抬高围井内水位,则关闭堵头,使水位达到适当高度,然后保持稳定。多余的水不宜排放在装配式围井周围,应通过连接软管排放至较远的适当位置。单元围板间的止水系统采用复合土工膜,防止单元围板间漏水。

与传统围井构筑方式相比,装配式围井安装简单快捷、效果好、省工省力,能大大提高抢险速度,节省抢险时间,并降低抢险强度。

(2)反滤层压盖

在出现大面积管涌或管涌群时,如料源充足,可采用反滤层压盖的方法,以降低涌水流速,抑制泥沙流失,稳定险情。反滤层压盖必须用透水性好的材料,不能使用不透水材料。根据所用反滤材料的不同,反滤层压盖可分为以下几种型式。

1)砂石反滤压盖

在抢筑前,先清理铺设范围内的杂物和软泥,同时对其中涌水、涌砂较严重的出口用块石或砖块抛填以消杀水势,然后在已清理好的管涌范围内,先铺设一层厚约 20cm 的粗砂,然后铺设两层各厚约 20cm 的砾石和卵石,最后压盖一层块石予以保护。

2)梢料反滤压盖

当缺乏砂石料时,可用梢料做反滤压盖,其清基和消杀水势措施与砂石反滤压盖相同。在铺筑时,先铺细梢料,如麦秸、稻草等,厚 10～15cm;再铺粗梢料,如柳枝和芦苇等,厚 15～20cm;粗细梢料共厚约 30cm,然后再铺一层席片、草垫或苇席等。可根据实际情况只铺一层或连铺数层,然后用块石或沙袋压盖,以免梢料上浮;必要时再压盖透水性大的砂性土,筑成梢料透水平台。梢层末端应露出平台脚外,以利于渗水排出。梢料总的厚度以能够抑制涌水带砂、变浑水为清水、稳定险情为原则。

3)防汛土工滤垫

防汛土工滤垫的结构根据坝体管涌险情的机理研制,由以下 5 部分组成。

①底层减压层:主要作用是控制水势,削减挟砂水流部分水头,降低渗透坡降,从而减小管涌挟砂水流的冲蚀作用。底层减压层为土工席垫,由改性聚乙烯加热熔化后通过喷嘴挤压出的纤维叠置在一起,溶结而成的三维立体多孔材料。当管涌挟砂水流进入席垫,受到席垫纤维的阻挠,水流内部质点加速掺混,集中水流迅速扩散,产生较均匀的竖向水流和平面水流,从而降低了管涌挟砂水流的流速水头。单块尺寸为 1m×1m×0.01m(长×宽×高),置于滤垫的下部,直接与表土接触。

②中层过滤层:主要起“保土排砂”作用,采用特制的土工织物,单块尺寸为 1.4m×1.4m(长×宽),具有一定的厚度、渗透性能和有效孔径。

③上层保护层:采用土工席垫,单块尺寸为 1.0m×1.0m×0.01m(长×宽×高),具有较高的抗压、抗拉强度,保护中层过滤层在使用过程中特性不发生变化。

④组合件:将减压层、过滤层及保护层组合成复合体,使每层发挥各自的作用。由于中间过滤层为特制的针刺型土工织物,故具有明显的压缩性,为保证其特性指标不受上覆荷重影响,在组合过程中采取了适当措施。

⑤连接件:当单块滤垫无法抢护大面积管涌群时,可将若干块滤垫拼装成滤垫铺盖。此时第二块滤垫置于第一块滤垫伸出的土工织物上,再用连接件(特制塑料扣)加以固定。

与传统的反滤料相比,防汛土工滤垫重量轻,连接简单、快捷、效果好,不存在淤堵失效等风险。

(3)蓄水反压

通过抬高管涌区的水位来减小坝内外的水头差,从而降低渗透压力,减小出逸水力坡降,达到抑制管涌破坏和稳定管涌险情的目的,俗称养水盆。

该方法的适用条件是:坝后有渠道或坑塘,利用渠道水位或坑塘水位进行蓄水反压;覆盖层相对薄弱的老险工段,结合地形,做专门的大围堰(或称月堤)充水反压;极大的管涌区,其他反滤盖重难以见效或缺少砂石料的地方。蓄水反压的型式主要有以下几种。

1)塘内蓄水反压

有些管涌发生在塘中,在缺少砂石料或交通不便的情况下,可沿塘四周做围堤,抬高塘中水位以控制管涌。但应注意不要将水面抬得过高,以免周围地面出现新的管涌。

2)围井反压

对于大面积的管涌区和老险工段,由于覆盖层很薄,为确保汛期安全度汛,当坝后

部位出现分布范围较大的管涌群险情时,可在坝后出险范围外抢筑大的围井(又称背水月堤或背水围堰),并蓄水反压,控制管涌险情。月堤可随水位升高而加高,直到险情稳定为止,然后安装排水管将余水排出。采用围井反压时,由于井内水位高、压力大,围井要有一定的强度,同时应密切监测周围是否出现新的管涌。切勿在围井附近取土,人为导致新的管涌。

3)其他

对于一些小的管涌,一时又缺乏反滤料,可以用小的围井围住管涌,蓄水反压,抑制涌水带砂。有时也用无底水桶蓄水反压,达到稳定管涌险情的目的。

(4)透水压渗台

在背水坡脚抢筑透水压渗台,以平衡渗水压力,增加渗径长度,减小渗透坡降,且能导渗滤水,防止土粒流失,使险情趋于稳定。此法适用于管涌险情较多,范围较大,反滤料缺乏,但砂土料丰富的情况下。具体做法:先在管涌发生的范围内将软泥、杂物清除,对较严重的管涌或流土出口用砖、砂石、块石等填塞;待水势消杀后,再用透水性大的砂土修筑平台,即为透水压渗台。

(5)水下管涌抢险

水下管涌可结合具体情况,采用以下处理方法。

1)反滤围井

当水深较浅时采用。

2)水下反滤层

当水深较深,做反滤围井困难时,可采用水下抛填反滤料的办法。如管涌严重,可先填块石以消杀水势,然后向管涌口分层倾倒砂石料,使管涌口形成反滤堆,砂粒不再带出,从而达到控制管涌险情的目的。

3)蓄水反压

当水下出现管涌群且面积较大时,可采用蓄水反压的办法控制险情,可直接向坑塘内蓄水,如有必要也可以在坑塘四周筑围堤蓄水。

4)填塘法

在人力、时间和取土条件能迅速完成任务时可用此法。填塘前应对较严重的管涌先用块石、砖块等填塞,待水势消杀后,集中人力和施工机械,采用砂性土或砾质土等将坑塘填实。

7.2.4.2 散浸应急处置

散浸的抢险原则是"前堵后排"。"前堵"即在临水侧用透水性小的黏性土料做防渗,也可用篷布、土工膜隔渗,从而减少水体入渗到坡内,降低坡内浸润线;"后排"即在背水坡上做一些反滤排水设施,用透水性好的材料如土工织物、砂石料或稻草、芦苇等做反滤设施,让渗出的水流出时受控制,防止土粒流失,增加坡体稳定性。需注意的是,背水坡反滤排水仅是缓解了坡体表土的险情,对于渗水引起的坡体滑动效果有限,必要时还应做压渗固脚平台,以控制可能因背水坡渗水带来的脱坡险情。

(1)临水截渗

为减少堤坝渗水量,降低浸润线,达到控制渗水险情发展和稳定堤坝边坡的目的,特别是渗水险情严重的地段,如渗水出逸点高、渗出浑水、存在裂缝及堤坝单薄等地段,应采用临水截渗。临水截渗可根据临水的深度、流速、风浪的大小、取土的难易,采取以下两种方法。

1)复合土工膜截渗

临水坡相对平整和无明显障碍时,采用复合土工膜截渗是简便易行的办法。具体做法:在铺设前,将临水坡面铺设范围内的树枝、杂物清理干净,以免损坏复合土工膜。复合土工膜顺坡长度应大于堤坡长度 1m,沿堤坝轴线铺设宽度视背水坡渗水程度而定,一般超过险段两端 5~10m,两幅间的搭接宽度不小于 50cm。每幅复合土工膜底部固定在钢管上,铺设时从坡顶沿坡向下滚动展开。复合土工膜铺设的同时,用土袋压盖,以免土工膜随水浮起,同时提高复合土工膜的防冲能力。也可用复合土工膜排体作为临水侧截渗体。

2)抛填黏土截渗

当水流流速和水深不大且有黏性土时,可采用临水侧抛填黏土截渗。将临水坡的灌木、杂物清除干净,使抛填黏土能直接与坡面接触。抛填可从上向下抛,也可用船只抛填。当水深较大或流速较大时,可先在坡脚处抛填土袋构筑潜堰,再在土袋潜堰内抛填黏土。黏土截渗体一般厚 2~3m,高出水面 1m,超出渗水段 3~5m。

(2)背水坡导渗沟导渗

当背水坡大面积严重渗水,临水侧迅速做截渗有困难时,若背水坡无脱坡或渗水变浑情况,可在背水坡及其坡脚处开挖导渗沟,排走背水坡表土中的渗水,恢复土体的抗剪强度,控制险情的发展。

根据反滤沟内所填反滤料的不同,反滤导渗沟可分为 3 种:①在导渗沟内铺设土工织物,其上回填一般的透水材料,称为土工织物导渗沟;②在导渗沟内填砂石料,称为砂石导渗沟;③因地制宜选用一些梢料作为导渗沟的反滤料,称为梢料导渗沟。

1）导渗沟布置形式

导渗沟的布置形式可分为纵横沟、"Y"字形沟和"人"字形沟等。以"人"字形沟的应用最为广泛，效果最好，"Y"字形沟次之。

2）导渗沟尺寸

导渗沟的开挖深度、宽度和间距应根据渗水程度和土壤性质确定。一般情况下，开挖深度、宽度和间距分别选用 30～50cm、30～50cm 和 6～10m。导渗沟的开挖高度，一般要达到或略高于渗水出逸点位置。导渗沟的出口，以导渗沟出口水排出离坡脚 2m 外为宜，尽量减少渗水对坡脚的影响。

3）反滤料铺设

边开挖导渗沟，边回填反滤料。反滤料为砂石料时，应控制含泥量，以免影响导渗沟的排水效果；反滤料为土工织物时，土工织物应与沟的周边结合紧密，其上回填碎石等一般的透水材料，土工织物搭接宽度宜不小于 20cm；回填滤料为麦秸、稻草、芦苇等，其上应采取透水压盖措施。

反滤导渗沟对维护坡后表土稳定有效，对降低坡内浸润线和背水坡出逸点高程的作用非常有限。要完全防止渗水，还需考虑水情、雨情等情况并结合是否采用临水截渗和压渗平台等措施。

（3）背水坡贴坡反滤导渗

当堤坝透水性较强，长期处于高水位浸泡下，背水坡面渗流出逸点以下土体软化，开挖反滤导渗沟难以成形时，可在背水坡做贴坡反滤导渗。抢险前，先将渗水边坡的杂草、杂物及松软的表土清除干净，再按要求铺设反滤料。根据反滤料的不同，贴坡反滤导渗可分为土工织物反滤层、砂石料反滤层、梢料反滤层 3 种。

1）土工织物反滤层

首先将背水坡渗水区域的杂物清理干净，铺设一层土工织物，然后在其上铺设厚50cm 左右的透水材料，最后盖上席片、草袋等，并用石块压实。

2）砂石料反滤层

首先清除表层杂物，之后在渗水区域开挖深 20cm 左右的沟渠，用砂石料填满，压上石块。

3）梢料反滤层

当砂石料缺乏时，可用梢料代替，需保证下细上粗的铺设要求。细梢料的铺设厚度不小于 10cm，粗梢料的铺设厚度在 40cm 左右。

（4）透水压渗台

当堤防断面单薄，背水坡较陡，渗水面积大且堤线较长，全线抢筑透水压渗台的工作量太大时,可结合导渗沟加间隔透水压渗台的方法进行抢险。透水压渗台根据使用材料的不同,有以下两种方法。

1)砂土压渗台

首先将边坡渗水范围内的杂草、杂物及松软表土清除干净,再用砂砾料填筑后戗,需分层填筑密实,每层厚 30cm,顶部高出浸润线出逸点 0.5~1.0m,顶宽 2~3m,戗坡坡比一般为 1∶5~1∶3,长度超过渗水堤段两端至少 3m。

2)梢土压渗台

当砂砾土料缺乏时,可采用梢土代替砂砾,筑成梢土压渗台,其外形尺寸以及清基要求与砂土压渗台基本相同,厚度为 1~1.5m。贴坡段及水平段梢料均为 3 层,上、下两层为细料,中间层为粗料。

(5)局部坝坡塌陷处理

若坝体渗漏形成局部坝坡塌陷,应对塌陷部位适当开挖,采取分层填筑压实处理。塌陷区位于防渗体及防渗体上游侧时,可选择柔性防渗材料进行填筑。塌陷区位于下游侧时可选择反滤排水材料进行填筑。如果出现滑坡险情,应防止雨水渗入裂缝,可采用塑料布、土工膜等覆盖封闭裂缝,同时应在裂缝上方设土埂,拦截和引走坡面雨水。

7.2.5　坝下埋管漏水险情处置

坝下埋管漏水原因很多,若不查明渗漏原因,有针对性地采取应急处置措施,渗漏通道逐步扩大,将严重威胁坝体安全。坝下埋管出现漏水险情时,应尽快关闭控制闸门阻断水流,防止险情扩大。对于坝下埋管周边漏洞险情,可参照 7.2.2 节采取应急处置措施。对于坝下埋管周边渗漏、埋管管身漏水等险情,可采取如下处置措施:

(1)埋管周边渗漏处置技术

对于埋管周边渗漏,基础不均匀沉降、埋管周边截水环效果不理想、埋管局部漏水等往往导致坝体土料沿管壁四周发生接触流失,渗水通道不断扩大;应在上游埋管周围抛填土袋、黏土等堵塞漏水通道和埋管进口,下游侧漏出浑水或上游封堵不彻底时,可在下游漏水处设反滤或围井进行封堵导渗。

(2)埋管管身漏水处置技术

埋管管身漏水有两种形式:一种是在有压涵洞中,由于内水压力的作用,水流穿过管壁渗出管外,再沿埋管外壁与坝体之间向下游渗出;另一种是在无压涵洞中,水流穿过管壁渗入管内。这两种形式的漏水可采取以下处置措施:

①若埋管内径较大,可在管内对管身裂缝及断裂等漏水部位采用速凝砂浆、水下环

氧砂浆等修补材料进行修补堵漏。

②若埋管内径小,水流穿过管壁沿埋管外壁与土坝接触处向下游漏水,则应在埋管出口处修筑反滤层,阻止土颗粒被渗漏水带走,使坝体免遭渗透破坏。

③当埋管结合部上游出现塌陷时,可采取抛填麻袋土、棉被等柔性防水材料回填塌陷区;当埋管结合部下游出现塌陷时,应清除坑内软土,按反滤要求回填透水材料。

④对坝内埋管附近坝坡发生滑坡,应先查明滑坡原因,判明是否存在坝内埋管断裂渗水,再结合坝内埋管渗漏险情处理。

7.2.6 大坝破拆行洪抢险

大坝破拆行洪抢险主要是指在危急情况下,快速打开坝体形成缺口,以达到迅速降低库水位的目的。出现大坝破拆行洪抢险的情形有:①在泄洪通道无法满足泄洪要求的前提下,对部分或全部大坝进行拆除,形成泄洪缺口,防止洪水漫坝造成土石坝溃坝险情;②地震引发山体滑坡或泥石流,对原泄洪通道造成堵塞,使原来泄洪通道无法满足上游来水下泄而产生水库或堰塞湖险情,对部分或全部大坝进行拆除来改变行洪通道,从而化解水库险情。③在发生战争情况下,如战争可能造成水库大坝严重损毁,对下游人民生命财产造成无可估量的损失,对部分大坝进行快速拆除,以达到快速减少库容的目的。

对于缺口部位选择,有副坝时,如副坝规模较小而拆除后又能满足排洪要求,则优先选择拆除副坝。这是因为土石坝拆除难度小、速度快;灾后容易恢复,且成本低;坝后一般有天然排洪通道,减少了坝后排洪槽的开挖工程量。无小型副坝时,一般选择在较薄的挡水堤埂或较小山体处打开缺口来泄洪。在岩性选择上,一般优先选择在土质或风化岩的部位,达到快速抢险的目的。拆除方案一般是先用反铲挖除较厚的挡水体部分,预留挡水岩体或坝体,最后钻孔一次爆破拆除。

为确保排险期安全和泄流安全,在大坝破拆断面体型和纵向比降的设计上,重点要把握:①充分利用泄流的槽底刷深作用,进一步降低扩槽,提高泄流能力;②控制泄流槽的刷深速度,并注意避免因泄流槽两侧边坡的"横向展宽"效应,产生瞬时大体积的边坡坍塌,造成槽体堵塞发生漫顶;③控制坡脚淘蚀坍塌的发展速度,避免淘蚀坍塌速度过快、规模过大,导致瞬间决口或溃坝;④泄流槽下游出口段岩体产状、较致密结构的岩体,对泄流槽的刷深和淘蚀速度起着关键的控制作用。

水泥毯临时坝面过水防护技术是指土石坝坝顶局部开挖形成过流缺口,沿缺口对下游坝坡适当开挖形成泄流槽,沿坝顶缺口和下游坝坡泄流槽铺设水泥毯后,以满足土石坝临时泄洪,紧急情况下延缓库水位上升速度的临时抢险处置技术。水泥毯是柔性水泥复合材料,采用特种织物缝纫的复合结构,内浸以高延性变性纳米复合特配料,底覆加防渗底衬,仅需浇水即可得到需要的形状和强度,施工简单快速,节约人工和材料。

7.2.7 应急抢险管理技术

(1)应急抢险施工特点

一般情况下,应急抢险施工是在陆路、水路交通不畅甚至中断和电力、通信、供水中断,现场环境复杂,未知因素多等特定的施工条件下进行的,与普通工程施工有着本质差别。施工特点主要包括以下几点。

1)施工强度高

无论突发性灾害还是缓发性灾害,其成灾强度都有一个随时间延长而增大的过程,抢险速度越快,减灾效果越明显。因此,应急抢险必须克服现场困难,确保"人停机不歇"的持续高强度施工,才能尽早解除险情。例如:唐家山堰塞湖抢险,受运输条件限制,在设备功率小、油料物资保障困难等条件下,6d 内挖运土石约 14 万 m^3;西藏易贡山体特大滑坡抢险,在现场条件极其复杂的情况下,33d 内挖运土石约 135 万 m^3。

2)抢险方案依靠经验制定

发生自然灾害后,现场地形、地貌等情况较原来发生很大变化,进行详细的勘察,限于抢险的紧迫性,时间上是不允许的。工程技术专家只能在初步勘察和通过各种可能途径搜集零星资料的基础上,依靠自身经验在短时间内制定出抢险方案。

3)设备物资保障困难

自然灾害往往造成道路中断、桥梁被毁、河流改道、电力通信设施严重破坏,陆路、水路交通运输条件均难以保证,施工人员、设备、材料及给养等到达现场十分困难。设备、油料、食品等供应不及时不仅会影响抢险进度,还会危及人员生命安全。

4)自然条件恶劣

受后勤保障条件限制,现场食宿条件难以满足基本生活条件需求。施工人员全部住在帐篷里,时刻受到暴雨、炎热高温或严寒天气侵袭,人员体能消耗巨大,对战斗力有一定影响。自然灾害发生后的次生灾害,极大威胁施工人员生命安全。夜间抢险施工现场照明条件差,安全隐患极大。

(2)应急抢险现场管理

1)反应迅速

土石坝渗漏险情发生后,应急抢险必须反应迅速,要做到获取信息快、决策部署快、

集结行动快、抢险方案制定快。

2)组建精干高效的抢险指挥系统

收到抢险任务后,现场应建立"指挥所",成立领导指挥部,下设技术质量安全组、现场指挥协调组、设备物资生活保障组、政工宣传组、综合组等,有序推进抢险任务的快速开展。

3)配置专业技术强的施工队伍

针对土石坝渗漏险情特点,快速决策选定专业化的应急抢险队伍,以有效应对抢险过程中的突发情况。

4)大力加强现场施工管理

包括现场施工组织管理、施工安全管理、施工人员管理等。

5)后勤保障有力

应急抢险施工关键是装备和技术,靠的是保障和供应。各类后勤保障必须配套、完善和有效,只有后勤保障跟得上,抢险任务才能顺利完成。抢险时后勤保障面临的主要困难是时间短、供应急、交通运输不便、当地市场不稳定、外地市场采购运输困难等,必须把后勤保障工作摆在突出位置。

7.3 典型工程案例

7.3.1 湖北东方山水库大坝渗漏应急处置

(1)工程概况

东方山水库位于湖北省黄石市,是一座以灌溉为主,兼顾防洪、供水、旅游等综合利用功能的小(1)型水库,总库容 124.74 万 m^3。水库设计标准采用 30 年一遇洪水设计,300 年一遇洪水校核,相应设计水位 218.51m,校核水位 218.84m,正常蓄水位 217.25m。东方山水库主要由大坝、溢洪道、输水涵管等建筑物组成。大坝为黏土斜墙坝,最大坝高 33.21m,坝顶高程 219.90m,坝顶宽 7.20m,坝顶长 140.00m,黏土斜墙顶高程 218.86m,采用干砌块石护坡。溢洪道位于大坝右坝肩,为开敞式宽顶堰,堰顶净宽 9.0m,堰顶高程 217.25m,校核洪水位下泄流量 43.58m^3/s。输水管位于大坝左端,为坝下埋预制钢筋混凝土圆管,内径 0.63m、管长 63.30m。东方山水库于 1975 年 9 月动工兴建,1984 年 5 月竣工投入运行。

(2)大坝渗漏险情

2018 年 8 月 4 日 9 时 30 分左右,水库管理人员例行巡查发现大坝下游右侧坝脚高程 185m 左右(坝后地面高程 184.31m)出现渗漏,出水浑浊,流量较大,经黄石市水利水产局专家现场研判,大坝存在溃坝风险(图 7.3-1)。8 月 4 日 10 时,水库输水管打开放水,并在大坝下游采取导渗措施。8 月 4 日 17 时 30 分,渗漏流量约为 0.21m³/s。8 月 5 日凌晨 2 时,渗漏流量约 0.3m³/s,凌晨 3 时增大到 0.5m³/s,水流浑浊度略有变化(图 7.3-2)。8 月 5 日 15 时,渗漏流量增大到峰值约 0.89m³/s(图 7.3-3 至图 7.3-5)。

图 7.3-1　8 月 4 日险情发现时渗漏情况

图 7.3-2　8 月 5 日 3 时渗漏情况(渗漏量约 0.5m³/s)　图 7.3-3　8 月 5 日 9 时渗漏情况(渗漏量约 0.7m³/s)

图 7.3-4　8 月 5 日 15 时渗漏情况(渗漏量约 0.89m³/s)　图 7.3-5　8 月 6 日 14 时险情基本控制(渗漏量约 0.01m³/s)

（3）险情应急处置

险情发生后，8月4日10时水库开闸放水降低水位，下游采取导渗措施；15时安排潜水员和水下机器人探摸渗流入口；18时现场会商决定采取在大坝上游坡渗漏可疑部位铺设油布，并采用袋装砂石压坡；随后采取先抛投袋装碎石，后抛投碎石，再抛投瓜米石，最后抛投黏土填闭渗漏入口。在下游坝脚采用袋装碎石及格宾石笼压渗。8月6日19时左右，库水位降低至高程212m，集中渗漏入口成功封堵，渗漏量降至0.01m³/s以下。

（4）出险原因分析

经排查，大坝上游坝坡渗漏入口中心位于大坝纵向桩号B0＋050处，入口上沿高程212.89m，下沿高程210.89m，沿坝轴线方向宽平均3.5m，顺水流方向水平长平均4.5m。桩号B0＋070处下游坝脚平台186.50m高程出现塌陷，塌陷范围横向宽约4.0m，纵向宽约3.50m，坡面变形高程范围190.63～186.50m、宽度约10m。上游坝坡渗漏入口见图7.3-6，险情位置断面见图7.3-7。

图7.3-6　上游坝坡渗漏入口

自2018年8月4日9时30分左右渗漏险情被发现至8月5日15时，30h内大坝渗漏量由0.2m³/s逐渐增加至最大值0.87m³/s，说明大坝土体渗透破坏快速发展，渗漏通道快速扩大。水库大坝出现集中渗漏险情有以下几个方面的原因：

①东方山水库大坝始建于"文革"后期，属典型的"三边工程"，建设资料存留少，历经多次续建和加固达到现有规模，大坝质量差。大坝坝型为土石混合坝，下游高程212m以下为堆石体，堆石体断面较大，上游侧壤土、砂壤土作为大坝的防渗体，防渗体断面偏小，渗径较短，材料不均一，渗透系数偏大，达10^{-4}～10^{-3}cm/s。

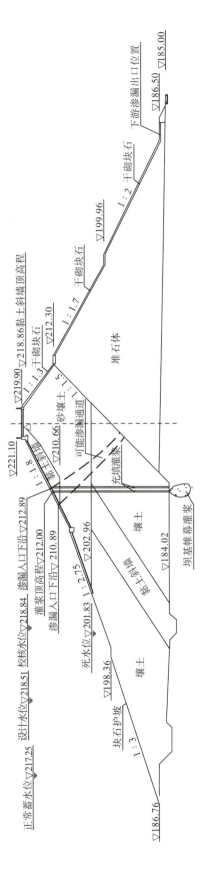

图7.3-7 险情位置断面图（单位：m）

②历年白蚁普查表明,东方山水库大坝一直受白蚁危害。水库已运行30余年,有可能形成成年蚁巢。2011年除险加固时对白蚁进行了灭杀,但未根治。抢险期间阳新县水利工程白蚁防治站专家现场查检发现,大坝下游附近山体多处可见白蚁活动痕迹,坝体一旦存在一定规模的蚁巢,会缩短渗径,使坝体更容易出现渗透破坏。

③高程212m以上坝体渗径短,渗透比降大,堆石体上游侧填料以颗粒较细的土石混合料为主,可起过渡料作用,但其接触渗透比降偏大,存在渗透变形隐患。在这种情况下,大坝上游土体如受白蚁危害,就会降低土体的抗渗性能,进一步缩短渗径,加大渗透比降,造成渗透破坏,出现集中渗漏,渗漏通道在短时间内不断扩大。

④充填灌浆孔布置在上游坡高程212m处,施工平台在黏土斜墙上半挖半填形成,如果存在充填灌浆孔封孔不密实和黏土斜墙临时开挖平台回填碾压不密实等问题,就会在大坝防渗关键部位形成薄弱环节,留下坝体渗漏安全隐患。

为了彻底消除东方山水库大坝渗流安全病害,于2019年实施了除险加固。对渗漏通道部位坝体进行局部开挖后,钻孔灌注水泥黏土浆,灌浆完成后对开挖部位采用黏性土进行回填。沿坝轴线上游侧10.6m布置厚度60cm的混凝土防渗墙,防渗墙顶部接防渗土工膜,土工膜铺设至坝顶,形成完整的防渗体。

7.3.2 山西漳源水库坝下涵管渗漏应急处置

漳源水库位于浊漳河西源干流上,坝址在山西省沁县漳源镇北河村南,控制流域面积29.74km²,总库容344.1万m³,是一座以防洪为主,兼顾灌溉、养殖的小(1)型水库。水库枢纽工程由大坝、溢洪道和输水洞等组成。大坝为均质土坝,坝顶高程995.5m,坝长430m,最大坝高15m,坝顶宽4.72m,上游为干砌石护坡,坡比1:2~1:2.75;下游为草皮护坡,坡比1:2~1:2.75。溢洪道位于大坝右侧台地土基上,由引渠段、控制段、泄槽段、陡坡段、消力池段及尾水渠段组成,全长255m;控制段堰顶高程992.0m,堰顶宽24m,最大泄量223.4m³/s。输水洞位于大坝左端桩号0+400处,建在土基上,全长69.1m,采用浆砌石城门洞形无压隧洞,断面尺寸1m×1.5m(宽×高),进口底板高程984.5m,设计最大流量4m³/s。

漳源水库输水洞长期存在渗漏,原因是上游闸室附近覆盖土层相对较薄,渗径短,渗透坡降大,土体与浆砌石接触部位填筑质量较差,回填土方没有夯实碾压,完工后在输水洞两侧产生接触渗流,经过50多年的运行,砌石中的砂浆被渗水侵蚀冲刷,形成渗水通道,导致目前石缝中有较大的射流。进口顶部以上的平台曾数次发生塌陷,输水洞渗流已将大量覆盖土层带走,加之前期处理塌陷时,回填了一定数量的块石,使土层的孔隙率增加,坝体安全存在较大隐患。

针对输水洞渗漏险情,采取洞内钢衬加固、洞壁外侧增设截水环等处理措施。内衬钢板总长 52.0m,钢板厚 10mm。输水洞钢衬加固后,彻底消除了渗漏险情,满足水库正常运行要求。

7.3.3　湖北白洋河水库大坝渗漏应急处置

（1）工程概况

白洋河水库位于长江中游左岸一级支流巴河支流陈庙河上游,坝址位于湖北省浠水县团陂镇。水库控制流域面积 21.4km²,总库容 2271 万 m³,是一座以灌溉为主,兼顾防洪、发电和水产养殖等综合利用功能的中型水库。水库洪水标准为 50 年一遇洪水设计,1000 年一遇洪水校核,正常蓄水位 84.88m,设计洪水位 86.45m,校核洪水位 87.10m,防洪高水位 86.03m。白洋河水库工程于 1958 年 11 月动工兴建,1962 年竣工并投入使用。主坝于 1991 年、1996 年、2015 年和 2016 年等汛期出现脱坡险情,后采取了应急抢险处理。

（2）大坝渗漏险情

2020 年 7 月 5 日晚至 7 月 6 日,浠水县遭遇强降雨,12h 降雨量超过 300mm,白洋河水库水位达到 85.60m,为建库以来最高水位。7 月 5 日 19 时 30 分,现场巡查人员发现主坝下游左坝肩出现轻微散浸、脱坡险情。7 月 6 日 12 时,主坝突发大面积散浸和左右坝肩脱坡险情,其中左坝肩脱坡长度约 90m,右坝肩脱坡长度约 50m,脱坡高程范围为 71.5～81.5m,涉险面积约 2000m²（图 7.3-8）。

图 7.3-8　下游左坝肩坝坡局部脱坡

（3）险情应急处置

险情发生后，采取了溢洪道、灌溉输水涵管开闸放水、开挖应急泄洪通道等方式降低库水位。对下游坝坡面用彩条布或油布全面覆盖，坝坡滑坡区域增设碎石反滤导渗沟、支撑体（土牛宽 1.5m，高 1.0m，间距 7m）、杉木抗滑桩，并加强坝体、坝脚位移监测，对水库下游险区 2.8 万余人进行了安全疏散转移。7 月 13 日 20 时，水库实测水位81.24m，水位持续下降，险情得到控制（图 7.3-9、图 7.3-10）。

图 7.3-9　下游脱坡部位铺筑支撑体（土牛）

图 7.3-10　下游坝坡脱坡部位埋设杉木抗滑桩

（4）出险原因分析

1）下游坝坡脱坡体分布

自 1991 年主坝下游坝坡发生脱坡险情后，此后每到汛期均有不同程度的险情发生，主坝下游坝坡边坡稳定问题突出。根据历年险情发生部位统计，脱坡险情主要分布于主坝桩号 0+000～0+081、0+140～0+271 段下游坝坡二级边坡高程 73～80m处（图 7.3-11）。

1#脱坡体：分布于主坝桩号 0+000～0+081 下游坡二级边坡内。脱坡体呈斜形圈椅状，后缘宽 29m，前缘宽 75m，面积约 1287m²；滑体顺坡向长 26m，前缘高程72.68～72.83m，后缘高程 80.3m，切断二级马道平台；后缘塌坎高 1.1m，滑体水平位移1.5m，产生宽 10～15cm 的拉裂缝，剪出口位于发电厂进出道路处；经勘察，滑体物质为砂壤土，平均厚度约 3.5m，脱坡体积约 4500m³。该部位曾于 2015 年、2016 年滑动过，2020 年汛期发展至现状，面积较前次滑动面积增加约 2.3 倍。

2#脱坡体：位于主坝桩号 0+190～0+271 段下游坝坡二级边坡内。脱坡体高程范围 72.5～81.6m，后缘宽 35m，前缘宽 18.5m，顺坡向长约 20m，脱坡面积 664m²。脱坡后缘呈陡坎状，塌坎水平位移 1.3m，垂直位移约 1.0m，后缘产生宽 5～12cm 的拉裂缝，长约 30m,剪出口位于一级马道平台处;经勘察,滑体物质上部为砂壤土,下部为碎石土,滑体平均厚度约 5m,脱坡体积约 3300m³。该脱坡体于 1991 年产生滑动后,2020 年汛期发展至现状,面积较前次滑动面积增加 57%。

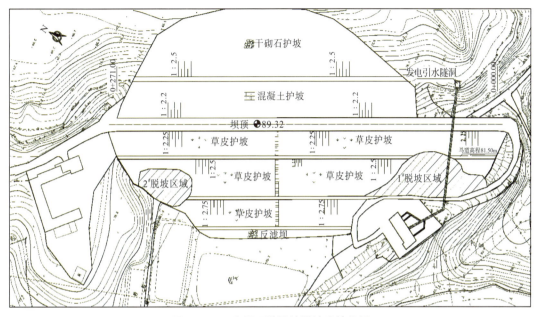

图 7.3-11　主坝下游坝坡脱坡险情位置

2)下游坝坡脱坡原因

①大坝填筑料及填筑质量不满足要求。

依据地勘试验结果,主坝心墙土体压实度偏低,大部分区域呈中等透水性,不满足规范要求。下游坝坡曾进行多次培厚,受限于建设时期施工条件限制,且均为坡面薄层填土,原坝体与培厚部分坝体填土结合性难以保证,新老坝坡间结合性难以保证。大坝下游坝坡坝壳代料上部为含砾粉质壤土或砂壤土、下部为碎石土或砾质土,结构松散,填筑质量一般,压实度不满足要求;坝壳填筑料多以弱透水性为主,局部段分布微透水、中等—强透水性,土体渗透性差异较大,易发生渗透变形。

②大坝绕坝渗漏问题严重。

主坝坝体心墙压实度偏低,渗透系数偏大,下游坝体浸润线偏高,坝脚渗透比降较大;坝基强风化岩体局部为中等透水性,局部存在强风化坝基裂隙性渗漏问题,现状帷幕灌浆深度不满足规范要求;两岸坝肩残坡积碎石土及强风化片麻岩均具中等—弱透水性,两岸坝肩帷幕灌浆未封闭,坝肩在高水位时存在较严重的绕坝渗漏问题。

③下游坝体及坝坡排水不畅

大坝下游坝坡坝壳代料上部为含砾粉质壤土或砂壤土,具弱透水性,下部为碎石土

或砾质土,具弱—强透水性,下游坝坡表层填土排水性能差,下游坝脚仅在中部设有反滤坝,长70m,两岸坝肩渗水排水严重不畅。左坝肩发电引水隧洞出口处引水管顶部设置外接引水管,沿马道横向排水沟排至坝后,使得该点高程附近及以下坝身土体常年处于饱和状态;汛期也可导致坝体内地下水不断壅高,使上部饱和土体厚度增大,不利于坡脚稳定。左坝肩下游坝坡坡脚设置有重力式挡墙,挡墙未设置排水设施,也导致坝体渗水不易从坡脚排出。

因此,在库水位较高,且降雨量较大的情况下,坝体浸润线较高,下游坝坡表层土体处于饱和状态,两岸坝肩渗水难以排出,以致下游坝坡形成大面积散浸现象,故而造成下游坝坡脱坡。

(5)后期除险加固情况

为了彻底消除白洋河水库大坝渗流安全病害,于2021年实施了除险加固,主要土建加固内容包括:主坝防渗及结构加固、副坝坝顶及坝坡改造、应急泄洪通道筑坝封堵、溢洪道拆除重建、灌溉输水涵管启闭机房拆除重建、发电引水隧洞进水塔拆除重建和洞身钢衬加固、库尾补水隧洞衬砌加固、白蚁防治及防汛道路改造等。其中,主坝防渗加固措施见图7.3-12,主要包括以下两点。

1)主坝防渗加固

沿坝轴线上游1.65m处(原帷幕轴线上)布置1道厚度60cm的混凝土防渗墙,防渗墙长312.7m(桩号0−016.70~0+296.00段),墙顶高程86.80m。两岸坝肩部位(桩号0−016.7~0+081.0、0+190.0~0+0296.0段)防渗墙底线适当加深,按嵌入强风化花岗片麻岩3.0m控制。河床部位(桩号0+081.0~0+190.0段)防渗墙底线嵌入强风化花岗片麻岩1.0~2.0m,河床部位最大墙深29.3m。防渗墙混凝土设计强度等级为C15,抗渗等级W8,允许渗透比降$[J] \geqslant 60$。防渗墙施工前将坝顶开挖至高程86.80m形成施工平台。在防渗墙与基础帷幕灌浆完成后回填黏土,重新填筑坝体至89.20m,并重建坝顶路面和路缘石。混凝土防渗墙施工完成后,对坝基及两坝肩进行帷幕灌浆,帷幕灌浆轴线长321m(桩号0−025~0+296段),单排布置,孔距1.5m,灌浆底线深入相对不透水层(5Lu)不小于5m,最大钻孔孔深约36.68m。

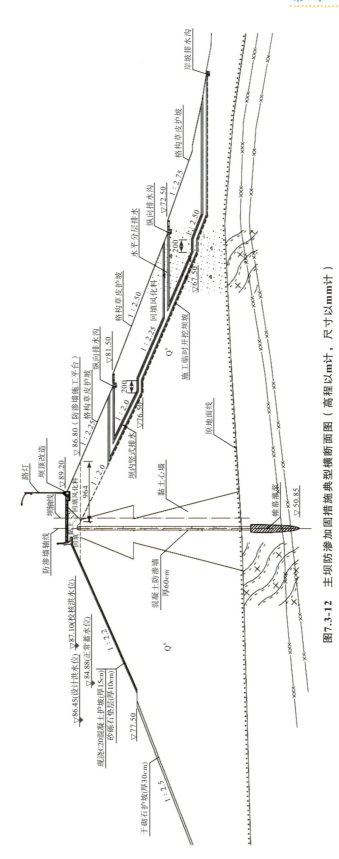

图7.3-12　主坝防渗加固措施典型横断面图（高程以m计，尺寸以mm计）

2)下游坝坡挖除置换处理

主坝下游坝坡历经多次覆土培厚,均为坡面薄层覆土,与原坝体结合性差,且下游坡坝壳代料局部夹有弱透水性土体,排水性能差,多次出现脱坡险情,严重威胁主坝的安全运行。经复核,下游坝坡抗滑稳定安全系数不满足规范要求。除险加固对主坝下游坝坡采取适当开挖置换坝壳料处理,即河床部位(桩号 0+091.0~0+190.0 段)下游坝脚至高程 81.5m 适当挖除,顶部挖除厚度 1~2m;两坝肩下游坝脚至防渗墙施工平台适当挖除,厚度按不小于 5.0m 控制;防渗墙施工平台(高程 86.80m)以下坝壳料挖除部位采用料场开采的花岗片麻岩风化料填筑,相对密度不低于 0.75,填筑层厚 0.30~0.60m;防渗墙施工平台以上采用黏土回填,回填压实度不小于 96%;下游坝脚排水棱体拆除重建。

7.3.4 湖南洞庭湖区堤防特大管涌应急处置

(1)工程概况

洞庭湖区有堤垸 226 个,一线防洪大堤 3471km,其中重点垸 11 个,国家级蓄洪垸 24 个。洞庭湖区堤防工程突出短板是砂石基础、软弱地基。基础渗流导致的渗透变形是汛期最为常见的险情。高水位时,常发生渗透破坏,引发管涌险情。烂泥湖垸是洞庭湖区 11 个重点垸之一,位于湘江与资水尾闾之间。险情点位于资江大堤 16+520(赫山区桩号)处,堤顶高程为 38.70m(吴淞高程,下同),堤面宽 16m,外坡坡比为 1:2.5,内坡坡比为 1:3.0,垸内近堤脚地面高程约 30.20m,该堤段基础存在砂卵石强透水地层。该堤段系人工逐年加修而成,于 1994 年冬培修加固,形成现状堤防;于 1999 年进行了填塘固基,吹填粉细砂厚 1.3~2.0m,外坡为预制混凝土块护坡。2017 年 6 月下旬至 7 月上旬,受上游来水及湘江、洞庭湖高洪水位顶托,资江尾闾地区持续超保证水位。7 月 2 日,小河口站水位达 38.03m,为历史第二高水位(该站点设计水位 36.43m,1996 年 7 月最高水位 38.16m)。

(2)堤防渗漏险情

7 月 1 日 14 时,羊角堤段压水井开始泛水带砂;18 时许通过采取砂卵石反滤围井处置。2 日 10 时,管涌的溢水量扩大,采取加大加高反滤围井处置。3 日 15 时,出险点溢水量加大,技术人员前往处置,17 时左右控制了险情。22 时 20 分,管涌溢水量明显增大,且呈扩大趋势,增派技术人员及抢险队员赶往现场处置。22 时 40 分,管涌溢水口直径扩大至 2m 左右,水柱约 1.5m 高,涌水流量达 1.5m³/s,形成特大管涌。由于涌水流量过大,抛入管涌口的沙袋立刻被冲走,同时险情急剧扩大。23 时 55 分,大堤呈马鞍形塌陷,鞍底从临河侧向背水侧呈倾斜状,临河侧堤肩从最初下沉 0.2m 逐渐扩大到 0.7m,背水侧堤肩最大下沉 1.5m(此时外河水位 37.5m,临河侧堤面高于外河水位 0.5m)。堤身塌陷后,管涌处流量减小,采取导滤压浸方案处置。4 日 0 时 20 分,在塌陷堤段临河侧修筑子堤,同时用麻袋装砂卵石抛填管涌口,削减管涌水势。4 日 0 时 40 分,对塌陷堤段堤面进行黏土回填,在临水坡修筑防渗平台。至 14 时,在大堤临水侧修筑了 1 个宽度为 12m、长度为 90m 的防渗平台。4 日 1 时 15 分,采用砂石自卸船在塌陷堤段背水坡修筑支撑平台。至 14 时,形成长 70m、宽 10m、与堤面同高的透水戗台。4 日 1 时 40 分,以管涌溢出点为中心,抛投袋装砂卵石,同时,修筑小范围壅水围堰,提高水位。4 时左右,管涌量有所减小,采用两台装载机运砂卵石压渗。至 4 日 10 时,完成了 1 个长 70m、宽 35m、面积 2450m² 的压浸导渗平台,险情基本控制。管涌抢险结构见图 7.3-13。

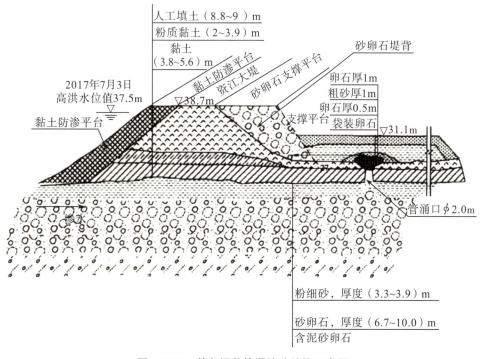

图 7.3-13 羊角堤段管涌抢险结构示意图

(3)管涌原因分析

羊角堤特大管涌险情发生的主要原因如下。

1)堤基地质条件差

该堤段为人工多次加高培厚而成,堤基从上向下依次为厚 2m 粉质黏土、厚 5.6m 黏土、厚 3.4m 粉细砂和厚 7~10m 砂卵石层,基础表层土体力学性状较差,砂卵石层渗透系数达 $2.9 \times 10^{-3} \sim 2.1 \times 10^{-2}$ cm/s。

2）人为因素影响

因河道采砂，河床下切，原有覆盖层破坏，卵石层外露，河床、堤基下部砂卵石层直接连通至坑内相对不透水层下部，渗透水头增大。同时，湖区群众习惯采取压水井取水，造孔方式简单，长期使用后成为管涌险情隐患点。羊角特大管涌险情处压水井距内堤脚27m，2012年至出险前一直在使用。

3）高洪水位影响

7月2日，资江羊角堤段水位约38m，超设计水位1.8m左右。羊角堤段特大管涌险情爆发点距大堤内堤脚较近，且覆盖层受到简易压水井的破坏，使覆盖层下的粉细砂随高压地下水潜移而涌出地表，酿成严重的管涌险情。大量粉细砂流失淘空堤基，最终导致大堤出现塌陷。

4）处置经验不足

险情从7月1日14时发现压水井翻沙鼓水到3日22时发展成特大管涌，经历56h，其间险情多次反复，现场抢险人员根据经验进行处置，特别是防汛人员在7月1日试图用机械拔出取水管，扰动了管道周边土体。

参考文献

［1］蔡跃波，向衍，盛金保，等．重大水利工程大坝深水检测及突发事件监测预警与应急处置研究及应用［J］．岩土工程学报，2023，45（3）：441-458.

［2］张雄华，申志高，申权．堤坝管涌隐患探查技术研究［J］．湖南水利水电，2019（3）：31-33.

［3］张盛行，汤雷，贾宇，等．堤坝水下渗漏通道应急封堵方法试验研究［J］．人民长江，2019，50（12）：169-176.

［4］段玉忠，项正军．武警水电部队在应急抢险施工中的做法浅谈［J］．水利水电技术，2011，42（9）：22-24.

［5］胡建华，帖军锋．浅谈堤坝管涌应急抢险［J］．水利水电技术，2014，45（5）：55-56.

［6］莫大源，周磊．堤坝破拆行洪抢险方案探讨［J］．人民长江，2016，47（11）：29-30，42.

［7］杜鹏群．河道堤防管涌的成因及应急抢险措施分析［J］．安徽水利水电职业技术学院学报，2019，19（2）：16-18，27.

［8］刘志明．四川震损水库的特点及震害处理［J］．中国水利，2008（14）：9-12.

［9］喻蔚然，魏迎奇．震损水库应急抢险风险决策和技术［J］．中国水利水电科学研

究院学报,2013,11(1):70-73,80.

　　[10] 王华,刘兴年,黄尔,等.汶川地震震损水库应急抢险与恢复重建措施[J].四川大学学报(工程科学版),2009,41(3):56-62.

　　[11] 曹昂,赵根,黎卫超,等.聚能切割在水库放空应急抢险中的应用[J].爆破,2021,38(2):147-152.

　　[12] 杨启贵,周和清,刘加龙.东方山水库大坝管道型渗漏的应急抢险与除险加固[J].人民长江,2022,53(3):202-206.

　　[13] 马超,周和清,周晓明.白洋河水库险情分析及应急处置[J].水利水电快报,2021,42(1):73-76.

　　[14] 周永强,向新颜.洞庭湖区堤防特大管涌应急抢护案例分析与思考[J].湖南水利水电,2022(4):19-21,25.